高等学校“十三五”规划教材
市政与环境工程系列研究生教材

环境污染治理新理论与新技术

主编　谢国俊　于　欣　李永峰　李传慧
主审　吴忆宁　刘瑞娜

哈爾濱工業大學出版社

内 容 简 介

本书共分为4篇:微生物学基础、公共卫生微生物学、废水处理中的微生物学以及污染控制与废水回用。每篇具体展开以下论述:微生物的世界、微生物的代谢和生长、微生物在生物地球化学循环中的作用;生活污水中的病原体和寄生虫、粪便污染的微生物指标;活性污泥法、污泥膨胀、基于微生物附着生长的工艺、稳定池、废水和生物质的厌氧消化、饮用水处理过程中的微生物技术;污染控制生物技术、废水再利用。

本书可作为微生物学、环境微生物学、环境科学及工程专业的教材,并可供从事微生物学、环境保护等教学与科研人员参考。

图书在版编目(CIP)数据

环境污染治理新理论与新技术/谢国俊等主编.—哈尔滨:哈尔滨工业大学出版社,2021.8

ISBN 978-7-5603-9239-4

Ⅰ.①环… Ⅱ.①谢… Ⅲ.①环境污染-污染防治 Ⅳ.①X5

中国版本图书馆CIP数据核字(2020)第266445号

策划编辑 贾学斌
责任编辑 王 娇 李青晏
出版发行 哈尔滨工业大学出版社
社 址 哈尔滨市南岗区复华四道街10号 邮编150006
传 真 0451-86414749
网 址 http://hitpress.hit.edu.cn
印 刷 哈尔滨市颉升高印刷有限公司
开 本 787mm×1092mm 1/16 印张18.25 字数433千字
版 次 2021年8月第1版 2021年8月第1次印刷
书 号 ISBN 978-7-5603-9239-4
定 价 49.00元

《环境污染治理新理论与新技术》

编写人员与分工

主　　编　谢国俊　于　欣　李永峰　李传慧

主　　审　吴忆宁　刘瑞娜

编写分工

何　飞　王英伟(东北林业大学):第1章

谢国俊(哈尔滨工业大学):第2、8、9章

胡晓洁　邓世龙　王英伟(东北林业大学):第3章

徐仰红　王　璇　李永峰(东北林业大学):第4章

周　阳　李永峰(东北林业大学):第5章

于　欣(东北林业大学):第6、7、10章

李传慧(四川大学华西医学院):第11、12章

应路瑶　张　颖(东北农业大学):第13章

图表制作

赵岩鑫　刘铭义　孙泽林　李天琛　穆天昊

前　言

由于以新分子技术为主导的方法的改进，废水微生物学领域正在快速发展，这有助于环境微生物学家、分子生物学家更深入地了解废水的相关知识。

随着人类社会的不断发展和进步，工业文明在发展的同时也给环境带来了严重的污染问题，环境污染的治理工作越来越受到人们的重视。尤其是水的污染，加重了我国本身就匮乏的水资源的短缺，我国人均水资源拥有量只有世界平均水平的四分之一，所以治理水污染，开拓治理新方法、新工艺，力求解决水污染并使其资源化迫在眉睫且任重道远。了解废水微生物学相关知识并将之应用于水处理工艺中，对于水污染治理、保护环境和人群健康具有重要的意义。

本书共分4篇：第1篇讲述了微生物学基础，包括细胞结构与遗传物质，微生物的代谢和生长以及氮、磷、硫循环中的微生物作用等，帮助读者初步了解微生物世界；第2篇阐述了公共卫生微生物学，从生活污水中的病原体和寄生虫到粪便污染的微生物指标，内容环环相扣、层层深入，使读者在了解微生物基础知识的前提下对微生物学有更深的理解；第3篇详细介绍了废水处理中的微生物学，包括活性污泥法、生物膜法、稳定池、厌氧消化等，还阐述了饮用水处理过程中微生物技术的相关知识，饮用水与人类健康息息相关，值得关注；第4篇介绍了污染控制与废水回用，如固定化技术、膜技术、分子技术、纳米技术、生物电化学技术等，对于维护人群健康和保护水资源具有借鉴意义。本书将废水微生物理论与废水处理的实际工程应用相结合，对于处理废水具有重要指导意义。本书可作为微生物学、环境微生物学、环境科学及工程专业的教材，并可供从事微生物学、环境保护等教学与科研工作的人员参考。

本书在编写过程中参考了许多中外文献，在此向已列出和没有列出的文献作者表示诚挚的谢意。

由于编者水平有限，书中内容难免存在疏漏或不足之处，恳请广大读者指正。

编　者

2021年5月

目　录

第1篇　微生物学基础

第2篇　公共卫生微生物学

第3篇　废水处理中的微生物学

第 4 篇　污染控制与废水回用

第 1 篇　微生物学基础

第1章　微生物的世界

1.1　概　述

细菌、古生菌、真核生物是生命存在的三个主要领域(图1.1)。细菌,包括放线菌和蓝藻(蓝绿藻),同属于原核生物;而真菌、原生动物、藻类、植物和动物细胞属于真核细胞或真核生物。

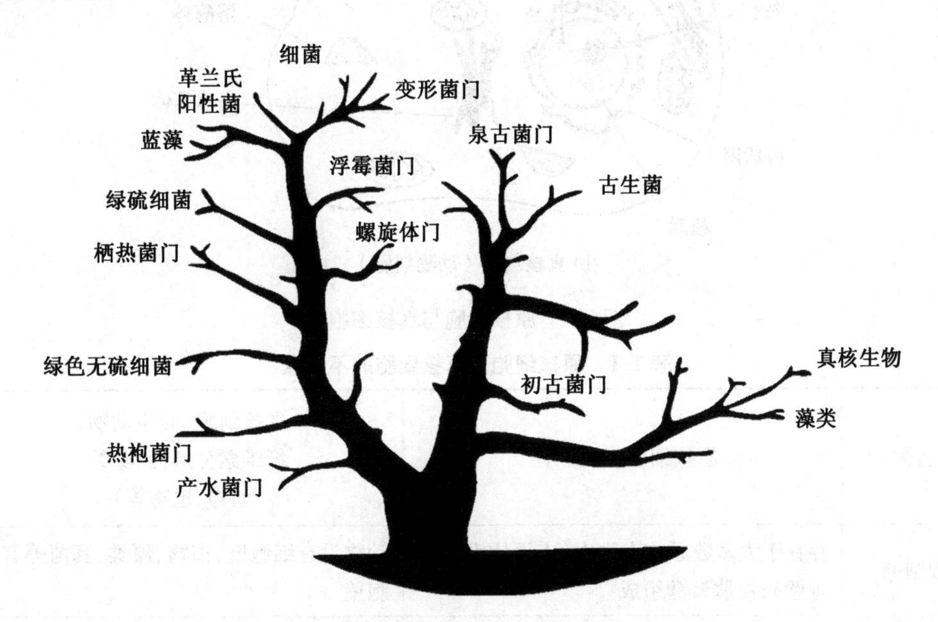

图1.1　细菌、古生菌、真核生物三个域的谱系树

病毒像是细胞内的"寄生虫",不属于原核细胞和真核细胞。

原核细胞与真核细胞的主要特征为(图1.2):

(1)真核细胞往往比原核细胞更加复杂;

(2)仅在真核细胞中,DNA被包裹于核膜内,并与组蛋白和其他蛋白质相联系;

(3)在真核细胞中细胞器是有膜的;

(4)原核细胞为二分裂,而真核细胞为有丝分裂;

(5)原核细胞中缺乏一些结构,如高尔基体、内质网、线粒体和叶绿体。

原核细胞与真核细胞的不同点见表1.1。接下来将重点讨论它们在过程微生物学和公共卫生方面的重要性。还将介绍环境病毒学、寄生虫学和有关病毒的研究,以及在废水和其他受污染环境中的原生动物、蠕虫和寄生虫。

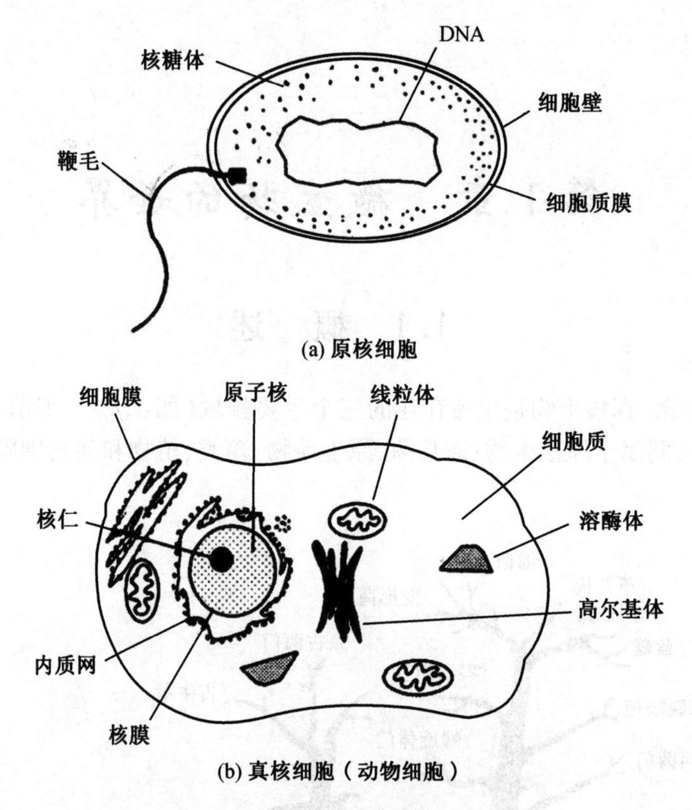

(a) 原核细胞

(b) 真核细胞（动物细胞）

图 1.2　原核细胞与真核细胞

表 1.1　原核细胞与真核细胞的不同点

名称	原核细胞(细菌等)	真核细胞(原生动物、纤维素分解菌、藻类、动物、植物等)
细胞壁	存在于大多数原核生物中(支原体没有细胞壁);由肽聚糖组成	动物没有细胞壁;植物、藻类、真菌等有细胞壁
细胞膜	磷脂双分子层	磷脂双分子层+甾醇
核糖体	70 S	80 S(线粒体和叶绿体除外)
叶绿体	无	有
线粒体	无;呼吸作用相关的酶分布在细胞质基质和细胞膜上	有
高尔基体	无	有
内质网	无	有
气泡	某些物种中存在	无
内生孢子	某些物种中存在	无

续表 1.1

名称	原核细胞(细菌等)	真核细胞(原生动物、纤维素分解菌、藻类、动物、植物等)
运动	鞭毛由一根纤维组成	由微管组成的鞭毛或纤毛;变形运动
核膜	无	有
DNA	一个分子	DNA 与组蛋白复合的几个染色体
细胞分裂	二分裂	有丝分裂

1.2　细胞结构

1.2.1　细胞质膜

细胞质膜是一层厚为 40 ~ 80 nm 的半透膜,其中含有一层磷脂双分子层,双层内嵌有蛋白质(流动镶嵌模型,图 1.3)。Ca^{2+}、Mg^{2+} 等阳离子有助于膜结构的稳定。甾醇是一种脂质,可以构成真核细胞质膜,也可以构成一些原核细胞的细胞质膜,如支原体(这些细菌没有细胞壁)。化学物质通过扩散、主动运输和内吞作用穿过生物膜。

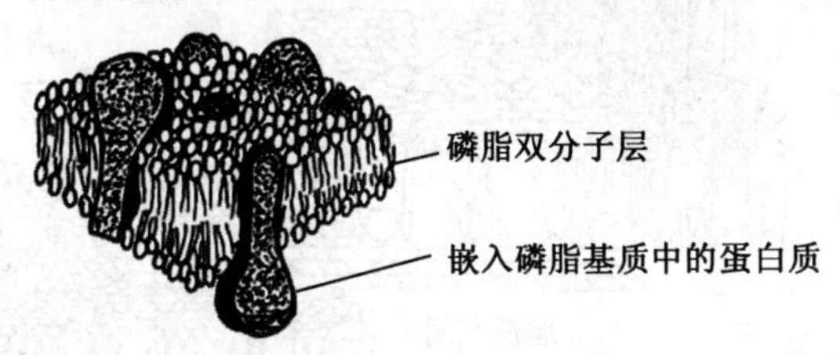

图 1.3　细胞质膜的结构

(1)扩散。由于细胞质膜的疏水性,亲脂化合物比电离化合物更容易通过扩散作用实现跨膜运输,其扩散速率取决于物质的脂溶性及浓度梯度。

(2)主动运输。亲水性化合物(即脂质不溶物)可通过主动运输实现跨膜运输。这种跨膜运输需要高度特异性的载体蛋白,并以三磷酸腺苷(ATP)或磷酸烯醇丙酮酸(PEP)的形式提供能量,允许细胞根据自身需求逆浓度梯度积累化学物质。糖类、氨基酸和离子都可以通过这种特定的活性转运系统跨膜运输。有毒化学物质主要通过扩散进入细胞,但是有些与营养物质类似,可能通过主动运输进入细胞。

(3)内吞作用。在真核细胞中,除了扩散和主动运输外,物质还可以通过内吞作用穿过细胞质膜。内吞作用包括吞噬作用(粒子的吸收)和胞吞作用(吸收溶解物质)。

1.2.2　细胞壁

除支原体外,所有细菌都有细胞壁。细胞壁可使细胞保持特有的形状,并保护细胞免受高渗透压的影响。它是由一种称为肽聚糖或胞壁质(由肽链交联而成的糖链)的黏性糖。肽聚糖是由N-乙酰氨基葡萄糖、N-乙酰杂化酸和氨基酸组成的。细胞壁染色称为革兰氏染色,细胞根据细胞壁的化学成分可以分为革兰氏阴性菌和革兰氏阳性菌。革兰氏阳性菌的肽聚糖层比革兰氏阴性菌厚。除了肽聚糖外,革兰氏阳性菌还含有由乙醇和磷酸盐组成的铁杉酸。动物细胞没有细胞壁。在其他真核细胞中,细胞壁由纤维素(如植物细胞、藻类)、几丁质(如真菌)、二氧化硅(如硅藻)或多糖(如葡聚糖、甘露聚糖)组成。

1.2.3 外膜

革兰氏阴性菌的外膜包含磷脂、脂多糖(LPS)和蛋白质(图1.4)。脂多糖分子约占外膜质量的20%,是由与一个低聚糖核心结合的疏水区域组成,并与二价阳离子结合。蛋白质约占外膜质量的60%,部分暴露于膜的外部。一些蛋白质形成充满水的孔隙,为亲水性化合物的运输提供通道。其他的蛋白质具有结构作用,因为它们有利于将外膜固定于细胞壁。革兰氏阴性菌的外膜是防止疏水性化合物(如一些抗生素和外源性物质)进入的有效屏障,但对亲水性化合物(一些必需营养素)具有渗透性。化学处理(如乙二胺四乙酸和聚阳离子)、物理处理(如加热、冻融、干燥和冻干)和基因改变可以增加外膜对疏水性化合物的渗透性。

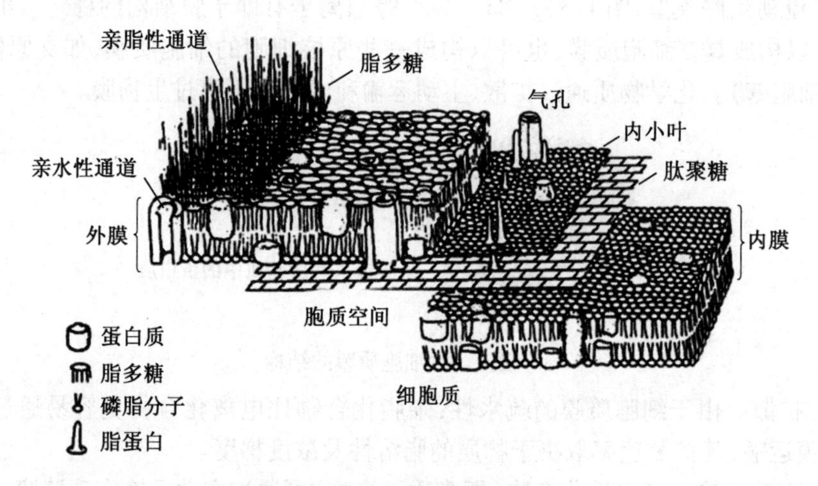

图1.4 革兰氏阴性菌的外膜

1.2.4 细胞被(糖萼)

细胞被由胞外聚合物构成,这些胞外聚合物围绕着一些微生物细胞,主要由多糖组成。在一些细胞中,细胞被呈胶囊状。其他细胞产生的松散的聚合物质分散在生长介质中。

从医学和环境的角度看,胞外聚合物是非常重要的物质,其作用有:

(1)胞外聚合物可增强病原体致病能力;

(2)在体内或生存环境中,被胞外聚合物包裹的细胞受到保护,从而不被吞噬;

(3)胞外聚合物可以帮助细菌吸附在牙齿、黏膜表面,以及生存环境中重要的表面,如输水管道上；

(4)防止细胞脱水；

(5)胞外聚合物在金属络合中起重要作用，特别是在废水处理厂中；

(6)在活性污泥中，有微生物絮凝作用。

1.2.5　鞭毛

微生物细胞可以通过鞭毛、纤毛或伪足移动。细菌有各种鞭毛排列方式，从单鞭毛(极性鞭毛，如弧菌)、丛鞭毛(细胞一端的鞭毛束，如螺旋菌)到周生鞭毛(细胞周围分布着几根鞭毛，如大肠杆菌，图1.5)。鞭毛是由一种称为鞭毛蛋白的蛋白质组成的，它通过一个钩子固定于细胞外壳的基部。鞭毛能使细菌的运动速度为50～100 mm/s，它们驱使细胞向食物(趋化性)、光(趋光性)或氧(趋氧性)运动。真核细胞的鞭毛结构比原核细胞的鞭毛结构更为复杂，纤毛比鞭毛更短、更薄。有纤毛的原生动物可以利用纤毛推动食物进入细胞内或利用纤毛运动。还有一些真核生物利用伪足通过变形作用实现运动。

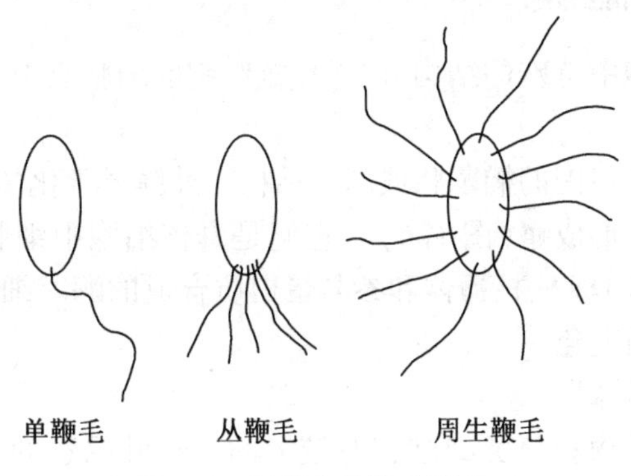

图1.5　细菌中的鞭毛排列

1.2.6　菌毛

菌毛是一种短而薄的鞭毛，以类似鞭毛的方式附着在细胞上。它们在细胞与表面的附着、接合(性皮疹的参与)中发挥作用，并作为特定类型噬菌体的特定受体。

1.2.7　储藏物质

细胞可能包含可作为能量来源或构建存储产品的内含物，使用特殊的染色剂可以在显微镜下观察到这些内含物，具体如下：

(1)碳的储藏形式有糖原、淀粉、聚-b-羟基丁酸(PHB)等，这些物质可用苏丹黑染色，苏丹黑是一种脂溶性染色剂。PHB只存在于原核微生物中。

(2)聚磷酸盐以溶蛋白颗粒的形式储藏，这些颗粒也称为异色颗粒，被特定的基础染料(如甲苯蓝或亚甲基蓝)染色时呈红色。

(3)硫颗粒存在于丝状硫黄细菌(如贝格加托菌、硫氧菌)和紫色光合细菌中，这些细菌利用H_2S作为能量来源和电子供体。硫化氢被氧化成S^0，S^0在硫颗粒中积累，这在光学显微镜下很容易看到。当H_2S源耗尽时，单质硫进一步氧化为硫酸盐。

1.2.8 气液泡

蓝藻、盐细菌(即盐碱细菌)和光合细菌中都存在气液泡。电镜下研究表明,气液泡是由充满气体并被蛋白膜包围的小泡构成的,可对其浮力进行调节。正是因为存在这种漂浮结构,蓝藻和光合细菌有时在湖泊或池塘表面可出现水华的现象。

1.2.9 内生孢子

内生孢子在细菌细胞内形成,当细胞暴露于不利的环境条件时释放。孢子的位置不同,有中心孢子、子孢子和末端孢子。物理和化学物质可触发孢子萌发,形成营养细胞。细菌内生孢子具有很强的耐热性,这可能是因为内生孢子中存在二吡啶酸-Ca 复合物。内生孢子对干燥、辐射和一些有害化学物质也有很强的抵抗力。这从公共卫生的角度看具有重要意义,因为在水和污水处理厂中,它们比营养细菌更耐化学消毒剂。

1.2.10 真核细胞器

真核细胞器是细胞中特殊的结构,位于真核细胞的细胞质中,执行重要的细胞功能。

1. 线粒体

线粒体是由双层膜包围的椭圆状或球状结构。外膜对于化学物质的通过具有很强的渗透性,内膜折叠起来,形成嵴(图 1.6)。它们是真核细胞中细胞呼吸和 ATP 产生的场所。它们内部本身含有 DNA、核糖体和参与蛋白质合成的酶。细胞中线粒体数量因细胞类型和代谢水平不同而变化。

2. 叶绿体和其他质体

叶绿体存在于在植物和藻类细胞相对较大的含有叶绿素的结构中,被双层膜包围。它由叶绿体基粒组成,由薄片相互连接。每个颗粒由一堆称为类囊体的圆盘组成,这些圆盘被基质包围(图 1.7)。叶绿体是植物和藻类细胞进行光合作用的场所。光合作用的光反应和暗反应分别发生在类囊体和基质中。在植物细胞中发现的其他质体是白色体(储存蛋白质、脂质和淀粉)和色素体(储存植物色素)。

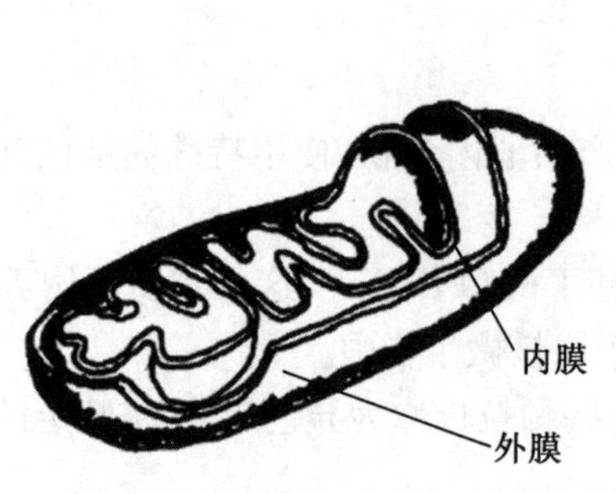

图 1.6 线粒体结构

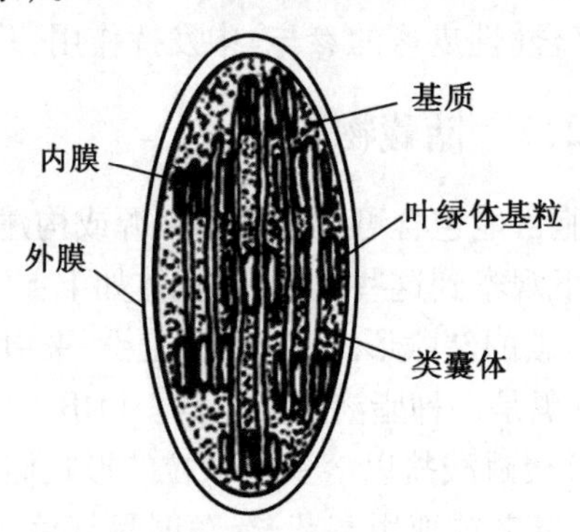

图 1.7 叶绿体结构

3. 其他细胞器

真核细胞具有而原核细胞不具有的重要细胞器如下：

(1)高尔基复合体。高尔基复合体由一堆扁平的膜状囊组成，这些膜状囊形成小泡，可收集蛋白质、碳水化合物和酶。

(2)内质网。内质网是一个折叠膜系统，连接在细胞膜和核膜上。粗面内质网与核糖体有关，参与蛋白质合成。滑面内质网位于产生和储存激素、碳水化合物和脂质的细胞中。

1.3　细胞遗传物质

1.3.1　核酸

1. DNA 与 RNA

脱氧核糖核酸(DNA)是一种双链分子，由数百万个核苷酸组成。双链 DNA 为双螺旋结构(图 1.8)。每个核苷酸由一个五碳糖(脱氧核糖)、一个磷酸基和一个含氮碱基(与脱氧核糖小分子的 C-5 和 C-1 相连)组成。链上的核苷酸通过磷酸二酯键连在一起，戊糖的 C-3 的羟基与下一个戊糖的 C-5 上的磷酸基团相连。DNA 中有 4 种不同的碱基，两种嘌呤(腺嘌呤和鸟嘌呤)和两种嘧啶(胞嘧啶和胸腺嘧啶)。同一平面的碱基在两条主链间形成碱基对，鸟嘌呤与胞嘧啶配对，而腺嘌呤与胸腺嘧啶配对(图 1.9)。碱基对由氢键连接，A 与 T 间形成两个氢键，G 与 C 间形成 3 个氢键。一些物理或化学方法可使两条 DNA 链分解。

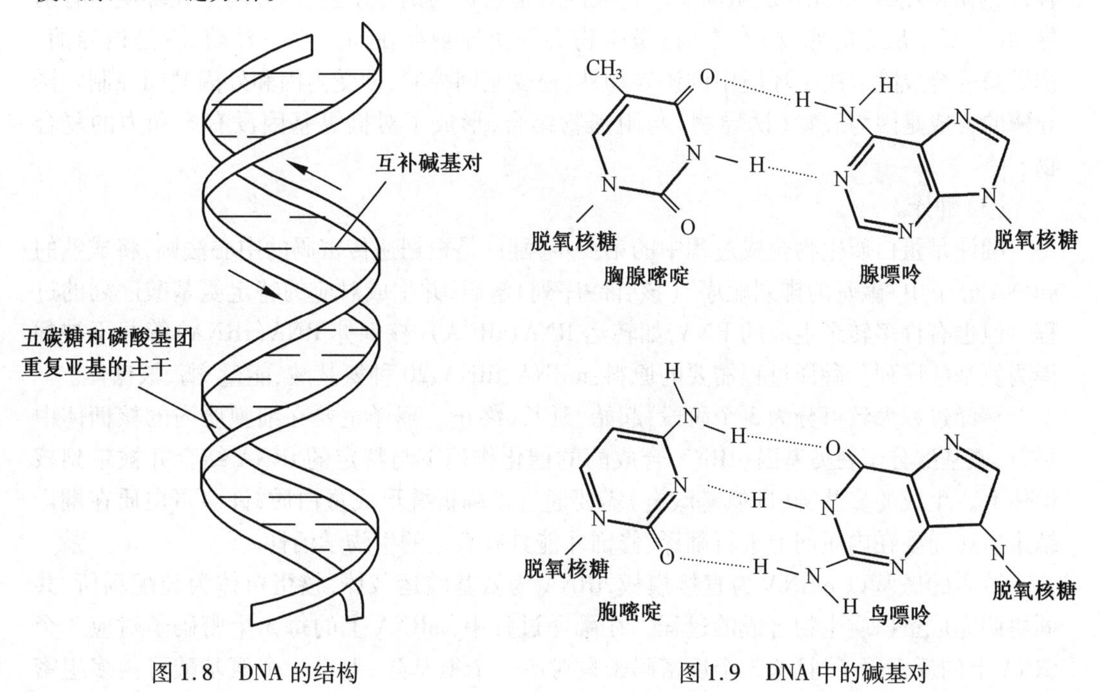

图 1.8　DNA 的结构　　图 1.9　DNA 中的碱基对

在原核细胞中,DNA 以单一环状分子的形式出现,这种分子被紧密地包裹于细胞内,而不是被包裹在核膜中。原核细胞也可能包含一种小的环状 DNA 分子,这种分子被称为质粒。在真核细胞中,具有核膜包裹的细胞核,其核膜上有非常小的孔,允许细胞核和细胞质之间的交换。在有丝分裂时期,DNA 以染色体的形式存在,染色体由 DNA 与蛋白质组成。细胞有丝分裂导致染色体数目加倍,最终每个子细胞都具有一整套染色体。

核糖核酸(RNA)通常是单链的(有些病毒具有双链 RNA),其结构中,核糖代替脱氧核糖,尿嘧啶代替胸腺嘧啶。

2. DNA 复制与蛋白质合成

(1)复制。

DNA 分子可以复制出精确的副本。两条链分开,双螺旋展开并且每条 DNA 链充当新互补链的模板,然后形成新的互补链。核苷酸进入复制叉(双螺旋 DNA 两条亲本链分开使复制能进行的部位,形如英文字母 Y 的结构),并使其自身与模板上的互补碱基对齐。核苷酸的加入需要一种酶的催化,这种酶称为 DNA 聚合酶。

(2)转录。

转录是将信息从 DNA 转移到 RNA 的过程。与 DNA 互补的单链 RNA 分子称为信使 RNA(即 mRNA,mRNA 将信息从 DNA 传递到核糖体,再在核糖体控制蛋白质合成)。转录需要 RNA 聚合酶的催化。根据酶的合成方式和存在时间,微生物细胞内的酶可分为组成酶和诱导酶,组成酶是细胞内一直存在的酶,它的合成仅受遗传物质控制,即受内因控制;组成酶的调节作用(抑制或诱导)主要发生在转录过程中,有时通过酶的作用形成的产物反而抑制该酶的合成,酶产物作为共抑制剂起作用,其与阻遏物一起与操纵基因结合,以阻断转录并因此合成阻断酶。合成的其他酶称为诱导型酶,诱导酶是在环境中有诱导物(一般是反应的底物)存在时,微生物会因诱导物存在而产生一种酶,就是诱导酶。诱导酶的合成除取决于环境中的诱导物外,还受基因控制,即受内因和外因共同控制。诱导酶的合成是因为底物(诱导物)与阻遏物结合,形成了对操纵基因没有亲和力的复合物。

(3)翻译。

翻译是蛋白质生物合成过程中的第一步,翻译是根据遗传密码的中心法则,将成熟的 mRNA 分子中"碱基的排列顺序"(核苷酸序列)解码,并生成对应的特定氨基酸序列的过程。但也有许多转录生成的 RNA,如转运 RNA(tRNA)、核糖体 RNA(rRNA)等并不被翻译为氨基酸序列。翻译过程需要的原料:mRNA、tRNA、20 种氨基酸、能量、酶、核糖体。

翻译过程大致可分为 3 个阶段:起始、延长、终止。翻译主要在细胞质内的核糖体中进行,氨基酸分子在氨基酰-tRNA 合成酶的催化作用下与特定的 tRNA 结合并被带到核糖体上。生成的多肽链(即氨基酸链)需要通过正确折叠形成蛋白质,许多蛋白质在翻译结束后还需要在内质网上进行翻译、修饰才能具有真正的生物学活性。

游离的碱基以 mRNA 为直接模板,tRNA 为氨基酸运载体,核蛋白体为装配场所,共同协调完成蛋白质生物合成的过程。在翻译过程中,mRNA 上的每 3 个密码子对应 3 个 tRNA 上的反密码子,且这 3 个反密码子只对应一个氨基酸,但是一个氨基酸可由多组密码子来表示。

一个激活的 tRNA 进入核糖体的 A 位与 mRNA 相配,肽酰转移酶在邻近的氨基酸间建立一个肽键,此后在 P 位上的氨基酸离开它的 tRNA 与 A 位上的 tRNA 结合,核糖体则相对于 mRNA 向前滑动,原来在 A 位上的 tRNA 移动到 P 位上,原来在 P 位上空的 tRNA 移动到 E 位上,然后在下一个 tRNA 进入 A 位之前被释放。

以上的过程不断重复,直到核糖体遇到 3 个结束密码子之一,翻译过程终止。蛋白质不再延长,一种模仿 tRNA 的蛋白质进入核糖体的 A 位,将合成的蛋白质从核糖体内释放出来。

1.3.2　质粒

质粒是一个包含 1 000 ~ 200 000 bp 的环状染色体外循环 DNA,其复制独立于染色体 DNA。质粒在细胞分裂后由子细胞继承。质粒复制可以通过用溴化乙酯等化合物固化细胞来抑制。质粒可分为严紧型质粒(数量较少)和松弛型质粒(数量较多)。松弛的质粒作为克隆载体是最有用的。有些质粒不能共存,使得它们与同一细胞中的其他质粒不相容。

质粒有以下几类:

(1)结合质粒。结合质粒借助于携带的基因转移到其他细胞。F 因子或性别因子是共轭质粒,可与染色体结合。拥有 E 染色体整合 F 因子的大肠杆菌菌株被称为 Hfr(重组的高频)。

(2)抗性转移因子(R 因子)。抗性转移因子(R 因子)是导致宿主细胞对抗生素(如四环素、氯霉素、链霉素)和重金属(如汞、镍、镉)产生抗药性的质粒。医学界对这些质粒非常关注。抗生素在医药和农业中广泛使用,可用来选择多种耐药细菌。

(3)醇因子。醇因子是一种用于生产大肠杆菌的质粒,是一种蛋白质细菌抑制物质。

1.4　基因重组

重组是遗传物质(质粒或染色体 DNA)从供体细胞转移到受体细胞的过程。DNA 通过 4 种途径转移到受体细胞(图 1.10)。基因重组过程如下:

(1)转化。

外源 DNA 进入受体细胞,成为染色体或质粒的组成部分。能由外源 DNA 转化的细胞称为有能力的细胞。细胞能力受细胞的生长阶段(即细菌的生理状态)以及生长介质的组成影响。在转化过程中,转化后的 DNA 片段附着在网状细胞上,被结合到细胞中,变成单链,一条链被集成到受体细胞 DNA 中,而另一条链被分解。在寒冷的条件下,用高浓度的钙处理细胞,可以提高转化效率。在环境中,尤其是废水中,脱氧核糖核酸酶的出现影响了转化频率。如果转化 DNA 是从病毒中提取的,这个过程就称为转染。DNA 可以通过电泳(利用电场在细胞膜上产生毛孔)或通过粒子枪在受体细胞内拍摄 DNA 进入真核细胞的过程。

(2)共轭(基因转移需要细胞间的接触)。

遗传物质(质粒或质粒所激发的染色体片段)在供体细胞(F^1或精子)与受体细胞(F^2

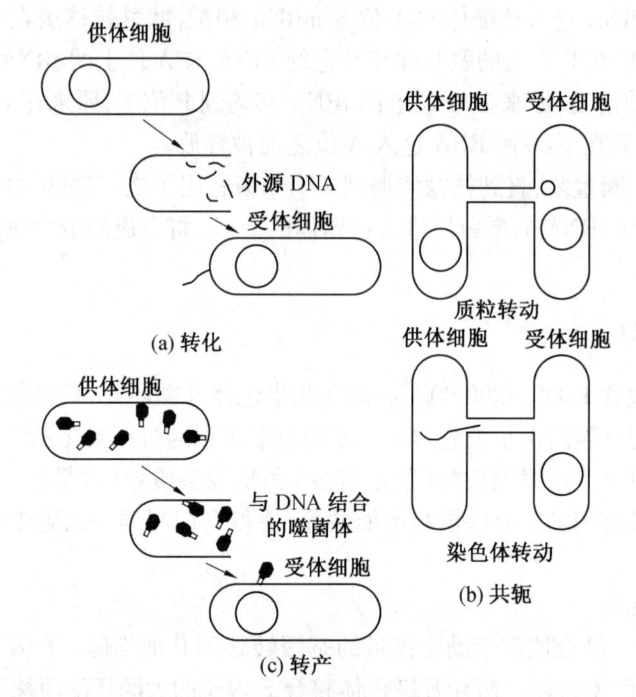

图 1.10　细菌间的基因重组

或卵细胞)直接接触时转移。供体细胞的一种特殊的表面结构,称为性柔毛。这种结构触发形成一个共轭桥,使遗传物质从供体转移到受体细胞。共轭菌皮是由 TRA 基因编码的。某些细菌(如肠球菌)具有由受体细胞分泌的信号肽所诱导的特殊结合系统。信号肽诱导供体细胞合成参与细胞结块的蛋白质。

在自然环境和工程系统中,包括废水、淡水、海水、沉积物、叶面、土壤和肠道中,已经证明通过共轭进行基因转移。抗生素抗性的质粒编码可以从环境分离物转移到实验室菌株。生物和非生物因素(如细胞类型和密度、温度、氧气、pH、表面)通过共轭影响基因转移,但它们在环境条件下的影响尚不清楚。

(3)转产。

转产是利用细菌噬菌体作为载体将遗传物质从供体转移到受体细胞。从供体细胞中提取的一小片 DNA 被结合到噬菌体粒子中。当供体细胞感染时,诱导噬菌体颗粒的 DNA 可能被整合到受体细胞 DNA 中。与共轭相反,转产是特定的,因为噬菌体的宿主范围有限。

(4)转位。

重组的另一个过程是转位,即在基因组上从一个位置到另一个位置的质粒或染色体 DNA 小片段的运动(即跳跃)。反式转位,可以从一个染色体移动到另一个染色体,也可以从一个质粒移动到另一个质粒,携带编码酶、转位酶的基因催化转位。

1.4.1　重组 DNA 技术:基因工程微生物的构建

重组 DNA 技术,俗称基因工程或基因克隆,是人为控制基因,以产生有用的基因产品

(如蛋白质、毒素、激素)。重组试验有两类:①体外重组,包括使用纯化的酶在试管中重新加入分离的 DNA 片段;②体内重组,其中包括在活细胞中发生的 DNA 重组。

典型的基因克隆试验包括以下步骤(图 1.11):

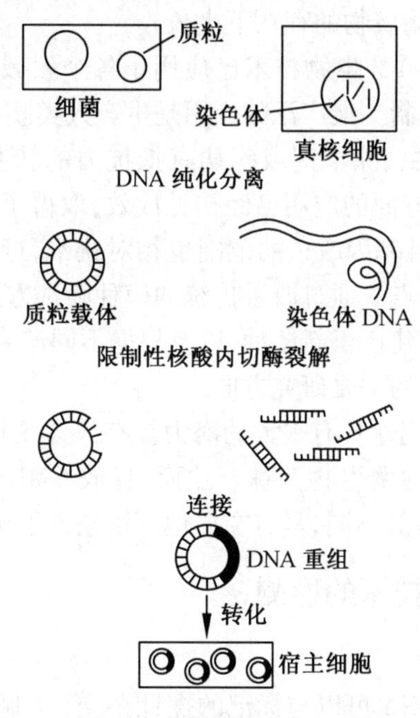

图 1.11　基因克隆涉及的步骤

(1)提取目的基因。有几种方法用于从众多细胞中分离 DNA。

(2)DNA 分裂或剪接。限制性内切酶用于切割特定部位的双链 DNA。这些酶通常帮助细胞处理外来的 DNA,保护细菌细胞免受噬菌体感染。例如,限制酶 ecori 是从大肠杆菌中分离出来的,而 hindii 酶是从流感嗜血杆菌中提取的。ecori 识别双链 DNA 上的以下序列为

-G-A-A-T-T-C-
-C-T-T-A-A-G-

产生片段为

-G-　　　A-A-T-T-C-
-C-T-T-A-A　　　-G-

利用电泳可以将不同大小的 DNA 片段进行分离。

(3)目的基因与运载体结合。DNA 片段通过另一种称为 DNA 连接酶的酶与克隆载体连接。来源 DNA 和克隆载体 DNA 都是用相同的限制性酶切割的,常用的克隆载体是质粒或噬菌体。

(4)将重组 DNA 导入宿主中。重组后的 DNA 被细胞进行复制和表达。例如,重组 DNA 可以通过转化引入宿主细胞。最常用的宿主是原核生物,如大肠杆菌或真核生物、酵母菌。含有重组 DNA 的宿主微生物将分裂并复制。

(5)选择克隆技术。具有所需重组 DNA 的载体可以使用抗生素抗性等标记进行筛选,这些标记表明细胞中存在克隆载体。选择具有所需基因的克隆可以通过核酸探针或通过筛选基因产物来完成。如果基因产物是一种酶(如 b-半乳糖酶),克隆的选择是通过寻找酶的菌落(宿主细胞在酶底物的存在下生长)。

基因工程微生物(GMEs)的生物技术已应用于各个领域,包括制药业、农业、媒介工业、食品工业、能源和污染控制。最广泛的应用是生产人类胰岛素和病毒疫苗。在农业方面,研究的重点是生产对昆虫、除草剂或疾病有抵抗力的转基因植物(即转基因全株植物)。基因工程在生物制氢方面的应用已经初见成效,取得了一些进展,但基因工程菌的应用还只占很小的比例,而且基因改造的范围也相对狭窄,近期这方面的研究越来越多,今后将成为生物制氢的新热点。通过改进传统的菌种筛选方法,结合生物信息学、代谢组学和基因工程手段筛选和构建产氢新菌种,以及根据不同产氢微生物的特点,利用混合培养物制氢是目前产氢微生物的主要研究方向。

GMEs 在污染控制中的用途具有很大的潜力。有人建议用 GMEs 来处理危险的废物场地和废水,建造能够降解的微生物菌株。然而,释放 GMEs 到环境中是一个潜在的问题。这是因为,GMEs 与化学品不同,具有在原地环境条件下生长和繁殖的潜在能力。

1.4.2 对选定分子技术的检测

1. DNA 探针

从环境样品中分离的 DNA 可以与标记的探针杂交,复制成质粒,或者通过聚合酶链反应(PCR)进行扩增。核酸探针是基于核酸杂交,有助于检测环境中细胞混合物中的特定微生物。有研究表明,这两段 DNA 是互补的,单互补链通过热或碱使 DNA 变性产生。在适当的条件下,互补链杂交(即相互结合)。DNA 探针是一小片含有特定序列的 DNA(寡核苷酸),当与单链目标 DNA 结合时,可发生杂交(即与目标 DNA 中的互补序列相关联,形成双链结构。为便于检测,探针上嵌入放射性同位素(如^{32}P)、酶(如 b-半乳糖酶、过氧化物酶或碱性磷酸酶)、荧光化合物(如异硫氰酸酯)的标记。基因探针可用于检测生长在固体介质上的细菌菌落中的基因序列,这种技术被称为群体杂交。点杂交包括在过滤器上发现核酸,然后探测以显示给定序列的存在与否。基因数据库可以用来检查微生物的基因序列。

聚合酶链式反应(PCR)的应用大大提高了 DNA 探针的灵敏度。其中一些能与 PCR 技术结合的探针,可以用于检测细菌、病毒、原生动物病原体和寄生虫。然而,不能依赖 DNA 探测器来评估消毒水的安全性,因为它们无法区分传染性和非传染性病原体。

以下是核酸探针的几个应用:

(1)在临床样本中检测病原体。针对临床上重要的微生物(如角菌、沙门氏菌、肠致病性大肠杆菌、淋病、人体免疫缺陷病毒(HIV)、疱疹病毒或隐孢子虫和贾迪亚菌的原生动物囊肿等)已研制了探针。使用 PCR 技术可以提高探针的灵敏度。

(2)环境分离物中金属抗性基因的检测。例如,建立了一个探测器,用于检测控制汞解毒的 Mer 操纵子。

(3)跟踪环境中的特定细菌。探针有助于跟踪特定环境分离物(如固氮细菌或能够降解特定基质的细菌)以及水、废水、生物固体和土壤中的基因工程微生物的归宿。

2. 基于 RNA 的方法

核糖体 RNA(rRNA)是一个很好的探测目标,因为在活细胞中有大量的核糖体。基于 RNA 的方法提供了关于微生物群落活动的信息。这些方法旨在检测 rRNA 或 mRNA。

rRNA 探针与已被涂抹在正电荷膜(膜杂交)或与固定目标细胞(荧光原位杂交或鱼类)上的提取靶点 RNA 杂交。rRNA 探测器提供了关于群落活动的信息,用于环境样品中本地微生物的鉴定和分类。这些探针可以设计成针对特定的微生物群体,从亚种到域级别。它们的灵敏度比 DNA 探测器要高得多。rRNA 探测器的一个主要优点是在公共数据库中有超过 15 000 个 RNA 序列。然而,由于本地细菌的核糖体拷贝比培养的细菌少,有时需要信号(如荧光)放大。例如,在使用胸苷胺时,观察到了多达 20 倍的信号放大。rRNA 探测器有助于微生物生态学家寻找非可培养细菌和获得复杂微生物群落的组成。

mRNA 将 DNA 中的信息传递给核糖体。mRNA 的检测比 rRNA 的拷贝数量少得多,提供了基因表达和功能的信息。

3. 核酸指纹

核酸指纹包括使用 PCR 放大特定的 DNA 片段,通过变性梯度凝胶电泳进行分析,这种方法可将有不同序列的片段进行分离。因此,该方法给出了废水微生物群落中微生物多样性的信息。

4. 聚合酶链反应

PCR 技术是由 Mullis 团队于 1986 年在 Cetus 公司开发的。这项技术基本上模拟了在体外发生的 DNA 复制过程,它包括通过产生数百万的目标 DNA 拷贝来放大离散的 DNA 片段。在细胞分裂过程中,两个新的 DNA 拷贝被制造出来,一组基因被传递给每个子细胞。基因的拷贝随着世代数量的增加呈指数增长。聚合酶链反应在体外模拟 DNA 复制过程,可以产生数以百万计的目标 DNA 序列拷贝。它包括 3 个步骤,构成 DNA 复制的一个周期(图 1.12):

(1)DNA 变性(链分离)。当在高温下孵化时,目标双链 DNA 片段被变性并分解成两股。

(2)引物退火。当温度降低时,目标 DNA 片段退火为由 18 ~ 28 个核苷酸组成的合成核苷酸引物,伴随目标 DNA 片段。这些引物与要复制的 DNA 部分互补。

(3)引物扩展或放大步骤。引物的扩展使用一种热稳定的 DNA 聚合酶,这种酶负责 DNA 在细胞中的复制。这种热稳定酶(taqDNA 聚合酶)是从海水草中提取的,海水草是一种在温泉中发现的细菌。

在大约 30 个周期持续约 3 h 后,目标 DNA 片段被放大并以指数形式累积。PCR 技术可以通过使用 DNA 热循环器自动控制变性和退火步骤所需的温度来实现自动化。这个程序在克隆、DNA 测序、追踪遗传疾病和法医学分析方面非常有用。它是诊断微生物学、病毒学的有力工具。目前用于检测暴露于人体免疫缺陷病毒(HIV)个体的测试只检测病毒的抗体,而不检测病毒本身。然而,在获得性免疫缺陷综合征(AIDS)患者的血液中,使用 PCR 技术直接识别了 HIV,而该病毒也是通过更传统的组织培养技术从这些患者身上分离出来的。与传统的培养技术相比,通过 PCR 技术进行病毒鉴定相对较快。

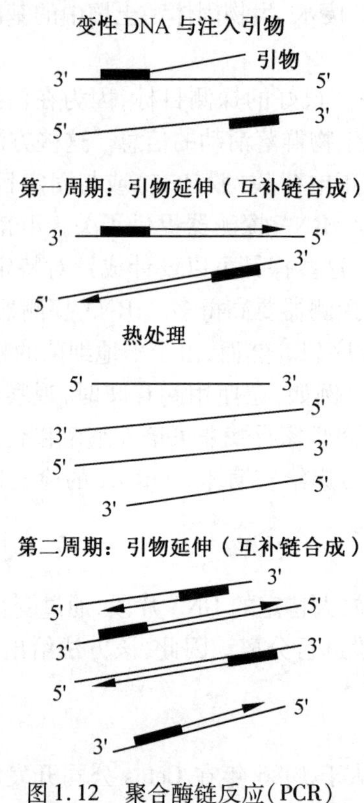

图 1.12　聚合酶链反应(PCR)

PCR 技术的一些环境应用如下：

(1)检测特定细菌。环境样品中的特定细菌，包括废水、污水和污泥，都可以通过 PCR 技术检测到。

(2)GMEs 的环境监测。利用 PCR 技术，可以追踪具有某些有用功能(如农药或碳氢化合物降解)的转基因细菌。目标 DNA 序列在体外被放大，然后与构建的 DNA 探针杂交。

(3)检测指标和病原微生物。发现病原体的方法已经从细胞培养转变为基于分子的技术，因为某些肠道病毒在组织培养上生长不良或未能生长。因此，PCR 技术已经被考虑用于检测水、废水和食物中的食源性和水媒病原体和寄生虫。PCR 技术检测到的病原体和寄生虫的例子有侵入性的弗列克斯奈菌、肠促性大肠杆菌、嗜血杆菌、沙门氏菌、叶尔斯泰尼亚肠梗阻、甲型肝炎病毒、诺沃克病毒、轮状病毒、腺病毒、星型病毒、肠道病毒、人体免疫缺陷病毒、贾迪亚病、隐孢子虫以及原始环境中的土著和非土著微生物。使用几组引物的多重 PCR 可以同时检测同一生物体内几种病原体或不同基因的基因序列。例如，提出了一种三联逆转录酶(RT)-PCR 方法，用于同时检测废水中的脊髓灰质炎病毒、甲型肝炎病毒和轮状病毒。聚合酶链反应也被用于放大 lacz 和 uida 基因，分别用于检测总大肠杆菌(b-半乳糖苷酶前导管)和大肠杆菌(b-葡糖苷酶产生者)。PCR 技术的一个优点是检测环境样品中的表型阴性大肠杆菌(第 4 章)。但环境样品以及用于病毒浓缩的化学品中含有通过 PCR 技术干扰病源或寄生虫检测的物质(如腐殖酸和富维酸、重金属、用于病毒浓度的牛肉提取物和其他未知物质),因此需要改进环境监测的 PCR 技术。用凝胶过滤,然后用离子交换树脂处理,使 DNA 或 rRNA 分别去除腐殖质和重金属引起的干扰。贝类提取物中发现的抑制剂可在 PCR 技术或颗粒纤维素之前,用三甲基溴化硅处理去除。

尽管一些调查人员报告了 PCR 技术检测病毒 RNA 与感染性病毒或细菌性噬菌体的存在之间的关系,但没有研究表明可通过聚合酶链反应在环境样品中检测到病原体和寄生虫。

5. 微阵列

微阵列也称为基因芯片,由大量的 DNA 序列(探针)或寡核苷酸连接在无孔固体支架上,并与从环境样品中分离出来的荧光标记的目标序列杂交而成。一般都使用 xi-3 和 xi-5 的荧光染料作为标签,但替代的荧光染料已被用来检测微阵列中的目标。由 PCR 产品或寡核苷酸制成的探针,通过三种主要的印刷技术(如光刻、喷墨或机械微点技术)连接在固体支架上。在探测器与目标杂交后,用高分辨率扫描仪对微阵列进行扫描,并利用可获得的通用软件对数字图像进行分析。

微阵列为监测环境样品中的基因表达和功能以及病原体的检测和鉴定提供了强有力的工具。它们具有能够在很小的表面积上附加几千个探针、灵敏度高、能够探测到不同荧光标记的几个目标序列、低背景荧光、便于自动化、在实地研究中的应用潜力大等优点。

1.5 思考题

1. 说明在原核生物或真核生物中是否有以下特征:

(a)圆状 DNA　(b)核膜　(c)存在组蛋白　(d)有丝分裂

(e)二分裂　(f)通过减数分裂产生配子

2. 细胞的电子显微图显示细胞壁、细胞质膜、没有核膜的核体,以及没有内质网或线粒体。单元格为:

(a)植物细胞　(b)动物细胞　(c)细菌　(d)真菌　(e)病毒

3. 在核苷酸的补基配对中,腺嘌呤可以与________形成氢键,鸟嘌呤可以与________形成氢键。

4. (　)通过互补的碱基配对复制 DNA 中的遗传信息,并将这个“信息”传递到蛋白质聚集的核糖体。

(a)tRNA　(b)mRNA　(c)rRNA

5. (　)转移 RNA 接收特定的氨基酸,将氨基酸转移到 ribo-somes,并根据 mRNA 信息将正确的氨基酸插入适当的位置。

(a)tRNA　(b)mRNA　(c)rRNA

6. 简述细胞壁、外膜、糖萼、气泡的生态作用。

7. 生物修复专家对哪种质粒感兴趣?

8. 与 DNA 相比,为什么 RNA 是一个好的探测目标?

9. 列出并解释蛋白质合成所涉及的阶段。

10. 解释荧光原位杂交(鱼)的主要特征。

11. 在处理环境样本时遇到了什么问题?

12. 古细菌和细菌有什么区别?

13. 列举出不同种类的藻类,并指出哪些种类完全来自海洋。

14. 列出病毒溶质循环所涉及的步骤。

15. 病毒复制中溶解度与溶源周期的比较。

第2章 微生物的代谢和生长

2.1 微生物的新陈代谢

2.1.1 概述

代谢是生化转化的总和,包括相互联系的分解反应和合成反应。分解反应是放能反应,从有机和无机化合物中释放能量。合成反应(即生物合成)是一种吸能反应:它们利用分解反应提供的能量和化学中间体进行新分子的生物合成、细胞维持和成长。分解代谢与合成代谢的关系如图2.1所示。

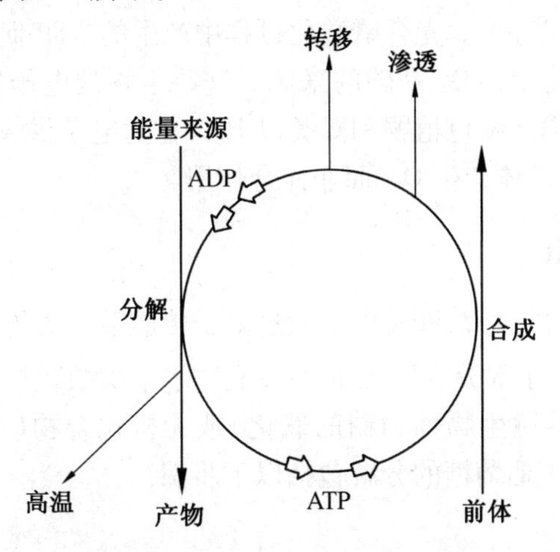

图2.1 分解代谢与合成代谢的关系

分解反应释放的能量被转移到高能化合物中,如三磷酸腺苷(ATP)。这种磷酸化合物是由腺嘌呤、核糖(一种五碳糖)和三种磷酸盐组成;它有两种高能键,当水解为二磷酸腺苷(ADP)时释放化学能。在标准条件下水解时,每个分子的ATP释放大约31 425 kJ的能量。A表示腺嘌呤和核糖的结合体。

$$A-P\sim P\sim P+H_2O \rightleftharpoons A-P\sim P\sim P+P_i+\text{能量} \tag{2.1}$$

ATP释放出来的能量用于生物合成反应、主动运输或运动,其中一部分以热能的形式散失。其他的高能磷酸化合物是磷酸烯醇丙酮酸(PEP)($\Delta G^0=-61.9$ kJ/mol)和1,3-二磷酸甘油酸($\Delta G^0=-49.4$ kJ/mol)。三磷酸腺苷是由三种磷酸化作用机制产生的。

1.底物水平磷酸化

底物水平磷酸化是高能磷酸盐从分解代谢途径中的中间体直接转移到ADP的过程。

它产生了发酵微生物的所有能量,但只产生一小部分有氧和厌氧微生物的能量。在发酵过程中,葡萄糖通过埃姆登-迈耶霍夫途径(Embden-Meyerhof Parnas Pathway,EMP 途径)转化为丙酮酸。丙酮酸被各种微生物进一步转化为几种副产品(例如酵母菌产生的酒精或乳酸链球菌产生的乳酸)。底物水平的磷酸化通过将磷酸基团从高能磷酸化合物(如1,3-二磷酸甘油酸)转移到 ADP 而形成 ATP。在一个典型的循环中,每一分子葡萄糖只释放两种 ATP 分子(相当于大约 62 000 J)。葡萄糖分子氧化释放的自由能 ΔG^0 为 -2.87×10^6 J,这一过程的效率只有 2%。

2. 氧化磷酸化(电子传递系统)

三磷酸腺苷也可以通过氧化磷酸化产生,即电子通过电子传递系统(ETS)从电子供体运输到最终的电子受体,这种电子受体可能是 O_2、硝酸盐、硫酸盐或 CO_2。

电子传递系统位于原核生物的细胞质膜和真核生物的线粒体中。虽然细菌使用的电子载体类似于线粒体使用的载体,但前者可以使用交替的最终电子受体(如硝酸盐或硫酸盐)。

3. 光合磷酸化

光合磷酸化是光能转化为化学能(ATP)的过程,发生在两个真核生物(如藻类)和原核生物(如蓝藻、光合细菌)中。光合磷酸化过程中产生的 ATP 促进了光合作用暗反应中 CO_2 的还原。在光合生物中,CO_2 是碳的来源。这些生物的电子转运系统为细胞养料的合成提供 ATP 和 NADPH。绿色植物和藻类以 H_2O 作为电子供体,释放副产品 O_2。光合细菌利用 H_2S 作为电子供体产生 O_2,而非光合作用。

2.1.2 异化作用

呼吸是一个 ATP 生成过程,涉及电子通过电子传递系统的传输,底物被氧化,O_2 作为电子受体。如前所述,一小部分 ATP 也是通过底物水平磷酸化产生的。电子供体可能是一种有机化合物(如异养微生物葡萄糖的氧化)或无机化合物(如化能自养微生物氧化 H_2、Fe(Ⅱ)、NH_4 或 S^0)。葡萄糖的分解包括以下步骤:

1. 糖酵解

在糖酵解过程中,葡萄糖首先被磷酸化并分解成一种关键的中间化合物——甘油醛-3-磷酸,然后转化成丙酮酸(图 2.2)。因此,糖酵解是将 1 mol 葡萄糖氧化成 2 mol 丙酮酸和一种三碳化合物的过程。这一途径导致 1 mol 葡萄糖分子产生 2 mol NADH 分子和 2 mol ATP 分子。

有些微生物利用戊糖磷酸途径氧化戊糖。通过这个途径,葡萄糖氧化产生 12 mol NADPH 分子和 1 mol ATP 分子。而一些原核微生物使用恩特纳-杜多罗夫途径(Entner-Doudoroff Pathway,ED 途径),通过这种途径,每个分子的葡萄糖氧化产生两个 NADPH 分子和一个 ATP 分子。

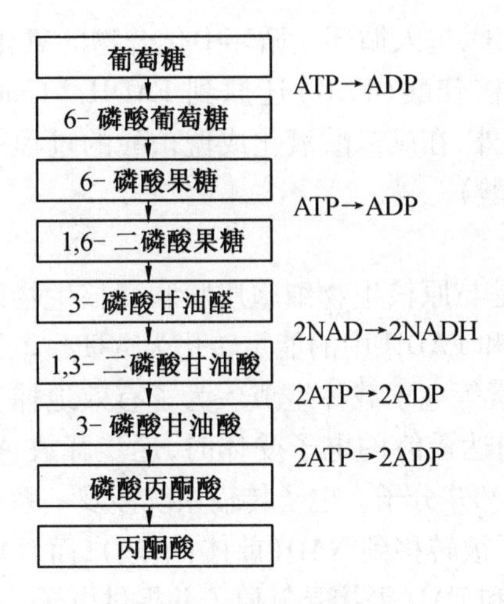

图 2.2　糖酵解反应

2. 丙酮酸向乙酰辅酶 A 的转化

丙酮酸脱羧(失去一个 CO_2)形成乙酰基,乙酰基与辅酶 A 结合形成乙酰辅酶 CoA,乙酰辅酶 A 是一种双碳化合物。在此过程中,NAD^+被还原为 NADH。

$$\text{丙酮酸}+\text{辅酶 A}\longrightarrow\text{乙酰基辅酶 A}+NADH+CO_2 \tag{2.2}$$

3. 克雷布斯循环

克雷布斯(Krebs)循环(柠檬酸循环或三羧酸循环)如图 2.3 所示,丙酮酸被完全氧化为 CO_2,释放的能量比糖酵解更多;它发生在真核生物的线粒体中,但与原核生物的细胞膜有关。乙酰辅酶 A 进入克雷布斯循环,与草酰乙酸(4C 化合物)结合形成六碳柠檬酸。循环由一系列的生化反应组成,每一反应都由一种特定的酶催化。它导致 1 mol 乙

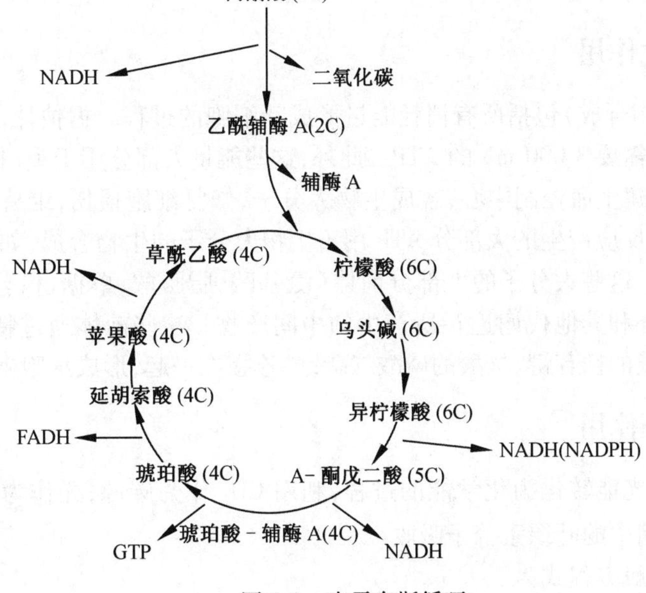

图 2.3　克雷布斯循环

酰辅酶 A 分子产生 2 mol CO_2进入循环。循环中化合物的氧化释放电子,将 NAD 还原成 NADH 或将黄素腺嘌呤二核苷酸(FAD)还原到 FADH。1 mol 乙酰辅酶 A 形成 3 mol NADH 和 1 mol FADH。此外,在戊二酸氧化成琥珀酸的过程中,底物水平磷酸化作用形成了 1 mol GTP(鸟苷三磷酸)。

4. 电子传递系统

电子传递系统(ETS)是与原核生物细胞质膜和真核生物线粒体相关的电子载体链。这个系统将储存在 NADH 和 FADH 中的能量转化为 ATP。该链由黄素单核苷酸(FMN)、辅酶 Q、铁硫蛋白、细胞色素等电子载体组成。为了有效地捕获能量,当一个电子从一个载体传送到另一个载体,到达最终的电子受体时,逐步释放 ATP。每个 NADH 和 FADH 分子分别生成三个和两个 ATP 分子。电子传输系统涉及一系列步骤:

(1)从底物产生的电子被转移到 NAD(前体:烟酸),而 NAD 被还原为 NADH。

(2)黄素蛋白如 FMN 和 FAD 等接受氢原子并提供电子。

(3)醌类化合物(辅酶 Q)是脂溶性载体,它也接受氢原子并提供电子。

(4)细胞色素是含有三价铁卟啉环的蛋白质,三价铁被还原为二价铁。有几类细胞色素由字母指定。电子传递顺序如下:细胞色素 b、细胞色素 c、细胞色素 a。

(5)O_2 是有氧呼吸的最终电子受体。厌氧呼吸涉及除氧以外的最终电子受体。这些电子受体可能是 NO_3^-、SO_4^{2-}、CO_2或某些有机化合物。厌氧呼吸比有氧呼吸释放的能量少。

抑制剂(如氰化物、CO)作用于 ETS 的各个点,可以抑制电子流,从而干扰电子流和 ATP 的合成。其他抑制剂(二硝基苯酚)被称为解偶联剂,只抑制 ATP 的合成。

5. 有氧呼吸释放 ATP

1 mol 葡萄糖有氧呼吸生成 CO_2 并释放出 38 mol ATP 分子,葡萄糖经有氧呼吸完全氧化为 CO_2的效率约为 38%。

2.1.3 同化作用

同化作用(生物合成)包括所有消耗能量形成新细胞的过程。据估计,要制造干质量为 100 mg 的细胞,需要 3 000 mL 的 ATP。此外,这些能量大部分用于蛋白质合成。细胞利用能量(ATP)构建生命控制中心,合成生物大分子,修复细胞损伤,维持细胞膜的运动和主动运输。分解反应产生的大部分 ATP 用于生物大分子的生物合成,如蛋白质、脂质、多糖、嘌呤和嘧啶。这些大分子的大部分前体(氨基酸、脂肪酸、单糖、核苷酸)来自于糖酵解、克雷布斯循环和其他代谢途径所产生的中间产物。这些前体通过特定的键(例如蛋白质的肽键、多糖的糖苷键、核酸的磷酸二酯键)连接在一起,形成细胞生物聚合物。

2.1.4 光合作用

光合作用是将光能转化为化学能的过程,利用 CO_2 作为碳源,光作为能源。光被藻类、植物和光合细菌中的叶绿素分子吸收。

光合作用的一般方程式为

$$6CO_2+12H_2O+光\longrightarrow C_6H_{12}O_6+6H_2O+6O_2 \tag{2.3}$$

光合作用由两种反应组成：

(1)光反应。光能转化为化学能(ATP)并产生 NADPH。

(2)暗反应。用 NADPH 还原 CO_2。

1. 光反应

光合色素捕获的大部分能量为 400(可见光)～1 100 nm(近红外光)。藻类、绿色光合细菌和紫色光合细菌分别吸收范围为 670～685 nm、735～755 nm 和 850～1 000 nm 的光。

叶绿素 a 是一种由吡咯环组成的化合物。光被叶绿素 a 吸收，在 Mg 原子周围呈现两个吸收峰，第一个峰在 430 nm 处，第二个峰在 675 nm 处。这些色素以光系统Ⅰ(p700)和光系统Ⅱ(p680)的簇状结构排列，它们在电子从 H_2O 转移到 NADP(光合细菌只有光系统Ⅰ)中发挥作用。在光合作用中的电子流动有一条类似"Z"的路径，称为非循环电子流或 Z 方案。光系统Ⅱ暴露在光下，氧化还原电位变得更低，释放的能量会将电子提升到更高的能级。电子空穴由一个通过 H_2O 光解产生的电子填充。ATP 是通过电子载体(如醌类、细胞色素、质体蓝素)下移产生的，被光系统Ⅰ(p700)捕获。当 p700 暴露在光下时，释放的电子再次被提升到更高的能级。在电子流向下流动后，NADP 通过其他电子载流子(如铁氧化还原蛋白)被还原为 NADPH。O_2 是藻类、蓝藻和植物在光合作用过程中进行光反应的副产品。有时，Z 方案显示电子的循环流动，产生 ATP 而非 NADPH。

2. 暗反应(卡尔文-本森循环)

吸能的暗反应，统称为卡尔文循环或卡尔文-本森循环，发生在叶绿体的基质中，并利用光反应来固定碳。还原剂(NADPH)和光反应过程中产生的能量(ATP)被用来在卡尔文-本森循环中将 CO_2 还原成有机化合物，第一步是 CO_2与 1,5-二磷酸核酮糖(RuDP)的结合，这是一种由二磷酸核酮糖羧化酶催化的反应。随后的一系列反应形成了已糖分子，即 6-磷酸果糖，可转化为葡萄糖。

暗反应的总反应方程为

$$6CO_2+18ATP+12H_2O+12NADPH \longrightarrow C_6H_{12}O_6+12Pi+18ADP+12NADP^+ \quad (2.4)$$

因此，一个 CO_2分子的固定需要三个 ATP 分子和两个 NADPH 分子。

2.2　微生物生长动力学

原核生物(如细菌)主要通过二分裂繁殖(即每个细胞产生两个子细胞)。微生物种群的增长是指数量的增大。生长速率是指单位时间内微生物细胞数量或质量的增加。微生物种群数量翻倍所需的时间是世代时间，这可能每分钟都不一样。微生物种群可以分批培养(封闭系统)或连续培养(开放系统)。

2.2.1　分批培养

当适当的培养基接种细胞时，微生物种群的生长遵循图 2.4 所示的生长曲线，显示出 4 个不同的阶段。

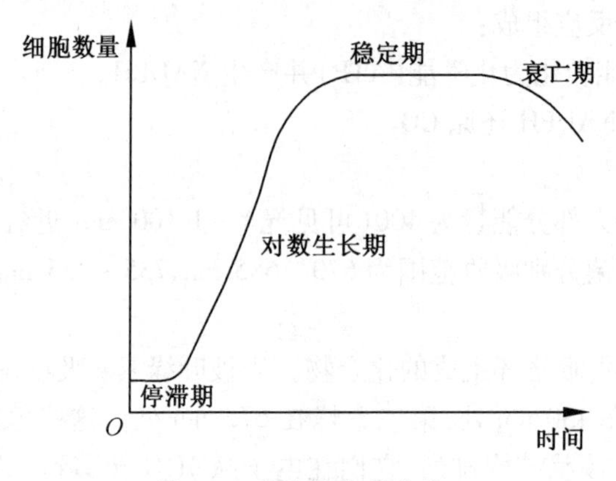

图 2.4　微生物生长曲线

1. 停滞期

停滞期是细胞适应新环境的时期。细胞参与生物化学物质的合成并进行放大。停滞期的持续时间取决于细胞先前历史(年龄、先前接触过的有害的物理或化学物质、培养基)。例如,当指数生长的细胞被转移到生长条件相似的介质时,没有观察到滞后阶段;反之,将受损的细胞导入培养基时,则出现停滞期。

2. 对数生长期

在对数生长期,细胞单元数量呈指数增长。指数生长随微生物种类和生长条件变化而变化(如温度、介质成分)。在有利条件下,细菌细胞(如大肠杆菌)的数量每 15 ~ 20 min增加一倍。增长遵循几何级数($2^0 \to 2^1 \to 2^2 \to 2^n$)。

$$X_t = X_0 e^{\mu t} \tag{2.5}$$

式中,μ 为比生长速率,h^{-1};X_t为细胞生物量或时间 t 后的细胞数;X_0为细胞的初始数或生物量。

在式(2.5)的两边使用自然对数得到

$$\ln X_t = \ln X_0 + \mu t \tag{2.6}$$

则

$$\mu = \frac{\ln X_i - \ln X_0}{t} \tag{2.7}$$

如果 n 是在 t 时间人口倍增的数量,倍增时间 t_d为

$$t_d = \frac{t}{n} \tag{2.8}$$

μ 与倍增时间 t_d的关系为

$$\mu = \frac{\ln 2}{t_d} = \frac{0.693}{t_d} \tag{2.9}$$

对数生长期的细胞对物理和化学物质的敏感性比稳定期的要高。

3. 稳定期

微生物不能无限期地生长,这主要是由于缺乏营养物质和电子受体,以及有毒代谢物的产生和积累,所以细胞种群进入稳定期。细胞积累有毒的代谢物,在固定阶段产生次生

代谢物(如某些酶、抗生素),在稳定期没有净增长(细胞生长被细胞死亡或溶解平衡)。

4. 衰亡期

在衰亡期,微生物种群的死亡(衰变)率高于增长率。细胞死亡可能伴随着细胞溶解。虽然微生物悬浮液的浊度可能保持不变,但活菌计数下降。

2.2.2　连续培养

前文已经描述了分批培养的生长动力学,在长时间的对数生长期,微生物培养可以通过持续增加细胞数量维持。最常用的设备是恒化器(图 2.5),它本质上是一个没有回收的完全混合反应器。除了限制生长衬底的流速外,还控制氧水平、温度和 pH 等环境参数。在体积为 V、含浓度为 X 的微生物的反应器中连续不断地加入底物,稀释率(水力停留时间 t 的倒数)为

$$D=\frac{Q}{V}=\frac{1}{t} \tag{2.10}$$

式中,D 为稀释率,h^{-1};Q 为底物流量,L/h;V 为反应器体积,L;t 为时间,h。

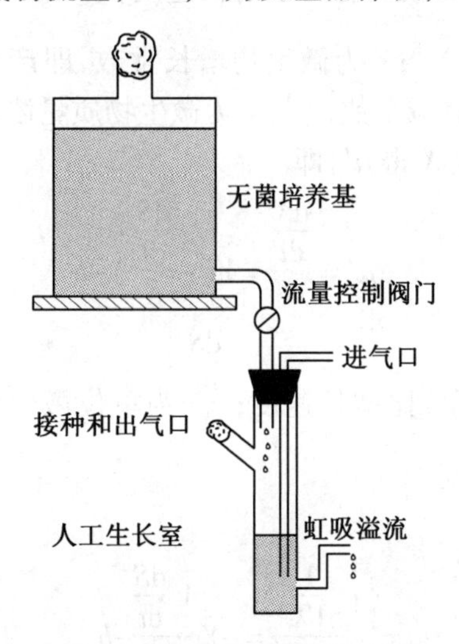

图 2.5　微生物连续培养的恒化器

在连续流动反应器中,微生物的生长被描述为

$$\frac{dX}{dt}=\mu X-DX=X(\mu-D) \tag{2.11}$$

$$X_t=X_0e^{(\mu-D)t} \tag{2.12}$$

式(2.11)、式(2.12)表明,限制底物的供给速率控制着比生长速率 μ。当 $D>\mu_{max}$ 时,观察到细胞浓度下降和细胞数量下降。细胞清洗始于临界稀释速率 D_c,约等于 μ_{max}。

X 的质量平衡表示为

$$V\frac{dX}{dt}=\mu XV-QX=\frac{\mu_{max}S}{K_a+S}XV-QX \tag{2.13}$$

稳定阶段

$$\frac{dX}{dt}=0\rightarrow\mu=D=\frac{Q}{V}=\frac{\mu_{max}S}{K_a+S} \tag{2.14}$$

在稳态下，反应器中的底物浓度 S 和细胞浓度 X 分别为

$$S=K_a\frac{D}{\mu_{max}-D} \tag{2.15}$$

$$X=Y(S_i-S_e) \tag{2.16}$$

式中，Y 为生长产率；S_i为流入底物浓度；S_e为流出底物浓度。

稳定阶段下会以非常低或非常高的稀释率分解。在连续运行的稳态生物处理系统中，同时进行着三个过程：①有机基质的不断氧化分解（降解）；②微生物细胞物质的不断合成；③微生物老细胞物质的氧化衰亡。

综合上述三个过程，则有

$$\frac{dX}{dt}=Y\left(-\frac{dS}{dt}\right)-bX \tag{2.17}$$

式中，$\frac{dX}{dt}$为以质量浓度表示的微生物的净增长速度，mg/(L·d)$^{-1}$；$\frac{dS}{dt}$为以质量浓度表示的基质降解速度，mg/(L·d)$^{-1}$；Y 为微生物增长常数，即产率，mg 微生物/mg 基质；b 为微生物自身氧化分解率，即衰减系数，d^{-1}；X 为微生物质量浓度，mg/L。

将式(2.17)两边各除以 X 得 μ'，即

$$\mu'=\frac{\frac{dX}{dt}}{X}=Y\left(-\frac{\frac{dS}{dt}}{X}\right)-b \tag{2.18}$$

式中，$\mu'=\frac{\frac{dX}{dt}}{X}$为微生物的（净）比增长速度；$\frac{\frac{dS}{dt}}{X}$为单位微生物量在单位时间内降解有机物的量，即基质的比降解速度。

式(2.18)变换后可得

$$\frac{\frac{1}{VX}}{V\frac{dX}{dt}}=-Y\frac{V\frac{dS}{dt}}{VX}-b \tag{2.19}$$

$$\frac{1}{\frac{X_0}{\Delta X_0}}=Y\frac{\Delta S_0}{X_0}-b \tag{2.20}$$

$$\frac{1}{\theta t}=YU_s-b \tag{2.21}$$

式中，V 为生物反应器容积，L；X_0为生物反应器内微生物总量，mg，$X_0=VX$；ΔX_0为生物反应器内微生物净增长总量，mg/d，$\Delta X_0=V\frac{dX}{dt}$；$\Delta S_0$为生物反应器内降解的基质质量浓度，mg/L，$\Delta S_0=-V\frac{dS}{dt}$；$U_s$ 为生物反应器内单位质量微生物降解的基质质量，mg/(mg·d)，$U_s=\frac{\Delta S_0}{X_0}$；$\theta t$ 为细胞平均停留时间（MCRT），在废水生物处理系统中，习惯称为污泥停留时间（SRT）

或泥龄(sludge age),d。

式(2.21)把污泥停留时间 θt 和污泥负荷联系在一起,给实际运行和设计带来了新的控制因素。

2.2.3 影响微生物生长的理化因素

1. 底物浓度

米氏方程给出了比生长速率 μ 与底物浓度 S 之间的关系[图2.6(a)],即

$$\mu=\mu_{\max}\frac{[S]}{K_s+[S]} \tag{2.22}$$

式中,$\mu_{\max}$ 为最大比生长速率,h^{-1};S 为底物质量浓度,mg/L;K_s 为半饱和常数,mg/L,是当比生长速率等于 $\mu_{\max}/2$ 时的底物质量浓度。

$\mu_{\max}$ 和 K_s 受温度、碳源类型等因素的影响,莫诺(Monod)方程用米氏(Lineweaver-Burke)方程线性化表示为

$$\frac{1}{\mu}=\frac{K_s}{\mu_{\max}[S]}+\frac{1}{\mu_{\max}} \tag{2.23}$$

图2.5(b)所示为米氏方程双倒数曲线,即 $1/\mu$ 和 $1/S$ 的关系图。斜率、截距 y 和截距 x 分别为($K_s/\mu_{\max}$)、($1/\mu_{\max}$)和($-1/K_s$)。图2.5可用来计算 K_s 和 $\mu_{\max}$。废水中单个化学物质的 K_s 值为0.1~1.0 mg/L。

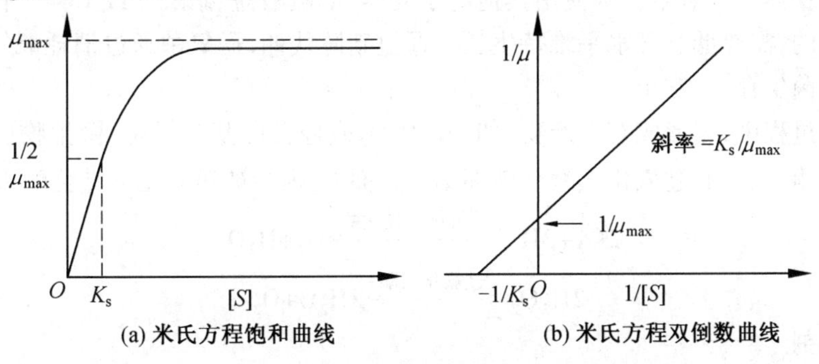

图2.5 比生长速率 μ 与底物浓度 S 之间的关系

2. 温度

温度是影响微生物生长和生存的重要因素之一。微生物可以在-100~100 ℃下生长。根据生长的最佳温度,微生物体可分为嗜温菌、嗜冷菌、嗜热菌或极端嗜热菌。根据阿伦尼乌斯(Arrhenius)方程,微生物的比生长速率与温度相关,有

$$\mu=Ae^{-E/RT} \tag{2.24}$$

式中,A 为常数;E 为活化能,kJ/mol;R 为气体常数;T 为绝对温度,K。

嗜冷菌可以在低温下生长,因为它们细胞膜中的不饱和脂肪酸含量较高,这有助于维持膜的流动性,而高含量的饱和脂肪酸有助于嗜热菌在高温下维持功能。在高温下,蛋白质尤其是酶的热变性以及由膜结构的改变导致细胞通透性的改变,因此 μ 减小。

3. pH

微生物环境中的pH对微生物生长的影响很大,主要效应是引起微生物细胞的细胞

膜电荷变化，以及影响营养物离子化程度，从而影响微生物对营养物的吸收；影响代谢过程中酶的活性；改变环境中营养物质的可给性以及有害物质的毒性等。废水的生物处理一般在中性 pH 处进行。一般来说，细菌生长的最适 pH 在 7 左右，但有些专性嗜酸性细菌（如硫杆菌、硫化叶菌）可在 pH 为 2 的条件下生长。真菌适宜在 pH=5 或更低的酸性环境中生长，蓝藻在 pH>7 时生长最优。pH 对丁酸型发酵的产氢速率也有较大影响。随着 pH 由 4.1 升至 4.8，产氢速率呈现出先下降后回升并稳定的变化趋势。pH 在 4.6 ~ 4.8范围内时，产氢速率较高，在 5.0 L/d 上下。这是因为不同菌群有不同的适宜生长 pH 范围，pH 在 4.1 ~4.4 范围内时，系统处于调整运行阶段，各种发酵菌群处于演替竞争阶段，产氢速率较低，当 pH 为 4.6 ~4.8 时，丁酸型发酵菌群逐渐成为优势菌群，生物制氢系统处于丁酸型发酵阶段且呈现较好的产氢状态。

细菌的生长通常会通过释放酸性代谢物（如有机酸、H_2SO_4）而降低培养基的 pH。相反，一些微生物也会增加周围环境的 pH（如反硝化细菌、藻类）。

pH 影响微生物酶的活性和化学物质的电离，从而在营养物质和有毒化学品进入细胞的过程中发挥作用。

4. 氧气水平

微生物可以在有氧或无氧的条件下生长，分为需氧菌、兼性厌氧菌（可以在有氧的情况下生长，也可以在无氧的情况下生长）和厌氧菌。好氧微生物在呼吸过程中，用 O_2 作为终端电子受体。厌氧生物则使用其他电子受体，如硫酸盐、硝酸盐或 CO_2。有些微生物是微嗜氧性的，需要低氧气水平维持生长。通过新陈代谢，需氧菌通过消耗氧气使得环境更适宜厌氧菌生存。

在还原过程中，氧形成有毒产物，如 O_2^-、H_2O_2或羟自由基。但是，微生物已经获得了使其失活的酶。例如，过氧化氢酶会破坏 H_2O_2，而 O_2^-则会被超氧化物歧化酶灭活。

$$2O_2^- + 2H^+ \xrightarrow{\text{过氧化物歧化酶}} O_2 + H_2O_2 \tag{2.25}$$

$$2H_2O_2 \xrightarrow{\text{过氧化氢酶}} 2H_2O + O_2 \tag{2.26}$$

5. 抑制剂

下面以厌氧菌群为例说明抑制剂对微生物的影响。在工业废水和城市污水污泥的厌氧消化处理中，有许多物质（无机的和有机的）可能对厌氧菌群产生抑制影响。虽然各种物质引起抑制的程度及作用机制各异，但大多数物质在一定条件下对细菌通常会产生下列几种作用：①破坏细菌细胞的物理结构；②与酶形成复合物使之丧失活性；③抑制细菌的生长和代谢过程，降低其速率。

无机性抑制物质主要包括 H_2S、氨、NH_4^+、碱金属、碱金属阳离子（如 Na^+、K^+、Ca^{2+}及 Mg^+）、重金属（如 Cu^{2+}、Fe^{2+}、Fe^{3+}、Cr^{3+}、Cr^{6+}等）；有机性抑制物质主要有 CCl_4、$CHCl_3$、CH_2Cl_2及其氯代烃类、酚类、醛类、酮类及多种表面活性物质。

(1)有机抑制剂。

①氯酚类化合物。氯酚类化合物（CPs）广泛应用于木材防腐剂、防锈剂、杀菌剂、除草剂等行业。氯酚类化合物对大多数有机体都是有毒的，它会中断质子的跨膜传递，干扰细胞的能量转换。氯酚类有机物的厌氧生物降解性大小依次为：五氯酚（PCP）>四氯酚

(TeCP)>三氯酚(TCP)>单氯酚(MCP)>二氯酚(DCP)。厌氧微生物经过驯化可以降低氯酚类化合物的抑制作用并提高其生物降解性。

②含氮芳烃化合物。含氮芳烃化合物包括硝基苯、硝基酚、氨基苯酚、芳香胺等。它们的毒性是通过与酶的特殊化学作用或是干扰代谢途径产生的。硝基芳香化合物对产甲烷菌的毒性非常大,而芳香胺类化合物的毒性要小得多。这可能是由于硝基芳香化合物比芳香胺类化合物疏水性更低。厌氧微生物经过驯化可以降低含氮芳烃化合物的毒性并提高其生物降解性。

③长链脂肪酸。长链脂肪酸(LCFAs)抑制产甲烷菌主要是由于产甲烷菌的细胞壁与革兰氏阳性菌很相似。LCFAs 会吸附在其细胞壁或细胞膜上,干扰其运输或防御功能,从而导致抑制作用。LCFAs 对生物质的表层吸附还会使活性污泥悬浮起来,活性污泥被冲走。在 UASB 反应器中,LCFAs 导致污泥悬浮的浓度要远低于其毒性浓度。由于 LCFAs 可与钙盐形成不溶性盐,所以加入钙盐也可以降低 LCFAs 的抑制作用,但还是不能解决污泥悬浮的问题。

(2)无机抑制剂。

①碱金属和碱土金属盐。在某些工业生产部门,如造纸、制药及石油化工的某些生产过程中会排出含有高浓度碱金属和碱土金属盐的有机废水,含有高浓度无机酸和有机酸的有机废水由于加碱中和也会导致其中含有高浓度碱金属和碱土金属的盐类。采用厌氧消化法处理这类废水时或当消化池发生酸积累而通过加碱控制 pH 时,均有可能在消化液中出现浓度很高的碱金属(主要是 K^+ 和 Na^+)和碱土金属的阳离子(主要是 Ca^{2+} 和 Mg^{2+}),这些离子的大量存在常会导致消化过程失败。

②硫及硫化物。硫是组成细菌细胞的一种常量元素,对于细胞的合成必不可少。硫在水中主要以 H_2S 的形态存在。当废水中含有适量的硫时,可能会产生几种效应:供给细胞合成所需要的硫元素;降低环境氧化还原电位,刺激细菌的生长;与废水中有害的重金属络合形成不溶性金属硫化物沉淀,减轻或消除重金属的毒性。产生上述效应的质量浓度一般在 50 mg/L 左右。因此,待处理的废水中如不含硫或其含量甚微时,或废水中含有重金属离子时,应投加适量的硫化物,通常采用硫化钠、石膏或硫酸镁等。但是,当消化液中硫化氢的质量浓度超过 100 mg/L 时,则会对细菌产生毒性,达到 200 mg/L 时会强烈地抑制厌氧消化过程,但经过长期驯化后,一般可以适应。

③氨。氨主要由蛋白质和尿素生物分解产生。氨、氮在水溶液中主要是以铵离子(NH_4^+)和游离氨(NH_3、FA)的形式存在。其中 FA 具有良好的膜渗透性,是抑制作用产生的主要原因。在四种类型的厌氧菌群中,产甲烷菌最易被氨抑制而停止生长。当氨、氮质量浓度为 4 051 ~5 734 mg/L 时,颗粒污泥中的产酸菌几乎不受影响,而产甲烷菌的失活率达到了 56.5%。在某些蛋白质、尿素等含氮化合物浓度很高的工业废水和生物污泥厌氧消化处理过程中常常会形成大量氨态氮。

氨、氮是合成细菌细胞必需的氮元素的唯一来源,当其浓度较高时还可以提高消化液的缓冲能力。因此,消化液中维持一定浓度的氨氮对厌氧消化过程显然是有利的。但是,氨、氮浓度过高则会引起氨中毒,特别是当消化液的 pH 较高时,游离氨的危险性更大些。

2.3 思考题

1. 按照初始浓度为每毫升 1 000 个细胞计算，假设倍增时间为 1.5 h，计算 16 h 后的最终细胞浓度。

2. 如果 1 mol 葡萄糖底物形成 58 g 生物量，计算微生物培养的细胞产量 Y。

3. 在生物反应器中，硝化细菌种群的比生长速率为 $0.2\ h^{-1}$，所需的最低平均停留时间是多少？

4. 假设细胞 $X_0=500$ 个细胞/L，特定比生长速率 $\mu=0.5\ h^{-1}$ 的初始数量的细菌种群指数增长，计算：

(1)6 h 后的细胞浓度。

(2)倍增时间。

5. 写出莫诺(Monod)方程并列出它的图表，如何计算 μ_{max} 和 K_s？

6. 比较间歇培养和连续培养的微生物生长情况，给出方程，并指出两者之间的差异。

7. 讨论活细菌的非可培养阶段。

8. 确定环境样品中细胞活性的方法有哪些？

第3章 微生物在生物地球化学循环中的作用

本章将阐述氮、磷和硫的生物地球化学循环，讨论每个周期的微生物学，并探讨这些养分在废水处理厂的生物转化和生物清除。

3.1 氮循环

氮对生命至关重要，因为它是微生物、动物和植物细胞中蛋白质和核酸的组成部分。氮气虽然是人们呼吸的空气中含量最多的气体（占地球大气层的79%），但它却是水生环境和农田中的一种限制养分，导致发展中国家数百万人缺乏蛋白质。这是因为 N_2 是一种非常稳定的分子，只有在极端的条件下（如放电、高温和高压）才会发生变化。只有 N_2 首先转化为氨，才能被大多数生物利用。

3.1.1 氮循环的微生物学

微生物在环境的氮循环中起着重要作用。氮循环如图3.1所示。现在讨论氮循环所涉及的五个步骤的微生物学：固氮、氨化、氮矿化、硝化。

1. 固氮

氮的化学还原消耗能源并且非常昂贵。在氮的生物还原方面，只有少数几种细菌和蓝藻（蓝绿藻）有能力进行固氮，最终产生氨。全球生物固氮量约为 2×10^8 t/年。农学家已经做出了巨大的努力利用生物固氮来提高作物产量。

（1）固氮微生物。

非共生固氮微生物包括固氮菌属（如 *A. agilis*、*A. chroococcum*、*A. vinelandii*）。固氮菌属是一种革兰氏阴性菌，在土壤和其他环境中形成囊肿并固氮。其他固氮微生物有克氏菌属、梭菌属（厌氧、孢子形成细菌活跃于沉积物中）和氰诺菌属（如黑斑菌）。后者在天然水中和土壤中固氮，固氮率比土壤中其他游离固氮微生物高10倍。蓝藻中固氮的部位是一个特殊的细胞，称为异形细胞。蓝藻有时会与水生植物共生。一些原核生物可能与高等植物通过共生关系来固氮。一个具有重要农业经济意义的例子是豆类植物根瘤菌群。根瘤菌在根部感染时形成一个结节，是固氮的场所。其他的例子有：木质多年生植物的根与弗兰克氏菌属之间的联系，以及固氮螺菌属与玉米和热带草本植物的根之间的联系（无结节形成）。

（2）固氮酶。

固氮由一种称为固氮酶的酶驱动，这种酶由硫化铁和钼铁蛋白组成，两者对 O_2 都很敏感。这种酶具有将三键分子 N_2 还原为 NH_4^+ 的能力，并且需要 Mg^{2+} 和ATP形式的能量（15～20 ATP/N_2）。氮化酶广泛应用的生物标志物是nifH基因，该基因编码含铁还原酶，

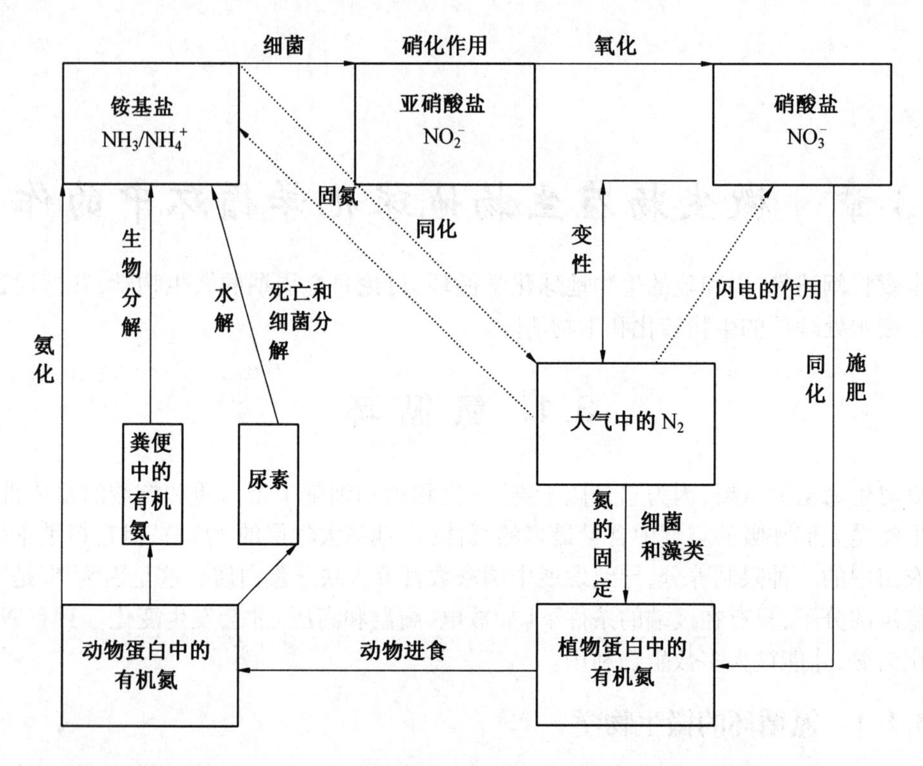

图 3.1　氮循环

是氮化酶的组成部分。

可采用乙炔还原技术测定固氮。这项技术包括测量 C_2H_2 还原为 C_2H_4。乙烯可利用气相色谱或激光光声探测(将光转换成声学信号)进行监测。

固氮量为

$$固定 1\ mol\ N_2 = \frac{1\ mol\ C_2H_2 \rightarrow C_2H_4}{3} \tag{3.1}$$

$$固定 1\ g\ N_2 = \frac{1\ mol\ C_2H_2 \rightarrow C_2H_4}{3} \times 28 \tag{3.2}$$

2. 氮化

异养和自养微生物在还原为 NH_4^+ 后吸收和同化 NH_4^+ 和 NO_3^-。同化作用是废水处理厂脱氮的主要技术措施。植物和藻类细胞吸收氮的最好形式是 NH_4^+。在土壤中,以 NH_4^+ 为基础的肥料优于以 NO_3^- 为基础的肥料(N-SERVE 用于抑制土壤中的硝化)。细胞将 NO_3^- 或 NH_4^+ 转化为蛋白质,并生长到氮被限制为止。对于每 100 个被吸收的碳单位,细胞大约需要 10 个单位的氮(C 元素与 N 元素的摩尔分数比为 10)。

3. 氮矿化(氨化)

氨化是有机含氮化合物向无机形式的转化。这个过程是由各种各样的微生物(细菌、放线菌、真菌)驱动的。可以降解土壤中一些有机含氮化合物。

(1)氨基酸对 NH_4^+ 的分解将尿素转化为铵。

$$O{=}C(NH_2)_2 + H_2O \xrightarrow{\text{尿素酶}} 2NH_3 + CO_2 \tag{3.3}$$

蛋白质被细胞外的蛋白质溶解酶转化为肽和氨基酸。氨在氨基酸脱盐(如氧化或还原的脱盐)后根据以下反应产生,即

$$R{-}CH(NH_2){-}COOH + \frac{1}{2}O_2 \longrightarrow R{-}C({=}O){-}COOH + NH_4 \tag{3.4}$$

$$R{-}CH(NH_2){-}COOH + 2H \longrightarrow R{-}CH_2{-}COOH + NH_4 \tag{3.5}$$

(2)还原脱氨。

在酸性和中性的水生环境中,NH_4^+ 占主导地位。随着 pH 的增加,NO_3^- 占据主导地位,并被释放到大气中,即

$$NH_4^+ \longrightarrow NH_3 + H^+ \tag{3.6}$$

4. 硝化

(1)硝化微生物学。

硝化作用是指通过微生物作用将铵转化为硝酸盐。这一过程由两类微生物参与作用,分为两个阶段:氨转化为亚硝酸盐,亚硝酸盐转化为硝酸盐。

①氨转化为亚硝酸盐。氨转化为亚硝酸盐是由氨氧化细菌(AOB)进行的,它们属于变形菌的 β 和 γ 亚基。亚硝胺(如 *N. europaea*)是一种自养菌,通过羟胺(NH_2OH)将氨氧化为亚硝酸盐。其他的可转化氨的菌类有 *Nitrosospira*、亚硝基球菌、亚硝唑和亚硝基弧菌。在大多数废水环境中,占主导地位的 AOB 属于亚硝基单胞菌属。

氨单氧酶是由 *amoA* 基因编码的利用针对 *amoA* 基因的聚合酶链式反应(PCR)引物,有助于证明活性污泥厂中存在氨氧化古细菌,有

$$NH_3 + O_2 + 2H^+ \xrightarrow{\text{氨单加氧酶}} NH_2OH + H_2O \tag{3.7}$$

$$NH_2OH + H_2O \longrightarrow NO_2 + 5H^+ \tag{3.8}$$

总反应为

$$NH_3 + \frac{3}{2}O_2 \xrightarrow{\text{氨单加氢酶}} NO_2^- + H^+ + H_2O \tag{3.9}$$

环境样品中硝化细菌的检测包括最可能的几种方法,即使用选择性生长介质以及免疫荧光和分子技术。后者表明氨氧化细菌的多样性高于基于种植的方法,并表明这些细菌属于变形杆菌的 α、β 和 γ 亚纲。采用 16 S 未溶物靶向寡核苷酸探针检测活性污泥中的 AOB。显微镜检查表明,这些细菌是活性污泥中密集聚集的集合体。因此,对 *amoA* 基因的探索为微生物的硝化能力提供了良好的信息。*amoB* 也可以作为 AOB 的分子标记。

②将亚硝酸盐转化为硝酸盐。亚硝酸盐转化为硝酸盐是由亚硝酸盐氧化细菌(NOB)进行的,它们属于变异菌的 α 细分,是除了亚硝酸盐以外的专有自养生物,在乙

酸、甲酸酯或丙酮酸存在下可以异养生长。例如,硝化细菌(如 *N. agilis*、*N. winogradski*)将亚硝酸盐转化为硝酸盐,即

$$NO_2^- + \frac{1}{2}O_2 \xrightarrow{\text{亚硝酸盐氧化矿}} NO_3^- \tag{3.10}$$

其他化学营养的亚硝酸盐氧化剂有硝化刺菌属、硝基螺旋体和亚硝基。虽然硝化杆菌属是废水处理厂和其他环境中研究最多的,但在硝化生物膜和活性污泥样品中经常检测到硝基螺旋菌,其在废水环境中占主导地位。NH_3 氧化为 NO_2^-,再被氧化为 NO_3^- 是一个产生能量的过程。微生物利用所产生的能量来吸收 CO_2。氮化剂的碳要求通过 CO_2、碳酸氢盐或碳酸盐来满足。硝化是由于氧的存在和足够的碱性来中和氧化过程中产生的 H^+ 而受到青睐。理论上,O_2 需求是 4.6 mg O_2/mg 氨氧化为硝酸盐。氮化剂虽然是强制性的有氧生物,但与有氧异养细菌相比,前者对氧的亲和力更低。硝石生长的最佳 pH 为 7.2~7.8。由于硝化而产生的酸性物质会在缓冲不良的废水中产生问题。

(2)硝化动力学。

NH_3 硝化菌的生长速率高于亚硝化单胞菌属。因此,硝化过程中的限速步骤是由亚硝化单胞菌属将氨转化为亚硝酸盐。根据 Monod 方程,有

$$\mu = \mu_{max}\frac{[NH_4^+]}{K_s + [NH_4^+]} \tag{3.11}$$

式中,μ 为比生长速率,d^{-1};μ_{max} 为最大比生长速率,d^{-1};$[NH_4^+]$ 为铵质量浓度,mg/L;K_s 为半饱和常数(铵基),mg/L。

氨氧化速率 q 与比生长速率 μ 的关系为

$$q = \frac{\mu}{Y} \tag{3.12}$$

式中,Y 为产出系数。

在废水处理厂,氧气是控制硝基生长的限制因素。因此,考虑到氧气浓度的影响,有

$$\mu = \mu_{max}\frac{[NH_4^+]}{K_a + [NH_4^+]} \cdot \frac{[DO]}{K_o + [DO]} \tag{3.13}$$

式中,[DO]为溶解氧质量浓度,mg/L;K_o 为半饱和常数(氧气),mg/L。根据温度的不同,美国环保局在2000 年给出的 K_o 估计值为 0.15~2 mg/L。其他国家报告的剂量范围为 K_o=0.25~1.3 mg/L。

更复杂的表达硝酸酯生长动力学的方程考虑到底物$[NH_4^+]$以及环境因素(如温度、pH 和溶解氧)有

$$\mu_n = \mu_{max}\frac{[NH_4^+]}{0.4e^{0.118(T-15)} + [NH_4^+]} \times \frac{[DO]\,e^{0.095(T-15)}}{1+[DO]} \times (1.83)(pH_{opt} - pH) \tag{3.14}$$

式中,μ_n 为硝化剂的比生长速率;T 为温度,℃;pH_{opt} 为最佳 pH,pH_{opt}=7.2;μ_{max}=0.3 d^{-1}。

最小停留时间与 u_n 函数的关系为

$$t = \frac{1}{u_n} \tag{3.15}$$

硝化剂的 μ_{max}(0.006~0.035 h^{-1})比以葡萄糖为底物的异养生物混合培养的 μ_{max}

(0.18～0.38 h^{-1})低得多。硝酸酯的细胞产量也低于异养微生物。亚硝化单胞菌属的最大细胞产量为0.29,硝化杆菌属的细胞产量要低得多,在0.08左右。然而,试验产量值更低,亚硝化单胞菌属的产量为0.04～0.13,硝化杆菌属的产量为0.02～0.07。亚硝化单胞菌属的底物能量的半饱和常数(K_s)为0.05～5.6 mg/L,硝化杆菌属为0.06～8.4 mg/L。

在生物处理的污水中,氮含量低,氨含量高。悬浮生长曝气过程最有利于渗氮。在曝气池(滞留时间为4～6 h)发生硝化,含有大量硝化剂的污泥被回收,以保持较高的硝化活性。

(3)控制硝化的因素。

控制废水处理厂硝化的几个因素有氨/亚硝酸盐浓度、氧浓度、温度、pH、BOD_5/TKN、表面附着细胞,以及有毒化学物质的存在。

①氨/亚硝酸盐浓度。亚硝化单胞菌属和硝化杆菌属的Monod的动力学研究表明,亚硝化单胞菌属和硝化杆菌属的生长主要依赖于氨和亚硝酸盐的浓度。

②氧浓度。溶解氧浓度仍然是控制硝化作用最重要的因素之一。氧的半饱和常数(K_o)为1.3 mg/L。为了进行硝化,氧气应在活性污泥系统的曝气槽中充分分配,其质量浓度不应低于2 mg/L。

由式(3.16)可知,要氧化1 mg的氨,就需要4.6 mg的O_2。纯培养研究表明,在没有溶解氧的情况下,硝化细菌有可能生长,生长过程中用NO_3^-作为电子受体,有机物质作为碳的来源。此外,在水生环境中,如沉积物-水界面中,硝化剂可以作为微嗜气剂。生产的硝酸盐有助于支持地下沉积物的反硝化。

$$NH_3+2O_2 \longrightarrow NO_3^-+H^++H_2O \tag{3.16}$$

③温度。硝酸酯的生长速率受温度影响的范围为8～30 ℃。据报道,最佳温度为25～30 ℃。硝化作用是受温度变化影响最大的生物过程,温度骤降比逐渐下降对硝化作用的影响更显著。

④pH。亚硝化单胞菌属和硝化杆菌属的最佳pH为7.5～8.5。pH<6.0时,硝化作用停止。碱度因氨氧化而被硝化剂破坏。理论上,硝化会破坏碱性,如$CaCO_3$的NH_4^+—N氧化。因此,废水中应有足够的碱性,以平衡硝化产生的酸性。通过对废水进行曝气以去除CO_2,可以将硝化产生的pH降到最低。有时也通过添加石灰来增加废水碱度。

⑤BOD_5/TKN。硝化生物的比率随着其比例的增大而减小。在联合碳氧化-硝化过程中,这一比率大于5,而在单独阶段的硝化过程中,这一比率低于3。

⑥表面附着细胞。细胞附着于表面并结合到生物膜中似乎有利于硝化细菌生长,部分原因是细胞停留时间的增加以及消毒剂可防止有毒物质和光照的危害。

⑦有毒化学物质的存在。虽然有几种元素因其对硝化的刺激作用而为人所知,如P、Ca、Mg、Fe、Mo、Cu和Ni元素,但是硝化细菌受到产品和底物的抑制,对废水中发现的几种有毒化合物也相当敏感。许多化合物似乎对亚硝化单胞菌属的毒性要比对硝化杆菌属的毒性大。废水中的有机物对硝化剂没有直接毒性。有机物质的明显抑制吸力可能是间接的,也可能是由于异养生物消耗了O_2。对硝基化合物毒性最大的是氰化物、硫脲、苯酚、苯胺、重金属(Ag、Hg、Ni、Cr、Cu和Zn)和银纳米颗粒。随着底物(氨)质量浓度从

3 mg/L上升到23 mg/L,铜对欧洲亚硝化单胞菌属的毒性影响增加。

(4)反硝化。

水体中的硝化作用需要氧气。因此,硝酸盐在排放到接收水之前必须清除,如果接收水的水流是饮用水的来源,则必须清除大量的硝酸盐。硝酸盐生物还原的两个最重要的机制是同化还原和异化还原。

①同化硝酸盐还原。通过同化硝酸盐还原机制,硝酸盐被植物和微生物吸收并转化为亚硝酸盐,然后转化为铵盐。它涉及几种将 NO_3^-转化为 NH_3的酶,然后这些酶结合到蛋白质和核酸中。硝酸盐还原是由广泛的同化硝酸盐还原酶所驱动的,其活性不受氧气的影响。某些微生物(如 *P. aeruginosa*)既具有同化硝酸盐还原酶,也具有对氧敏感的异化硝酸盐还原酶。这两种酶有不同的基因编码。

②异化硝酸盐还原。异化硝酸盐还原是一种无氧呼吸过程,其中 NO_3^-作为末端电子受体。NO_3^-被还原为 N_2O 和 N_2,N_2是脱氮的主要产物。然而,N_2的水溶性很低,因此往往会随着气泡的上升而逸出,气泡可能干扰沉淀池中的污泥沉淀。参与反硝化的微生物包括自养和异养微生物,当硝酸盐作为电子受体时,它们可以转化为厌氧生长。

反硝化按以下顺序进行:

$$NO_3^- \xrightarrow{\text{硝酸还原}} NO_2^- \xrightarrow{\text{硝酸还原}} NO \xrightarrow{\text{一氧化氮还原}} N_2O \xrightarrow{\text{一氧化二氮还原}} N_2$$

脱氮剂属于多个生理学(有机营养生物、无机营养生物和光养生物)和分类学的群,它可以使用各种能量来源(有机或无机化学物质或光)。有硝化能力的微生物属于以下菌属:假单胞菌、杆菌、螺旋菌、连翘菌、杀虫菌、幽门螺杆菌、丙杆菌、根瘤菌、球菌、胞菌、硫杆菌和产碱杆菌。这些菌属利用 16 S rRNA 目标探针,已被分离到反硝化沙滤器中。最普遍的属可能是假单胞菌属(p. 荧光素,p. 绿脓杆菌,p. 反硝化菌)和产碱杆菌属,它们经常存在于土壤和水中。在废水脱氮过程中可能产生 N_2O,导致硝酸盐去除不完全。这种气体是一种主要的空气污染物,必须预防或减少其产生。在某些条件下,多达 8%(质量分数)的硝酸盐被转化为 N_2O;其生产的有利条件是 COD 与 NO_3的比值低,固体停留时间短和 pH 低。

有氧条件下也能观察到硝酸盐呼吸,并由位于细菌周质空间的硝酸盐还原酶驱动。从土壤和沉积物中和向上流动的厌氧过滤器中分离了几种能够进行有氧硝酸盐呼吸的细菌。

在没有 O_2 和可用有机物的情况下,自养氨氧化剂可以通过用 NH_4^+作为电子供体,NO_2^-作为电子受体来进行反硝化,即

$$NH_4^+ + NO_2^- \longrightarrow N_2 + 2H_2O \tag{3.17}$$

(5)反硝化影响因素。

废水处理厂和其他环境中反硝化的主要影响因素如下:

①硝酸盐浓度。由于硝酸盐是反硝化细菌的电子受体,反硝化细菌的生长速率取决于硝酸盐浓度,并遵循单分子动力学。

②缺氧条件。O_2 作为呼吸中的最终电子受体与硝酸盐进行有效竞争。氧存在下的葡萄糖氧化释放的自由能(2 871 kJ/分子葡萄糖)比硝酸盐存在下的自由能(2 386 kJ/分

子葡萄糖)更多。这就是为什么必须在没有 O_2 的情况下进行反硝化。尽管散装液体中的 O_2 水平相对较高,但是活性污泥团和生物膜内仍可能发生脱氮作用。因此,废水中 O_2 的存在可能不妨碍在微环境层面的反硝化。

③有机物质。反硝化细菌必须利用一个电子供体来进行反硝化过程。专家提出并研究了几种电子源,包括纯化合物(如乙酸、柠檬酸、甲醇、乙醇)、生活废水、食品工业产生的废物(啤酒废物、糖蜜)、生物固体、在氨氧化过程中的铵,或者专有材料,例如 Microc^{TM}。将 Microc^{TM}与甲醇进行比较,结果显示,加入 Microc^{TM}($\mu_{max}=3.7\ d^{-1}$)脱氮剂的μ_{max}值是加入甲醇($\mu_{max}=1.3\ d^{-1}$)的μ_{max}值的3倍左右。该产品也被认为比甲醇更安全。电子的首选来源是甲醇,尽管其更昂贵,但它可被用来作为碳源,以推动反硝化。试验表明,食品工业废水提供了一个良好的碳源脱氮环境,导致硝酸盐吸收速率达2.4~6.0 gN/(kgVSS·h)。

沼气含有大约60%(体积分数)的甲烷,也可以作为脱氮过程中唯一的碳源。人们早就知道,甲烷可以作为反硝化过程中的碳源,这是因为甲烷营养菌将甲烷氧化为甲醇,而甲醇在反硝化过程中可作为碳源,有

$$6NO_3+5CH_3OH \longrightarrow 3N_2+5CO_2+7H_2O+6(OH)^- \tag{3.18}$$

因此,1 mol NO_3反硝化需要5/6 mol 甲醇。然而,部分甲醇被用于细胞呼吸和细胞合成。当 CH_3OH 与 NO_3的碳氮比约为2.5时,硝酸盐的最大去除量达到了2.5。在厌氧上流过滤器中的碳氮比为2.65时硝酸盐几乎完全去除(99.8%)。还有人提出,3.0的碳氮比应该能确保完全去硝化。以乙醇作为碳源,为达到最大反硝化速率,饮用水中的碳氮比约为2.2。

④pH。在废水中,反硝化作用的最有效的 pH 为7.0~8.5,最佳值为7.0。脱氮后 pH 增加。理论上,反硝化过程中,1 mg 硝酸盐还原为 N_2产生3.6 mg 碱度的 $CaCO_3$。然而,在实际操作中,这个值更低,并且建议值为3.0。因此,反硝化过程产生的碱度抵消了硝化过程中所消耗的碱度的一半。

⑤温度。反硝化可能发生在35~50 ℃。它也可在低温(5~10 ℃)发生,但速率较慢。

⑥微量金属。在钼和硒存在的情况下很容易促进反硝化作用,甲酸脱氢酶的形成过程中有这些物质,甲酸脱氢酶是甲醇代谢中的一种酶。钼是合成硝酸盐还原酶所必需的。

⑦有毒化学物质。反硝化生物对有毒化学物质的敏感程度低于硝化生物。

(6)反硝化动力学。

以上讨论的环境因素对脱氮剂的生长动力学有影响,即

$$\mu_D=\mu_{max}\frac{D}{K_d+D}\cdot\frac{M}{K_m+M} \tag{3.19}$$

式中,μ_D为脱氮剂的比生长速率;μ_{max}为脱氮剂的最高比生长速率(受硝酸盐和甲醇浓度、温度和 pH 的影响);D 为硝酸盐质量浓度,mg/L;K_d为硝酸盐半饱和常数,mg/L;M 为甲醇质量浓度,mg/L;K_m为甲醇半饱和常数,mg/L。

反硝化率与增长率的关系为

$$q_d=\mu_D/Y_d \tag{3.20}$$

式中,q_d为硝酸盐去除率,mg NO_3—N/(mg VSS·d);Y_d 为成长率,mg VSS/mg NO_3。

在完全混合的反应器中,固体停留时间为

$$1/\mu_D = Y_d q_d - K_d \tag{3.21}$$

式中,$1/\mu_D$为固体停留时间,d;K_d为衰变系数,d^{-1}。

(7)反硝化方法。

反硝化可以通过NO_3^-去除,N_2或N_2O的产生来测量,或者使用^{15}N。乙炔抑制法是一种常用的方法,由于乙炔对N_2O还原酶的特定抑制作用,所有释放的氮都以N_2O的形式存在。因为N_2O是次要的大气成分,其化学分析大大简化,可以通过气相色谱法测定。

3.1.2 废水处理厂脱氮

在生活废水中,氮主要以有机氮和氨的形式存在。家庭污水中的平均总氮质量浓度约为35 mg/L。本节只介绍废水处理厂的脱氮方法。

1. 微生物方法

微生物方法主要采取硝化-反硝化,总效率可以高达95%。

2. 化学和物理方法

软化后的废水pH较高(pH=10或11),即将NH_4^+转化为了NH_3。这可以通过在冷却塔中进行空气剥离,从溶液中去除NH_4^+来实现,即

$$NH_4^+ + OH^- \longrightarrow NH_4OH \xrightarrow{\text{空气剥离}} NH_3 + H_2O \tag{3.22}$$

20世纪70年代末,在美国南塔霍湖安装了第一座完整的剥离塔。该剥离塔存在寒冷的天气下结冰(在包装材料上形成冰)、结垢(碳酸钙结垢)和氨气造成的空气污染等问题。然而,氨可以作为铵盐肥料进行回收。

断点氯化或超氯化根据化学反应将铵氧化为氮气,即

$$3Cl_2 + 2NH_4^+ \longrightarrow N_2 + 6HCl + 2H^+ \tag{3.23}$$

断点氯化可以去除90%~100%的铵盐。氮也可以通过选择性离子交换、过滤、透析或反渗透去除。

3.2 磷循环

磷是所有活细胞所必需的微量营养素。它是三磷酸腺苷(ATP)、核酸(DNA和RNA)以及细胞膜中磷脂的重要成分,在原核生物和真核生物中都可以作为聚磷酸盐储存在细胞内的溶蛋白颗粒中。它是限制湖泊藻类生长的营养素。废水中总磷(无机和有机形式)的平均质量浓度为10~20 mg/L。

向湖泊排放废水会导致水体的富营养化。富营养化导致水质发生重大变化,降低了用于捕鱼以及工业和娱乐用途的地表水价值。水体富营养化可以通过减少磷输入到接收水来控制。

3.2.1 磷循环的微生物学

1. 矿化

有机磷化合物(如植锡、核酸、磷脂)可被微生物矿化为正磷酸酯,其中包括细菌(如

b. 苏铁、炭疽菌)、放线菌(如链霉菌)和真菌(如曲霉菌、青霉菌)。磷酸酶是负责磷化合物降解的酶。

2. 同化

微生物吸收磷,磷在细胞中由多个大分子组成。有些微生物具有将磷作为聚磷酸盐储存在特殊颗粒中的能力。

3. 磷化合物的沉淀

斜枝的溶解度受水生环境的 pH 和 Ca^{2+}、Mg^{2+}、Fe^{3+}和 Al^{3+}的存在所控制。当降水发生时,会形成不溶性的团磅,如羟基磷灰石[$Ca_{10}(PO_4)_6(OH)_2$]、胎生石[$Fe_3(PO_4)_2 \cdot 8H_2O$]或精英石($AlPO_4 \cdot 2H_2O$)。

4. 不溶性磷的微生物溶解

微生物通过其代谢活性,帮助含磷化合物溶解。溶解的机理涉及酶的代谢过程,微生物(如琥珀酸、草酸、硝酸和硫酸)产生有机酸、无机酸和 CO_2,降低 pH;产生 H_2S,可与磷酸铁反应,释放出正磷酸,并产生螯合剂。

3.2.2　废水处理厂除磷

废水中总磷(无机和有机形式)的平均质量浓度为 10 ~ 20 mg/L,其中大部分来自洗涤剂中的聚磷酸盐。废水中磷的常见形式是邻磷(磷的体积分数为 50% ~70%)、聚磷酸盐和与有机化合物结合的磷。在经过生物处理的废水中,正磷酸酯约占总磷的 90%。由于磷是一种限制养分,而且富磷是地表水富营养化的主要原因,因此在将污水排放到地表水之前,必须通过废水处理程序将其去除。最常见的情况是,通过化学手段从废水中去除磷,但也可通过生物过程去除磷。废水处理厂采用以下几种生物和化学除磷机制:①化学沉淀,由 pH 和 Ca^{2+}、Fe^{3+}、Al^{3+}等阳离子控制;②废水微生物对磷的同化作用;③强化生物除磷(EBRP);④微生物介导的增强化学沉淀。

废水的初级处理只去除 5% ~15% 与微粒有机物有关的磷,而传统的生物处理并没有去除大量的磷(为 10% ~25%)。大部分残留的磷被转移到生物固体中。通过在废水中加入铁和铝盐或石灰,可以实现额外的除磷。商业上可以买到的铝和铁盐有明胶、氯化铁、硫酸铁、硫酸亚铁。这些通常是过量添加,以与天然碱度竞争。由于污泥产量的增加以及与石灰使用有关的操作和维护问题,石灰很少被用于除磷。

其他除磷的处理方法包括吸附活性氧化铝、离子交换、电化学方法和深层过滤。

3.3　硫 循 环

环境中硫比较丰富,海水是最大的硫酸盐储集层。其他来源包括含硫的矿物(如黄铁矿、硫、黄铜矿)、化石燃料和有机物。硫是微生物的必需元素,可进入氨基酸(半胱氨酸和蛋氨酸)、辅因子(生物素和辅酶 a)、铁氧多素和酶(22sh 基团)的组成中。

废水中硫的来源是在排泄物中发现的有机硫和硫酸盐,这是天然水中最普遍的阴离子。

3.3.1 硫循环的微生物学

1. 有机硫的矿化

微生物通过有氧和无氧途径可使有机硫化合物矿化。在有氧条件下，硫脂酶参与硫酸酯降解为 SO_4^{2-}，即

$$R—O—SO_3^- + H_2O \xrightarrow{\text{硫脂酶}} ROH + H^+ + SO_4^{2-} \tag{3.24}$$

在厌氧条件下，含硫氨基酸被降解为无机硫化物或硫醇，后者是有气味的硫化物。

2. 同化

微生物吸收氧化或还原形式的硫。厌氧微生物吸收诸如 HS 的还原形态，而有氧微生物则使用更多的氧化形态。碳与硫元素的吸收比例为 100∶1。

3. 氧化反应

(1) H_2S 氧化。

H_2S 在需氧和厌氧条件下被氧化为单质硫。在有氧条件下，硫杆菌将 S^{2-} 氧化为 S^0，即

$$S^{2-} + \frac{1}{2}O_2 + 2H^+ \longrightarrow S^0 + H_2O \tag{3.25}$$

在厌氧条件下，氧化由光自养生物（如光合细菌）和趋化的硫化杆菌进行。光合细菌以 H_2S 作为电子供体，将 H_2S 氧化成 S^0，储存在染色素科（紫硫细菌）的细胞内或绿硫菌（绿硫细菌）的细胞外。丝状硫细菌（如叶虫、硫代硫氧化物）也将 H_2S 氧化为 S^0，即

$$2S^0 + 3O_2 + 2H_2O \longrightarrow 2H_2SO_4 \tag{3.26}$$

$$Na_2SO_3 + 2O_2 + H_2O \longrightarrow Na_2SO_4 + H_2SO_4 \tag{3.27}$$

(2) 硫的氧化。

硫的氧化主要发生在有氧、革兰氏阴性、非孢子菌形成酸性硫-杆菌（如硫代硫杆菌），并在非常低的温度下生长的过程中。

(3) 异养生物氧化硫。

异养生物（如炭疽菌、微球菌、杆菌、假单胞菌）也可能与中性或碱性土壤中的硫氧化有关。

4. 硫酸盐还原

硫化物通过同化和异化硫酸盐还原产生。

(1) 同化硫酸盐还原。

H_2S 可能是由蛋白质溶解菌（如 Vellionella）对含硫氨基酸的有机物（如甲硫氨酸、半胱氨酸和胱氨酸）进行厌氧分解而产生的。

(2) 异化硫酸盐还原。

硫酸盐还原是废水中最重要的 H_2S 来源，是严格厌氧菌对硫酸盐的还原，即硫酸盐还原细菌，有

$$SO_4^{2-} + \text{有机化合物} \longrightarrow S^{2-} + H_2O + CO_2 \tag{3.28}$$

$$S^{2-} + 2H^+ \longrightarrow H_2S \tag{3.29}$$

在缺乏 O_2 和硝酸盐的情况下,这些严格的厌氧细菌使用硫酸盐作为末端电子受体,使用由碳水化合物、蛋白质和其他化合物发酵产生的低分子量的碳源(如电子供体)。这些碳源包括乳酸盐、丙酮酸、乙酸、丙酸、甲酸酯、脂肪酸、醇(乙醇、丙醇)、二羧酸(琥珀酸、熏蒸剂和苹果酸)、芳香化合物(苯甲酸、苯酚)。H_2也被用作电子供体。这些细菌的细胞产量很低。在有氧废水处理前,活性污泥絮凝物、滴滤生物膜中检测出的减少硫化物的细菌表明,这些细菌可被视为微气团,并在其环境中耐氧。

在环境中检测 SRB 的方法是使用硫酸乳酸培养基,氢化酶和亚硫酸盐还原酶的酶法测试包,确定标记为 H_2的产物的辐射测试、免疫分析,以及基于使用 16 S rRNA 探针的分子技术。

3.3.2　硫化物的生物氧化方法

1. 硫循环与硫化物的生物氧化

硫循环可以完全由微生物在没有高等生物的参与情况下完成,也就是说,如果使用恰当的微生物和相应的环境条件,各种硫化物在生物反应器里相互转化是可行的。

自然界的硫化物可以被微生物以三种方式氧化:①由光合细菌进行的厌氧氧化;②由反硝化细菌进行的氧化;③由无色硫细菌进行的氧化。

Cork 和 Kobayshi 等建议采用光合细菌除去硫化物。光合细菌能将硫化物氧化为单质硫而除去。但是这种方法需要大量的辐射能,在经济上难以实现,这是因为当废水中出现硫的微粒后,废水将高度混浊,从而透光率大大降低。

近年来对无色硫细菌的研究取得了很大进展,实验室的研究都表明以无色硫细菌将硫化物氧化为硫具有很好的应用前景。属于无色硫细菌的微生物有不同的生理生化特性与不同的形态学特征。无色硫细菌的属包括硫杆菌属、硫微螺旋体、硫叶菌属、*Thermothrix*、假单胞菌属、卵硫细菌属、贝日阿托氏菌、发硫菌属、硫螺菌属和辫硫菌属。

并非所有的无色硫细菌都能用于把硫化物转化为硫的工艺,一个重要的问题是由细菌产生的硫是积累在细胞内还是细胞外。贝日阿托氏菌、发硫菌属和硫螺菌属将产生的硫积累于细胞内,如果用这几个属的细菌除去 H_2S,就必然产生大量含硫的细胞,这样硫的分离将会十分麻烦。因此,必须选择在细胞外形成硫的细菌,硫杆菌(*Thiobacillus*)就是具有这种特征的菌属。

硫细菌大多不需要特殊的环境因素,pH=0.5~10 的范围内都有不同种的硫细菌,其最适生长温度为 20~75 ℃。大多数硫细菌能以自养方式生长。但也有一些以兼性或异样方式生长。它们在自然界的分布相当广泛,在土壤、淡水、海洋、温泉和酸性污水中都能发现它们的踪迹。这些细菌能从硫化物、单质硫、硫代硫酸盐和亚硫酸盐的氧化中获得能源,氧化的末端产物是硫酸盐,但是在一定条件下硫和硫代硫酸盐可作为中间产物积累。

在含硫化物的废水处理中,除去硫化物的方式应当是使硫化物转化为硫而不是硫酸盐,硫杆菌(*Thiobacillus*)氧化硫化物时存在以下途径:

$$HS \rightarrow \text{与细胞膜结合的 } S^0 \rightarrow S^0$$

$$\text{与细胞膜结合的 } S^0 \rightarrow SO_3^{2-} \rightarrow SO_4^{2-}$$

由硫化物转变为硫酸盐的生物氧化过程分为两个阶段:第一阶段进行得较快,这一阶段硫化物释放出两个电子而与生物膜结合为多硫化合物;第二阶段这些硫先后被氧化为亚硫酸盐和硫酸盐。

在一个除去硫化物的好氧生物反应器中,完整的生物化学反应为

$$2HS^- + O_2 \longrightarrow 2S^0 + 2OH^- \tag{3.30}$$

$$2S^0 + 2OH^- + 3O_2 \longrightarrow 2SO_4^{2-} + 2H^+ \tag{3.31}$$

在生物反应器中,式(3.31)的反应应当避免。此外,技术能否成功还取决于硫化物的转化速率、硫化物转化为硫的百分率和硫的有效沉淀(以便不断从液相中分离单质硫)。从经济角度考虑,能耗与化学药品消耗、工艺的复杂性和反应器的大小都至关重要。

无色硫细菌去除硫化物是以 O_2 来氧化硫化物的,与光合细菌和反硝化细菌的去除过程不同,后两者分别以光和硝酸盐来实现硫化物的氧化。

荷兰自 20 世纪 80 年代末就开始研究以无色硫细菌在通入空气的情况下氧化硫化物的工艺与理论。1993 年,荷兰的 Paques 公司首次在 Thiopaq 的工艺中采用无色硫细菌以去除经厌氧处理的含硫化物造纸工业废水。Buisman 比较了无色硫细菌(即用 O_2 的生物方法)和其他方法的效果,见表 3.1。

表 3.1 以无色硫细菌有氧氧化硫化物与其他方法的比较

方法		硫化物去除速率 /($mg \cdot L^{-1} \cdot h^{-1}$)	HRT/h	去除率/%
生物方法	用 NO_3^-	104	0.09	—
	用光	15	24	95
	用 O_2	415	0.22	>99
空气的化学法	以 $KMnO_4$ 催化(1 mg/L)	116	间歇	90
	以活性炭催化(53 mg/L)	237	间歇	74

2. 硫化物的有氧生物氧化工艺

Buisman 等介绍了三种形式以无色硫细菌除去废水中硫化物的反应器,它们是完全混合的连续搅拌槽反应器(CSTR)、类似生物转盘的生物回转式反应器和一个上流式生物反应器(图 3.2 ~ 3.4)。

三个反应器中都以聚氨基甲酸乙酯(PUR)泡沫橡胶为载体材料,每个 PUR 颗粒尺寸为 1.5 cm×1.5 cm×1.5 cm,比表面积为 1 375 m^2/g。

在初次启动中,反应器以含硫化物的塘泥接种,在控制氧量、pH 及负荷情况下操作,反应器逐渐形成硫杆菌的优势生长,硫化物被硫杆菌在限制 O_2 的情况下氧化为单质硫。由于硫形成的同时 pH 上升,所以需要以 CO_2 或 HCl 控制反应器内的 pH。出水中含有的硫在沉淀器中加以分离。

Buisman 等研究了以上反应器的操作条件。发现最佳的 pH 为 8.0 ~ 8.5,在 pH 为 6.5 ~ 9.0时硫化物都能正常除去。试验的最佳温度为 25 ~ 35 ℃。硫化物氧化速率随进液硫化物浓度增大而上升。试验表明,即使硫化物质量浓度为 100 mg/L,细菌活性也不

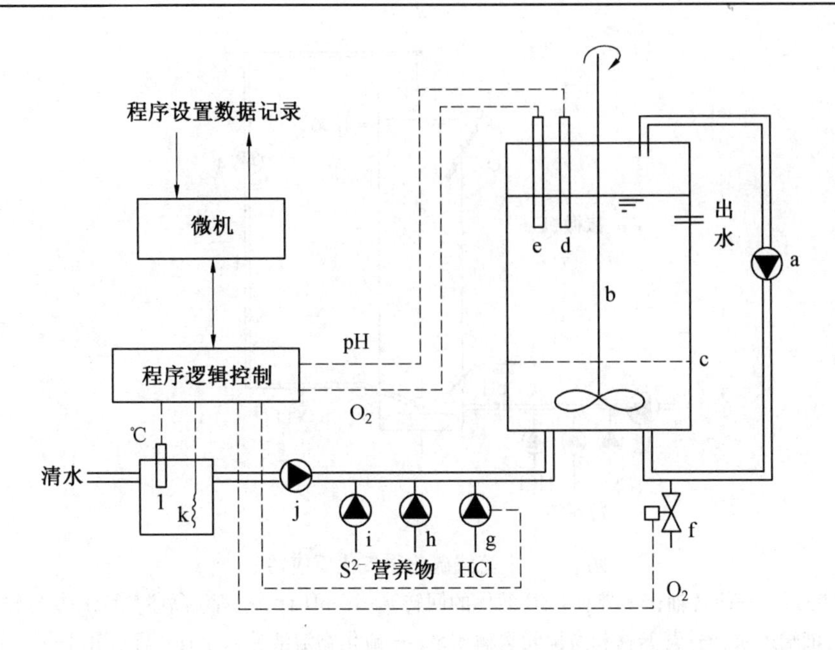

图3.2　连续进液的实验室硫化物氧化CSTR反应器系统

a—气相循环泵；b—搅拌器；c—搅拌区与反应区之间的隔离网(保护填料颗粒)；d—pH测量；e—溶解氧测量；f—氧气输入阀；g—盐酸溶液输入泵；h—营养物和微量元素输入泵；i—硫化物溶液输入泵；j—清水泵；k—加热器；l—温度测量

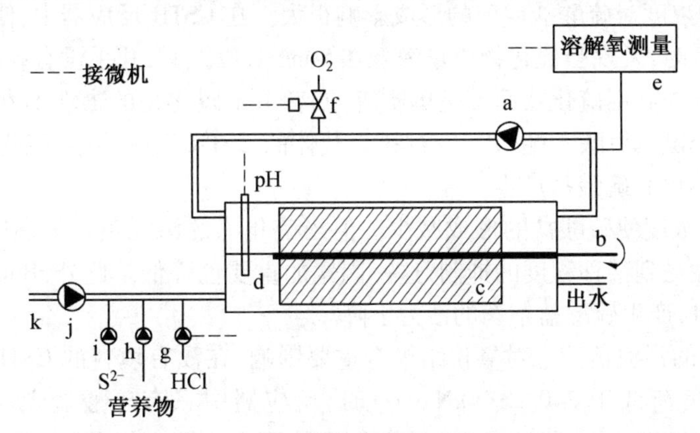

图3.3　硫化物氧化的回转式生物反应器

a—气相循环泵；b—回转轴；c—带有PUR载体的回转笼；d—pH计；e—溶解氧测量；f—氧气输入阀；g—盐酸溶液输入泵；h—营养物和微量元素输入泵；i—硫化物溶液输入泵；j—清水泵；k—恒温清水

受到任何抑制。

用CSTR反应器试验，接种5 d后，反应器可在水力停留时间(HRT)为22 min的情况下使进水硫化物质量浓度由80 mg/L降至2 mg/L以下，出水中除了单质硫以外有少量硫酸盐，几乎没有其他硫化合物。

在反应器中硫酸盐的形成应当加以限制，但是当硫化物氧化为硫酸盐时每个硫提供八个电子，而当硫化物氧化为单质硫时每个硫仅提供两个电子，因此细菌的生化过程倾向

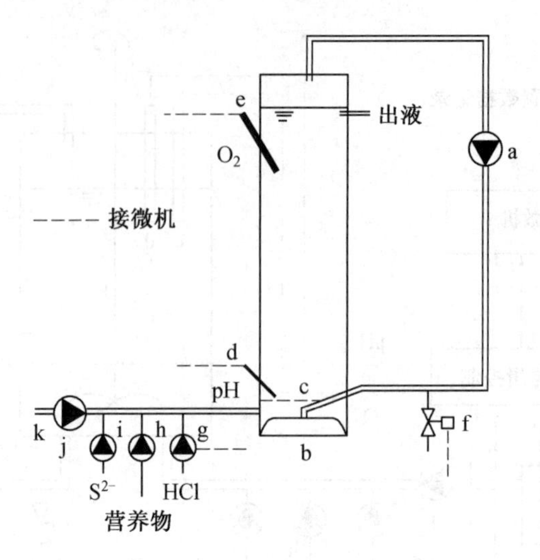

图 3.4 上流式硫化物氧化反应器

a—气相循环泵;b—回转轴;c—带有 PUR 载体的回转笼;d—pH 计;e—溶解氧测量;f—氧气输入阀;g—盐酸溶液输入泵;h—营养物和微量元素输入泵;i—硫化物溶液输入泵;j—清水泵;k—恒温清水

于生成硫酸并获得更多的能量。为了使硫化物氧化产物中尽量含有较少的硫酸盐,必须在操作条件下对硫化物的氧化加以控制。影响硫化物氧化最终产物的因素主要有三个:硫化物浓度、硫化物与氧的比例和硫化物的污泥负荷。

(1)硫化物浓度对硫酸盐或硫的形成影响很大。在 CSTR 反应器中,使用未固定化的游离细菌悬浮液时,发现当硫化物质量浓度在 5 mg/L 以上时,几乎没有硫酸盐形成,其原因大概是细菌优先利用硫化物而不是单质硫,或者由于硫化物的毒性不利于硫酸盐还原菌生长。在以聚氨基甲酸乙酯(PUR)材料为载体的 CSTR 反应器中,硫化物质量浓度超过 20 mg/L 才不再有硫酸盐产生。

(2)降低氧浓度使硫酸盐的形成减少。但当硫化物的污泥负荷较高时,由于产生硫酸盐的细菌活性受到某种程度的抑制,这一因素的重要性降低。此外,Buisman 等证实了在氧浓度降低时,产生硫酸盐细菌的活力下降。

(3)硫化物的污泥负荷也对氧化结果有重要影响,在没有填料的 CSTR 反应器内,当硫化物的污泥负荷低于 240 gS/(gN · d)时,反应器中只有硫酸盐生成,当负荷高于 1 200 gS/(gN · d)时,反应器只有硫生成。而在这两个负荷之间,既有硫生成,又有硫酸盐生成。添加填料后硫酸盐的形成会增加。

除上述三个原因外,反应器中液体流动的状态也对硫化物氧化结果产生影响。完全混合的 CSTR 反应器中由于硫化物浓度趋于均一,所以其效果不如形成硫化物浓度梯度的回转式反应器和上流式反应器。

在去除硫化物的生物反应器中,一般能形成硫杆菌的优势生长,如前所述,这个属的细菌能使硫化物转变为硫并在细胞外积累。但是反应器中也可能有其他杂菌生长。这类杂菌多分为两类。一类是在细胞内积累的硫细菌,如发硫菌;另一类是产生硫化物的细菌,例如还原硫的细菌 *Desulfuromonas acetoxidans* 和硫酸盐还原菌 *Desulfobulbus propionicus*。这两类细菌是仅有的能在这类反应器内生长的杂菌,而且仅当废水中存在有机物时，这两类杂菌才能生长。

发硫菌的存在会引起两个问题：①硫的回收分离困难，其主要原因是发硫菌能将硫在细菌细胞内积累；②发硫菌呈丝状生长，会引起污泥膨胀，可提高硫化物生物容积负荷，防止发硫菌的生长。采用这种方法阻止发硫菌生长的原因尚不清楚，Buisman 等假定这是因为在高负荷下发硫菌在与产硫的硫杆菌的竞争中处于劣势。发硫菌生长的 pH 为 7.0～8.5，水流的剪力、载体材料、进液的硫化物浓度、HRT 等对发硫菌的生长几乎没有影响。

在造纸厂，废水去除硫化物的反应器中，Buisman 等发现硫和硫酸盐还原菌使除硫效果大大降低。当有乙酸存在时，反应器污泥中可发现有硫还原菌存在，在适当控制下，不带载体的反应器中产生的硫化物仅是被氧化的硫化物的 0.6%（质量分数），而在带载体材料的反应器中，这一比例为 2%～4%。由硫或硫酸盐在反应器中产生硫化物的最佳温度和 pH 分别为 30 ℃和 8.0。

硫化物氧化为硫的生物化学过程可以用动力学方程表示，即

$$R_i = k\,[\rho_s]^m\,[\rho_o]^{n\lg[\rho_o]} \tag{3.32}$$

式中，R_i 为硫化物氧化速度；k 为反应速率常数；$[\rho_s]$ 为硫化物质量浓度，mg/L；$[\rho_0]$ 为氧质量浓度，mg/L。

式(3.32)中 k、m、n 均为常数。当硫化物质量浓度为 2～600 mg/L、氧质量浓度为 0.1～0.85 mg/L 时，m、n、k 的值分别为 0.408、0.391、0.566。

综上所述，由于 CSTR 反应器出水中硫化物浓度较高，所以它在应用上不如回转式反应器和上流式反应器。在反应器中应当采用相对高的负荷，以保证获得较高的硫转化率，并防止发硫菌生长。当负荷较高时，CSTR 反应器出水硫化物质量浓度达不到荷兰的废水排放标准(2 mg/L)。表 3.2 为三种硫化物氧化反应器处理结果的比较。

表 3.2 三种硫化物氧化反应器处理结果比较

反应器类型	HRT/h	S^0负荷 /($mg \cdot L^{-1} \cdot h^{-1}$)	出水 S^0质量浓度 /($mg \cdot L^{-1}$)	S^0去除率 /%
CSTR	0.37	375	39	70
回转式	0.22	417	1	99.5
上流式	0.22	454	2	98

表 3.3 为采用回转式硫化物氧化反应器处理经厌氧处理的造纸废水的工艺条件与处理效果。

表 3.3 采用回转式硫化物氧化反应器处理经厌氧处理的造纸废水的工艺条件与处理效果

pH	温度 /℃	HRT /min	转速 /($r \cdot min^{-1}$)	空气通入量 /($m^3 \cdot h^{-1}$)	进液 S^{2-} 质量浓度 /($mg \cdot L^{-1}$)	去除率 /%	去除速率 /($mg \cdot L^{-1} \cdot h^{-1}$)	出水 SO_4^{2-} 质量分数 /%
8.0	27	13	46	1.32	140	95	620	8

目前,以无色硫细菌氧化去除硫化物的工艺尚在发展中,一些工艺与理论问题有待于进一步研究。

3.4 思考题

1. 生物固氮是什么？如果不存在生物固氮,怎样才能得到氮？
2. CO_2和 N_2O 是两种温室气体,哪些人类活动产生了这些气体？
3. 海洋中的哪些微生物有助于减缓大气中 CO_2 的增加？
4. 哪些因素有利于水和废水的硝化？
5. 比较异养菌和硝化菌的 μ_{max}。
6. 为什么高铁血红蛋白症对婴儿的影响最大？
7. 同化还原和异化还原硝酸盐有什么区别？
8. 废水处理厂反硝化的有利条件是什么？
9. 废水处理厂如何去除氮？
10. 强化生物除磷的原理是什么？如何在废水处理厂实现这一目标？
11. 什么是 PAO 和 GAO？是什么因素使 PAO 有现在的优势地位？
12. 是什么导致了水中磷的沉积？
13. 为什么硫酸盐还原菌与产甲烷菌竞争？
14. 解释酸性矿井水的成因。
15. 用什么微生物方法修复/控制 AMD？
16. 探讨铁管的厌氧腐蚀。
17. 什么是生物采矿？

第 2 篇　公共卫生微生物学

第4章 生活污水中的病原体和寄生虫

4.1 流行病学要素

4.1.1 定义

流行病学是研究传染病在人群中传播的学科。传染病是指可以从一个宿主传播到另一个宿主的疾病。流行病学家在控制疾病过程中起着重要的作用。

疾病的发病率是指某一人群中患有此病的人数,而流行率是指在某一特定时间内患有该疾病的人数的百分比。发病率高的疾病称流行病,发病率低的疾病是地方病。大流行指的是这种疾病在世界各地的传播。

感染是由感染微生物入侵宿主引起的。它涉及病原体进入宿主体内(如通过胃肠道、呼吸道和皮肤)及其在宿主体内的增殖和建立。无症状性感染又称隐性感染,是指没有明显症状的亚临床感染(即宿主反应无法临床检测)。它不会引起疾病的症状,但具有与公开感染同等程度的免疫力。例如,大多数肠道病毒会引起稻纵卷叶螟亲本感染。有隐性感染的人被称为健康的携带者。但是,携带者是社会中其他人潜在的感染源。医院感染是指在医院内获得的感染。医院感染风险最大的患者为老年患者、肠外营养或抗菌化疗患者,以及艾滋病患者和癌症患者。

致病性是由传染性病原体引起疾病并伤害宿主的能力。致病微生物可能感染易感宿主,有时导致显性疾病,从而推动易于检测的临床症状的发展。疾病的发展取决于多种因素,包括感染剂量、致病性,以及宿主和环境因素。然而,一些生物体是机会性病原体,只在受损个体中引起疾病。

4.1.2 感染链

1. 传染源类型

有几种传染性微生物可能导致人类疾病,这些病原体包括细菌、真菌、原生动物、后生动物(蠕虫)、立克次体属(发疹伤寒等的病原体)和病毒(图4.1)。

基于感染源的毒性或引起人类疾病的可能性对它们进行评估。感染源的毒性与感染宿主和引起疾病所需的感染剂剂量有关。引起疾病的可能性也取决于环境中传染源的稳定性。最小感染剂量(MID)随致病生物类型的不同而有很大差异。例如,对于伤寒沙门氏菌或肠致病性大肠杆菌来说,确定感染需要成千上万到数百万的生物体,而志贺氏菌的MID可能只有10个细胞。少数原生动物囊肿或蠕虫卵足以建立感染。对某些病毒来说,只有一个或几个粒子便足以感染个体。例如,17个回声病毒12型的感染性颗粒便足以确定感染(表4.1)。

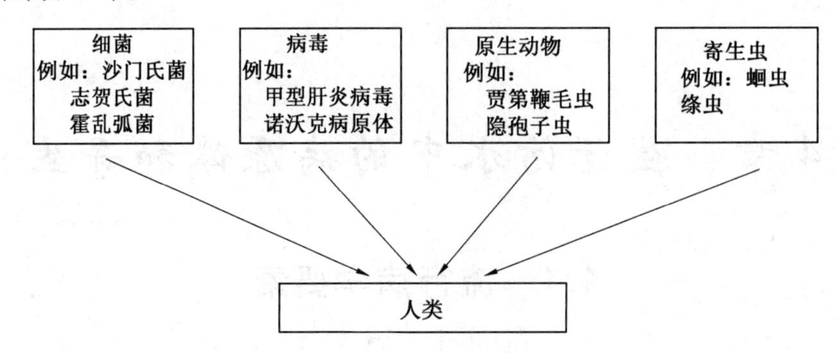

图4.1　几种传染性微生物的病原体类型

表4.1　某些病原体和寄生虫的最小感染剂量

生物体	最小感染剂量/个
沙门氏菌	$10^4 \sim 10^7$
志贺氏菌	$10^1 \sim 10^2$
大肠杆菌	$10^6 \sim 10^8$
大肠杆菌 O157:H7	<100
霍乱弧菌	10^3
空肠弯曲杆菌	约500
鸟型分枝杆菌	$10^4 \sim 10^7$(老鼠)
小肠结肠炎耶尔森菌	10^6
蓝氏贾第鞭毛虫	$10^1 \sim 10^2$个囊肿
隐孢子虫	10^1个囊肿
大肠杆菌内阿米巴	10^1个囊肿
蛔虫	1～10个卵
甲型肝炎病毒	1～10 PFU

2. 传染病宿主

宿主是传染病的活源或非生物来源,它使病原体得以生存和繁殖。人体是众多病原体的宿主,人与人之间的接触是维持疾病周期所必需的。家畜和野生动物也可以作为几种疾病的宿主,如狂犬病、布鲁氏菌病、鼻疽病、炭疽病、钩端螺旋体病、弓形虫病称为人畜共患病,可以从动物传染给人类。表4.2列出了水生、人类共患病原体和寄生虫动物库实例。非生物水库,如水、废水、食物或土壤也会滋生传染病物质。

表4.2　水生、人类共患病原体和寄生虫动物库实例

生物体		主要疾病	动物
细菌	大肠杆菌O157:H7	溶血性尿毒症综合征	牛和其他反刍动物
	空肠弯曲杆菌	胃肠炎	家禽、猪、羊、狗、猫
	幽门螺杆菌	消化性溃疡;胃癌	未知
	志贺氏菌	细菌性痢疾	非人类灵长类动物
	伤寒沙门氏菌	伤寒	未知
	肠道病毒(人类毒株)	手足口病	人类
	杯状病毒	胃肠炎	人类
	轮状病毒	胃肠炎	人类
	脊髓灰质炎病毒	脊髓灰质炎	人类
	甲型肝炎病毒	传染性肝炎	非人类灵长类动物
原生动物	隐孢子虫	胃肠炎	许多哺乳动物,特别是小牛
	蓝氏贾第鞭毛虫	胃肠炎	麝鼠、海狸、小型啮齿类动物、许多家畜和野生动物
	福勒(氏)耐格里原虫	原发性阿米巴脑膜脑炎	无(自由生活)
	弓形虫	流感样症状	猫

3. 传播方式

传播是一种传染性病原体从宿主传染给另一宿主的运输,是感染链中最重要的一环。病原体可以通过各种途径从宿主传染给易感宿主。

(1)人际传播。

最常见的传染途径是人与人之间的传染。直接接触传播包括性传播,导致的疾病有梅毒、淋病、疱疹,或获得性免疫缺陷综合征(艾滋病)。宿主咳嗽和打喷嚏会在周围几米内排出很小的含病原体的飞沫(飞沫传染),这些传染飞沫的传播有时被认为是直接接触传染的一个例子。

(2)水传播。

1854年,英国医生约翰·斯诺发现了霍乱是通过水传播的,他注意到霍乱流行与伦敦街头水井耗水量之间的关系。由世界卫生组织1996年的报告指出,腹泻疾病主要是由受污染的水或食物引起的,造成了310万人死亡,其中大多数是儿童。在1971—1985年间,共报告了502起水传播疫情。从图4.2可以看出,约有3/4的疫情是由未处理或未充分处理的地下水和地表水产生的。不明病因的胃肠道疾病和贾第鞭毛虫病是地下水和地表水系统最常见的水传播疾病。

(3)食源性传播。

食物可以作为由细菌、病毒、原生动物和蠕虫寄生虫引起的传染病的传播媒介。世界卫生组织统计,每年有高达150万人死于意外食物中毒。生产或食品制备过程中不卫生

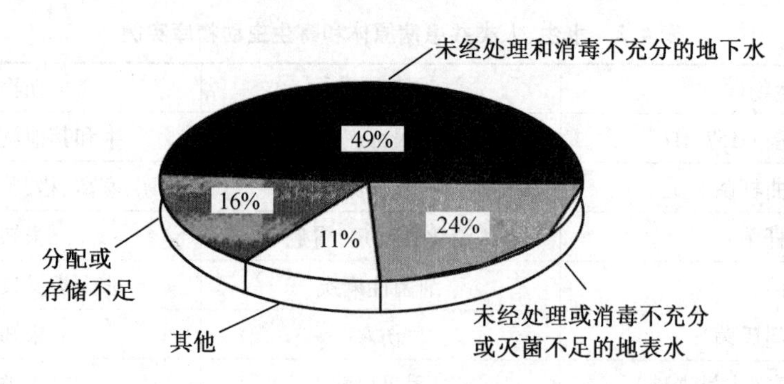

图 4.2 1971—1985 年 502 例水传播疾病暴发的原因

的做法会导致食品污染。几种病原体和寄生虫已在高风险食品中被发现,此类食品包括贝类、蔬菜、生牛奶、流蛋或粉色鸡肉、火鸡、碎牛肉、碎猪肉、苜蓿芽和未经巴氏消毒的苹果汁和苹果酒等。它们的存在对公众健康具有重要影响,特别是对于生吃的食物(如贝类、新鲜农产品)。老年人和免疫缺陷人群(艾滋病患者、白血病患者以及服用类固醇、环孢菌素等免疫抑制药物和放射疗法的人群)感染的风险也有所增加。

被废水污染的蔬菜(如伤寒、沙门氏菌病、阿米巴病、蛔虫病、病毒性肝炎、胃肠炎)也是疾病暴发的原因。未经加工的蔬菜和水果由于在加工、储存、分配和最后准备过程中被感染者处理,或用粪便污水灌溉而被污染。受感染的食品加工者的呕吐(呕吐过程中预计会释放 2 000 万 ~3 000 万个病毒颗粒)也会通过产生生物气溶胶污染食物暴露的表面。

贝类在疾病传播中非常重要,原因如下:

①贝类生活在河口环境中,经常受到生活污水的污染。作为滤食性动物,它们通过抽取大量的河口水(4 ~20 L/h)来浓缩病原体和寄生虫。这种积累主要发生在消化组织中(主要发生在消化腺,如贻贝中雄性特异噬菌体的积累)。双壳软体动物对肠道细菌和病毒的生物蓄积随贝类种类、微生物种类、环境条件和季节而变化。在牡蛎中,大肠杆菌和噬菌体的平均富集因子分别为 4.4 和 19。

②贝类常被生吃或没被煮熟。贝类必须煮熟吃才能降低感染风险。灭活贝类中甲型肝炎病毒所需的温度约为 90 ℃。

利用紫外线(UV)进行净化在商业上是可行的,其效果通常取决于粪便大肠菌群或沙门氏菌的存活情况。虽然净化对细菌污染物有效,但对肠道病毒(如诺沃克病毒或隐孢子虫卵囊)并不是很成功。有必要对贝类进行监测,以确定病毒和原生动物寄生虫的存在。如采用实时 PCR 检测蛤蜊甲型肝炎病毒(HAV),将蛤蜊病毒阳性分离并与甲型肝炎的流行程度联系起来进行分析。然而,关于甲型肝炎的风险评估必须依赖回声病毒 12 型等其他病毒开发的剂量反应模型。

③与食用贝类有关的其他健康危害有浓缩甲藻毒素、重金属、碳氢化合物、杀虫剂和放射性核素等。

食源性传播主要有以下几种方式:

a. 空气传播。有些疾病(如 Q 热、某些真菌病)可通过空气传播。这条路线对于污水处理厂产生的生物气溶胶和污水喷灌的传输很重要。

b. 虫媒传播。传播疾病最常见的媒介是节肢动物(如跳蚤、昆虫)或脊椎动物(如啮齿动物、狗和猫)。病原体可能在节肢动物载体内繁殖,也可能不繁殖。一些虫媒传播疾病,包括疟疾(由疟原虫引起)、黄热病或脑炎(由虫媒病毒引起)和狂犬病(由狂犬病狗或猫咬伤传播的病毒)等。

c. 污染物传播。一些病原体可以通过非生物体或污染体传播(如衣服、器皿、玩具、文具、手机、电脑键盘和其他环境表面)。污染物通常受到多种来源的污染(如双手接触、身体分泌物、空气中的气溶胶),并引起肠道病毒(如轮状病毒、诺如病毒)和空气中的病毒(如鼻病毒、流感病毒)的传播。表4.3为存活病毒的建筑物及表面被污染的举例。表面受到污染后,病毒的相对存活时间长短由矿物性质、环境因素(温度、湿度、pH、光照、其他微生物)、病毒类型和毒株决定。利用污染物进行的病原体传播可以通过频繁充分地洗手和对污染表面杀菌消毒加以控制。

表4.3 存活病毒的建筑物及表面被污染的举例

病毒	病毒的位置	
	建筑物	表面
呼吸道合胞体病毒	医院	工作台、布、橡胶手套、面巾纸、手
鼻病毒	未发现	皮肤、手、门把手、水龙头
流感病毒	日托中心、家、疗养院	毛巾、医疗推车
副流感病毒	办公室、医院	办公桌、电话、计算机鼠标
冠状病毒	医院、公寓	电话、门把手、计算机手套、海绵
诺如病毒	疗养院、酒店、医院病房、游轮、轮船、娱乐场所	地毯、窗帘、储物柜、床罩、饮水杯、水壶把手、灯罩
轮状病毒	日托中心、儿科病房	玩具、电话、马桶把手、水槽、饮水机、门把手、冰箱把手、水上游戏桌、温度计、游戏垫、陶瓷、纸张、棉布、釉面砖、聚苯乙烯
甲型肝炎病毒	医院、学校、智力障碍机构、动物护理设施、酒吧	杯子、纸张、陶瓷、棉布、乳胶手套、釉面砖、聚苯乙烯
腺病毒	学校、儿科病房、疗养院	纸张、陶瓷

4. 侵入宿主

病原微生物主要通过胃肠道(如肠道病毒和细菌)、呼吸道(如肺炎克雷伯菌、军团菌、黏病毒)或皮肤(如气单胞菌、破伤风梭菌、产气荚膜梭菌)侵入宿主。虽然皮肤是抵御病原体的强大屏障,但伤口或擦伤可能会促进病原体渗透进入主体。

5. 宿主易感性

免疫系统和非特异性因素可共同提高宿主对感染性物质的抵抗作用。对病原体的免疫可能是天生的,也可能是后天获得的。自然免疫是由基因决定的,随物种、种族、年龄(年轻人和老年人更容易感染)、激素状况,以及宿主的身心健康而变化。老年人、儿童、免疫缺陷患者人群比一般人群更容易感染传染病。在进行健康风险评估时,必须考虑到这些易感人群。儿童更易受感染主要是由于他们的免疫系统不成熟、胃酸减少,以及不良的卫生习惯。儿童胃肠道疾病的发病率也高于成人。

获得性免疫是宿主接触到传染性物质后产生的。该免疫可能是被动的(如胎儿获得母亲的抗体),也可能是主动的(如通过接触传染性物质主动产生抗体)。

非特异性因素通过入口处的生理障碍和吞噬作用摧毁入侵者,生理障碍包括不适的pH、胆盐、消化酶和其他具有抗菌特性的化学物质。

4.2 生活污水中的微生物种类

在生活废水和污水处理厂的废水中普遍发现几种致病微生物和寄生虫。3 类环境中遇到的病原体是:

(1)细菌病原体。细菌病原体中一些病原体(如沙门氏菌、志贺氏菌)是肠道细菌,其他细菌(如军团菌、鸟类分枝杆菌、气单胞菌)是本地水生细菌。

(2)病毒病原体。病毒病原体也被释放到水生环境中,但无法在宿主细胞外繁殖,其感染剂量一般低于细菌病原体。

(3)原生动物寄生虫。原生动物寄生虫以囊肿或卵囊的形式被释放到水生环境中,它们对环境胁迫和消毒具有很强的抵抗力,并且不会在宿主外繁殖。

4.2.1 细菌病原体

1 g 粪便中含有多达 10^{12} 种细菌。粪便的细菌含量约为湿重的 9%。利用 16 S rRNA 基因靶向组特异性引物检测和鉴定人粪便中的优势菌群。从 6 个健康个体粪便中分离出的 300 个细菌中,74% 属于脆弱拟杆菌群、双歧杆菌群、球状梭菌群和普雷沃氏菌属。

1884 年,丹麦细菌学家 Christain Gram 创造了革兰氏染色法,它可将一类细菌上色,而另一类细菌不上色,由此可把两类细菌分开,作为分类鉴定时重要的一步,因此又称为鉴别染色法。

革兰氏染色法的主要步骤:先用碱性染料结晶紫染色,再加碘液媒染,然后用酒精脱色,最后以复染液(沙黄或蕃红)复染。通过镜检将细菌分为两类:凡是能够固定结晶紫与碘的复合物而不被酒精脱色的细菌,仍呈紫色,称为革兰氏阳性菌;凡是能被酒精脱色,经复染着色,菌体呈红色的细菌,称为革兰氏阴性菌。

经鉴定将废水细菌分为以下几类:

(1)革兰氏阴性兼性厌氧细菌:包括气单胞菌、邻单胞菌、弧菌、肠杆菌、埃希氏菌、克雷伯氏菌和志贺氏菌。

(2)革兰氏阴性好氧细菌:包括假单胞菌、产碱菌、黄杆菌和不动杆菌。

(3)革兰氏阳性芽孢形成细菌:如芽孢杆菌。

(4)非孢子形成革兰氏阳性细菌:包括节杆菌、棒状杆菌、红球菌。

表 4.4 为主要水源性细菌性疾病举例,列出了可能对人类具有致病性且可以通过水传播途径直接或间接传播的重要细菌,这些病原体可引起如伤寒、霍乱、志贺氏细菌性痢

疾的肠道感染。接着将回顾在废水中发现的一些重要的细菌病原体。

表4.4　主要水源性细菌性疾病举例

细菌	主要疾病	主要来源	主要受影响位置
伤寒沙门氏菌	伤寒	人类粪便	胃肠道
副伤寒沙门(氏)菌	副伤寒	人类粪便	胃肠道
志贺氏菌	细菌性痢疾	人类粪便	下肠
霍乱弧菌	霍乱	人类粪便	胃肠道
致病性大肠杆菌	胃肠炎、溶血性尿毒症综合征	人类粪便	胃肠道
小肠结肠炎耶尔森(氏)菌	胃肠炎	人/动物粪便	胃肠道
空肠弯曲杆菌	胃肠炎	人/动物粪便	胃肠道
嗜肺军团菌	急性呼吸道疾病(军团病)	热富集水	肺
结核分枝杆菌	肺结核	人呼吸道分泌物	肺
钩端螺旋体属	钩端螺旋体病(韦尔氏病)	动物粪便和尿液	皮肤及黏膜
机会细菌	变量	天然水	主要胃肠道

1. 沙门氏菌

沙门氏菌是肠杆菌科,广泛分布在环境中,包括超过2 000种血清型。废水中的沙门氏菌数量从几个/100 mL到8 000个生物体/100 mL不等,是废水中最主要的致病细菌,能引起伤寒、副伤寒和胃肠炎。伤寒沙门氏菌是伤寒的病原体,伤寒是一种致命的疾病,但由于发展了适当的水处理工艺(如氯化、过滤),这种疾病已得到控制。该菌产生的内毒素会导致发烧、恶心和腹泻,如果不使用抗生素治疗可能会致命。食品污染中涉及的致病细菌有肠炎沙门氏菌和鼠伤寒沙门氏菌。这些致病细菌容易在受污染的食物中生长,导致食物中毒,从而导致腹泻和腹部绞痛。

2. 志贺氏菌

志贺氏菌是细菌性痢疾或志贺氏菌病的病原体,这种大肠感染会导致痉挛、腹泻和发烧。由于炎症(促炎细胞因子的诱导和释放)和肠黏膜溃疡,这种疾病会导致血便。志贺氏菌有4种致病种:痢疾链球菌(13种血清型)、福氏痢疾链球菌(15种血清型)、博伊氏痢疾链球菌(18种血清型)和宋内氏痢疾链球菌(1血清型)。痢疾链球菌(1血清型)能产生一种称为志贺毒素的强效毒素,感染产生这种毒素的细菌会导致肾衰竭的溶血性尿毒症综合征。目前还没有任何疫苗可以预防志贺氏菌。

志贺氏菌通过与受感染的个体直接接触而传播,受感染的个体1 g粪便可排出多达10^9株志贺氏菌。而志贺氏菌的感染剂量相对较小,可低至10个生物体。虽然人与人之间的接触是该种病原体的主要传播方式,但也有通过食物传播(通过沙拉和生蔬菜)和水传播的案例。然而,志贺氏菌在环境中的持续时间比粪便大肠菌群短。在水和废水处理厂中,有关其发生和去除的定量数据很少。

3. 霍乱弧菌

霍乱弧菌是一种革兰氏阴性弯曲杆状菌,是水生微生物群落的“本土成员”。这种细菌是霍乱的病原体。1854 年,约翰 · 斯诺首次证明了饮用水是霍乱的病因。这种病原体释放肠毒素,引起人们腹泻、呕吐和体液迅速流失,从而可能导致在较短的时间内死亡。霍乱弧菌的感染剂量为 $10^4 \sim 10^6$ 个细胞。在已知的大约 200 个霍乱弧菌血清型中,只有两个(O1 和 O139)是已知会引起疾病的,可以用血清凝集试验或单克隆抗体检测出来。霍乱弧菌可用免疫学或分子方法在环境样本中检测出来。

霍乱弧菌在许多水生环境中自然存在,通过附着在固体上生存,包括浮游动物(如桡足类)、蓝藻(如鱼腥藻)和浮游生物(如团藻)细胞。这些与浮游生物相关的细菌以活的但不可培养的状态出现(VBNC),并可通过荧光单克隆抗体技术在显微镜下观察到。

4. 大肠杆菌

研究显示,在人类和温血动物胃肠道中发现了几株大肠杆菌,其中许多是无害的。然而,有几类大肠杆菌菌株带有毒性因子并可引起腹泻。因子有产肠毒素(ETEC)、致病性大肠杆菌(EPEC)、出血性大肠杆菌(EHEC)、侵入性大肠杆菌(EIEC)和聚集性大肠杆菌(EAGEC)。产肠毒素性大肠杆菌会引起胃肠炎,并伴有大量水样腹泻、恶心、腹部绞痛和呕吐。水中有 2% ~8% 的大肠杆菌是致病性大肠杆菌,会导致腹泻。食物和水对大肠杆菌的传播很重要。然而,这种病原体的感染剂量相对较高,需在 $10^6 \sim 10^9$ 个生物体的范围内。聚集性大肠杆菌的显著特征是它在组织培养中以聚集方式黏附于 Hep2 细胞,并能引起持续腹泻。分子诊断技术(核酸探针和 PCR)有助于区分大肠杆菌腹泻菌株和非致病菌株,以及上述不同种类大肠杆菌种类。腹泻型大肠杆菌的 PCR 寡核苷酸引物和寡核苷酸探针的核苷酸序列见表 4.5。

表 4.5 腹泻型大肠杆菌的 PCR 寡核苷酸引物和寡核苷酸探针的核苷酸序列

种类	因素	PCR 寡核苷酸引物	寡核苷酸探针
ETEC	STI	TTAATAGCACCCGGTACAAGCAGG CTTGACTCTTCAAAAGAGAAAATTAC	GCTGTGAATTGTGTTGTAATCC GCTGTGAACTTTGTTGTAATCC
	LT	GGCGACAGATTATACCGTGC	GCGAGAGGAACACAAACCGG
EPEC	EAF	CAGGGTAAAAGAAAGATGATAA	TATGGGGACCATGTATTATCA
	BFP	AATGGTGCTTGCGCTTGCTGC	GCTACGGTGTTAATATCTCTGGCG GATGATCTCAGTGGGCGTTC
EHEC	EAE	CAGGTCGTCGTGTCTGCTAAA TCAGCGTGGTTGGATCAACCT(O157:H7-特别)	ACTGAAAGCAAGCGGTGGTG
	SLT1	TTTACGATAGACTTCTCGAC CACATATAAATTATTTCGCTC(SLT-I 和 II)	GATGATCTCAGTGGGCGTTC
	SLT2	同上	TCTGAAACTGCTCCTGTGTA
	质粒	ACGATGTGGTTTATTCTGGA	CCGTATCTTATAATAAGACGGATGTTGG
EIEC	Ial	CTGGATGGTATGGTGAGG	CCATCTATTAGAATACCTGTG
EAAC	质粒	CTGGCGAAAGACTGTATCAT	无

5. 耶尔森氏菌

小肠结肠炎耶尔森氏菌是造成侵犯回肠末端急性胃肠炎的病因。猪是其主要的动物宿主,其他许多家畜和野生动物也可以作为宿主。美国还记录了由食物(如牛奶、豆腐)传播的耶尔森氏病的暴发。水的作用尚不确定,但在某些情况下,怀疑耶尔森氏菌是经由水传播引起胃肠炎。这种嗜冷生物在低至 4 ℃的温度下生长旺盛,大多在寒冷的月份分离,与传统的细菌指标相关性低。此生物体已从废水、河水和饮用水中分离出来。

6. 弯曲杆菌

弯曲杆菌(如胎儿弯曲杆菌和空肠弯曲杆菌)可感染人类、野生动物和家畜,普遍存在于生活污水、屠宰场及家禽加工厂的废水中。弯曲杆菌感染剂量低,例如空肠弯曲杆菌,约 500 个生物体便能引起食物传播感染。弯曲杆菌是引起急性胃肠炎(发烧、恶心、腹痛、血泻、呕吐)的常见病因,主要通过未煮熟的家禽、未经巴氏消毒的牛奶、受污染的饮用水和山溪水传播给人类。

在受污染的天然水中,通过选择性生长琼脂培养基或分子方法,在有选择的肉汤培养基中富集后可以检测出弯曲杆菌。然而依赖培养的方法,只能显示一小部分弯曲杆菌的总负荷。

实时定量 PCR(q-PCR),显示废水中弯曲杆菌的负载要高得多。一项对瑞士 23 家废水处理厂的调查显示,原废水中的弯曲杆菌浓度在$(6.8\times10^{4})\sim(2.3\times10^{6})$个细胞/L。有时氯化后也能在废水中检测到弯曲杆菌。

7. 钩端螺旋体

钩端螺旋体是一种小螺旋体,可以通过皮肤擦伤或黏膜进入宿主。由它引起的钩端螺旋体病的特点是病原体在病人血液中传播,随后感染肾脏和中枢神经系统。这种疾病可由动物(啮齿类动物、家养宠物和野生动物)传染给接触(如洗澡)被动物排泄物污染的水的人。这种人畜共患的疾病可能会袭击下水道工人。但因为该病原体在废水中不能很好存活,所以没有引起大的关注。

8. 嗜肺军团菌

嗜肺军团病是急性肺炎的一种,病死率较高,可累及胃肠道、泌尿道及神经系统。嗜肺军团菌在肺泡巨噬细胞内增殖能力较强而导致肺炎。庞蒂亚克热是一种温和、非致命的军团病,与军团菌感染有关。该疾病伴有发烧、头痛、肌肉疼痛等症状,但可以在没有任何治疗的情况下恢复。水生环境和土壤可作为军团菌致病种的天然储备库。例如,军团病与含有长滩军团菌的盆栽土壤有关。这种病原体曾在澳大利亚和日本的盆栽土壤中被发现。

嗜肺军团菌主要通过被污染的水或土壤的气溶胶传播。它的暴发和暴露与冷却塔、蒸发冷凝器、加湿器、淋浴喷头、空调系统、旋转池、喷雾机、牙科器械,以及园艺过程中土壤颗粒的机械雾化有关。自然通风冷却塔用于冷却发电厂产生的热水,这些塔产生的微生物气溶胶中常包含军团菌。

调查显示,医院是许多军团菌感染暴发的场所。医院军团病的源头可以追溯到医院冷却塔和饮用水分配系统。在分配系统压力下降后,病例数增加,从而导致与分配管中生物膜相关的军团菌细胞释放。生物膜为分配系统中的军团菌提供了保护环境。饮用水在经过氯化处理后，病例数下降了（图 4.3）。法国医院为军团菌设定的警戒阈值为 1 000 CFU/L。

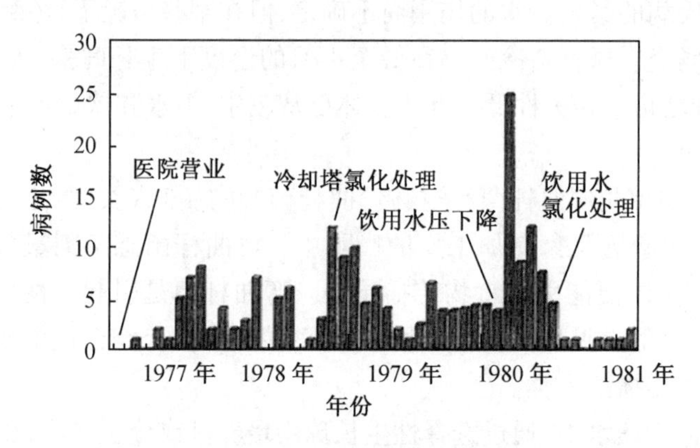

图 4.3　水氯化处理减少军团病病例

嗜肺军团菌在环境中无处不在，并且已从废水、土壤和包括热带水域在内的自然水生环境中分离出来。它在废水中的存在与废水灌溉工人中抗体水平的增加有一定关系。然而，这一发现的流行病学意义尚不清楚。在自然环境中，这种病原体可以与其他细菌一起茁壮成长。这些细菌可以提供军团菌、绿藻和蓝绿藻所需的 L–半胱氨酸，还有变形虫（如棘阿米巴、奈格勒里亚）和其他原生动物（如哈特曼奈拉、四氢梅纳）或者纤毛虫所需的营养。其他细菌如耐甲氧西林金黄色葡萄球菌（MRSA）被发现在阿米巴内繁殖。这表明医院环境中的控制策略，应该包括原生动物对医院感染的影响。

军团菌与原生动物的结合增强了对氯、低 pH 和高温等生物杀灭剂的抗性。原生动物能够维持嗜气菌的细胞内生长，嗜气菌对哺乳动物细胞的毒性产生影响。研究发现，感染原生动物和哺乳动物细胞需要相同的毒力基因。四膜虫可将摄入的嗜肺军团菌包装成含有活毒性军团菌的颗粒，这些颗粒被排到水环境中并在病原体生存时发挥作用，可促进军团病的传播。

在供水系统中，控制军团菌的方法包括热处理（如将水温提高到 60 ~ 70 ℃后冲洗），铜、银杀菌剂处理，高达 50 mg/L 的高氯化处理，以及一氯胺和二氧化氯处理。然而，由于生物膜保护细菌病原体免受游离氯的灭活，用一氯胺处理可以更好地控制配水管中的军团菌。流行病学研究显示，使用一氯胺作为消毒剂残留物的医院军团病的暴发次数比使用游离氯作为残留物的医院少 10 倍。在对两家医院的配水系统中二氧化氯的处理效果进行评价时发现，军团菌阳性样本百分比能从 60% 下降到不足 10%，但需要 6 ~ 24 个月才能完全根除该病原体。

9. 脆弱类杆菌

拟杆菌属是人类结肠微生物的主要组成部分，约占所有结肠组织的 25%。废水中该病原体浓度范围为（6.2×10^4）~（1.1×10^5）个菌落形成单位/mL。这种产肠毒素的厌氧菌菌株可能会引起人体腹泻。

10. 机会性病原体

机会性病原体包括异养革兰氏阴性菌,如假单胞菌、气单胞菌、克雷伯氏菌、黄杆菌属、肠杆菌、柠檬酸杆菌、沙雷氏菌属、不动杆菌、变形杆菌、普罗维登斯菌。感染机会性病原体风险极高的人群是新生儿、老人和病人。这些生物体可能在医院机构的饮用水中大量出现,并附着在供水管道上,其中一些还可能生长在成品饮用水中。然而,它们对广大民众的公共健康意义尚不清楚。

铜绿假单胞菌广泛存在于环境中,经常存在于废水、土壤和植物中。虽然它在饮用水中不构成任何风险,但它造成了10% ~20%的医院感染(即医院获得的感染)。

其他机会性病原体是非结核分枝杆菌(NTM),可导致肺感染和其他疾病。最常见的NTM属鸟分枝杆菌复合体(MAC,即鸟分枝杆菌和胞内分枝杆菌),它们感染人类(主要是艾滋病和其他免疫复合物患者)和动物(如猪)。MAC复合体的另一个成员是引起炎症的禽分枝杆菌副结核病(MAP)。现有证据表明,MAP感染是克罗恩病的原因之一,克罗恩病是一种影响动物和人类的肠道慢性炎症。新一代抗生素(利福布汀、克拉霉素、阿奇霉素)已经被提出用以控制或降低胃肠道中的MAP活性。

NTM普遍存在于环境水体中,包括饮用水、冰、医院热水系统、热水箱、淋浴喷头的水、污染的手术器械、内窥镜和支气管镜、口腔单位水线、土壤、植物、水生环境的空气-水界面、配水系统生物膜、气溶胶。淋浴喷头与雾化微生物的传播有关。通过对美国45个地方的淋浴喷头中的水和生物膜进行检测,发现存在数千个rRNA序列对应于多种细菌,其中以分歧杆菌spp为主。由于它们与肺部疾病有联系,因此人们对免疫功能受损人士在洗澡时接触这些机会性病原体的情况开始关注。

由于分枝杆菌的细胞表面的疏水性,其传播的主要途径是雾化,这也解释了它们对常用消毒剂和抗生素的抗性。分枝杆菌在环境条件下能很好地生长存活。饮用水,特别是医院供水,可以支持这些细菌的生长,可能造成院内感染。它们在水分配系统中的生长与可同化有机碳和可生物降解有机碳水平相关,并受到腐殖质和锌等其他因素的刺激。就军团菌而言,NTM可在自由生活的阿米巴原虫体内生长作为宿主和传播途径,这种生活方式可以保护它们免受分配系统中抗生素的有害影响。

NTM已被列入美国环保局的饮用水污染物名单。鸟分枝杆菌和胞内分枝杆菌可以使用培养、生物化学和基础分子方法(市售DNA探针和PCR扩增)来检测。

11. 幽门螺杆菌

幽门螺杆菌是一种导致消化性溃疡(慢性胃炎)、胃癌、淋巴瘤和腺癌的细菌。污水处理工人罹患胃癌风险增加与幽门螺杆菌有关。

有迹象表明,幽门螺杆菌在人与人以及水和食物中传播。有研究认为幽门螺杆菌通过四种途径传播:粪口途径、口口途径(唾液经人传人)、胃口途径(如儿童呕吐物污染)和医源途径(如医院内窥镜检查),也可能是经人畜共患途径传播。

幽门螺杆菌感染一般采用甲硝唑、四环素、阿莫西林、克拉霉素、阿奇霉素等抗生素治疗,治疗常因病原体出现抗生素耐药性而变得复杂。

目前在废水、海水和饮用水中检测到了幽门螺杆菌。当暴露在环境中时,幽门螺杆菌进入有活性但不可培养的状态(VBNC),这使得它能在水生环境中持续存在。虽然 Johnson 等人报告称幽门螺杆菌容易被游离氯灭活,但它比大肠杆菌更耐氯(图 4.4)。这种对消毒剂的更高抵抗力会使它持续存在于供水系统中。

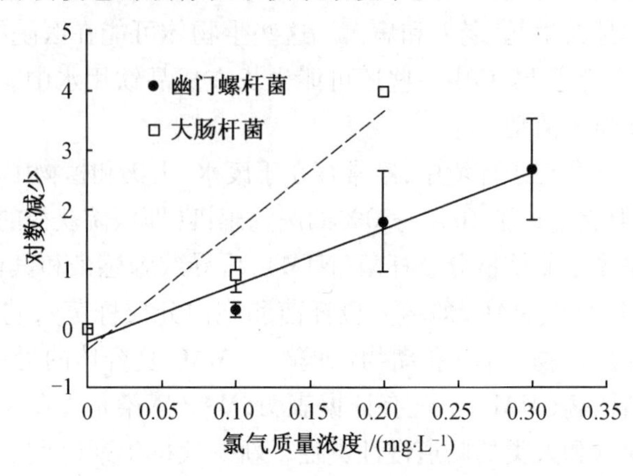

图 4.4　氯气对幽门螺杆菌和大肠杆菌的影响

研究人员采用免疫、放射自显影、分子生物学等方法,在环境样本中检测出幽门螺杆菌。虽然没有检测幽门螺杆菌的标准方法,但最近使用荧光原位杂交(FISH)从废水中分离出了这种病原体,FISH 是将免疫磁性分离(IMS)和培养技术相结合,采用基于 PCR 的 16 S rRNA 基因序列或肽核酸(PNA)-FISH 的一项技术。研究人员从城市供水系统的生物膜中也检测出幽门螺杆菌。该病原体在常规氯化处理后,仍能在饮用水生物膜中存活,且在 VBNC 状态下时,经消毒后也仍能存活。

4.2.2　病毒性病原体

1. 水体和废水中病毒性病原体的产生与检测

水和废水可能受到大约 140 种肠道病毒的污染。这些病毒通过口腔进入人体,在胃肠道繁殖,并在感染者的粪便中大量出现。表 4.6 列出了几种在水生环境中发现的使人类致病的肠道病毒。许多肠道病毒引起的感染因症状不明显而且难以检测,可导致一系列疾病,从皮疹、发烧、呼吸道感染、结膜炎到胃肠炎和瘫痪。废水中的病毒可反映人群中的病毒感染。肠道病毒在水和废水中相对较少,因此,必须浓缩 10 ~ 1 000 L 的环境样品以检测这些病原体。理想的检测方法应能适用于广泛的病毒,用少量浓缩物处理大量样品,回收率高、重现性好、速度快、成本低。

表4.6　几种在水生环境中发现的使人类致病的病毒

<table>
<tr><th colspan="2">病毒群</th><th>血清型</th><th>引起的疾病</th></tr>
<tr><td colspan="2">肠道病毒</td><td></td><td>麻痹</td></tr>
<tr><td colspan="2">脊髓灰质炎病毒</td><td>3</td><td>无菌性脑膜炎</td></tr>
<tr><td rowspan="2">柯萨基病毒</td><td>A</td><td>23</td><td>疱疹性咽峡炎
无菌性脑膜炎
呼吸系统疾病
麻痹
发热
胸膜痛</td></tr>
<tr><td>B</td><td>6</td><td>无菌性脑膜炎
心包炎
心肌炎
先天性心脏病
异常现象
肾炎
发热</td></tr>
<tr><td colspan="2">回声病毒</td><td>34</td><td>呼吸道感染
无菌性脑膜炎
腹泻
心包炎
心肌炎
发烧、皮疹</td></tr>
<tr><td colspan="2">肠道病毒(68-71)</td><td>4</td><td>脑膜炎
呼吸系统疾病</td></tr>
<tr><td colspan="2">甲型肝炎病毒(HAV)</td><td></td><td>传染性肝炎</td></tr>
<tr><td colspan="2">戊型肝炎病毒(HEV)</td><td></td><td>肝炎</td></tr>
<tr><td colspan="2">呼肠孤病毒</td><td>3</td><td>呼吸道疾病</td></tr>
<tr><td colspan="2">轮状病毒</td><td>4</td><td>呼吸道疾病</td></tr>
<tr><td colspan="2">腺病毒</td><td>41</td><td>呼吸道疾病</td></tr>
<tr><td colspan="2">诺沃克病毒(杯状病毒)</td><td>1</td><td>胃肠炎</td></tr>
<tr><td colspan="2">星状病毒</td><td>5</td><td>胃肠炎</td></tr>
</table>

使用最广泛的检测水中病毒性病原体的方法是将病毒吸附到阴性和阳性的各种成分微孔过滤器上(如硝化纤维、纤维玻璃、电荷改性纤维素、环氧玻璃纤维、纤维素纤维、带

正电荷的尼龙膜)。这一步骤之后是从过滤表面洗脱吸附的病毒,使样本浓度可以通过膜过滤、有机絮凝(用牛肉膏或酪蛋白)或氢氧化铝水提取。然后用动物组织培养、免疫学或基因探针检测浓缩物。其他吸附剂有玻璃粉、玻璃棉、煤沥青、膨润土、氧化铁改性硅藻土或猪红细胞膜。表 4.7 列出了水中浓缩病毒的方法。

表 4.7 水中浓缩病毒的方法

方法	初始水量	应用	评价
过滤吸附-洗脱带负电荷过滤器	大	特别浑浊的水	只有来自大量自来水、污水、海水和其他天然水系统中能有效浓缩病毒; 加工前必须调整阳离子盐浓度和 pH
正电荷过滤器	大	自来水、污水、海水	没有水的预处理; 必须在中性或酸性 pH 条件下
对金属的吸附 盐沉淀 氢氧化铝 氢氧化铁	小	自来水、污水	重新集中
带电助滤剂	小	自来水、污水	测试 40 L,成本低; 用作前置过滤器之间的夹层
聚电解质 PE60	大	自来水、湖水、污水	由于其不稳定的性质和浓缩病毒效率的批次间差异,近年来没有使用过这种方法
皂土	小	自来水、污水	
铁矿石	小	自来水、污水	可用于处理高达 100 L 的体积; 作为滤纸支架之间的夹层
滑石粉	大	自来水、污水	
纱布垫	大		为检测水中病毒而开发的一种方法,但不是定量的,不是非常可重现的
玻璃粉	大	自来水、海水	含有玻璃粉的柱子已经制成; 能够处理 400 L
有机絮凝	小	再集中	广泛应用于从初级过滤器洗脱液中再浓缩病毒的方法
硫酸鱼精蛋白	小	污水	从少量污水中浓缩呼肠孤病毒和腺病毒的非常有效的方法

续表 4.7

方法	初始水量	应用	评价
聚合物两相	小	污水	处理缓慢; 已应用于从初级洗脱液中再浓缩病毒的方法
水萃取	小	污水	通常用作从初级洗脱液中再浓缩病毒的方法
可溶性过滤器	小	洁净水	即使浊度很低,也能快速堵塞
平膜	小	洁净水	即使浊度很低,也能快速堵塞
中空纤维或毛细管	大	自来水、湖水、水	最高可处理 100 L,但水必须经常预过滤
反渗透	小	洁净水	浓缩对测定方法产生不利影响的细胞毒性化合物

2. 流行病学

从流行病学角度看,肠道病毒主要通过人与人接触传播,也可以直接通过水传播(饮用水、游泳、气溶胶)或间接通过受污染的食物(如贝类、蔬菜)传播。肠道病毒的水传播如图 4.5 所示。一些肠道病毒(如甲型肝炎病毒)持续存在于环境表面,可能是病毒在日托中心或医院病房传播的媒介。感染过程取决于最小感染剂量(MID)和宿主易感性,包括宿主因素(如特异性免疫、性别、年龄)和环境因素(如社会经济水平、饮食、卫生条件、温度、湿度)。尽管病毒的 MID 存在争议,但与细菌病原体相比通常相对较低。在人类志愿者身上进行的试验表明,回声病毒 12 型的 MID 为 17 PFU (斑块形成单位)。流行病学调查表明,肠道病毒造成了 4.7% ~11.8% 的水传播流行病。流行病学调查证实了肝炎、胃肠炎等病毒性疾病通过水传播和食源性传播。

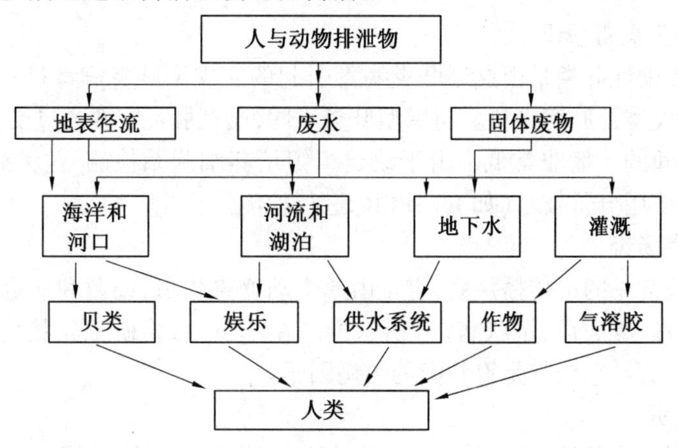

图 4.5　肠道病毒的水传播

3. 肝炎

(1)甲型肝炎病毒(HAV)。

传染性肝炎是由甲型肝炎病毒引起的。甲型肝炎病毒是一种 27 nm 的 RNA 肠病毒(72 型肠病毒,隶属于皮氏科),潜伏期为 2 ~6 周,相对较短。甲型肝炎病毒会导致肝损伤、坏死和炎症。感染发生后,潜伏期可长达 6 周,最典型的症状之一是黄疸。在美国,每年约有 14 万人感染甲型肝炎病毒。虽然它可以在主要和连续的人类或动物组织结构上复制,但因为它并不总是显示出细胞病变效应,所以很难检测到。其他检测甲型肝炎病毒的方法包括基因探针、聚合酶链反应和免疫学方法(免疫电镜、放射免疫法、酶免疫法、放射免疫聚焦分析)。新出现的一种方法是细胞培养——分子信标联合试验。

甲型肝炎病毒是通过粪口、人与人直接接触、水传播或食物传播等途径传播的。粪便中 HAV 浓度为 10^7 ~ 10^9 g^{-1}。该病分布于世界各地,甲型肝炎病毒抗体在社会经济地位较低的人群中的流行率较高,数量随着受感染者年龄的增加而增加。直接接触传播主要发生在托儿所(尤其是穿着尿布的婴儿)、精神病院、监狱或军营中。

水传播传染性肝炎已在世界范围内多次得到确凿证实和记录。据估计,1975—1979年在美国有 4% 的肝炎病例是通过水传播途径发生的。肝炎病例是饮用处理不当或污染的水造成的。甲型肝炎的暴发也与在湖泊或公共游泳池游泳有关,而经食物传播似乎比水传播更为重要。现在可利用混合免疫球蛋白被动免疫的方法预防传染性肝炎,世界各地都有甲肝疫苗。

(2)乙型肝炎病毒(HBV)。

血清肝炎是由乙型肝炎病毒引起的,HBV 是一种 42 nm 的 DNA 病毒,有较长的潜伏期(4 ~12 周)。该病毒通过性接触受感染的血液而传播。其死亡率(1% ~4%)高于传染性肝炎(小于 0.5%)。

(3)丙型肝炎病毒(HCV)。

丙型肝炎病毒通过接触受感染血液传播(如吸毒、输血、文身)。在发达国家约有 1% 的成年人感染丙型肝炎病毒,而在发展中国家这一比例约为 3%,慢性丙肝感染可导致肝癌的发生。

(4)戊型肝炎病毒(HEV)

非甲非乙传染性肝炎是由戊型肝炎病毒引起的。戊型肝炎病毒是一种单链 RNA 病毒,已被分类为戊型乙肝病毒科。与甲型肝炎不同,戊型肝炎主要通过受粪便污染的水传播,而人与人之间的传播非常低。由于缺乏组织培养细胞系检测,这种病毒的特征不明显,但是现在可使用分子技术(如 RT-PCR)进行检测。

4. 病毒性胃肠炎

胃肠炎是最常见的水传播疾病,它是由原生动物寄生虫、细菌和病毒病原体(如轮状病毒、诺沃克病毒、腺病毒、星状病毒)引起的。在本节中,将研究轮状病毒、人类杯状病毒,以及肠道腺病毒,它们都是胃肠炎的致病因子。

(1)轮状病毒。

轮状病毒属于病毒科,是一种 70 nm 内含双链 RNA 的颗粒,周围被双层衣壳包裹(图 4.6)。轮状病毒是造成两岁以下婴幼儿急性胃肠炎的主要原因,还可导致老年人中暴发疫情,患者产生腹泻症状,粪便中可检测到多达10^{11}个轮状病毒颗粒。病毒主要通过粪口途径传播,但猜测也有呼吸道传播。曾有几次胃肠炎暴发与废水中的轮状病毒有关。

轮状病毒可利用电子显微镜、酶联免疫吸附试验(市售ELISA试剂)、逆转录聚合酶链反应法(RT-PCR)来检测废水、饮用水和其他环境中的样本,这些方法能识别废水中1型、2型和3型病毒或组织培养一种来自恒河猴胚肾的细胞系MA-104。细胞培养物中的检测包括斑块分析、细胞病变效应(CPE)或免疫荧光方法。关于轮状病毒在环境中迁移转化的信息多参照类人猿轮状病毒(如菌株SA-11)。目前人类对4个已知的人类轮状病毒血清型仍知之甚少。对废水中轮状病毒的分子表型调查,显示出废水中的环境轮状病毒分离物与粪便样品中分离的人轮状病毒具有相似的特征。在患有轮状病毒急性胃肠炎的儿童家的饮用水中,使用RT-PCR检测到轮状病毒RNA,但是饮用水中发现的序列与患者粪便中发现的序列不同。A组轮状病毒也在南非1.7%处理过的饮用水样本中检测到。

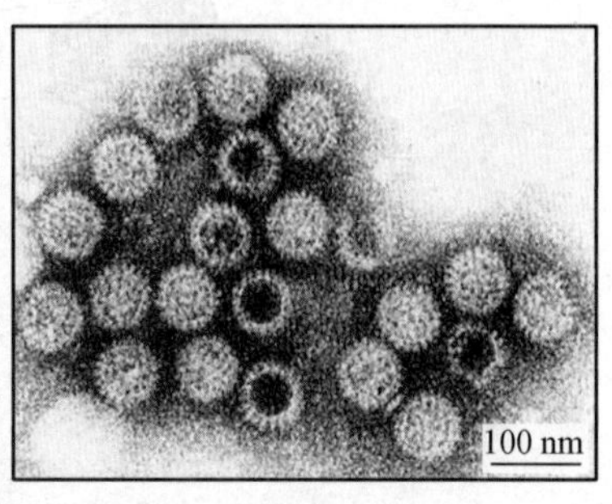

图4.6 轮状病毒电子显微图

(2)人类杯状病毒。

胃肠炎被认为由与诺沃克类病毒基因相关的小圆结构杯状病毒引起。据估计,大约一半的胃肠炎暴发是由诺如病毒引起的,另一半是由污染食品(包括贝类)造成的。诺如病毒有5个基因群,人类诺如病毒分为Ⅰ、Ⅱ、Ⅳ组。Ⅱ组是大多数人类胃肠炎病例的病因,与胃肠炎相关的杯状病毒属于诺如病毒属和皂病毒属,诺如病毒主要存在于冬季污水中,而肠病毒和腺病毒则全年存在。

诺沃克病毒是一种27 nm的小型病毒(图4.7),1968年在俄亥俄州诺沃克首次发现,是水媒疾病的主要原因,也与食源性暴发有关,尤其是与食用贝类有关。该病毒引起腹泻和呕吐,并攻击近端小肠,但因为病毒复制的确切地点尚未确定,所以发病机制尚不清楚。诺沃克病毒主要作用在水传播造成的胃肠炎中,也作用于腹泻疾病。虽然人与人之间的传播是诺沃克病毒的普遍传播方式,但食物传播(如食用贝类、被污染的水果和蔬菜、食品)和水传播(如自来水、冰、井水、瓶装水)的案例也有存在(图4.8)。

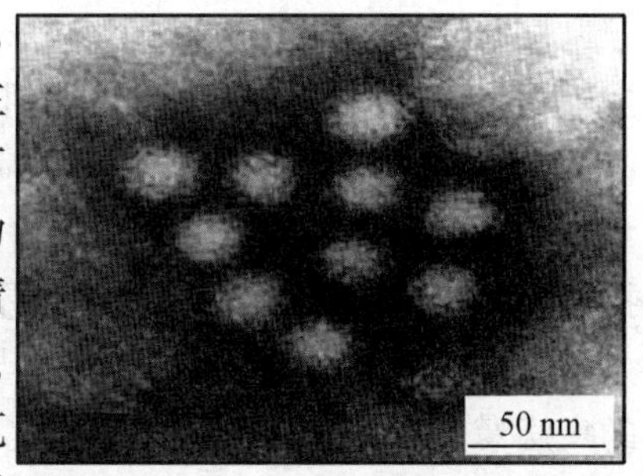

图4.7 诺沃克病毒的电子显微图

由于诺沃克病毒不能在组织培养中传播以及对环境监测不够敏感,所以它主要用于临床样本检测工具、免疫电子显微镜和放射免疫技术。新的检测方法包括免疫磁分离、RT-PCR或RT-PCR-DNA酶免疫分析法,能检测粪便和贝类中的诺沃克病毒,但在开发用于环境监测的快速诊断试验方面还有更多的工作要做。

(3)肠道腺病毒。

肠道腺病毒是一种新兴病原体,属于F亚组腺病毒,在51种人类腺病毒血清型中包括40型和41型2种血清型。该病毒已被美国环保局列入饮用水CCL名单。通常在患有

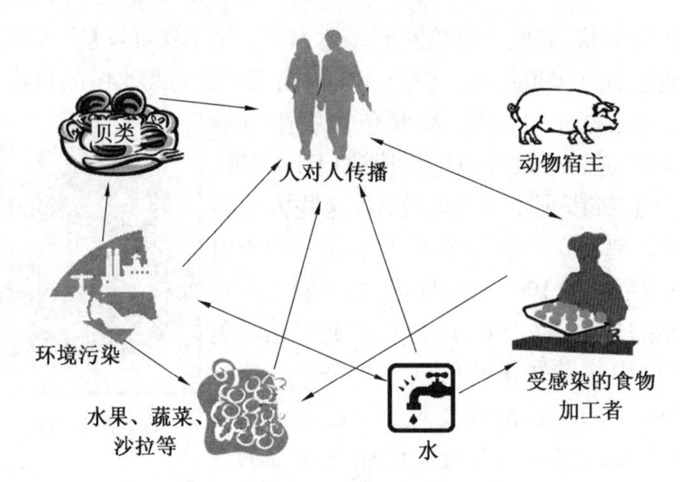

图 4.8　人类杯状病毒的传播途径

胃肠炎的儿童粪便(大于 10^{11} 病毒颗粒/g 粪便)中发现。在地表水和沿海水域、游泳池水和饮用水中均有检测到。腺病毒 14 型可引起急性呼吸道疾病,其他腺病毒可引起结膜炎和咽炎等其他疾病。这些直径为 80 ~ 120 nm 的非包膜双链 DNA 病毒可导致腹泻和呕吐等常见症状的感染。

肠道腺病毒可通过细胞感染性分析、商业单克隆 ELISA 法或 PCR 技术检测。但目前还没有标准的技术用于其回收和检测。它们存在于废水、海水、河水、经颗粒活性炭(GAC)过滤的饮用水中,并且被怀疑也通过水路传播。它们很容易被水处理厂使用的传统消毒剂灭活,但由于其具有的双链 DNA,因此对紫外线照射有强抵抗力。

(4)星状病毒。

星状病毒是 27 ~ 34 nm 的球形、无包膜的单链 RNA 病毒,具有典型星形外观的病毒(图 4.9)。到目前为止,已鉴定出七种人类血清型。星状病毒主要影响儿童和免疫功能低下的成年人,通过粪口途径、人与人之间的接触和受污染的食物或水传播。星状病毒是儿童和成人病毒性胃肠炎的第二大病因,也与日托中心和疗养院的疾病暴发有关。轻微的水样腹泻会持续 3 ~ 4 d,但在免疫功能低下的患者中会持续很长时间。星状病毒传统上用免疫电子显微镜检测,但分子探针(如 RT-PCR、RNA 探针)和免疫分析(如单克隆抗体)现在也已可用于检测。经胰蛋白酶处理后,星状病毒可以在人胚胎肾培养物或 Caco 细胞培养物中生长。也可在组织培养物上生长,与特定 cDNA 探针杂交可以在环境样品中检测到传染性星状病毒。

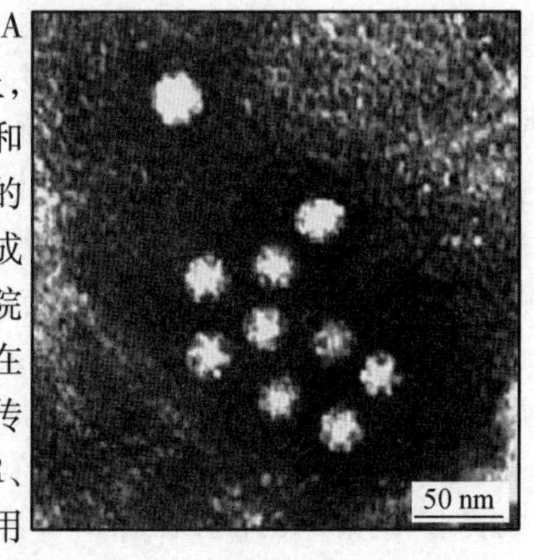

图 4.9　星状病毒的电子显微图

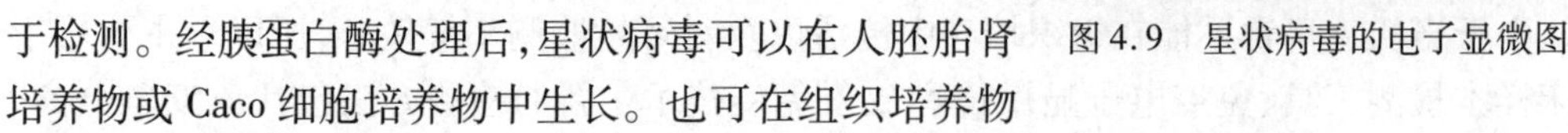

5. 多瘤病毒

多瘤病毒是一种小型(38 ~ 43 nm)双链 DNA 病毒,可感染人类和动物宿主,在粪便和尿液中高浓度(如人多瘤病毒 JCV)排出。三种多瘤病毒中 JC 和 BK 两种病毒是人类特有的,它们通过受污染的水或食物传染给人类。虽然大多数多瘤病毒感染无症状,但其中一些病毒会使肾移植受者患上肾病，使免疫缺陷个体患上进行性白质脑病，还可能导致结肠癌。多瘤病毒存在于世界各地的废水和生物固体中。一项调查显示，在100%的废水和河水以及56%的经气相色谱过滤的饮用水中都检测到了JC多瘤病毒。实时定量PCR(q-PCR)显示该病毒能在废水中存在较长时间(20 ℃，t_{90}约60 d)。

6. 冠状病毒

冠状病毒是引发重症急性呼吸综合征(SARS)的病因，2003年在亚洲造成数人死亡。除了呼吸问题，这种新出现的病原体还能引起胃肠道症状。它大量存在于受感染人的粪便中。

7. 小双节段RNA病毒

小双节段RNA病毒是种非包膜、球形、双色双柱RNA病毒，有时会造成人类胃肠炎。由于它们不能在实验室中培养，所以目前使用RT-PCR等分子技术检测。

在动物和人类的粪便以及生活废水中都检测到了该种病毒。在对美国12家污水处理厂的监测显示，100%的原水样本和33%的污水样本中都含有这种物质。它们和腺病毒一起被认为是粪便污染的潜在指标。

4.2.3　原生动物寄生虫

大多数原生动物寄生虫产生的囊肿和卵囊能够在宿主之外的恶劣环境条件下生存。包囊是由营养缺乏、有毒代谢物积累或宿主的免疫反应等因素引发的。在适当的条件下，一个新的滋养体从囊肿中释放出来的过程被称为“脱囊”。

由原生动物引起的主要水生疾病见表4.8。

表4.8　由原生动物引起的主要水生疾病

生物体	疾病(受影响的地点)	主要宿主
蓝氏贾第鞭毛虫	贾第鞭毛虫病(胃肠道)	人和动物粪便
溶组织内阿米巴	阿米巴脱黏症(胃肠道)	人类粪便
卡氏棘阿米巴	阿米巴脑膜脑炎(中枢神经系统)	土壤和水
Gruberi纳氏虫属	阿米巴脑膜脑炎(中枢神经系统)	土壤和水
肠袋虫属杆菌	痢疾/肠溃疡(胃肠道)	人类粪便
隐孢子虫	大量水样腹泻;体重减轻;恶心;低烧(胃肠道)	人和动物粪便
环孢子虫	水样腹泻与便秘	粪便、被污染的水果和蔬菜
小孢子虫	慢性腹泻、脱水、体重减轻	粪便

1. 贾第鞭毛虫

(1)生物学和流行病学。

鞭毛原生动物有一个梨形滋养体(长为9～21 μm)和一个卵球形囊肿期(长为8～12 μm，宽为7～10 μm，图4.10、图4.11)。感染者能排出高达$(1\times10^6)\sim(5\times10^6)$个囊肿/g粪便。

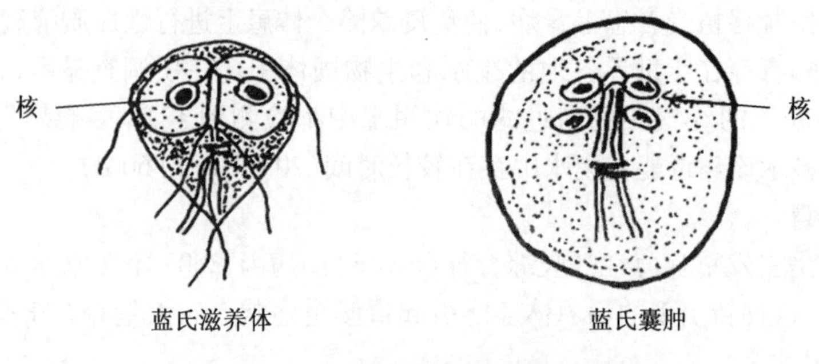

图 4.10　蓝氏贾第鞭毛虫滋养体和囊肿

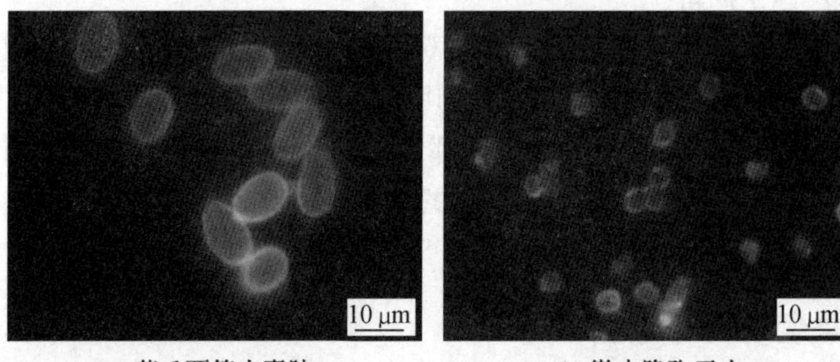

(a) 蓝氏贾第虫囊肿　(b) 微小隐孢子虫

图 4.11　蓝氏贾第鞭毛虫和隐孢子虫的卵囊免疫荧光图像

生活污水是贾第鞭毛虫的重要来源,野生动物和家畜是其囊肿的重要宿主。这种寄生虫流行于美国的山区,可感染人类、家畜和野生动物(如海狸、麝鼠、狗、猫)。感染是误食水中的囊肿引起的。胃促进贾第鞭毛虫附着在上小肠的上皮细胞中,通过二分裂繁殖的滋养体释放。这些滋养体可能覆盖肠上皮,干扰脂肪和其他营养物质的吸收。当它们穿过肠道到达大肠后会被包裹起来。图 4.12 所示为贾第鞭毛虫的生命周期。人类感染可能持续数月至数年,感染剂量一般为 25 ~ 100 个囊肿,也可能低至 10 个,而蒙古沙鼠感染剂量大于 100 个囊肿。

贾第鞭毛虫潜伏期为 1 ~ 8 周,可引起腹泻、腹痛、恶心、疲劳、体重减轻等症状,但贾第鞭毛虫病很少致命。虽然它一般为人对人传播或食物传播,但被认为是水传染疾病的暴发的最重要的病原之一。美国首次记录在案的贾第鞭毛虫病暴发是在 1974 年纽约,与供水中贾第鞭毛虫的存在有关。1971—1985 年,美国超过 50% 的地表水暴发是由贾第鞭毛虫引起的(图 4.13)。

大多数贾第鞭毛虫病暴发是因为使用未处理或不适当处理的水(如氯化但未过滤的水、消毒中断)以及夏季的娱乐活动。美国《安全饮用水法》(地表水处理规则)的修正条例要求美国环保局对所有地表水和地下水进行过滤和消毒以控制贾第鞭毛虫和肠道病毒的传播。但也考虑到了要求的例外情况(如有效消毒)。过滤器的错误设计或构造都可能导致生成贾第鞭毛虫继而污染饮用水。传统的细菌指示剂不适合作为水中和其他环境样品中贾第鞭毛虫囊肿的替代物。据报道,贾第鞭毛虫囊肿、隐孢子虫卵囊和细菌病原体的去除与一些传统的水质参数(如浊度)之间有很好的相关性。在娱乐用水中,浊度与游泳人数、隐孢子虫卵囊和贾第鞭毛虫囊肿的水平相关。当浊度低于 0.2 NTU 时,微生物

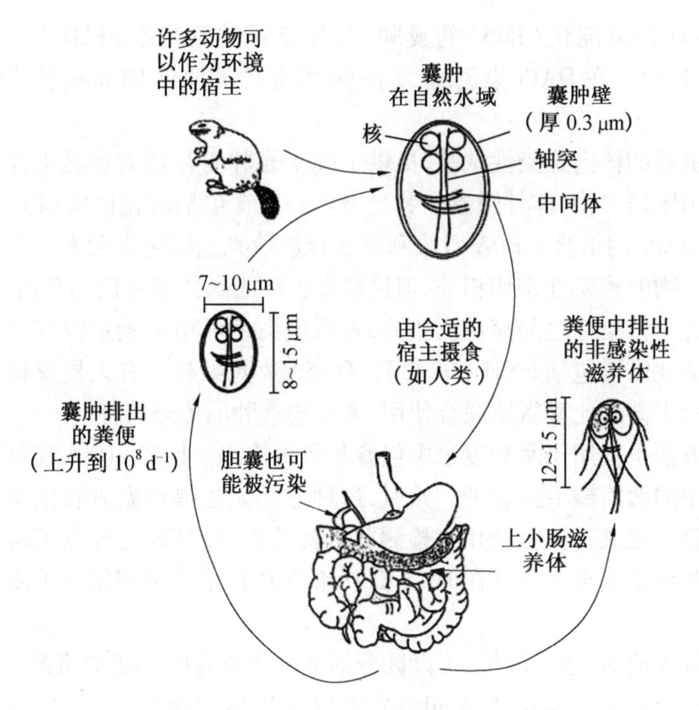

图4.12 贾第鞭毛虫的生命周期

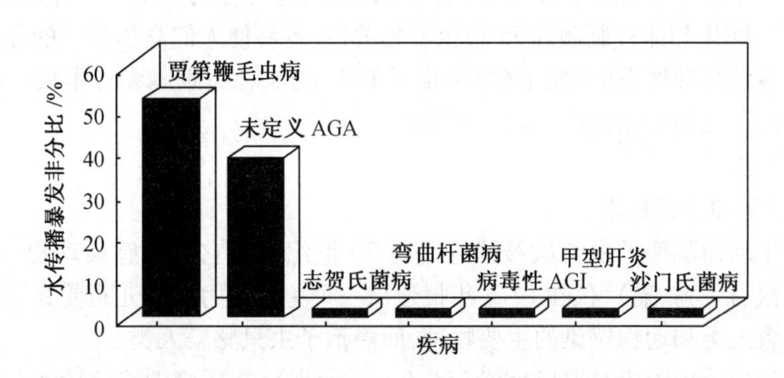

图4.13 水传播疾病暴发的病因：地表水（1971—1985）

质量得到显著提高。卵囊大小的聚苯乙烯微球可作为过滤、去除微小卵囊的可靠替代品。

(2)贾第鞭毛虫的检测方法。

贾第鞭毛虫囊肿在水生环境中数量较少，必须通过超滤盒、涡流过滤、吸附到聚丙烯或缠绕纱筒过滤器上进行浓缩。由于蓝氏贾第鞭毛虫不能在实验室中培养，所以检测囊肿需要使用免疫荧光、多克隆或单克隆抗体或相差显微镜等其他方法。此外，暴露于1～11 mg/L氯质量浓度下的囊肿虽然发荧光，但因失去内部结构而无法通过相差显微镜确认。囊肿可以通过抗体磁铁矿程序选择性地从水样中浓缩，也可以通过抗体-磁铁矿程序从水样中选择性浓缩。在暴露于小鼠抗贾第鞭毛虫抗体后，允许囊肿与抗小鼠抗体包被的镁钙石颗粒反应，然后通过高梯度磁分离浓缩。

其他方法包括通过褶皱膜胶囊（1 mm）或压缩泡沫过滤器（COM）过滤样品，依次洗脱,采用免疫磁珠分离纯化(IMS)的囊肿,与异硫氰酸荧光素(FITC)——单克隆抗体(FAb)和DAPI结合。在DAPI染色前,需在80 ℃条件下加热10 min,使囊肿得到显著恢复。

使用沙鼠进行的体内感染性试验,提供了关于囊肿生存能力和感染性的信息。替代方法包括使用细胞培养物、体外脱囊和荧光染料。后者包括碘化丙啶(PI)与荧光素二乙酸酯(FDA)或DAPI的组合。FDA吸收和降解释放荧光素能包囊荧光。虽然囊肿对FDA的反应有时与动物的传染性密切相关,但这种染色可能高估了它们的存活能力。相反,碘化丙啶染色囊肿与传染性之间存在负相关,表明该染色可用来确定没有自生能力的囊肿数量。替代的活性染料包括SYTO-9和SYTO-59荧光染料。有人提议将这些荧光染料与诺玛斯基差示干涉对比显微镜联合使用,来检查囊肿的形态特征。

分子基础方法也被用于水和废水中包囊和卵囊检测。构建cDNA探针可用于检测水和废水浓缩物中的贾第鞭毛虫囊肿。然而,这种方法无法提供囊肿存活率的信息。通过PCR扩增贾第鞭毛虫素基因已被用于检测贾第鞭毛虫,并且现已开发了若干引物能从属或种水平上检测该寄生虫。建议在DNA提取和PCR扩增前将贾第鞭毛虫保存在重铬酸钾中。

通过测量脱囊前后RNA的量,可以区分活囊肿和死囊肿。活贾第鞭毛虫囊肿也可以通过编码热休克蛋白的热休克诱导mRNA的PCR扩增来检测。Giardin、EF1A和ADHE mRNA的转录在体外鞭毛虫生长过程中呈上升趋势,这可作为判断囊肿存活能力的指标。实时监测RT-PCR与体外刺激和PI染色有相关性,容易使人们高估囊肿的存活能力。环境样本中存在的几种物质(如腐殖酸)干扰了PCR技术对病原体和寄生虫的检测。不过现在已经提出了几种消除这种干扰的方法。

2. 隐孢子虫

(1)生物学和流行病学。

球虫原生动物隐孢子虫首次被描述是在20世纪初。它主要感染动物(小牛、羊羔、鸡、火鸡、老鼠、猪、狗、猫),仅在1976年报道出一个免疫能力弱的儿童受到感染。微小隐孢子虫是导致人类和动物感染的主要物种,而隐孢子虫只感染人类。

原生动物的感染阶段是厚壁卵囊(5 ~ 6 mm大小),在环境中能够持续存在。卵囊壁由3个不同的层组成。去除最外层糖蛋白层可使附着在石英表面的卵囊数增加。

在被合适的宿主摄入后,卵囊经历脱囊并释放感染性孢子体,该孢子体主要寄生在宿主胃肠道的上皮细胞上。隐孢子虫的生命周期如图4.14所示。动物模型显示1 ~ 10个卵囊便可能引发感染,而另一项对29名健康人体志愿者的研究显示,最小感染剂量为30个卵囊,中位感染剂量为132个微小卵囊。这种寄生虫会引起大量的水样腹泻,通常在宿主免疫系统中停留10 ~ 14 d,并经常伴随着体重减轻,有时还会引发恶心、呕吐和低烧。症状的持续时间和结果取决于患者的免疫能力。免疫功能正常的患者腹泻通常持续1 ~ 10 d,但如艾滋病患者、接受化疗的癌症患者般免疫功能低下的患者可能持续1个月。目前还没有药物能控制这种寄生虫。

微小隐孢子虫的传播途径包括人传人、水传播、食物传播和人畜共患传播。人畜共患传播,即病原体从受感染动物向人类的传播,人们认为隐孢子虫比贾第鞭毛虫传播更严

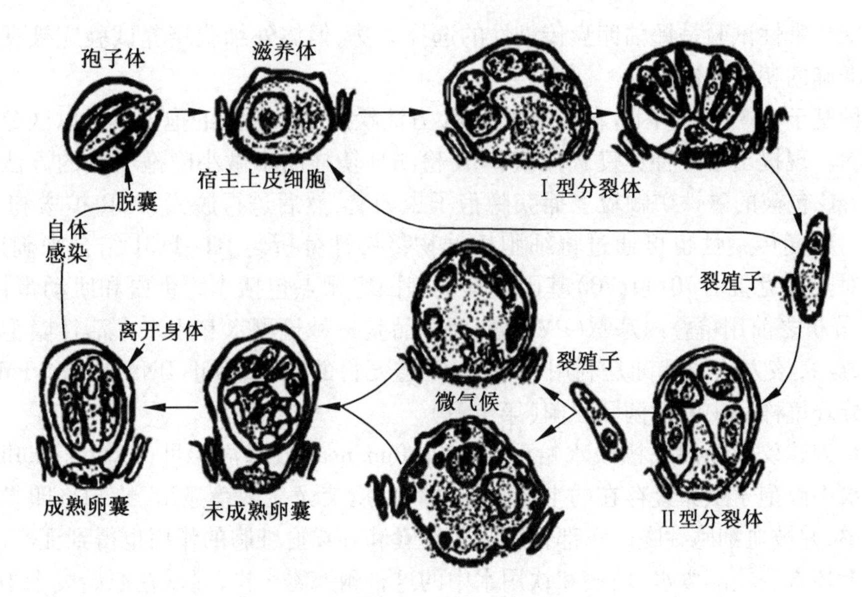

图4.14 隐孢子虫的生命周期

重。通过对人和动物源分离物的分子分析表明,存在两种隐孢子虫基因型,仅人类中存在的基因型1以及在动物和人类中都存在的基因型2。多次经水传播的隐孢子虫病暴发中约2/3由人隐孢子虫引起。这支持了这种寄生虫存在两个独立的传播周期的说法。

尽管石灰处理水软化可以部分灭活隐孢子虫卵囊,且在71.7 ℃下的短期(15 s)巴氏杀菌能够破坏微小线虫卵囊的传染性,但隐孢子虫不能被传统的水处理方法(如砂滤或氯化)有效去除或灭活。

(2)隐孢子虫的检测方法。

科学家已经开发了用于回收这种寄生虫的浓缩技术,方法包括基于聚碳酸酯过滤器保留卵囊、聚丙烯滤筒过滤器、涡流过滤、中空纤维超滤或通过膜过滤器浓缩,将膜过滤器溶解在丙酮中,然后离心卵囊造粒。尽管这些浓缩技术的回收效率相对较低,但已找到改进方法。

在浓缩物中检测卵囊多采用多克隆或单克隆抗体结合表荧光显微镜、流式细胞术、基因探针与PCR结合、荧光卵囊电子成像、冷却电荷耦合装置(CCD)等技术。现在开发了一种双色鱼试验来区分微小隐孢子虫和人隐孢子虫。通过使用含有40 nm金纳米粒子标记物与特定的商业抗体结合并标记染料,如罗丹明B异硫氰酸酯(*C. parvum*)和孔雀石绿异硫氰酸酯(*G. Lamblia*),之后采用表面增强共振拉曼光谱(SERRS)可快速检测出细小的卵囊和蓝氏贾第鞭毛虫囊肿。但该方法仍有待于真实环境样品的进一步检测。

免疫磁珠分离技术(IMS)也与PCR结合用于卵囊检测。活的卵囊可以用IMS和RT-PCR检测,其靶向hsp70热休克诱导mRNA。在对卵囊进行95 ℃下20 min热处理后,该分析没有给出任何信号,证实该方法仅能检测到存活的卵囊。卵囊活力和感染性一般通过体外脱囊、小鼠感染性试验、体外细胞培养感染性试验或荧光活性染料染色来确定,所述荧光活性染料例如DAPI(4,6-二氨基-2-苯基-林德勒)、碘化丙啶(PI)、SYTO-9或SYTO-59。然而,基于活体染料的分析和体外脱囊这两种方法高估了卵囊的存活能力。

尽管小鼠传染性试验是评估卵囊传染性的选择方法，但体外细胞培养试验应被视作一种实用和准确的替代方法。

一种基于873-bp基因片段扩增的PCR方法检测出未包囊的孢子体可以区分活卵囊和死卵囊。现提出了一种免疫磁捕获PCR检测环境样品中微小隐孢子虫的方法。该过程为在IgG包被的磁铁矿颗粒上捕获隐孢子虫卵囊，然后进行脱囊、PCR扩增和PCR产物鉴定。卵囊传染性也可通过将细胞培养物传染性分析与RT-PCR结合来确定，RT-PCR针对热休克蛋白70(hsp70)基因。其他基因组靶点包括小管蛋白和肌动蛋白基因。在PCR分析之前用单叠丙基脲(PMA)处理样品是一种检测水和废水中活性隐孢子虫卵囊的新方法，该方法的基础是利用PMA只穿透死亡的卵囊，阻止DNA扩增。PMA也被用于区分环境样品中的活菌和死菌(第1章)。

也有人建议将亚洲底栖淡水蛤(corbicula fluminea)或海洋贻贝(mytilus edulis)用作水和废水中隐孢子虫卵囊存在的生物监测器。免疫荧光显微镜显示，蛤蜊将卵囊集中在血淋巴中，并被血细胞吞噬。东部牡蛎吸收卵囊和吞噬血细胞的作用也得到证实。

用上述方法检测废水、地表和饮用水中的这种耐寒寄生虫，显示在原始废水中出现的卵囊浓度为850～20 000个卵囊/L。废水中卵囊浓度的范围为4～3 960个卵囊/L。图4.15所示为未经处理的废水、地表水和成品水中隐孢子虫卵囊和贾第鞭毛虫卵囊的含量。

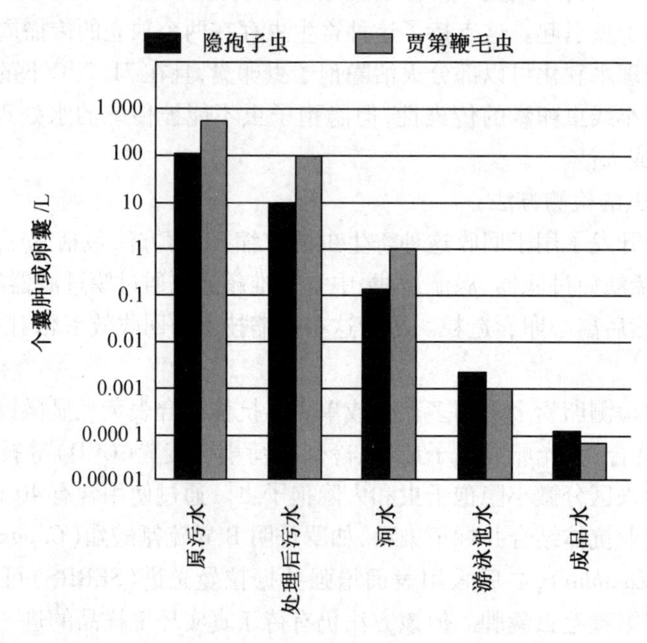

图4.15 未经处理的废水、地表水和成品水中隐孢子虫卵囊和贾第鞭毛虫卵囊的含量

3. 环孢子虫

(1)生物学和流行病学。

孢子虫是另一个新兴的引起腹泻球虫寄生虫，首次报道于1986年，文献中多称之为"蓝藻般的身体"。环孢菌卵囊呈球状，直径为8～10 mm，包含两个孢子囊，每个孢子囊有两个孢子体。环孢子虫感染十二指肠和空肠上皮细胞，有约一周的潜伏期，临床症状包

括长期腹泻,有时便秘、腹部绞痛、恶心、体重减轻,有时还会产生呕吐、厌食和疲劳症状。艾滋病患者的感染可能持续长达四个月。感染的诊断以粪便标本的显微镜检查为基础。环孢子虫感染的治疗需要使用三甲氧基磺胺甲恶唑(TMX-SMX)。

(2)环孢子虫的检测方法。

环孢子虫卵囊通过类似于隐孢子虫的过滤方法浓缩在环境样品中。显微镜检查可用于检测精确样品浓缩物中的卵囊,但效果不佳。环孢菌卵囊的一个明显特征是它们发出的自荧光,当在荧光显微镜(365 nm 激发滤光器)下检查时,看起来像蓝色圆圈。聚合酶链反应只可以检测 100 g 覆盆子或罗勒中不到 40 个卵囊。荧光探针结合实时 PCR 已被用于环孢子虫卵囊的检测。一种基于 PCR -限制性片段长度多态性(PCR-RFLP)的方法允许将环孢子虫与其他环孢子虫物种以及其他球虫寄生虫(如艾美耳球虫)区分开来。一种结合改进后的 DNA 提取技术和 PCR 技术的方法对环孢子虫具有高度敏感性(低至 1 个卵囊)和选择性,但可能受到从食物中提取卵囊时释放的 PCR 抑制剂的限制。该抑制可以像其他球形寄生虫一样,通过 IMS 潜在解决。但遗憾的是,缺少在体内或体外培养评估环孢子虫卵囊的存活能力的试验。

4. 小孢子虫目

微孢子虫是专性的细胞内原生动物寄生虫,约有 14 种(如肠脑炎微孢子虫、家兔脑胞内微孢子虫、肠上皮细胞微孢子虫),能使人类感染,尤其是对免疫功能低下患者。它们能在娱乐水域的多重鱼类中检测到,孢子数量随游泳人群密度的增大而增大。慢性腹泻患者的患病率在 10% ~50% 。个体摄入小孢子(1 ~5 μm)后会经历慢性腹泻、脱水和显著的体重减轻。一些微孢子虫还可能通过水传播。微孢子虫已被纳入美国环保局污染物候选名单。

如前所述,相较于其他原生动物寄生虫,微孢子虫对氯有较强的抗性,但对紫外线敏感。它们能在混凝、沉淀、过滤等传统水处理工艺下存活。

5. 溶组织内阿米巴

溶组织内阿米巴的形式感染性囊肿(直径 10 ~15 μm),由无症状携带者经长时间脱落。它在水和废水中能长期稳定存在,并随后被新的宿主摄入。原水中的囊肿含量可能高达 5 000 个囊肿/L。

原生动物寄生虫主要通过受污染的水和食物传染给人类。它能引起阿米巴病或阿米巴痢疾等大肠疾病,症状包括腹泻、便秘。它还可能导致急性痢疾肠黏膜溃疡,造成腹泻和抽筋。

6. 纳氏虫属

原虫是自由生活的原生动物,已能从废水、地表水、游泳池、土壤、生活用水、温泉水和热污染废水中分离出来。福氏耐格里阿米巴原虫是原发性阿米巴脑膜脑炎(PAME)的病原体,首次于 1965 年在澳大利亚报道出现。这种阿米巴虫最为致命,在变形虫进入体内 4 ~5 d 后,原生动物通过鼻腔黏膜进入体内并迁移到中枢神经系统。这种疾病主要与游泳和潜水有关。利用动物模型估计 PAME 对人类的风险,作为水中福氏耐格里阿米巴虫浓度的函数,得出浓度为 8.5×10^{-8} 个/L 时 1 L 水中有 10 个变形虫。另一个令人担忧的事实是该原虫体内可能藏有嗜肺军团菌和其他致病微生物。该关联对人类健康的影响尚不清楚。

目前已有的快速鉴定技术(如细胞术、基于酶活性检测的 API ZYM 系统)、单克隆抗体、DNA 探针和 PCR 方法,可以将福氏耐格里阿米巴虫与环境中其他自由生活的变形虫区分开来。固相细胞术是检测福氏耐格里阿米巴虫的一个新方法,通过薄膜过滤器上的微生物荧光标记,然后使用自动计数系统检测。福氏耐格里阿米巴虫通过 RT-PCR 提取总 DNA,无须预培养,其可在生物膜和饮用水样中特定、快速(小于 6 h)检测到。

7. 弓形虫

弓形虫是一种以猫为宿主的球虫寄生虫。它还会在世界范围内引起人体寄生虫感染。许多感染是先天获得的,会导致儿童眼部疾病。另一些则是后天获得的,导致淋巴结肿大。这种寄生虫在艾滋病患者和其他免疫抑制人群中造成的伤害最大。在受感染的孕妇中,这种寄生虫可导致流产和胎儿损伤。人类因食用未煮熟的肉或受弓形虫卵囊污染的水而受感染。加拿大的一次弓形虫病的暴发就与一个水库有关。

对环境样本进行浓缩纯化(免疫磁分离)后,可用光镜、荧光显微镜或基于 PCR 的方法检测弓形虫卵囊。卵囊壁的多层性阻碍了分子方法的发展,给 DNA 的提取带来了困难。在种子试验中,以 529-bp 重复元素为靶点的实时 PCR 法能检测浓缩水中的卵囊是否有效。卵囊活力通过小鼠生物测定法进行评估。

4.2.4 真菌病原体

真菌病原体(霉菌)在废水中一直没有得到深入研究。已知约 200 种真菌病原体可导致人类感染,大约 9% 的医院感染是由真菌病原体引起的,其中一些可能导致人类患癌。致癌性真菌毒素有黄曲霉产生的黄曲霉毒素、青霉菌产生的赭曲霉毒素和镰刀霉。然而许多呼吸系统疾病(如过敏性肺炎、肺出血)和过敏反应(如过敏性哮喘、花热粉)都是由接触霉菌引起的,免疫力低下的人更容易感染霉菌。污水处理厂的霉菌感染可能是由于接触到废水处理操作时产生的真菌气溶胶。

4.2.5 蠕虫寄生虫

虽然微生物学家通常不研究蠕虫寄生虫,但它们与细菌、病毒病原体以及原生动物寄生虫一起存在于废水中,使得其对人类健康来说仍需予以关注。卵子(卵)是寄生蠕虫的感染阶段,它们在粪便中排泄,并通过废水、土壤或食物传播。卵子对环境压力和污水处理厂的氯化作用都有很强的抵抗力。废水中蠕虫卵的数量存在季节性效应。主要的蠕虫寄生虫见表 4.9。

表 4.9 主要的蠕虫寄生虫

生物	疾病(受影响的主要部位)
线虫(蛔虫)	蛔虫病(小肠)
蛔虫	蛔虫病——小儿肠梗阻(小肠)
毛首鞭虫	鞭虫——鞭虫病(肠)
美洲钩虫	钩虫病(胃肠道)

续表 4.9

生物	疾病(受影响的主要部位)
十二指肠钩虫	钩虫病(胃肠道)
牛带绦虫	牛绦虫—腹部不适、饥饿疼痛、慢性消化不良(胃肠道)
猪带绦虫	猪绦虫
曼氏血吸虫	血吸虫病(肝硬化并发症)、膀胱和大肠)

1. 带绦虫

牛带绦虫(牛绦虫)和猪带绦虫(猪绦虫)现在在美国比较少见。这些寄生虫在中间宿主中发育以到达囊尾蚴的幼虫阶段。牛在放牧时摄取了受感染的卵,并作为牛带绦虫的中间宿主,猪是猪带绦虫的中间宿主。囊尾蚴侵入肌肉、眼睛和大脑。这些寄生虫引起肠道紊乱、腹痛和体重减轻。

2. 蛔虫

蠕虫的生命周期(图 4.16)只有一个阶段,在这个阶段,幼虫通过肺部迁移并引起肺炎(Loeffler 综合征)。这种疾病只能通过摄入少量感染性卵获得。受感染的个体排出大量的卵子,每只雌性蛔虫每天能产生大约 200 000 个卵子。这些卵很密,通过污水处理厂的沉淀能够很好地去除。虽然它们能被活性污泥处理有效去除,但它们对氯却有很强的抵抗能力。

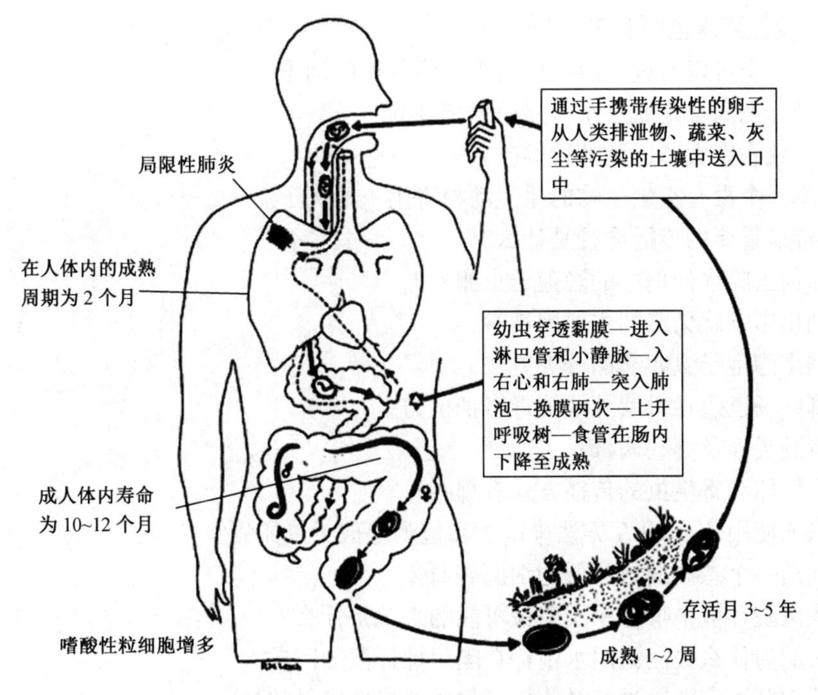

图 4.16　蛔虫的生命周期

3. 犬弓首蛔虫

犬弓首蛔虫主要感染有吃泥土习惯的儿童。这种寄生虫的幼虫除了会引起肠道紊乱外,还会迁移到眼睛中,造成严重的眼部损伤,甚至导致失明。

4. 毛首鞭虫

毛首鞭虫会引起人类鞭虫感染。卵密度很高,在沉淀池中沉降得很好。

4.2.6 其他引起问题的微生物

地表水供水处理厂可能存在高浓度的蓝绿色藻类(如水华鱼腥藻、铜绿微囊藻、裂须藻)。这些藻类产生的外毒素(多肽、生物碱)和内毒素,可能是胃肠炎等综合征的原因。目前正在进行研究,以便了解这些毒素在水和废水处理厂中产生和去除的可能性。

4.3 思考题

1. 原发性病原体和机会性病原体有什么区别?
2. 为什么贝类会对公众健康构成威胁?
3. 给出下列疾病的病因:

(1)消化性溃疡。

(2)庞蒂亚克热。

(3)血清肝炎。

(4)病毒性胃肠炎。

(5)原发性阿米巴脑脑膜炎(PAME)。

5. 举出两个可以通过气溶胶传播细菌病原体的例子。
6. 哪种肝炎病毒是通过水传播途径传播的?
7. 列出致病性大肠杆菌的种类。
8. 列举一个没有水生生物的原生动物寄生虫的例子。
9. 病毒最重要的传播途径是什么?
10. 如何去除水处理厂的隐孢子虫卵囊?
11. 列出影响感染链的主要因素。
12. 列出隐孢子虫卵囊的分类方法。
13. 哪些肠道病毒对紫外线消毒有抵抗力?
14. 胃肠炎涉及哪些病毒?
15. 病原体和寄生虫的传播方式有哪些?
16. 目前使用什么 EPA 方法来浓缩和检测隐孢子虫卵囊?
17. 列出一个感染剂量较低的细菌病原体。
18. 在医院环境中嗜肺军团菌最可能的来源是什么?
19. 人们为什么关注饮用水中存在幽门螺杆菌的问题?
20. 什么肝炎病毒通过接触感染者的血液或性接触传播?

第 5 章　粪便污染的微生物指标

5.1　概　述

人体内存在大量共生微生物，它们大部分寄居在人的肠道中，人体肠道内的微生物种属及数量如图 5.1 所示，数量超过 1 000 万亿（10^{14} 数量级），是人体细胞总数的 10 倍以上，其总质量超过 1.5 kg，若将单个微生物排列起来可绕地球两圈。

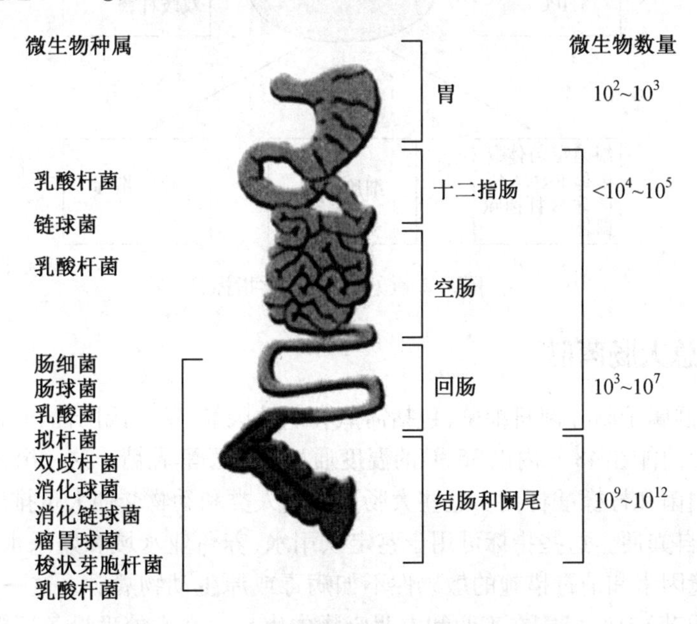

图 5.1　人体肠道内的微生物种属及数量

目前估计肠道内厌氧菌有 100 ~ 1 000 种，严格厌氧的有拟杆菌属、双歧杆菌属、真杆菌属、梭菌属、消化球菌属、消化链球菌属、瘤胃球菌属，它们是消化道内的主要菌群；兼性厌氧的有埃希氏菌属、肠杆菌属、肠球菌属、克雷伯菌属、乳酸杆菌属、变性杆菌属，是次要菌群。直接检测致病性细菌和病毒，以及原生动物寄生虫包囊需要花费大量的时间，还需要经过训练的工作者进行检测，由此引出粪便污染指示生物的概念。

早在 1914 年，美国公共卫生署（U. S. P. H. S.）就采用大肠菌群作为饮用水粪便污染的指标。后来，提出各种用于指示粪便污染的发生、废水处理厂的处理效率，以及配水系统中饮用水的恶化和污染的微生物。

理想指示生物的标准有：①恒温动物的肠道微生物之一；②随病原体存在而存在，而在未受污染的样本中不存在；③数量应该大于病原体数量；④对消毒剂具有一定的抵抗力;⑤不在生态环境中繁殖;⑥能通过简便、快速、经济的方法检测出来;⑦非致病性。

5.2 指示微生物

本节主要介绍常用的指示微生物,微生物和化学指标如图 5.2 所示。

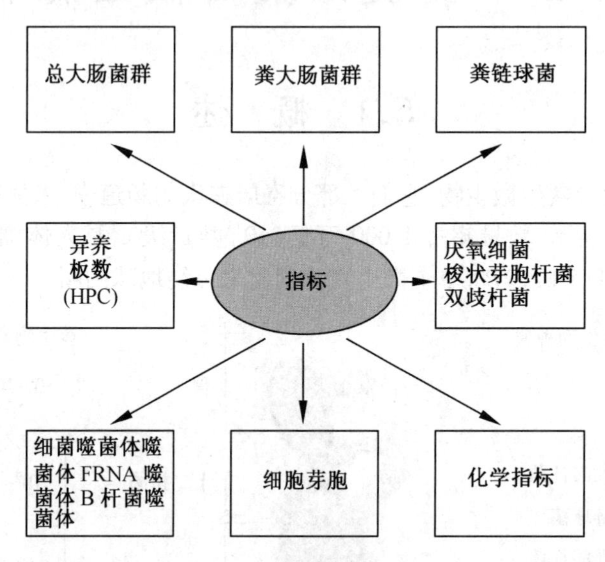

图 5.2 微生物和化学指标

5.2.1 总大肠菌群

总大肠菌群属于肠杆菌科细菌,包括需氧和兼性厌氧、革兰氏阴性、非孢子形成、杆状的细菌,这些细菌能在 48 h 内以 35 ℃的温度通过气体发酵乳糖。这一组包括大肠杆菌、肠杆菌、克雷伯菌和柠檬酸杆菌。这些大肠菌群随人类和动物粪便大量排出,但并非所有大肠菌群都源自粪便。这些指标可用于鉴定饮用水、养鱼业水域和娱乐水域的水质。然而,它们对环境因素和消毒措施的敏感性不如病毒或原生动物囊肿。这一群体中的一些菌(如克雷伯氏菌)有时可能在工业和农业废物中生长。在水处理设备厂中,总大肠菌群是一个衡量工厂安全性的最佳指标。

5.2.2 粪大肠菌群

粪大肠菌群或耐热大肠菌群可在 44.5 ℃发酵乳糖。有些调查人员使用大肠杆菌作为粪便污染的指标,因为可以很容易地将它与粪大肠菌群的其他成分区分开来。粪大肠菌群的生存模式类似于细菌病原体的生存模式,但其作为原生动物或病毒污染指标的作用不明显。它们对消毒的抵抗力远不如病毒或原生动物囊肿。因此,用大肠菌群指标表示水生环境受到病毒和原生动物囊肿的污染并不可靠。在适当的条件下,大肠菌群也可能在净水和废水中再生。为了改善这些指标的恢复状况,特别是损伤的粪便大肠菌群,现已提出了几种改进的方法。另外,热带雨林原始环境中大肠杆菌的生长和检测表明,其可能不是热带环境中粪便污染的可靠指标。来自人类和动物的大肠杆菌之间的区别可以通过使用抗生素耐药模式或DNA指纹等方法来实现。

5.2.3　大肠埃希菌

埃希里奇于1885年首先分离到该菌,1893年西奥博尔德·史密斯指出,大肠埃希菌普遍存在于人类和动物的肠道内,在自然水体中不能长时间存活,所以若在环境中发现,就可以认为是被人和动物的粪便所污染。因鉴定复杂,以前使用不多。但近年来随着测定新方法的建立。大肠杆菌作为粪便污染的指示菌应用越来越多。如美国环境保护署2000年颁布的饮用水、娱乐用水TC和大肠杆菌的检测方法中,利用大肠杆菌产生的葡萄糖普酸酶,分解吲哚葡萄糖酸苷,产生有色物质,而使大肠杆菌菌落显色,可以对大肠杆菌数进行测定(酶底物法)。我国2006年版的《生活饮用水卫生标准检验方法》也把该方法作为标准检验方法。大肠埃希菌能较好指示肠道的病原微生物污染情况,是较好的粪便污染的指示菌,检出的意义最大。

5.2.4　肠球菌

肠球菌原归属于链球菌属的D血清群。肠球菌是人和温血动物肠道内的正常菌群之一,在人和动物体内含量不同,主要栖居于动物肠道内的肠球菌数量较多,一般多于大肠杆菌;而在人体内相对较少,在人粪中所占比例少于大肠杆菌,1 g粪便约含10^5个。一般根据两者比值判断污染来源。FC与肠球菌的比值大于4.1,可认为污染的来源为人体粪便;小于0.7,可认为污染的来源是动物粪便;介于两者之间可认为是人和动物的粪便混合污染。肠球菌对冷、热、碱等恶劣环境抵抗力较强,对含氯消毒剂较TC更具耐受力,在富含营养的水体中繁殖力低于大肠菌群,这些更符合粪便指示菌的条件。

5.2.5　粪链球菌

粪链球菌群包括粪链球菌、牛链球菌、马链球菌和禽链球菌。由于它们通常栖息在人类和温血动物的肠道里,因此也可以用来检测水中的粪便污染。这一群体的细菌比其他指标细菌寿命长,但它们在自然环境中不能繁殖。作为粪链球菌群的一个亚组,肠球菌是一种有助于指示病毒存在的细菌,特别是在生物体和海水中。多年以来,粪便大肠菌群/粪链球菌比(FC/FS值)一直是衡量地表水污染来源的指标。用杜松子酒做试验,当比值为4时,表示被人类粪便污染。而比值为0.7时,表示被动物粪便污染。然而,这一比值仅适用于最近(24 h)的粪便污染,对指示长期污染不可靠。粪便污染的来源可根据大肠菌群的耐药模式或者粪链球菌的耐药模式,多种抗生素耐药性(MAR)谱,核糖体分型、脉冲场凝胶电泳、生化指纹图谱、表型碳源利用技术、使用生物系统或可区分非致病性和致病性大肠杆菌菌株的扩增片段长度多态性确定。

5.2.6　厌氧细菌

1. 产气荚膜梭菌

梭菌主要是机会性致病菌,但也与人类疾病有关,如气性坏疽(产气杆菌)、破伤风肉毒杆菌中毒或 r 型急性结肠炎等。产气荚膜梭菌是一种在结肠中发现的菌群,由内生孢子形成的厌氧革兰氏阳性杆状亚硫酸盐还原菌,约占粪便微生物群的 0.5%。它产生的孢子能很好地抵抗环境压力和消毒作用。由于它是亚硫酸盐还原梭菌(SRC)的一类,所以在含有亚硫酸盐的培养基中可以被检测到。产气荚膜梭菌通常存在于人类和动物粪便以及废水污染的水生环境中。在欧洲,一直用 SRC 作为传统水质指标,但新欧盟(EU)法规将更多规格的细菌作为指标的选择。尽管如此,还是有人建议将这种微生物作为一种工业细菌,以此作为病原体的示踪剂。此外,还有人建议将产气荚膜梭菌作为水处理厂病毒及原生动物囊肿的安全指标。混合氧化剂消毒后的隐孢子虫卵囊影响休闲水域的水质。这种细菌对氧化剂和紫外线的抵抗力超过细菌和噬菌体指标。它似乎也是追踪海洋环境中的粪便污染(例如海洋沉积物)的可靠工业菌种,并能在停止倾倒污泥后的沉积物中长期(1 年)存活。

2. 双链杆菌

厌氧、非孢子形成的革兰氏阳性细菌生活在人类和动物的内脏中,被认为是粪便的指示物。双歧杆菌是人类肠道菌群中发现的第三个最常见的属。大肠杆菌对人肠道影响很小,因为其中的一些菌主要与人类有关,它们可能有助于区分人类和动物污染源。现在通过使用 rRNA 探针来检测。双链杆菌富集后,利用多重 PCR 方法,通过菌落杂交富集双歧杆菌,进而检测青双歧杆菌,表明该菌可以作为人类粪便污染的一种特异性指标。多重 PCR 方法显示仅在人类粪便污水中发现了双歧杆菌。

3. 拟杆菌属

脆弱杆菌在水中的存活率低于大肠杆菌和拟杆菌属。人们普遍认为用荧光抗血清检测这种细菌是指示粪便污染的水的一种有效方法。

5.2.7　细菌噬菌体

噬菌体是由 D. Herelle 和 Twort 各自独立发现的。噬菌体是感染细菌、真菌、放线菌或螺旋体等微生物的病毒的总称,因部分能引起宿主菌的裂解,故称为噬菌体。噬菌体分布极广,凡是有细菌的存在,就可能有相应噬菌体的存在。例如:在人和动物的排泄物或污染的井水、河水中,常含有肠道菌的噬菌体。在土壤中,可找到土壤细菌的噬菌体。噬菌体有严格的宿主特异性,只寄居在易感宿主菌体内,故可利用噬菌体进行细菌的流行病学鉴定与分型,以追查传染源。由于噬菌体结构简单、基因数少,是分子生物学与基因工程的良好试验系统。噬菌体也被用于评价水和废水的处理效率。蓝细菌病毒广泛存在于自然水体,已在世界各地的氧化塘、河流或鱼塘中分离出来。由于蓝细菌可引起周期性的水华作用,因此有人提出将蓝细菌的噬菌体用于生物防治。大肠杆菌噬菌体广泛分布在废水和被粪便污染的水体中。由于较易分离和测定,因此建议用噬菌体作为细菌和病毒污染的指示生物,环境病毒学已使用噬菌体作为模式病毒。

现已提出了三组噬菌体作为指示生物:体细胞性大肠杆菌噬菌体、雄性特异性 RNA 噬菌体和感染脆弱杆菌的噬菌体。

1. 体细胞噬菌体

体细胞噬菌体主要感染大肠杆菌,但也有一些能感染其他肠杆菌科。噬菌体与肠道病毒相似,但其在自然环境中更容易被快速检测到,在废水和其他环境中发现的噬菌体比肠道病毒的数量更多。几位调查人员提出了在潜在的入河口区、海水、淡水、饮用水、生物固体和废水中,大肠杆菌可以作为水质指标。噬菌体还可用作生物示踪剂,以识别地表水和含水层的污染源。人们提出了转基因噬菌体,以避免干扰环境样本中存在的独立噬菌体。利用独特的 DNA 序列插入噬菌体基因组,然后可以用 PCR、斑点杂交检测。

在所有检测的指标中,噬菌体与南非受污染溪流中肠道病毒的相关性最好。肠道病毒和大肠杆菌的发病率与温度呈负相关。它们还可作为评价废水处理厂的细菌去除率的指标以及协助水处理厂提供有关水处理工艺的资料(如混凝、沉沙、过滤、对活性炭的吸附)。

2. 雄性特异性 RNA 噬菌体

雄性特异性 RNA 噬菌体是单链 RNA 噬菌体(雄性特异性 RNA 噬菌体),立方衣壳大小为 24 ~ 27 nm。所有的雄性特异性 RNA 噬菌体都属于 Leviridae 科。它们通过吸附到宿主细胞的口器或性纤毛进入宿主细菌细胞。由于雄性特异性 RNA 噬菌体在人粪便中很少被检测到,而且与粪便污染水平没有直接关系,所以不能视为粪便污染的指标。它们大量存在于废水中,对氯化反应有较高抗性,因此有助于它们作为废水污染的指标。雄性特异性 RNA 噬菌体有四种基因型。除了少数例外,基因型Ⅱ和Ⅲ通常与人类粪便有关,而基因型Ⅰ和Ⅳ则与动物粪便有关。有人建议,它们可以作为粪便污染来源(人类和动物源)的指标。

对降雨后氯化废水的监测表明,粪便大肠菌群和肠球菌对氯的敏感性远远高于雄性特异性噬菌体。在海水污染和净化方面,雄性特异性 RNA 噬菌体为研究贝类中动物病毒的归宿提供了一个合适的模型。它们可在海洋环境温度,并且不添加宿主细胞的复制的情况下存活。雄性特异性 RNA 噬菌体似乎是检测海洋环境中的污染病毒的合适指标。

3. 感染脆弱类杆菌的噬菌体

Tartera 和 Jofre 探讨了类杆菌噬菌体作为病毒污染指标的潜力。在粪便(在 10% 的人类粪便样本中发现,但动物粪便中没有发现)、污水和其他受污染的水生环境(河水、海水、地下水、沉积物)中发现了对脆弱拟杆菌 HSP 40 有效的噬菌体,而在未受污染的地点则没有这种噬菌体(表 5.1)。这些指标在环境样本中似乎没有增殖,它们比细菌指标(粪链球菌、大肠杆菌)或病毒(Ⅰ型脊髓灰质炎病毒,轮状病毒 SA11 和大肠杆菌噬菌体 f2)更耐氯,但比噬菌体对紫外线的耐受性差。细菌噬菌体对氯的抗性比细菌指示物的耐氯性更强。噬菌体耐氯性排名如下:感染脆弱类杆菌的噬菌体>F-RNA 噬菌体>体细胞噬菌体。

表 5.1　水和沉积物中抗脆弱杆菌 HSP 40 的活性噬菌体水平

样品	样品号	噬菌体阳性样品/%	最大值/100 mL	最小值/100 mL	中值/100 mL
污水	33	100	1.1×10^5	7	6.2×10^3
河水[a]	22	100	1.1×10^5	93	1.6×10^4
河水沉积物[a]	5	100	4.6×10^5	90	1.08×10^5
海水[a]	22	77.2	1.1×10^3	<3	1.2×10^2
海水沉积物[a]	12	91.0	43	<3	13.4
地表水[a]	19	21.0	—	—	—
灌溉水[b]	50	0	—	—	—

注：[a] 来自污水污染地区的样本；[b] 来自没有已知污水污染地区的水和沉积物。

此外，脆弱杆菌噬菌体与肠病毒同样减少。因此，这些生物可能是检测人类粪便污染的合适指标，可以用它们区分人类和动物粪便污染。它们与肠病毒和轮状病毒呈正相关，其持久性与海水和贝类中的肠病毒（如甲型肝炎病毒）相似。如西班牙三家水处理厂所示，感染脆弱杆菌的噬菌体比细菌（粪大肠菌群和葡萄球菌）对治疗过程更具抵抗力。它们也比粪大肠菌群和其他噬菌体（法国噬菌体和体细胞噬菌体）更能抵抗淡水中的自然灭活。但细菌噬菌体是否可以作为所有情况下肠道病毒的指标还有待证实。

4. 噬菌体侵染细菌的过程

许多噬菌体于宿主细胞中复制之后，在细胞裂解时释放出来，宿主细胞破坏和释放毒粒的噬菌体生命周期称为裂解周期，裂解性噬菌体的生活周期由五个阶段组成：吸附、侵入、复制、装配和释放。本节将以大肠杆菌 T-4 噬菌体为例叙述双链 DNA 噬菌体裂解过程。

（1）双链 DNA 噬菌体的复制。

双链 DNA 噬菌体的复制过程如图 5.3 所示。

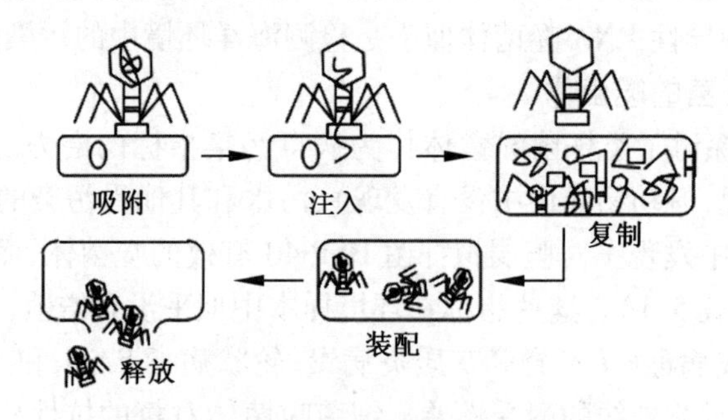

图 5.3　双链 DNA 噬菌体的复制过程

①吸附。噬菌体并非任意地吸附于宿主细胞表面，而是附着于被称为受体位点（reception sites）的特定细胞表面结构上，这些受体的性质随噬菌体而异；细胞壁、磷壁质、鞭毛和菌毛均可作为噬菌体受体。大肠杆菌 T-偶数噬菌体用细胞壁脂多糖或蛋白质作受体，受体性质的变化至少部分关系到噬菌体宿主选择性。

吸附是噬菌体与细菌表面受体发生特异性结合的过程，其特异性取决于噬菌体蛋白与宿主菌表面受体分子结构的互补性。只要有细菌具有特异性受体，噬菌体都能吸附，但噬菌体不能进入死亡的宿主菌。T-4 噬菌体尾部的一个尾丝接触受体位点时，噬菌体吸附过程开始。在更多的尾丝接触后，基片便固定在细胞表面。吸附过程受静电、pH 和离子的影响。

②注入。基片稳定地固定于细胞表面后，基片和尾鞘构象发生改变，存在于尾端的溶菌酶水解细菌细胞壁上的肽聚糖，然后尾鞘像肌动蛋白和肌球蛋白的作用一样收缩，露出尾轴，伸入细胞壁内，将头部的 DNA 压入细胞内。噬菌体的核酸注入宿主菌体内，而蛋白质衣壳则留在菌体细胞外。尾管可与质膜作用形成 DNA 通过的通道。其他噬菌体侵入的机制通常与 T-偶数噬菌体不同，但尚未得到详细研究。

③复制。T-4DNA 复制是个极其复杂的过程。噬菌体 DNA 注入后，宿主 DNA、RNA 和蛋白质等活动合成终止，宿主细胞各组分用于合成噬菌体的各组分。

噬菌体 RNA 聚合酶 2 min 内就开始指导合成噬菌体 mRNA，指导合成宿主细胞和噬菌体核酸复制所需的蛋白酶。噬菌体具有的特异性酶可终止宿主基因表，同时，将宿主的 DNA 降解成核苷酸，为噬菌体 DNA 的合成提供原料。5 min 内噬菌体 DNA 开始合成。合成起始，T-4 基因被宿主的 RNA 多聚酶转录。短时间后，因为噬菌体酶的作用将抑制宿主基因的转录并启动噬菌体基因表达。噬菌体的早期和晚期基因分别定位于不同的 DNA 链，早期基因逆时针方向转录，晚期基因顺序顺时针方向转录，晚期 mRNA 指导合成噬菌体结构蛋白、帮助噬菌体装配，但不成为病毒粒子结构部分的蛋白质和细胞裂解和噬菌体释放有关的蛋白质。

④装配。T-4 噬菌体装配是复杂的自我装配过程。虽然是自发地进行装配，但有些过程是需要特定的噬菌体蛋白和宿主细胞因子协助。噬菌体装配所需的所有蛋白质同时合成，基片由 15 种蛋白质构成，基片装配完成后尾管上建成尾管。噬菌体的头部由超过 10 种蛋白质组成，前壳体在支架蛋白的协助下装配，一种特定的门蛋白是 DNA 转移的头顶结构的一部分，定位于前壳体基底与尾部连接的地方，有助于头部装配和 DNA 进入头部。T-4 头部 DNA 包装在某种酶的作用下，DNA 分子装配进完整的蛋白壳内。在感染后大约 15 min，第一个完整的 T-4 噬菌体颗粒出现。

⑤释放。在感染约 22 min 之后，噬菌体在末期裂解宿主细胞，释放出约 300 个 T-4 颗粒，同时放出多个噬菌体基因，指导合成内溶菌素和穿孔素等，穿孔素破坏质膜，使呼吸停止，并允许内溶菌素攻击肽聚糖，膜形成孔洞将噬菌体颗粒放出菌体外。

(2)单链 DNA 噬菌体的复制。

噬菌体 *Φ*X174 是以大肠杆菌为宿主的小型单链 DNA(ssDNA)噬菌体，其 DNA 碱基序列是正链的，含重叠基因。当 *Φ*X174 DNA 进入宿主，复制开始之前，噬菌体单链 DNA 首先被细菌 DNA 聚合酶复制成双链 DNA 形式。然后复制型指导更多双链 DNA、mRNA。这种噬菌体的释放机制与 T-4 噬菌体的不同。

丝状单链 ssDNA 噬菌体在许多方面与其他单链 ssDNA 噬菌体有很大区别。其中丝杆噬菌体科的 fd 噬菌体研究最为详尽。丝状的 fd 噬菌体在感染时不杀死宿主细胞，而与宿主建立一种以分泌方式持续释放新毒粒的共生关系。丝状噬菌体的壳体蛋白首先插入细胞膜,然后当病毒 DNA 通过宿主质膜分泌时开始围绕它进行壳体装配。宿主细菌继续生长,而分裂速率略有下降,如图 5.4 所示。

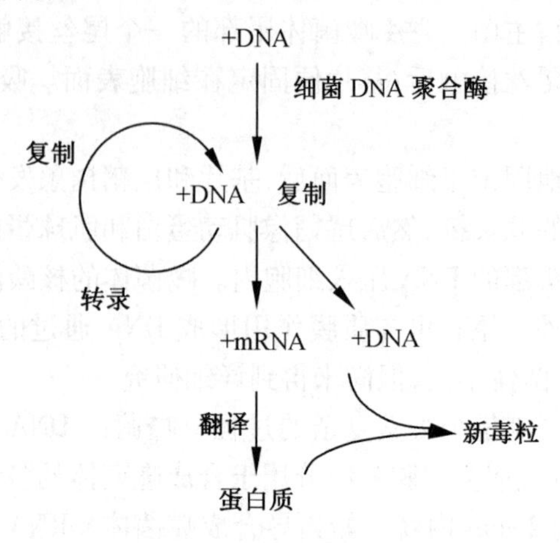

图 5.4 正链 DNA 的复制

(3)RNA 噬菌体的复制。

许多噬菌体用单链 RNA 携带它们的遗传信息,这种 RNA 能起到 mRNA 的作用,并指导噬菌体蛋白质的合成。病毒最先合成的酶为病毒的 RNA 复制酶,然后 RNA 复制酶复制最初的 RNA(正链)产生称为复制型的双链中间体(+RNA),它与 ssDNA 噬菌体复制中所见的+DNA 类似,接着复制酶用复制型 RNA 合成更多 RNA,用于促进+RNA 合成和指导噬菌体蛋白质合成,最后,+RNA 链被包装入成熟的毒粒中。这些 RNA 噬菌体的基因组既可作为它本身的复制模板,又可作为 mRNA,如图 5.5 所示。

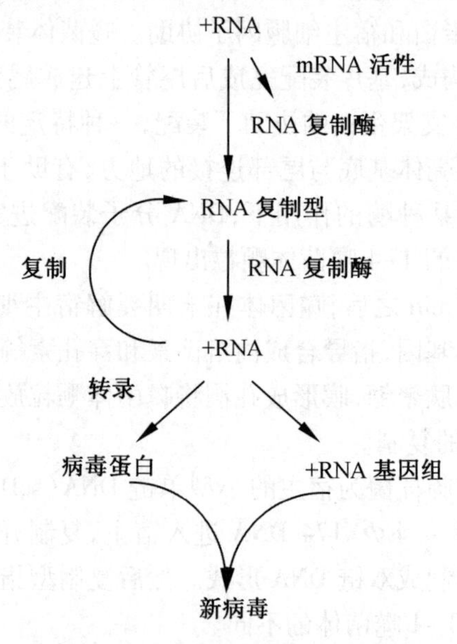

图 5.5 单链 RNA 噬菌体的复制

(4)溶源性。

烈性噬菌体即在复制周期中噬菌体裂解其宿主细胞。许多 DNA 噬菌体也可与宿主建立一种与之不同的关系,病毒吸附和侵入后,病毒基因组在产生新的噬菌体时并不控制和破坏宿主细胞,而是保留在宿主细胞内,并随细菌基因组一起复制,产生一个可以长时间生长和分裂,并且表现完全正常的感染细胞的克隆。在适当的环境条件下,每个受感染细菌都可产生噬菌体和裂解。温和噬菌体的基因组能与宿主菌基因组整合,并随细菌分裂传至子代细菌的基因组中,不引起细菌裂解。整合在细菌基因组中的噬菌体基因组称为前噬菌体,带有前噬菌体基因组的细菌称为溶原性细菌。溶原性细菌内存在的整套噬菌体 DNA 基因组称为原噬菌体,溶原性细菌不会产生许多子噬菌体颗粒,也不会裂解;但当条件改变使溶原周期终止时,宿主细胞就会因原噬菌体的增殖而裂解死亡,释放出许多子代噬菌体颗粒。前噬菌体偶尔可自发地或在某些理化和生物因素的诱导下脱离宿主菌基因组而进入溶菌周期,产生成熟噬菌体,导致细菌裂解。原噬菌体可以保留在宿主细胞中,但不损伤宿主的病毒基因组。它们通常整合入细菌基因组,有时也可以独立存在。原噬菌体在溶源化过程中重新启动噬菌体复制,导致感染细胞破坏释放出新的噬菌体。

溶源性是指 λ 噬菌体在大肠杆菌体内可以呈环行分子存在于细胞质中,也可通过整合酶的作用整合到寄主染色体上成为原噬菌体状态,与寄主染色体一起复制并能维持许多代,这种现象称为 λ 噬菌体的溶源性。

溶原性细菌具有抵抗同种或有亲缘关系噬菌体重复感染的能力,使得宿主菌处在一种噬菌体免疫状态;经过若干世代后,溶原性细菌会开始进入溶菌周期,此时,原噬菌体与宿主基因分离,开始增殖。

噬菌体在细菌进入溶源状态以前面临两个问题:它们只能在活细菌中繁殖;mRNA 和蛋白质降解中止噬菌体复制。营养丧失有利于噬菌体与宿主一样溶源化可以避免这种困境。噬菌体复制的最后循环将破坏所有宿主细胞,所以就存在噬菌体没有宿主而直接暴露于生物体内环境,危害很大,有些细菌携带病毒基因组存活,当它们繁殖时也合成新的病毒基因组拷贝。

温和噬菌体可诱导宿主细胞表型改变,这种改变与其生命周期是否完成没有直接关系,这种改变称为溶源性转变,通常涉及细菌表面特征或致病性的改变。

由此可知,温和噬菌体可有三种存在状态:①游离的具有感染性的噬菌体颗粒;②宿主菌胞质内类似质粒形式的噬菌体核酸;③前噬菌体。另外,温和噬菌体可有溶原性周期和溶菌性周期,而毒性噬菌体只有一个溶菌性周期。

溶原状态通常十分稳定,能经历许多代。但在某些条件(如紫外线、X 射线、致癌剂、突变剂等)作用下,可中断溶原状态而进入溶菌性周期,称为前噬菌体的诱导与切离。

某些前噬菌体可导致细菌基因型和性状发生改变,称为溶原性转换。温和噬菌体在吸附和侵入宿主细胞后,将噬菌体基因组整合在宿主染色体上,随宿主 DNA 复制而同步复制,随宿主细胞分裂而传递至两个子细胞中,宿主细胞则可正常繁殖,以上过程称为“溶源周期”。但在一定条件下,噬菌体基因组可进行复制,产生并释放子代噬菌体,即“裂解周期”。因此温和噬菌体既能进行溶源循环,还能进行裂解循环。

5.2.8　酵母菌和耐酸生物

一些研究者提出用酵母菌和耐酸分枝杆菌(偶然分枝杆菌和草分枝杆菌)作为消毒

效率的指标。耐酸细菌、偶发性分枝杆菌对游离氯和臭氧的抵抗力比大肠杆菌或脊髓灰质炎病毒1型强。对这些微生物作为指标的研究开展较少。

5.2.9　细胞芽孢

好氧孢子是非致病性的，在水生环境中普遍存在，比寄生原生动物囊肿的浓度高得多，在水体环境中不生长，其测定方法简单、快速、经济。由于浑浊度不适合作为替代物，建议使用芽孢杆菌孢子作为替代物，评估水处理装置去除隐孢子虫或贾第鞭毛虫囊肿的性能，并评估消毒效率。好氧孢子形成杆菌存在于表面和处理过的水中，其浓度远远高于氯。然而，由于寄生虫检测相关的方法学问题，没有发现隐孢子虫和贾第鞭毛虫囊肿清除和孢子清除之间的联系。

5.3　水质污染指标

5.3.1　水质化学指标

1. 粪便甾醇

粪便甾醇类物质包括共脯氨醇、前列醇、胆固醇和共前列酮。一些研究人员报告了粪便甾醇与粪便污染之间的相关性。热带地区的大肠杆菌水平与粪甾醇浓度之间存在良好的关系（R^2从0.81到0.92变化），但受温度影响。然而，粪便中的甾醇在水和废水处理后可能会被降解，不受氯化作用的影响。胆汁酸（如脱氧胆酸和石胆酸）也是检测水污染废物的潜在有用指标。它们比粪甾醇更耐降解，有助于区分人类和动物污染源。

2. 内毒素水平

内毒素是存在于革兰氏阴性细菌和一些蓝藻外膜的脂多糖。内毒素能引发一些症状，包括发烧、腹泻和呕吐。内毒素的暴露是透析患者特别关注的问题。环境样品中的内毒素浓度可以通过细胞溶胞产物（LAL）测定。本试验以马蹄蟹白细胞与内毒素的反应为基础。用分光光度计测量发现，这种反应导致样品的浊度增加。未经处理的水中内毒素浓度一般为1～400单位/mL。为了建立废水和饮用水中内毒素水平与总大肠菌群和粪便大肠菌群水平之间的关系，人们进行了许多研究。虽然有统计学意义的相关性，但不建议用内毒素水平作为替代指标。

3. 荧光增白剂

来自人类的废水通常含有荧光增白剂，这些增白剂包含在洗涤剂和洗衣粉中，可用来指示来自化粪池的污染。

总之，因为没有能够满足本章开头提出的所有标准，所以没有理想的指标。最后，不得不直接检测某些重要病原体（如甲型肝炎病毒或诺沃克病毒）或寄生虫（如隐孢子虫）。也可以考虑使用肠病毒指示器检测肠病毒（例如脊髓灰质炎病毒），使用原生动物指示器检测原虫（如贾第鞭毛虫或隐孢子虫），使用大肠菌群检测类原生动物的囊肿。

5.3.2　细菌污染指标

细菌污染指标是用来水源是否被细菌污染和描述污染程度的一系列指标。人类常通过饮用、接触等途径接触到水中的致病菌,对人体健康造成危害,最常见的疾病包括霍乱、伤寒、痢疾等。

为了保证水体的卫生质量,应对不同类型的水质进行微生物的检测。由于水中致病菌含量少,检测步骤复杂,耗时长,所以难度较大。因此世界各国一般都是先检测统一的卫生指示菌,必要时才对各种致病菌逐一检测。这种卫生指示菌可以作为其中一种细菌污染指标。

细菌污染指标是从细菌学的角度来指示水源的污染程度。水中微生物大多数为非致病性,只有少数是致病性的。含有病原体的人畜粪便、污水污染水体后,水体中可能含有致病因子。居民常通过饮用、接触等途径引起介水传染病的暴发流行,对人体健康造成危害。最常见的疾病包括霍乱、伤寒、痢疾、甲型病毒性肝炎、隐孢子虫等肠道传染病及血吸虫、贾第虫病等寄生虫病。肠道传染病的传播主要是由于水中致病性微生物的传播。为了保证水体的卫生质量,应对不同类型的水质进行微生物的检测。由于水中致病菌含量少,检测步骤复杂,耗时长,所以难度较大,因此世界各国一般都是先检测卫生指示菌,必要时才对各种致病菌逐一检测。对于水中细菌卫生学所关注的主要是来自人或动物随粪便排出体外的肠道致病菌和病毒。因此以一种能代表粪便污染的细菌作为有肠道致病菌和病毒危险的细菌污染指标是合乎逻辑的,在方法上也比较切实可行。作为细菌污染指标的理想的指示菌应具备以下条件:①在污染的水中有致病菌存在,指示菌也应存在;②不存在于未污染水中;③指示菌在数量上应大于致病菌数量;④指示菌的密度与污染程度有一定的相关;⑤在水中生存寿命要比致病菌长,并对消毒剂有相同或较强的抵抗力;⑥作为微生物指标,应适用于各种水源;⑦指示菌的特性应是稳定的,在水中不能繁殖;⑧检测方法简便、快速、定量、准确性高。

5.4　几种指示微生物的检测方法

检测包括废水在内的环境样品中指示微生物的方法有多种。政府和私人实验室经常使用一些标准化程序。本节将重点研究总大肠菌群和粪便大肠菌群、异养板计数以及细菌孢子和细菌噬菌体的检测,只强调一些在过去几年取得的先进方法。

5.4.1　总大肠菌群和粪大肠菌群检测方法

1. 标准方法

如上所述,总大肠菌群包括所有需氧及兼性厌氧菌、革兰氏阴性菌、无芽孢菌、杆状菌,这些细菌在 35 ℃的温度下,48 h 内利用气体发酵乳糖。总大肠菌群的检测采用最大可能数(MPN)或膜渗透法。水和废水检验的标准方法中对这些程序有详细的描述,不过其中的大多数方法可能会高估大肠菌群数。测试样本是否高估取决于水样中总大肠菌群的数量,以及每次稀释的管数。粪便大肠菌群是指在 44.5 ℃的大肠杆菌培养基中培养时产生气体的细菌,或在 44.5 ℃的 m-FC 琼脂中培养时产生蓝色菌落的细菌。也可以测试 7 h 来检测这一指标组。对该测试的评价表明,该方法与传统的 MPN 测试有 90% 以上的一致性。

影响大肠菌群回收率的因素有很多，包括生长介质的类型、稀释剂和使用的膜过滤器、是否存在非大肠菌群以及样品的浊度（当浊度超过 5 NTU 时，采用 MPN 法）。异养平板计数细菌也可以减少大肠菌群的数量，原因可能是通过竞争限制有机碳。影响水和废水中大肠菌群检测的另一个重要因素是细菌受损伤，损伤是由物理（如温度、光照）、化学（如有毒金属、有机毒物、氯化）和生物因素引起的。这些衰弱的细菌在比环境温度高得多的选择性检测介质（存在选择性成分，如胆汁盐和脱氧胆酸盐）中生长得不好。在革兰氏阴性菌中，伤害会对外膜造成损伤，对脱氧胆酸等选择性成分的渗透性增强。然而，当在非选择性营养培养基上生长时，损伤的细胞可以进行修复。

环境样品中受损大肠菌群的低恢复率可能使样品中粪便病原体被低估。在体外和体内条件下，科学家对铜和氯引起的损伤进行了研究，以进一步了解受伤病原体的致病性。亚致死损伤的病原体表现出短暂的毒性下降，但在适当的体内条件下，它们可能重新获得致病性。铜和氯胁迫的细胞即使在接触到口服感染的小鼠胃的低 pH 时仍保持其全部的致病潜能。

科学家提出了一种 m-T7 琼脂培养基，用于修复受损的微生物有机体。在 37 ℃预孵育 8 h 后，m-T7 琼脂上粪便大肠菌群的回收率有了很大的提高，废水中粪便大肠菌群的回收率是标准 m-FC 法的 3 倍。受氯胁迫的大肠杆菌表现为过氧化氢酶的减少，从而抑制了过氧化氢的积累。因此，也可以通过在生长介质中加入过氧化氢酶或丙酮酸，或同时加入过氧化氢酶和丙酮酸盐，来阻断过氧化氢合成和降解。

2. 快速方法

（1）酶分析。

酶分析是检测水体和废水中总大肠菌群和大肠杆菌等指示菌的一种替代方法。这些试验具有特异性、敏感性和快速性。在大多数试验中，总大肠菌群的检测包括观察 β-半乳糖苷酶活性，它是通过对显色底物的水解，如 ONPG（o-硝基苯-β-D-半乳糖苷）、CPRG（氯酚红-β-D-半乳糖苷）、X-GAL（5-溴-4-氯-3-吲哚-β-D-半乳糖苷）或环己烯-β-D-半乳糖苷来观察显色反应产物。

用于 β-半乳糖苷酶检测的其他底物为氟化合物，如 4-甲基伞形花酮-β-D 半乳糖苷（MUGA）或荧光素-2-β 半乳糖苷（FDG），或化学发光化合物，如苯基半乳糖取代的1，2-二氧乙烷衍生物，大大提高了检测的灵敏度。将异丙基-β-D-硫代半乳糖苷（IPTG）作为 β-半乳糖苷酶生产的无偿诱导物，加入到生长培养基中，可以改进 β-半乳糖苷酶检测总大肠菌群的方法。

大肠杆菌的快速检测是基于大肠杆菌中发现的一种 β-葡聚糖酶水解 4-甲基伞形花素葡聚糖醛酸酯（MUG）的荧光底物。最终产物是荧光的，可以很容易地用长波紫外线灯检测出来。这些试验已用于临床和环境样品中大肠杆菌的检测。β-葡聚糖苷酶是一种在大肠杆菌和志贺氏杆菌中发现的细胞内酶。基于 β-葡聚糖苷酶活性的荧光法已用于检测水和食品样品中的大肠杆菌。有研究采用 100 mg/L 月桂醇-胰蛋白酶培养基对样品进行孵育，观察 35 ℃孵育 24 h 内荧光的变化。由于 β-葡聚糖酶阳性菌落在长波紫外光下呈荧光或有荧光晕，因此该方法适用于膜过滤器。本试验可在 24 h 内检测到一个活的大肠杆菌细胞,并考虑采用类似的小型荧光法,以 MUG 为底物测定海洋样品中大肠杆菌的数量。该试验显示有 87.3% 的确诊率。

为了同时在 24 h 内同时计算环境样本中的总大肠菌群和大肠杆菌,一种商业试验,即自动分析科立德(AC)试验,也称为最少化 ONPG-MUG 培养基法(MMO-MUG)被研发出来。酶底物为 o-硝基苯-β-D-半乳糖苷(ONPG),用于检测总大肠菌群;4-甲基伞形核苷-β-D-葡聚糖(MUG),用于检测大肠杆菌。因此,根据制造商的说法,ONPG 和 MUG 起到的作用是可以作为酶的底物以及微生物的食物来源。培养 24 h 后,大肠杆菌总形态阳性的样品变黄,而大肠杆菌阳性的样品在长波紫外线照射下在黑暗中发出荧光。大肠杆菌以外的埃希氏杆菌属物种似乎无法通过科立德试验检测。对人和动物(牛、马)粪便样本的检测显示,95% 的大肠杆菌分离物经 24 h 培养后呈 β-葡聚糖醛酸酶阳性。关于饮用水大肠菌群检测的多项调查表明,AC 试验与标准的多管发酵法或饮用水膜过滤法具有相似的灵敏度。该试验在废水中产生的受氯胁迫大肠杆菌数量与美国环保署批准的 ec-马克杯试验相似或更高 Colilert 的一个版本——Colilert-MW,被开发用来检测海洋水域的总大肠菌群和大肠杆菌。有关交流测试的一些问题已经体现出来:

一些大肠杆菌菌株是非荧光性的;从人类志愿者的粪便样本中分离出的大肠杆菌中有三分之一是非荧光性的。一定比例的产生毒力因子的大肠杆菌分离物(如肠毒素源性大肠杆菌或肠出血大肠杆菌)不能在 AC 培养基上得到恢复。从处理过的饮用水中分离出的含有 uidA 基因的大肠杆菌中,只有 26% 在 AC 培养基中表达 β-葡萄糖醛酸酶。

一些微藻和大型植物可以产生 β-半乳糖苷酶和 β-葡聚糖苷酶。实验室研究表明,它们在水中高浓度的存在可能会干扰总大肠菌群和大肠杆菌的检测。这种干扰在野外条件下的意义还有待研究。

因此,一些研究者不建议将 AC 检测作为环境样品中大肠杆菌的常规检测程序。此外,AC 试验与处理后的标准膜滤法粪大肠菌群试验不一致,但与未经处理的水样一致。这是存在通过 AC 测试得到的假阴性结果。

ColiPAD™是另一种检测环境样品中总大肠菌群数和大肠杆菌的方法。该方法以氯酚红-β-D-半乳糖-吡喃苷(CPRG)和 4-甲基伞形核苷(MUG)水解为基础,分别在总大肠菌群(紫色斑点)和大肠杆菌(荧光斑点)的检测台上快速检测。研究表明,ColiPAD 对废水出水和湖水的监测结果与标准的多管发酵方法的结果具有较好的相关性。

根据 β-半乳糖苷酶和 β-葡萄糖醛酸酶的活性速率,采用快速试验(25 min)可获得粪便污染的早期迹象。虽然酶活性与可培养粪便大肠菌群的相关性较好,但检测灵敏度较低。建立了一种快速(4 h)酶促法直接测定膜过滤器上大肠杆菌数量的方法。本试验是将给定的样品通过膜过滤器,诱导大肠杆菌在滤膜表面直接产生 β-葡聚糖苷酶,用荧光素-二-β-D-葡聚糖进行荧光标记,并对膜表面进行激光扫描。本方法与参考方法吻合较好。虽然该方法相对复杂,但可以用于紧急情况。

在培养 7.5 h 后,提出了一种基于 MUG 的固体培养基的方法来检测大肠杆菌。在水中测试这种方法的特异性为 96.3%。显色底物如吲哚基-β-D -葡聚糖(IBDG)和 5-溴-4-氯-3-吲哚基-β-D -葡聚糖(X-Gluc)也可用于在固体培养基上快速特异性鉴定大肠杆菌。大肠杆菌菌落在 44.58 ℃下培养 22 ~ 24 h 后变蓝。当 IBDG 作为底物使用时，99% 的蓝色菌落也是 MUG 阳性，93% 的菌落在俄亥俄州的地表水调查中被确认为大肠杆菌。环境保护局提出的改进的 mTEC 方法使用一种含有显色剂 5-溴-6-氯-3-吲哚-β-D -葡聚糖的培养基。经过样品过滤后，将过滤器置于改性的 mTEC 培养基上，35 ℃孵育 2 h，44.5 ℃孵育 20 ~ 22 h。大肠杆菌菌落呈洋红色。Brenner 等人开发了一种琼脂法，利用两种酶底物，4 个甲基伞形核苷 β-D -半乳糖醛酸苷和吲哚基 β-D -葡聚糖苷分别检测大肠杆菌和大肠杆菌。基于谷氨酸脱羧酶存在的分析对大肠杆菌（试剂由黄变蓝）也具有很强的选择性。

（2）单克隆抗体法。

利用针对外膜蛋白（如 OmpF 蛋白）或碱性磷酸酶（一种定位于细胞质周空间的酶）的单克隆抗体可以检测大肠杆菌。虽然一些单克隆抗体对大肠杆菌和志贺氏杆菌具有特异性，但一些研究者对其特异性和亲和力提出了质疑，还需要进一步的研究来证明其在野外样品中常规大肠杆菌检测中的应用。

（3）PCR-基因探针检测方法。

PCR-基因探针检测方法通过 PCR 扩增大肠杆菌的特定基因（如 LacZ、lamB 基因），然后用基因探针检测。使用这种方法，100 mL 水中可以检测到 1 ~ 5 个大肠杆菌细胞。另一种基因探针涉及 uidA 基因，该基因编码大肠杆菌和志贺氏菌中 β-葡聚糖醛酸酶，已在 97.7% 从饮用水和原始水源分离出的大肠杆菌中检测到该基因。uidA 探针与 PCR 结合后，只能检测到 1 ~ 2 个细胞，无法区分大肠杆菌和志贺氏杆菌。对于环境样品中大肠杆菌的检测，PCR-基因探针检测方法似乎比 AC 法更敏感。这可能是由于环境样品中存在大约 15% 的 β-葡聚糖酶阴性菌株。

大肠杆菌也可以集中在膜过滤器上，并允许在固体培养基上生长 5 h，然后使用以大肠杆菌 16 S rRNA 为靶点的过氧化物酶标记核酸（PNA）探针原位杂交检测微菌落。

5.4.2 粪链球菌/肠球菌的检测方法

酶法检测包括肠球菌在内的粪便链球菌已成为一种新的检测方法。这些指标可通过将荧光（MUD 4-甲基伞形酮 β-D-葡萄糖苷）或显色剂（吲哚基-β-D-葡萄糖苷）底物与选择性媒质来检测。使用微滴定板和泥浆的微型化试验成功地在粪便、淡水、废水和海洋样品中选择性地检测了这一组。肠球菌群可通过荧光或显色酶法快速检测。这些试验是基于检测两种特定酶的活性，即焦谷氨酰胺-非肽酶和 β-D 糖苷。Enterolert 基于甲基伞形虫基底物使用，被作为肠球菌检测的 24 h MPN 试验而上市。然而，有观点认为 Enterolert 可能给出假阴性和假阳性结果。因此，肠化酶底物的另一种用途是将其加入细菌学琼脂中，用于快速（4 h）确认从 m-肠球菌琼脂中分离出的假定肠球菌（MEA）。

5.4.3 细菌噬菌体的检测方法

生活污水中含有大量的噬菌体菌株，可以利用各种宿主细菌进行检测。它们在原废水中的浓度为 10^5 ~ 10^7 噬菌体颗粒/L，但在废物处理操作后显著降低。水或废水中噬菌体的检测包括以下步骤：

1. 噬菌体浓度

噬菌体可以通过吸附到带负电荷或正电荷的膜过滤器中而从大量的水中浓缩。这一步是通过使用高 pH 甘氨酸(pH=11.5)、牛肉提取物或酪蛋白(pH=9)洗脱膜表面吸附的噬菌体来完成的。噬菌体也可以通过磁有机絮凝法从 2～4 L 样品中富集。样品加入酪蛋白和磁铁矿后，在 pH =4.5～4.6 的环境中絮凝。带有被捕获病毒的絮凝体被磁铁吸附下来，溶解，然后对噬菌体进行测试。

2. 集中去污

干扰细菌噬菌体试验的本地细菌必须通过氯化物萃取、膜过滤、添加抗生素或使用选择性介质(如添加十二烷基硫酸钠的营养肉汤)灭活或从浓缩液中除去。用过氧化氢处理浓缩液，然后在加有结晶紫的培养基上电镀，也有助于干扰菌的灭活。

3. 噬菌体检测

常采用双层琼脂法或单层琼脂法。方法采用四唑盐、2,3,5-三苯基四唑氯化铵，有助于观察斑块，这些斑块在粉红色的细菌草坪上以清晰的区域出现。噬菌体数目也可以通过最可能数目(MPN)程序获得。体细胞大肠杆菌噬菌体可以在大肠杆菌 C 宿主上进行检测，而雄性特异性噬菌体的检测需要使用特定的宿主细胞，如伤寒沙门氏菌菌株 WG49 或大肠杆菌菌株 HS[pFamp]R，但可能由于宿主细胞上体细胞噬菌体的生长而变得复杂。可以通过从宿主细胞中提取脂多糖(LPS)来抑制体细胞噬菌体。噬菌体检测的一种新方法是，噬菌体通过释放诱导的 β-半乳糖苷酶(β-半乳糖苷酶是通过使用合适的底物检测到的)，使细菌宿主裂解。对这些噬菌体检测的现场评价表明，它们与 APHA 法一样敏感。最后，细菌噬菌体可以用 RT-PCR 技术检测出来。

美国环境保护署发表了两种方法来检测水生环境中的体细胞性大肠杆菌(宿主是大肠杆菌 CN-13)和 f-特异性大肠杆菌(宿主是大肠杆菌 F-amp)。方法 1601 包括 12 h 的富集步骤(水由宿主、$MgCl_2$ 和胰蛋白酶豆汤补充)，然后“点”到宿主细菌上。方法 1602，在 100 mL 水样中加入 $MgCl_2$、宿主菌和双倍强度熔融琼脂。将混合物倒入培养皿中，经过 12 h 的培养后计数斑块。

5.5 思考题

1. 用噬菌体作为指示微生物的原因是什么？
2. 用两种酶作为总的和粪大肠菌群的检测依据是什么？
3. 理想的微生物指示剂的标准是什么？
4. 用细菌孢子作为指示剂的原因是什么？
5. 为什么要用 R2A 生长培养基来测定水分配系统中的异养平板计数？
6. 举例说明粪便污染指标。
7. 下列指标生物测试的依据和用途是什么？

(1)Colilert；(2)ColiPAD；(3)Enterolert。

8. 目前用作指示性有机体的噬菌体的不同类别是什么?

9. 详细讨论美国环保署检测环境样本中噬菌体的方法 1602(请查阅原始参考资料)。

10. 说明 LAL 试验及用途。

11. 说明 IMS/ATP 试验如何检测有机指示剂,如 E. 大肠杆菌和肠球菌。

12. 确定异养平板计数的方法有哪些?

第 3 篇　废水处理中的微生物学

第6章 活性污泥法

活性污泥法是20世纪初由英国科学家Edward Arden和William T. Lockett提出的一种悬浮生长技术。此后,这一技术作为生活污水的二级生物处理技术在世界范围内被采用。这一技术基本属于微生物好氧处理过程,微生物将有机物氧化成CO_2、H_2O、NH_4,以及新的细胞生物量。好氧过程中的O_2由空气扩散或机械通气提供。微生物细胞形成絮体,在二沉池中沉淀。

6.1 概 述

6.1.1 活性污泥性状分析

活性污泥是生化处理系统中的主体作用物质。正常的城市污水中活性污泥的外观为黄褐色的絮绒颗粒状。在活性污泥上栖息着具有强大生命力的微生物群体。这些微生物群体主要由细菌和原生动物组成,也有真菌和以轮虫为主的后生动物。许多细菌的荚膜物质融合成团块,内含很多细菌,称为菌胶团。菌胶团是污水处理中,细菌的主要存在形式,在一些不适宜原生动物生长的污泥中,则通过看菌胶团的大小以及数量来判断处理效果。菌胶团在废水处理中具有重要意义:①可以防止细菌被动物吞噬;②可以增强细菌对不良环境的抵抗,如干旱等;③菌胶团具有指示作用:新生的菌胶团,具有较好的废水处理性能,主要表现为结构紧密,吸附和分解有机物的能力强,具有良好的沉降性。老化的菌胶团,结构松散,吸附和分解有机物能力差,沉降性差。颜色上,新生的菌胶团颜色浅、甚至无色透明,老化的菌胶团颜色较深。

通过显微镜观察,可以根据下列因素来判断菌胶团性状:

(1)菌胶团的数量。以现有的情况计数,视一定体积内的菌胶团的密度而定,受取样、污泥浓度等影响,一般难以正确分析,正常时一般不做描述,只有在发生较大变化时进行记录。

(2)菌胶团的形状。根据菌胶团的形状将其描述为四种形态:球形、不规则形、开放和封闭。

(3)菌胶团的紧密度。紧密度用弱和强来表示。在紧密度弱的菌胶团中,细菌细胞的结合很低,缺乏一个紧密的中心,轻压盖玻片的侧面很容易破坏这种菌胶团,菌胶团与液体之间没有明显的界线。在紧密度强的菌团中,细菌细胞的结合强,菌胶团和液体之间有明显的界线,紧密度强的菌胶团有时形成尺寸较大的、结实的颗粒状絮体,在显微镜下观察时由于污泥粒径大、透光率低,所以多呈现出黑暗图像。

(4)菌胶团的尺寸。按直径大小分为:大(d>500 μm)、中(150 μm<d<500 μm)、

小(d<150 μm)三种情况,直径一般以菌胶团相距最远的边缘为准。

(5)菌胶团的组成。主要指污泥老化程度、菌胶团形状及大小分布、是否有无机颗粒和非生物有机颗粒、颜色等。污泥老化程度是指活性污泥中死亡的细菌细胞所占比例。新生菌胶团颜色浅、无色透明、结构紧密、生命力旺盛、吸附和氧化能力强;老化的菌胶团颜色深、结构松散、活性不强、吸附和氧化能力差。根据观察到的污泥老化程度来调节剩余污泥排放量,使菌胶团处于最佳活性状态,菌胶团形状及大小各有不同,从一定程度上也反映了菌胶团细菌种类的丰富,种类丰富的菌胶团在水质发生变化时具有更高的抗冲击能力。菌胶团颜色发黑,可能是曝气池溶解氧不足;菌胶团色泽转淡发白,则可能是曝气池溶解氧过高或进水负荷过低,污泥中微生物因缺乏营养而自身氧化。

6.1.2　常规活性污泥系统

1. 概述

图 6.1 所示为常规活性污泥系统。常规活性污泥法包括以下内容:

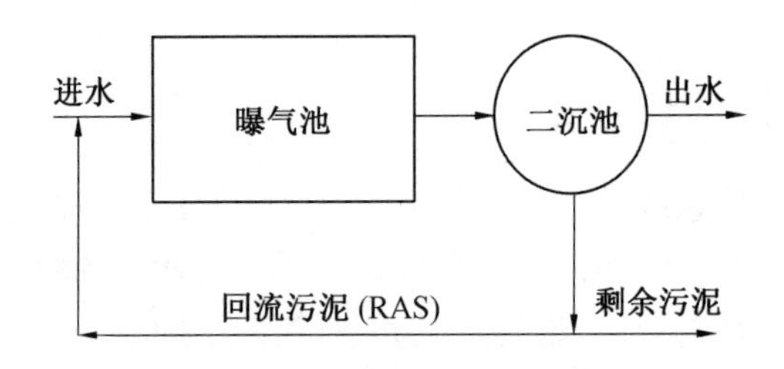

图 6.1　常规活性污泥系统

(1)曝气池。

曝气池用于有机质的有氧氧化。引入初级污水并与回流活性污泥(RAS)混合形成混合液,该混合液含有 1 500 ~ 2 500 mg/L 悬浮固体,空气由机械方式提供。活性污泥法的一个重要特征是大部分生物质能再循环利用,使得平均细胞停留时间(即污泥龄)远远大于水力停留时间。这种做法有利于在相对短的时间内储存大量有效氧化有机物的微生物,其在曝气池中的停留时间一般为 4 ~ 8 h。

(2)二沉池。

二沉池用于沉淀曝气池氧化阶段产生的微生物絮体(污泥)。二沉池中的一部分污泥被循环回曝气池,剩余污泥被移除以保持合适的 F/M。

2. 活性污泥指标

(1)混合液悬浮固体(MLSS)。

活性污泥系统中曝气池的内容物称为混合液。MLSS 是混合液中有机物和悬浮固体的总量,包括微生物。将一份混合液过滤,在 105 ℃下干燥,并测定样品中固体的质量可确定 MLSS。

(2)混合液挥发性悬浮固体(MLVSS)。

MLSS 中的有机部分由 MLVSS 表示,它包括非微生物有机物,死亡或活微生物体和细胞碎片。经 600 ~ 650 ℃加热干燥过滤样品后,确定的 MLVSS 占 MLSS 的 65% ~ 75%(质量分数)。

(3)F/M。

F/M 表示活性污泥系统的有机负荷,以 kgBOD/(kgMLSS · d)表示。表达式为

$$F/M=\frac{Q\times \mathrm{BOD}}{\mathrm{MLSS}\times V} \tag{6.1}$$

式中,Q 为污水流量,MGD;BOD 为 5 d 生化需氧质量浓度,mg/L;MLSS 为混合液悬浮固体质量浓度,mg/L;V 为曝气池容积,L。

F/M 受活性污泥的浪费率影响,浪费率越高,F/M 越高。对于常规曝气池,F/M 为 0.2～0.5 kg(BOD_5)/(kgMLSS · d),但是对于使用高纯度氧气的曝气池,F/M 比可以更高。F/M 低意味着曝气池中缺乏微生物,更有利于污水处理。

(4)水力停留时间(HRT)。

水力停留时间是污水在曝气池中平均停留的时间,是稀释率 D 的倒数,即

$$\mathrm{HRT}=\frac{1}{D}=\frac{V}{Q} \tag{6.2}$$

式中,V 为曝气池容积,L;Q 为流入曝气池的污水流量,MGD;D 为稀释率,h^{-1}。

(5)污泥龄(SRT)。

污泥龄是微生物在系统中的平均停留时间。这个参数是微生物生长速率 μ 的倒数。污泥龄为

$$\mathrm{SRT}=\frac{\mathrm{MLSS}\times V}{\mathrm{SS_e}\times Q_e\times \mathrm{SS_w}\times Q_w} \tag{6.3}$$

式中,MLSS 为混合液悬浮固体质量浓度,mg/L;V 为曝气池体积,L;SS_e为污水中悬浮固体质量浓度,mg/L;Q_e 为污水排放量,m^3/d;SS_w 为废弃污泥中固体悬浮物质量浓度,mg/L;Q_w为废弃污泥量,m^3/d。

在常规活性污泥中,污泥龄可以为 5～15 d。污泥龄随季节变化,冬季比夏季高。控制活性污泥运行的重要参数是有机负荷率、O_2 供应以及二沉池的控制和运行。这个池有两个功能:沉淀和浓缩。对于常规操作,必须通过测定污泥体积指数(SVI)来测量污泥沉降性。

6.1.3　传统活性污泥法的改进

1. 延长曝气法

延长曝气法如图 6.2(a)所示,该工艺用于公园、学校和小型社区服务的包装处理厂,由一个包含曝气池和沉淀池的单元组成。具有以下特点:

(1)曝气时间比常规系统长得多(约 30 h)。污泥龄也更长,可以延长到 15 d 以上。

(2)进入曝气池的污水未经初级沉降处理。

(3)该系统以很低的 F/M(通常为 0.05～0.15)运行,比传统系统(0.2～0.5)低得多。

(4)在小型包装厂,污泥不会被浪费,而且每隔几周就会从沉淀池中排出。

2. 氧化沟

氧化沟如图 6.2(b)所示,由曝气椭圆形通道组成,该通道带有一个或多个用于污水

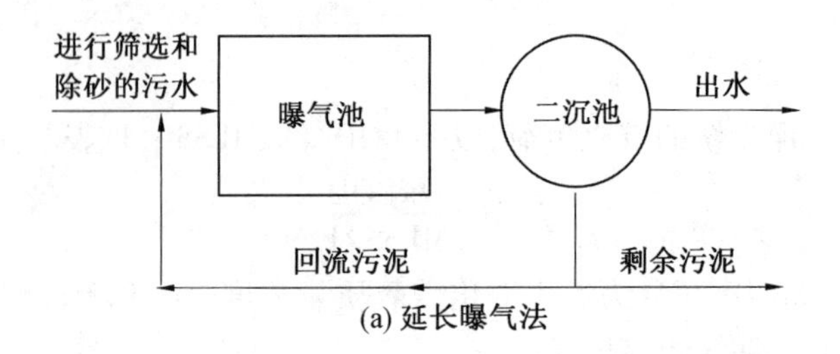

(a) 延长曝气法

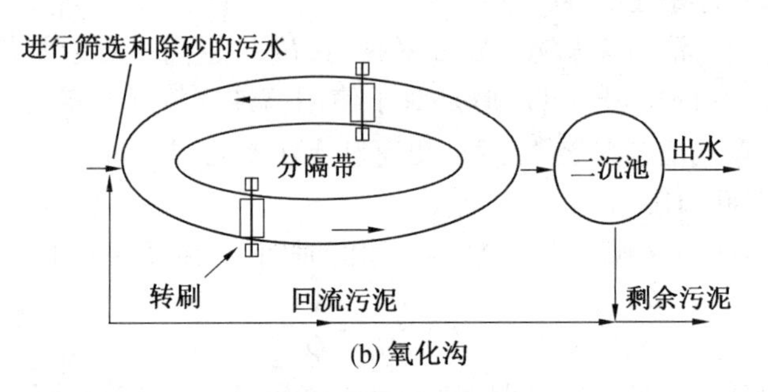

(b) 氧化沟

图 6.2　活性污泥法改进

曝气的转刷。该通道接收经过筛选的污水，水力停留时间约为 24 h。

3. 分段曝气法

初级污水通过多个进水口进入曝气池，从而改善其在池中的分布，更有效地利用氧气，增加了系统的处理能力。

4. 接触稳定法

污水与污泥在小型接触池中接触一小段时间(20 ~ 40 min)后，混合液流向沉淀池，污泥返回稳定池，停留时间为 4 ~ 8 h。该系统产生的污泥量少。

5. 完全混合曝气法

完全混合曝气系统可以使曝气池中的污水更均匀地曝气。这个系统可以承受冲击和有毒负载。

6. 高效活性污泥法

高效活性污泥法的系统在较高的 MLSS 浓度下运行，用于处理高强度污水，并且在比常规活性污泥法高得多的 BOD 负荷下运行。这会导致水力停留时间(即较短的曝气时间)比较短。

7. 纯氧曝气法

纯氧曝气法基于纯氧传输速率高于大气($\varphi(O_2) = 21\%$)传输速率的原理，使溶解氧可用性提高，从而改善处理并减少污泥产量。同时，此法的曝气时间(大约 2 h)比传统处理方法少很多。表 6.1 总结了一些活性污泥工艺的设计和运行特性。

表 6.1　活性污泥工艺的设计和运行特性

工艺	流态	曝气系统	θ_c/d	F/M	BOD 去除率/%
传统工艺	塞流	空气扩散，机械曝气	5～15	0.2～0.4	85～95
接触稳定	塞流	空气扩散，机械曝气	5～15	0.2～0.6	80～90
分段曝气	塞流	空气扩散	5～15	0.2～0.4	85～95
延长曝气	完全混合	空气扩散，机械曝气	20～30	0.05～0.15	75～95
高速曝气	完全混合	空气扩散，机械曝气	5～10	0.4～1.5	75～90
纯氧	完全混合	机械曝气	8～20	0.25～1	85～95
完全混合	完全混合	空气扩散，机械曝气	5～15	0.2～0.6	95～95

注：θ_c 为细胞平均停留时间；F/M 为食物与微生物比率。

6.2　活性污泥生物学

活性污泥系统有两个主要目标：①氧化曝气池中可生物降解有机物（可溶性有机物因此转化为新的细胞质）；②絮凝，即从处理过的污水中分离新形成的生物质）。

6.2.1　活性污泥絮体中的生物

1. 活性污泥絮体

活性污泥絮体主要含有细菌细胞、其他微生物、无机物和有机颗粒物。絮体尺寸大小在 1 mm（一些细菌细胞）～1 000 mm 之间。图 6.3 所示为活性污泥絮体中微生物群落。

早期研究表明，通过 ATP 分析和脱氢酶活性测定，絮体中的活细胞数占总细胞数的 5%～20%。一些研究者估计活性污泥絮体中活性细菌仅占细菌总数的 1%～3%。然而，荧光标记的寡核苷酸探针显示较多微生物具有代谢活性。流式细胞术结合荧光活性染料，也被用来检测活性污泥絮体中微生物的活性和活力。检测发现，在絮体中细菌的活跃度为 62%。活性污泥细菌的活性也可通过测定荧光细菌细胞与细胞总数的比率来测量，该比率利用 4,6 –二脒基– 2 –苯基吲哚（DAPI）制作的探针对所有细菌的 EUBMix 基因瞄准进行测定。这些技术表明，悬浮活性污泥中 50% 的细菌具有活性，沉积活性污泥里 80% 的细菌有活性。同时，这些技术可以区分活细胞、死细胞和受损细胞。

微传感器技术的发展使得探索絮体的微环境成为可能。微电极现在被用来测定活性污泥絮体中的 O_2、pH、氧化还原电位、硝酸盐、氨或硫化物的微观形貌，并且可以提供絮体中微生物的活性信息。

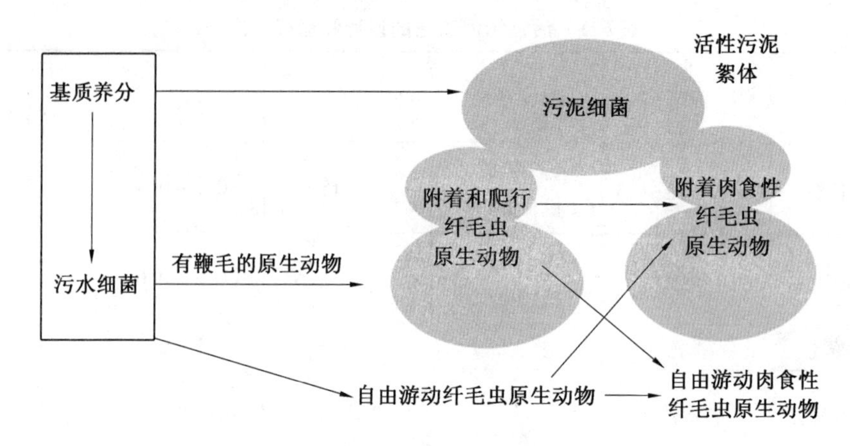

图 6.3 活性污泥絮体中微生物群落

活性污泥絮体含有广泛的原核和真核微生物,其中许多可以通过常规的相差显微镜进行观察,可以参考污水生物的彩色图谱来熟悉活性污泥或滴滤塔中最常见的生物。

2. 细菌

活性污泥法是废水处理中应用较为广泛的技术之一,活性污泥中的生物和其他成分能指示水质状况,作为废水处理系统的指示生物,从而用于评价废水的处理效果。活性污泥中的细菌具有细胞壁,属于单细胞原核生物,一般个体较小,大多在 1 μm 左右,在一定的环境中,不同的细菌有相对稳定的形态和结构。活性污泥中的细菌按基本形态可分为球菌、杆菌和螺旋菌。

曝气池的混合液里包含污泥和细菌的联合体,“自由移动”的细菌依靠悬浮污泥絮体迁移。研究发现,营养物去除工厂上清液中的细菌总数为$(2\times10^7)\sim(9\times10^7)$细胞/mL。然而,上清液大多数细菌(60% ~70%)与小絮状物(2.5 ~35 μm)相关联或以小菌落形式出现,剩余的细胞以自由游动的细菌形式存在。

由于絮体中的氧含量受到扩散限制,活性好氧细菌的数量随着絮体尺寸的增大而减少。缺氧区可能出现在絮体内,这取决于池中 O_2 的质量浓度。当 O_2 的质量浓度超过 4 mg/L时,缺氧区就会消失。含有相对较大絮体的内部区域有利于厌氧细菌(如产甲烷菌)或硫酸盐还原菌(SRB)的生长。可以通过在絮体内部形成几个厌氧区或者通过某些产甲烷菌和 SRB 对 O_2 的耐受性解释产甲烷菌和硫酸盐还原菌的存在(图 6.4)。因此,活性污泥可能是启动厌氧反应器的一种方便且适宜的关键材料。

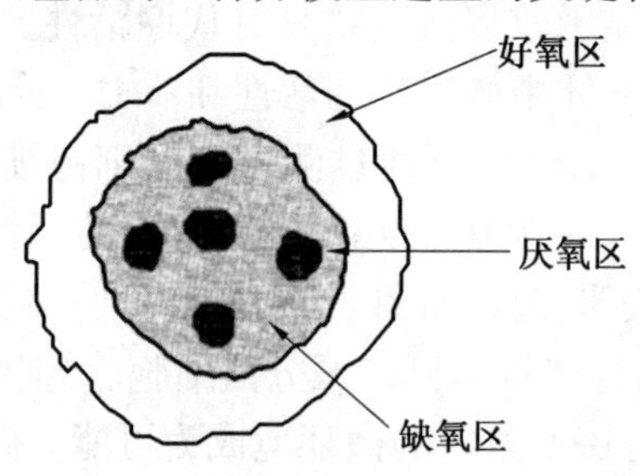

图 6.4 活性污泥絮体中的氧分布

细菌,特别是革兰氏阴性菌,是活性污泥絮体的主要成分。数百株细菌在活性污泥中生长繁殖,但是只有小部分可以被基于培养的技术检测到。它们进行有机物的氧化和营养物质的转化,并产生有助于微生物生物量絮凝的多糖和其他聚合物质。

标准活性污泥中需氧细菌总数约为 10^8 CFU/mg 的污泥。当使用培养技术时,发现絮体中的主要属是游动菌属、假单胞菌属、黄杆菌属、产碱杆菌属、无色杆菌属、棒状杆菌属、科莫单胞菌属、短杆菌属、不动杆菌属、芽孢杆菌属、丝状微生物。丝状微生物是负责污泥膨胀的鞘状细菌(如球形芽孢杆菌属)和滑动细菌(如贝日阿托氏菌属、透明颤菌属)。表 6.2 所示为使用培养技术在标准活性污泥中发现的一些细菌,大多数细菌分离物被鉴定为假单胞菌属。对活性污泥中醌成分的分析表明,泛醌 Q-8 是主要的醌。

表 6.2　使用培养技术在标准活性污泥中发现的一些细菌

属或种	占比/%
假单胞菌	50.0
产碱杆菌	5.8
假单胞菌(荧光团)	1.9
副球菌	11.5
气单胞菌	1.9
黄杆菌噬菌体	13.5
细菌	1.9
微球菌	1.9
棒状杆菌	5.8
节杆菌	1.9
金色微杆菌	1.9
其他	2.0

然而,培养技术显示,通过直接显微计数法获得的细胞总数不到 10%。表征活性污泥中细菌群落的新方法包括 16 S 和 23 S rRNA 靶向的寡核苷酸荧光探针,用于细菌的原位鉴定,并提供活性污泥中细菌群落结构的信息。这一方法表明,活性污泥中的优势群是蛋白细菌的 β 亚类(该亚类中的优势群是 β1 族,包括细菌,如假单胞菌属、嗜酸菌属、球形芽孢杆菌属、盘状钩端蓟马属和几个假单胞菌属)。发现的其他群体包括蛋白细菌的 α 亚纲(如鞘氨醇单胞菌)和 γ 亚纲、嗜细胞性黄杆菌群、GtC DNA 含量高的革兰氏阳性菌、不动杆菌和潜在的人类病原体弓形菌。

(1)茎杆菌属。

茎杆菌是一种通常在有机物匮乏的水域中发现的杆状细菌,可从活性污泥中分离出来。活性污泥中也发现了一种革兰氏阴性芽接细菌,生丝微菌属,它能产生成群的细胞。16 S RNA 分析显示,化学制造污水的工业活性污泥中存在生丝微菌株。生丝微菌的 16 S rRNA约占活性污泥中 16 S rRNA 的 5%。

(2)被称为“G”细菌的革兰氏阴性球菌。

革兰氏阴性球菌存在于供给葡萄糖和乙酸盐的生物反应器中。显微镜下,它们以四分体或聚集体形式呈现。它们在除磷能力差的系统中占主导地位,因为它们通过积累多糖而不是聚集磷酸盐来超过聚磷生物体(PAO)。两株“G”细菌被鉴定为四联球菌属,属于蛋白细菌的 α 组。使用荧光标记的 rRNA 靶向寡核苷酸探针检测 46 个活性污泥样品中的 G 细菌下水道球菌属,从而表明这种细菌通常存在于活性污泥中。

(3)动胶菌。

动胶菌是产生胞外多糖的细菌,有典型的指状凸起,这些指状凸起由聚糖基质包围的聚集体组成。它们通过含有正丁醇、淀粉或间甲苯酸盐作为碳源的富集培养基分离。用于检测污水处理厂和地表水中的动胶菌的其他方法包括多克隆抗体、扫描电子显微镜和 RT-PCR。这些细菌在污水处理中的重要性需要进一步研究。

(4)硝化细菌。

活性污泥絮体也含有自养细菌,如硝化细菌(亚硝基单胞菌、亚硝基杆菌),它们将铵转化为硝酸盐。16 S rRNA 靶向探针的使用表明,亚硝基单胞菌和亚硝基杆菌物种成簇出现,在活性污泥絮体和生物膜中密切接触。荧光标记的寡核苷酸探针是寡营养亚硝基体,优势亚硝酸盐氧化细菌(NOB)是硝基螺旋体。AOB 和 NOB 都形成了对高剪切力具有很强抵抗力的强小菌落。

(5)光合细菌。

光合细菌,如紫色非硫化物细菌(红螺菌科)在大约 10^5 个细胞/mL 的浓度下被检测到。紫色和绿色硫细菌的含量要低得多。然而,光营养细菌可能对活性污泥中 BOD 的去除作用不大。图 6.5 所示为通过扫描电子显微镜观察到的活性污泥絮体。

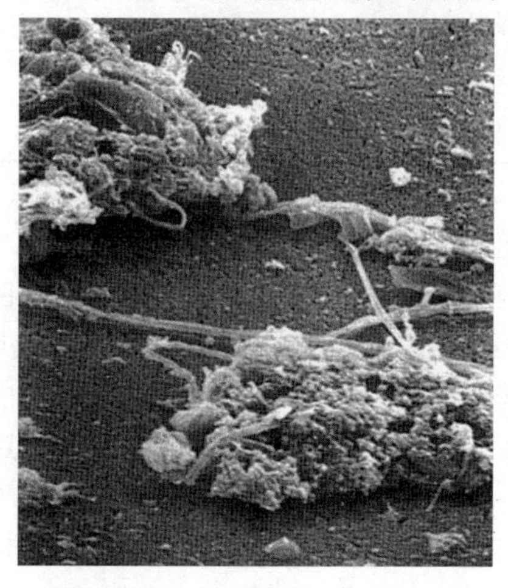

图 6.5 通过扫描电子显微镜观察到的活性污泥絮体

3. 真菌

活性污泥通常不利于真菌的生长,尽管在活性污泥絮体中观察到一些真菌丝状体。真菌在低 pH、毒性和缺氮的特定条件下大量生长。活性污泥中发现的前体属有地霉属、青霉属、头孢属、枝孢属和链格孢属。污泥膨胀可能是由于白地霉的大量生长,这种生长受到低 pH 的酸性废水的影响。

实验室试验表明,真菌也能够进行硝化和反硝化作用。这表明它们可以在适当的条件下对污水中的氮去除起作用。基于真菌的处理系统的优点是真菌能够一步完成硝化作用,并且对抑制性化合物的抗性更强。

4. 原生动物

原生动物是活性污泥和自然水生环境中细菌的重要捕食者。通过测量^{14}C或^{35}S标记的细菌或荧光标记的细菌的吸收,可以试验性地确定原生动物对细菌的摄食。原生动物对细菌的捕食作用也可以通过研究被绿色荧光蛋白(GFP)标记的细菌发现,绿色荧光蛋白来自于水母。这种方法被用于跟踪活性污泥中纤毛虫的细菌摄取和消化。在有毒物质(如重金属)存在的情况下,这种捕食作用显著减少。例如,在镉存在下,活性污泥中捕食细菌的肋叶蜘蛛数量减少。原生动物也可以捕食隐孢子虫卵囊,从而有助于原生动物寄生虫的扩散和传播。活性污泥中常见的原生动物如图 6.6 所示。

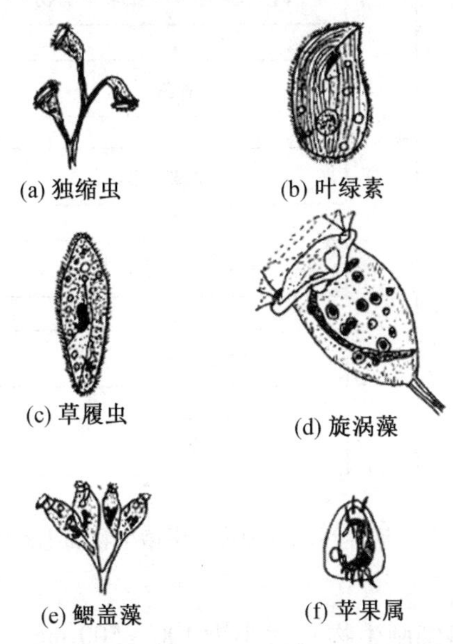

图 6.6　活性污泥中常见的原生动物

(1)纤毛虫。

赋予生物体名称的纤毛虫,用于移动和将食物颗粒推入口腔。纤毛虫似乎是活性污泥厂最丰富的原生动物。它们被细分成自由的、爬行的和有柄的纤毛虫。自由纤毛虫以自由游动的细菌为食。在活性污泥中发现的最重要的属有:池鱼属、阴道兰属、睑裂菌属、游仆虫属、草履虫属、狮子鱼属、粗叶藻属和螺口菌属。爬行纤毛虫捕食活性污泥絮体表面的细菌,两个重要的属是盾虫属和游仆虫属。柄纤毛虫通过它们的柄附着在絮体上。茎有一块肌肉(肌内肌),允许它收缩。优势柄纤毛虫是钟虫(如沟钟虫、小口钟虫)、螅状独缩虫、盖虫和累枝虫。

(2)鞭毛虫。

鞭毛虫通过一个或几个鞭毛移动,用嘴或细胞壁吸收食物。污水中发现的一些重要鞭毛虫是波陀虫、侧滴虫、六前鞭虫和一种集群原生动物群杯鞭虫。

(3)根足虫类(变形虫)。

变形虫通过伪足缓慢移动,其伪足是细胞的临时投射。这个群体被细分为变形虫(如变形阿米巴)和被外壳包围的膜(如蕈状变形虫属)。

旗状原生动物和自由游动纤毛虫通常与高细菌浓度(大于 10^8 个/mL)相关,而柄状纤毛虫则出现在低细菌浓度(小于 10^6 个/mL)下。原生动物对有机物(BOD)、悬浮固体和细菌数量,包括病原体的减少有重要作用。混合液中原生动物的数量与活性污泥流出物中的 COD 和悬浮固体浓度成反比。原生动物种群的变化反映了工厂运行条件的变化,即 F/M 比、硝化作用、污泥龄或曝气池中的溶解氧水平。活性污泥中原生动物的种类组成可以表明该过程的有机物去除率。例如,大量有柄纤毛虫和轮虫的存在表明有机物低。活性污泥处理过程中微生物的生态演替如图 6.7 所示。

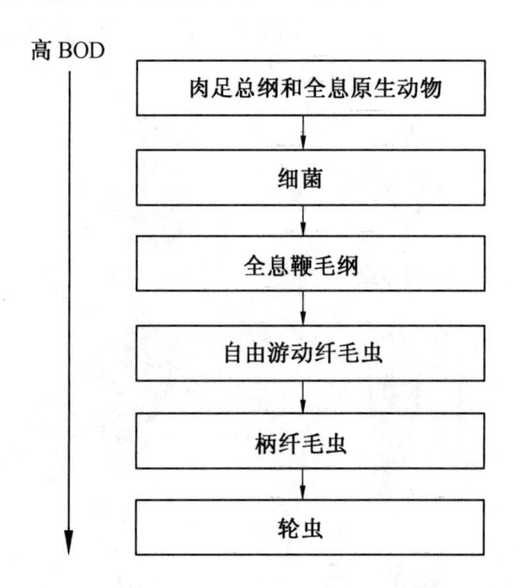

图 6.7　活性污泥处理过程中微生物的生态演替

5. 轮虫类

轮虫是后生动物(即多细胞生物),大小为 100 ~ 500 mm。它们的身体固定在絮体颗粒上,经常从絮体表面“伸出”。在污水处理厂发现的轮虫属于两个主要目:蛭型轮虫(如旋轮属、宿轮虫)和单巢轮虫(如腔轮虫、椎轮虫)在活性污泥和滴滤塔中发现的四种最常见的轮虫如图 6.8 所示。轮虫在活性污泥中有双重作用:

(1)轮虫有助于去除自由悬浮的细菌(即非絮凝细菌)和其他小颗粒,并有助于污水的澄清。它们也能够摄入污水中的隐孢子虫卵囊,因此可以作为传播这种寄生虫的载体。

(2)它通过产生被黏液包围的粪便颗粒来促进絮体的形成。在活性污泥处理的后期,轮虫存在是由于这些动物表现出强烈的纤毛作用,有助于减少悬浮细菌的数量(它们的纤毛作用比原生动物强)。

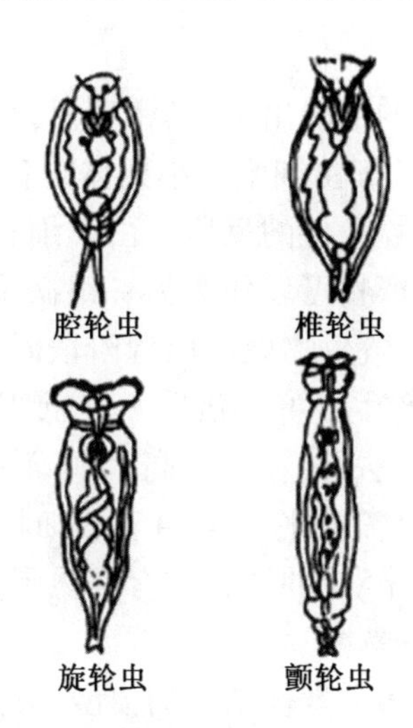

图6.8 活性污泥中最常见的轮虫

6.2.2 曝气池中有机物的氧化

生活污水中碳：氮：磷质量比为100：5：1,满足多种微生物对碳、氮和磷的需求。污水中的有机物以可溶态、胶体和颗粒分级的形式存在。可溶性有机物是混合液中异养微生物的食物来源。它通过吸附、共沉淀以及微生物的吸附和氧化被快速去除。曝气仅仅几个小时就会导致可溶性有机物(BOD)转化为微生物生物量。曝气有两个目的：

(1)向好氧微生物供应 O_2。

(2)维持活性污泥絮体移动,使其与污水进行足够接触。异养和自养微生物,特别是硝化细菌的活性也需要足够的溶解氧,溶解氧水平必须为0.5～0.7 mg/L。当溶解氧小于0.2 mg/L时,硝化作用停止。

图6.9所示为活性污泥法曝气池中发生的降解和生物合成反应。

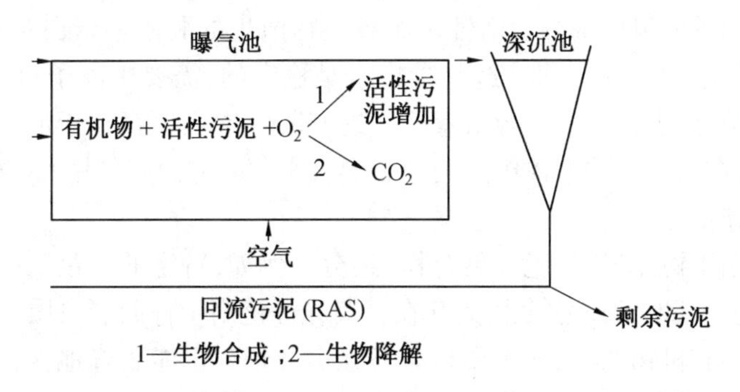

图6.9 活性污泥法曝气池中发生的降解和生物合成反应

6.2.3 污泥沉降

混合液从曝气池转移到沉淀池,在沉淀池中将污泥分离出来。一部分污泥再循环到曝气池,剩余污泥被排出并转移到好氧或厌氧消化池进行进一步处理。

1. 絮体形成

微生物细胞以聚集体或絮体的形式出现，其密度足以在沉淀池中沉淀。絮凝沉淀之后是“二次沉淀”，这是因为分散的细菌细胞和小絮体附着在沉淀絮体上。细胞絮凝或聚集通常是微生物对其环境中低营养条件的反应。由于细胞之间非常靠近，它们能更有效地利用食物。一组微生物释放的产物可以作为另一组微生物的生长底物。因此，污泥沉降取决于 *F/M* 和污泥龄。当污泥微生物处于内源阶段时，当碳和能量来源有限时，以及当微生物种群生长速率低时，会产生良好的沉降。在低 *F/M*（即高 MLSS 浓度）下，污泥沉降良好，有机物（BOD）也能有效去除。相反，高 *F/M* 不利于污泥沉降。在城市污水中，最佳 *F/M* 是 0.2 ~ 0.5。有效沉降需要平均 3 ~ 4 d 的细胞停留时间。物理参数（如温度、pH）、营养物质（如氮、磷、微量营养素）的缺乏和有毒物质（如重金属）的存在也会导致不良沉降，这可能会使活性污泥部分絮凝。

科学家提出了一个解释活性污泥絮体结构的模型，根据这一模型，丝状微生物形成骨架，微生物附着在骨架上形成强絮体。但是，这个模型并不能解释在絮凝活性良好的污泥中没有丝状骨架这一问题。

2. 胞外聚合物（EPS）

细胞内产生的聚 B-羟基丁酸被首先认为是细菌聚集的原因。由分支菌胶团和其他活性污泥微生物产生的胶囊和松散胞外泥形式的胞外多糖在物质絮凝和絮体形成中起主导作用。现在人们公认，一些活性污泥微生物产生的胞外聚合物（EPS）是絮体形成的主要原因。透射电子显微镜和扫描共聚焦激光显微镜的使用结果表明，外聚合纤维是絮体基质的重要稳定组分。这种原纤维材料填充了絮体内细胞之间的空隙。胞外聚合物在微生物内生生长阶段产生，有助于桥接微生物细胞形成三维基质。

胞外聚合物质由碳水化合物（如葡萄糖、半乳糖）、氨基糖、糖醛酸（葡萄糖醛酸、半乳糖醛酸）、蛋白质、脂质和少量核酸组成，并且对生物降解不敏感。在胞外聚合物的提取物中蛋白质是最重要的聚合物成分。蛋白质部分包括蛋白质淀粉状黏附素，这是活性污泥絮体和生物膜的重要组成部分。活性污泥微生物产生的黏附素蛋白被称为凝集素，在细菌聚集和生物絮凝中发挥作用。这些凝集素是稳定的，需要阳离子（Ca^+ 和 Mg^+）才能与活性污泥絮体结合，去除它们会导致絮凝。这些凝集素主要存在于活性污泥中的变形杆菌和放线菌中，在活性污泥絮体中聚集细胞形成小菌落方面起作用，大多数有助于絮体的负电荷和表面疏水性。

各种探针可用于检测 EPS（胞外聚合物）组分。例如，特定的染色剂（如钙氟白、刚果红）和凝集素有助于证明 EPS 中多糖的存在。荧光标记用于检测蛋白质和核酸。图 6.10 所示为活性污泥中有机物的组成，主要是 EPS 组分。EPS 也能更好地保护活性污泥细菌不受抗菌剂，尤其是重金属的毒害作用。重金属如 Cd、Cr 能与 EPS 上的羧基和羟基官能团结合。例如，固氮菌产生的 EPS 能结合 15.17 mg/g Cd 和 21.9 mg/g CrO_4^{2-}。

由于 EPS 兼具疏水性和亲水性，一些研究人员已经证明疏水性物质相互作用也参与微生物絮体的形成以及细菌对絮体的黏附。絮体的相对疏水性与其絮凝能力呈正相关，表明表面电荷不如疏水结合重要。大肠杆菌对活性污泥絮体的黏附随着细胞表面疏水性的增加而增加。这些发现可以通过比较绿色荧光蛋白标记细菌与活性污泥絮体的附着得

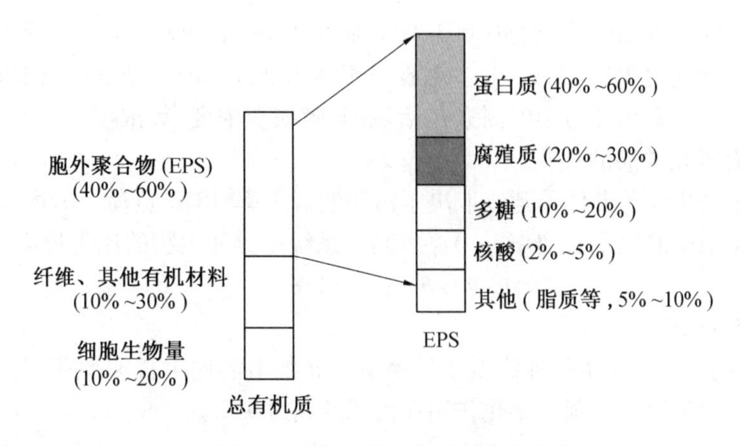

图6.10　活性污泥中有机物的组成

到证实。疏水性黏质沙雷氏菌附着在活性污泥絮体上的数量比亲水性大肠杆菌多。污泥停留时间(SRT)影响EPS的组成和絮体的物理化学性质(疏水性和表面电荷)。随着SRT的增加,絮体表面的负电荷减少,疏水性增强。

二价阳离子(主要是Ca^{2+}和Mg^{2+})桥接EPS的负电荷基团,在活性污泥絮凝过程中发挥重要作用,并将生物聚合物保留在絮体中。相反,一价阳离子(如Na^+和NH_4^+)对活性污泥的沉降性能产生负面影响,有利于在悬浮介质中释放生物聚合物。雪融化释放的Na会影响活性污泥的沉降性。在高浓度Na污水中加入二价阳离子(如Mg^{2+})可以有效减少活性污泥的分散生长。

胞外聚合物也可以去除活性污泥中的磷。扫描电子显微镜结合能量色散光谱(EDS)显示,平均EPS仅含有27%~30%(质量分数)的磷。

EPS过量产生可能是膨胀的原因,这是一种由松散絮体组成的状况,结构不稳定。高污泥体积指数(SVI)表明,污泥沉降性差与总EPS量相关。高压尺寸排阻液相色谱显示大量低分子量EPS流失不利于污泥沉淀。非丝状膨胀与丝状膨胀形成对比,丝状膨胀是由丝状细菌的过度生长引起的。添加商用聚电解质或添加铁和铝盐作为混凝剂,可以增强微生物絮凝作用。

6.3　活性污泥法去除营养物

6.3.1　脱氮

在第3章中已经提到,氮可以通过物理化学方法(如断点氯化或空气汽提去除氨)或生物方法(包括硝化和脱氮)从污水中去除。接下来,将在悬浮生长生物反应器中讨论这两个生物过程。

1.悬浮生长反应器中的硝化作用

分子技术的出现为计算污水处理厂硝化细菌数量提供了新思路。竞争聚合酶链反应使得研究者能够在活性污泥中计数硝基单胞菌(氨氧化细菌或AOB)和硝基螺旋菌(亚硝酸盐氧化细菌或NOB)。目标区域是硝基单胞菌的*amoA*基因和硝基螺旋菌的16 S rD-

NA。结果表明,AOB 占细菌总数的 0.003 3%,而 NOB 占 0.39%。这远远低于报道的城市污水中硝化生物量的 2% ~3%。这些数据对于污水处理厂的模型设计很重要。

控制活性污泥厂硝化动力学的因素包括氨/亚硝酸盐浓度、氧浓度、pH、温度、BOD_5/TKN 比率以及有毒化学品的存在。

活性污泥中硝化细菌群体的建立取决于污泥的流失率、BOD 负荷、MLSS 和平均细胞停留时间。硝化细菌的比生长速率(μ_n)必须高于系统中异养生物的比生长速率(μ_h)。

$$\mu_h = 1/\theta \rightarrow \mu_n = 1/\theta \tag{6.4}$$

式中,θ 为停留时间,d。

实际上,硝化细菌的比生长速率低于污水中异养细菌的比生长速率,因此,氨转化为硝酸盐需要较长的污泥龄。预计硝化作用在污泥龄超过 4 d。

$$\mu_h = 1/\theta = Y_h q_h - K_d \tag{6.5}$$

式中,Y_h为异养产量系数,kg[BOD]/(kg[BOD]·d);q_h为底物去除率,%;μ_h为异养生物的比生长速率,d^{-1};K_d为衰减系数,d^{-1}。

假定 Y_h和 K_d为常数,因此,μ_h随 q_h降低而减小。

至少有两种方法可以增强好氧生物反应器中的硝化作用:①硝化细菌的固定化;②使用生物强化的硝化细菌。第一种方法包括在单独的反应器中培养硝化细菌,反应器中加入回流污泥或外部铵源。第二种生物强化/间歇富集(BABE)工艺可用于增强活性污泥中的硝化作用和控制污泥保留时间。图 6.11 所示为带有 BABE 反应器的荷兰活性污泥工艺的配置。Satoh 等人使用 FISH 和微电极发现生物强化也能增强生物膜反应器中的硝化作用。

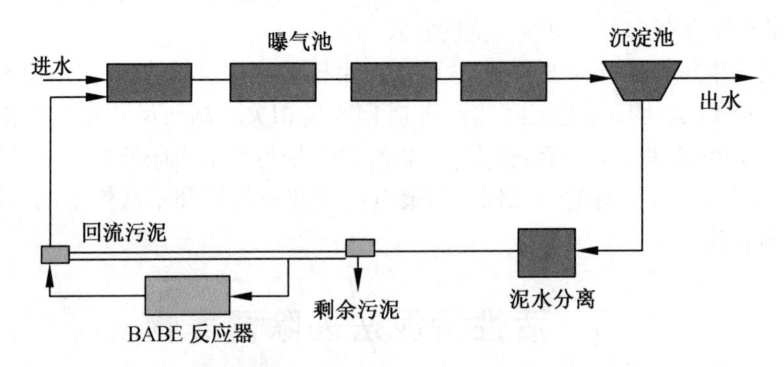

图 6.11　活性污泥中硝化细菌的生物强化/间歇富集(BABE)工艺

悬浮生长反应器中的两个硝化系统:

(1)碳氧化-硝化组合(单级硝化系统)。这个过程的特点是 BOD_5/TKN 值高,硝化细菌数量少。大部分 O_2 需求来自异养生物(图 6.12)。

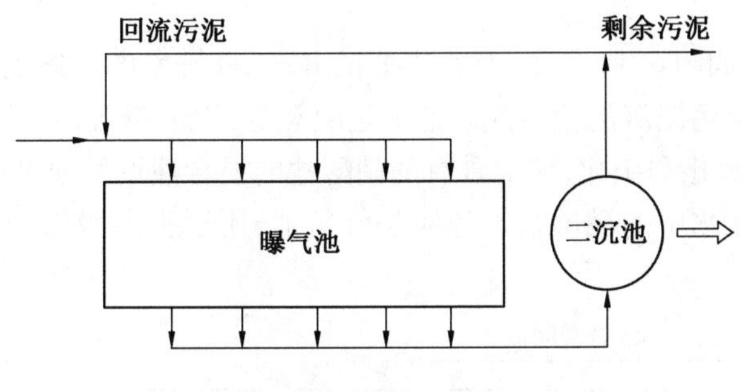

图6.12　硝化系统

(2)两级硝化作用。硝化在两级活性污泥系统中进行。在第一级系统,有机物被去除,而在第二级系统硝化细菌活跃[图6.13(b)]。

2. 悬浮生长反应器中的反硝化作用

硝化之后必须进行反硝化以去除污水中的氮。由于硝酸盐浓度(大于1 mg/L)通常比反硝化的半饱和常数(K_s=0.08 mg/L)大得多,所以反硝化速率与硝酸盐浓度无关,但取决于污水中生物量和电子供体(如甲醇)的浓度。传统的活性污泥系统可以被改进以促进脱氮。使用的反硝化系统如图6.13所示。

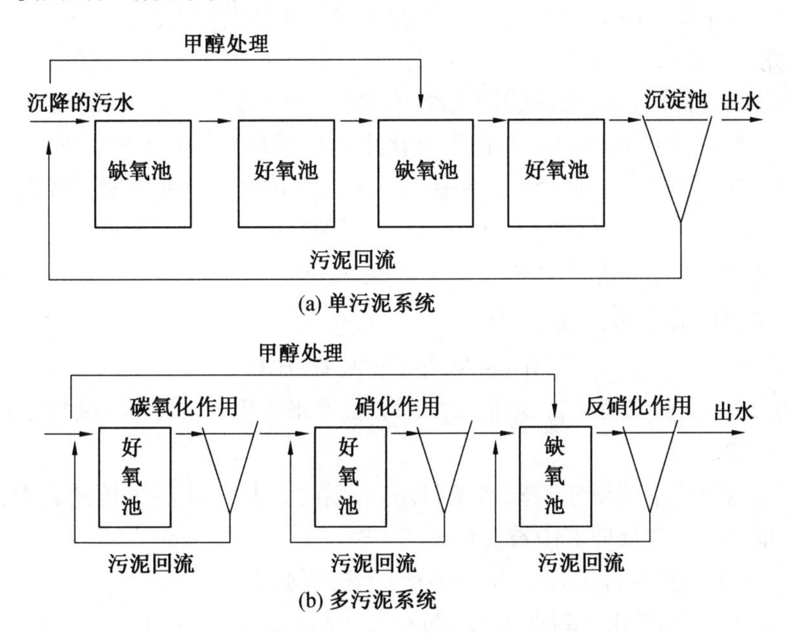

图6.13　反硝化系统

(1)单污泥系统。

单污泥系统[图6.13(a)]包括一系列好氧池和缺氧池代替单个曝气池。

(2)多污泥系统。

图6.13(b)为多污泥系统。碳氧化、硝化和反硝化在三个独立的系统中进行。甲醇或沉降的污水可以作为脱氮剂的碳源。

(3)Bardenpho 工艺。

Bardenpho 工艺如图6.14 所示,是由南非的 Barnard 开发的。该工艺由两个好氧池和两个缺氧池连接一个污泥沉淀池组成。池 1 是缺氧池,用于脱氮,使用污水作为碳源。池 2 是好氧池,用于碳氧化和硝化,该池含有的硝酸盐的混合液返回池 1。池 3 是缺氧池,通过反硝化去除残留在水中的硝酸盐。池 4 是好氧池,用于去除脱氮产生的 N_2,从而促进混合液沉降。

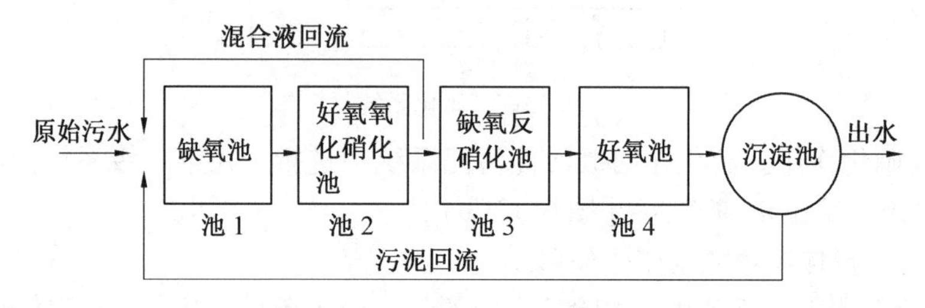

图6.14　Bardenpho 工艺

3. 其他硝化-反硝化工艺

常见的除氮系统中,硝化系统在反硝化系统之后。硝化系统需要 O_2 维持,反硝化系统需要碳源。为了降低脱氮成本,近年来提出了以下几种生物工艺:

(1)沙龙-厌氧氨氧化工艺。

沙龙工艺是一种硝化系统,适用于高氨浓度(大于 0.5 (g N)/L)的污水。在这个工艺中,50%(体积分数)的氨在 O_2 存在下转化成亚硝酸盐[式(6.6)]。污水的碱度足以补偿产生的酸度。沙龙工艺选择生长快速的氨氧化细菌而不是亚硝酸盐氧化细菌,即

$$NH_4^+ + HCO_3^{2-} + 0.75O_2 \longrightarrow 0.5NO_2^- + CO_2 + 1.5H_2O \tag{6.6}$$

厌氧氨氧化工艺包括在厌氧条件下将亚硝酸盐转化为 N_2,根据反应(6.7)使用 NH_4^+ 作为电子供体,NO_2^-作为电子受体,有

$$NH_4^+ + NO_2^- \longrightarrow N_2 + 2H_2O \tag{6.7}$$

反应(6.7)由自养细菌进行,不需要外部有机物来产生 N_2。但是,厌氧氨氧化工艺需要很长的启动期。

这些厌氧氨氧化细菌属于浮霉状菌目。除了在污泥中,这类细菌还在海洋环境、河口、沉积物、固定膜生物反应器中被发现。

沙龙-厌氧氨氧化组合工艺根据反应(6.8)去除氨,即

$$2NH_4^+ + 2HCO_3^- + 1.5O_2 \longrightarrow N_2 + 2CO_2 + 5H_2O \tag{6.8}$$

该组合工艺只要求有少量 O_2,并且在脱氮过程中不需要有机物(如甲醇)来产生 N_2。

(2)CANON 工艺。

CANON 工艺(亚硝酸盐的完全自养脱氮)将部分硝化和厌氧氨氧化结合在一个单独的曝气反应器中。硝化细菌将氨氧化成亚硝酸盐并消耗 O_2,形成厌氧氨氧化细菌所必需的缺氧条件。

这两个细菌群体进行的反应为

$$NH_4^+ + 1.5O_2 \longrightarrow NO_2^- + 2H^+ + H_2O,\quad \Delta G^0 = -275\ kJ/mol \tag{6.9}$$

$$NH_4^+ + NO_2^- \longrightarrow N_2 + 2H_2O, \quad \Delta G^0 = -357\ kJ/mol \tag{6.10}$$

(3)部分硝化-反硝化工艺。

部分硝化-反硝化工艺中,氨先氧化成亚硝酸盐,亚硝酸盐再反硝化反应生成 N_2。其优点是对氧消耗量降低 25%,反硝化对电子供体的要求降低 40%,反硝化速度更快,CO_2 产量减少 20%,污泥产量更低。在部分硝化中,AOB 超过 NOB。部分硝化是通过抑制 NOB 生长实现的。NOB 洗脱受几个因素控制:

①温度。AOB 最适温度为 25 ℃。

②DO。AOB 比 NOB 对 DO 的吸引力更高,且适合低 DO 浓度环境,但是会导致亚硝酸盐积累。

③pH。控制非离子形式氨和亚硝酸的形成,其比 AOB 更大程度地抑制 NOB。

④抑制剂。污水中发现的很多化学物对 NOB 产生抑制作用,包括重金属、富里酸、ClO_2 及其副产品、亚氯酸盐和氯酸盐、挥发性脂肪酸(蚁酸、醋酸、丙酸、n-丁酸)。

(4)反硝化氨氧化工艺。

反硝化氨氧化工艺将厌氧氨氧化工艺和利用硫化物作为电子供体生产亚硝酸盐的自养脱氮工艺结合。氨氧化工艺的几个重要反应如下:

①厌氧反应

$$\text{有机氮} + 3SO_4^{2-} \longrightarrow NH_4^+ + 4HCO_3^- + CH_4 + 3HS^- \tag{6.11}$$

②硝化反应

$$4NH_4^+ + 7O_2 \longrightarrow 2NO_3^- + 2NO_2^- + 8H^+ + 4H_2O \tag{6.12}$$

③氨氧化反应

$$6H^+ + 8NO_3^- + H_2S \longrightarrow 8NO_2 + SO_4^{2-} + 4H_2O \tag{6.13}$$

$$NH_4^+ + NO_2^- \longrightarrow N_2 + 2H_2O \tag{6.14}$$

6.3.2　除磷

在污水处理厂中,磷通过化学方法(如使用铁或铝沉淀)和微生物方法去除。在第 3 章,讨论了微生物介导的化学沉淀和磷吸收增强的机制。下面简要描述一些专有的磷酸盐去除过程。所有过程都包括好氧和厌氧阶段,并基于好氧阶段的磷吸收和厌氧阶段的磷释放。实际处理工艺可分为主流工艺和侧流工艺。下面介绍主流工艺。

1. 主流工艺

图 6.15 所示为去除磷的主流工艺。

(1)厌氧/好氧工艺(A/O 工艺)。

A/O 工艺由改进的活性污泥系统组成,该系统包括常规曝气池(停留时间为 1 ~3 h)上游的厌氧区(停留时间为 0.5 ~1 h)。在厌氧阶段,由于多磷酸盐水解,无机磷从细胞中释放出来。释放的能量用于去除污水中的 BOD。当 BOD/磷的值超过 10 时,去除效率很高。在有氧阶段,细菌利用 BOD 氧化释放的能量,吸收可溶性磷合成多磷酸盐。

A/O 工艺可从污水中去除磷和 BOD,并产生富磷污泥。这个过程的主要特征是 SRT(污泥保留时间)相对低,有机负荷高。

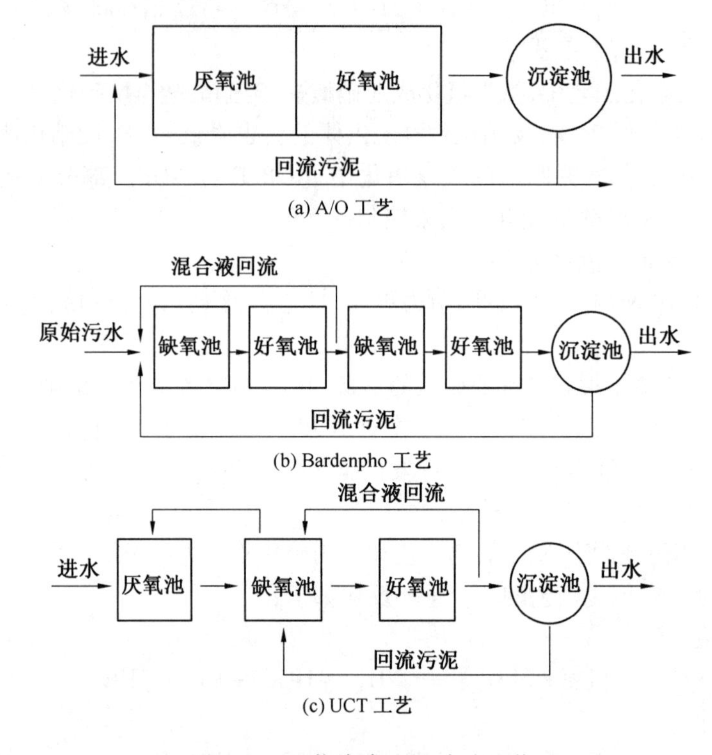

图 6.15　生物除磷过程:主流工艺

(2)Bardenpho 工艺。

Bardenpho 工艺通过硝化-反硝化作用去除氮和磷。

(3)UCT(University of Capetown)工艺。

UCT 工艺中的处理系统包括厌氧池、缺氧池、好氧池及二沉池。为了维持厌氧池中严格的厌氧条件,污泥不会从二沉池循环到第一个池中。

2. 侧流工艺

福斯特里普法是一种侧流工艺,用于生物除磷和化学除磷(图 6.16)。侧流返回的活性污泥转移到被称为厌氧磷汽提塔的厌氧池中,磷从污泥中释放出来。富含磷的上清液可以用石灰处理的化学方法使磷沉降。厌氧池中的污泥停留时间为 5 ~ 20 h。当溶解氧质量浓度大于 2 mg/L 时,可以确保曝气池中磷的吸收。如果可溶性 BOD 和可溶性磷比值低(12 ~ 15),通过福斯特里普法可以使出水的磷质量浓度小于 1 mg/L。

3. 其他除磷工艺

发泡是活性污泥厂遇到的常见问题。混合液曝气会导致泡沫丝状微生物积累 N、P 元素和 K^+、Ca^{2+}、Mg^{2+}等阳离子。水动力空化裂解泡沫约 30 min,将这些微生物释放到水中。磷和氮可以作为鸟粪石($MgNH_4PO_4 \cdot 6H_2O$)沉淀。Mg 元素的添加量对鸟粪石的形成很关键。

前面讨论的处理过程被用于营养物去除装置,以实现对碳质化合物、N 元素和 P 元素的有效去除。图 6.17 所示为佛罗里达大学污水净化厂鸟瞰图。

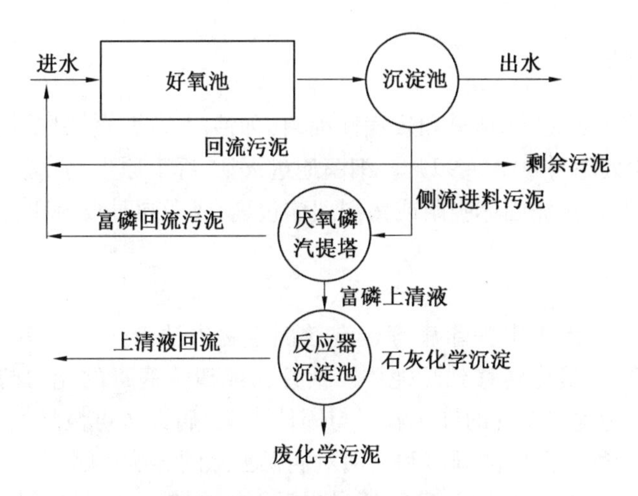

图6.16　专有生物除磷工艺:侧流工艺

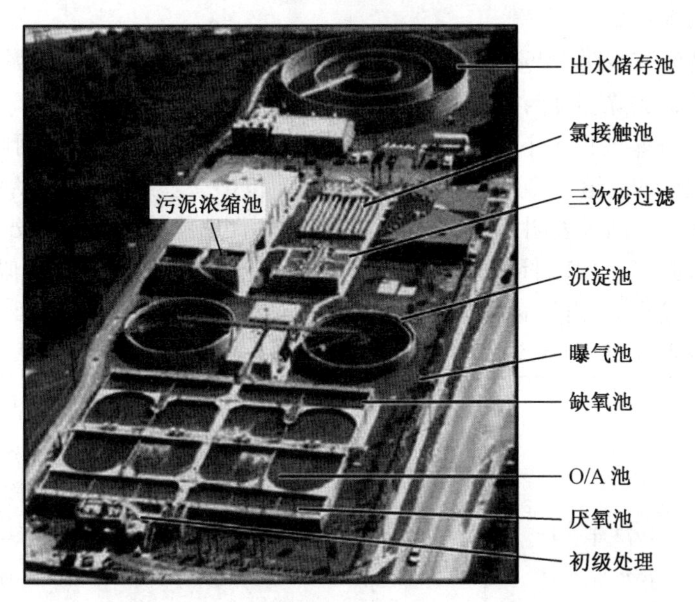

图6.17　佛罗里达大学污水净化厂鸟瞰图

6.4　活性污泥去除病原体和寄生虫

活性污泥工艺的两个组成部分(曝气池和沉淀池)在某种程度上影响病原体和寄生虫的去除或灭活。在曝气阶段,环境(如温度、光线)和生物(如拮抗微生物的灭活)因素,或者是曝气,对病原体或寄生虫的存活均有影响。曝气阶段絮体的形成也有助于微生物的去除。在沉淀阶段,某些生物(如寄生虫)会沉淀,而絮体截留的微生物病原体很容易沉淀到池底。与其他生物处理工艺相比,活性污泥去除污水中的病原微生物和寄生虫方面相对有效。

6.4.1 细菌

对于指示生物(如大肠菌群)和致病性细菌(如沙门氏菌)的去除,活性污泥通常比滴滤塔更有效,去除效率为80% ~99%。细菌通过灭活、纤毛原生动物放牧(放牧对自由游动的细菌特别有效)、污泥固体吸附或污泥絮体包裹,或者同时吸附和包裹,然后沉淀。

6.4.2 病毒

活性污泥法是从污水中去除病毒最有效的生物方法。似乎大多数病毒颗粒(超过90%)与固体结合,并最终转移到污泥中。活性污泥清除病毒的能力与清除固形物的能力有关。因此,在污水中发现的许多病毒与固体有关,病毒也可被环境和生物因素灭活。研究者尝试估计活性污泥中的固体和灭活对病毒去除的影响。曝气 10 h 后,25% 的病毒通过吸附到污泥絮体上而被去除,75% 通过失活而被去除。因此,仅仅灭活不足以去除大多数保留时间为 6 ~12 h 的病毒。

印度的实地研究表明,90% ~99% 的肠道病毒是通过传统的活性污泥法去除的(表6.3)。轮状病毒的去除程度与肠道病毒相同,在得克萨斯州休斯敦的一家工厂里去除率为93% ~99%。在某些情况下,肠道病毒去除率较低。例如,法国塞纳河畔污水处理厂和南希污水处理厂的肠道病毒去除率分别只有48%和69%。经过1年,活性污泥进水和出水的复合样本监测结果表明,除少量样本外,活性污泥法能较好地去除诺如病毒基因群Ⅰ和Ⅱ(通过实时 RT-PCR 对诺如病毒进行定量)。在瑞典进行的一项类似的研究表明,在活性污泥处理过程中,诺如病毒总数减少了 0.9 个数量级。

表 6.3 印度孟买达达污水处理厂通过初级和活性污泥处理去除肠道病毒

季节	时间	原始污水(病毒浓度 PFU/L)	初级处理去除率/%	活性污泥处理去除率/%
雨季	1972 年 6 月	1 000	33.5	97.9
	1972 年 7 月	1 250	24.1	97.0
	1973 年 6 月	1 200	29.7	95.5
	1973 年 7 月	837	29.8	98.9
秋季	1972 年 9 月	300	64.7	98.0
	1972 年 10 月	312	66.0	91.7
	1973 年 10 月	572	73.0	96.4
	1973 年 11 月	1 087	56.0	90.0
冬季	1973 年 1 月	587	41.4	96.8
	1973 年 2 月	468	83.4	95.5
	1974 年 1 月	605	47.0	99.6
夏季	1973 年 3 月	812	57.0	97.6

续表6.3

季节	时间	原始污水 （病毒浓度 PFU/L）	初级处理 去除率/%	活性污泥 处理 去除率/%
夏季	1973年4月	875	59.7	98.6
	1973年5月	731	66.0	93.5
	1974年3月	250	68.8	98.0
	1974年6月	694	74.7	99.0

大肠杆菌被用作研究活性污泥法去除病毒的模型病毒。这些研究通常表明，活性污泥法去除了90%～99%的噬菌体。对污水处理厂原生大肠杆菌的研究表明，12%～30%的大肠杆菌与原污水中的悬浮固体相关，而超过97%的大肠杆菌噬菌体与曝气池中的固体相关，大多数吸附大肠杆菌的是FRNA噬菌体。

综上，活性污泥去除或灭活病毒可能的原因有：①病毒吸附或封装在污泥固体中（导致病毒转移到污泥中）；②污水细菌灭活病毒（一些活性污泥细菌可能具有抗病毒活性）；③原生动物（纤毛虫）和后生动物（如线虫）摄入病毒。

6.4.3　寄生原生动物

原生动物包囊（如痢疾内变形虫包囊）在活性污泥法的曝气池中的一般条件下不会失活。然而，它们被截留在污泥絮体中，在沉淀后被转移到污泥中。痢疾内变形虫囊肿和贾第虫囊肿的去除过程相似。超过98%的贾第鞭毛虫包囊被去除并浓缩在污泥中。意大利四家活性污泥厂的调查显示：活性污泥处理和消毒后的贾第鞭毛虫去除率为87.0%～98.4%。动物感染性试验结果表明，部分从再生水中回收的贾第鞭毛虫囊肿（活性污泥经浅层过滤和氯化处理后）具有感染性。

在实验室条件下，活性污泥法去除了80%～84%的隐孢子虫卵囊。活性污泥法对隐孢子虫的厂内去除从加州工厂的84.6%到加拿大工厂的96.8%不等。一项对美国六家污水处理厂的调查显示：生物处理后全部或传染性隐孢子虫卵囊的去除率为94%～99%。然而，在生物处理、过滤和最终消毒后，40%的样本仍为传染性卵囊阳性。苏格兰的一项研究表明，生物处理（活性污泥或滴滤塔）在去除贾第虫包囊和隐孢子虫卵包囊方面优于初级处理。贾第虫的去除效率高于隐孢子虫。文献资料汇总显示，常规污水处理可去除隐孢子虫卵囊0.7～2个数量级（平均1.4个数量级）。三次处理后平均量增加到2.8个数量级。出水过滤也可以帮助去除虫卵。卵囊被引入浸没在污水中的生存室里，在这种环境下存活得很好。因此，在活性污泥中观察到虫卵被去除可能是絮体内沿水泥浆包封沉降所致。

6.4.4　蠕虫卵

由于蠕虫寄生虫（如绦虫、钩虫、线虫）卵的大小和密度，它们在污水的初级处理和活性污泥处理过程中通过沉淀被去除,因此它们主要集中在污泥中。在对芝加哥污水处理厂的调查中,未消毒污水出水中未检测出寄生虫卵。然而,一些研究报告指出:活性污泥并不能完全消除污水中蛔虫和弓形虫的寄生虫卵。

6.5 思考题

1. MLSS 和 MLVSS 哪一个能更准确地代表活性污泥的微生物部分?
2. 描述活性污泥絮体。.
3. 用什么现代工具来评估絮体中的微生物活性?
4. 由于活性污泥是一个好氧过程,是否有可能在絮体中发现厌氧微生物?
5. 讨论"G"细菌及其在活性污泥中的作用。
6. 关于活性污泥的微生物学,与传统培养方法相比,分子技术的优势是什么?
7. 总结细菌在活性污泥系统中的作用。
8. 原生动物在活性污泥中的作用是什么?
9. F/M 值对污泥沉降有什么影响?
10. 解释胞外聚合物(EPS)在活性污泥絮体形成中的作用。
11. 有哪些方法可以提高活性污泥中的硝化作用?
12. 解释沙龙-厌氧氨氧化工艺及其优势。
13. 解释活性污泥去除病原体或寄生虫的机理。
14. 部分硝化-反硝化工艺的优点是什么?
15. 解释微传感器技术在活性污泥絮体研究中的作用。

第 7 章　污泥膨胀

自连续流反应器引进以来,污泥膨胀一直是影响生物废物处理的主要问题之一。活性污泥中的固体分离有几种类型。表 7.1 概述了活性污泥分离问题的原因及影响。

表 7.1　活性污泥分离问题的原因及影响

问题	问题原因	影响
分散生长	微生物是分散的,不形成絮凝物,只形成小团块或单细胞	出水浑浊,无区域沉降污泥
黏质物(胶状物)黏性膨胀(简称非丝状菌膨胀)	微生物存在大量细胞外黏液	降低结算率和压实率;会出现二级澄清池污泥层溢流严重的情况,几乎没有固体被分离
针状絮体	形成小的、紧凑的、薄的、粗糙的球形絮体。较小的聚集体慢慢沉淀,较大的很快沉淀	低污泥体积指数(SVI)以及浑浊的污水
膨胀	丝状生物从絮体延伸到溶液中,干扰活性污泥的压实和沉降	高 SVI 指数;非常清的上清液
污泥上浮(上浮形成覆盖层)	二次澄清池反硝化释放出难溶解的 N_2,附着在活性污泥上使它们漂浮到二次澄清器表面	在二次澄清器的表面上有活性污泥形成的浮渣
形成泡沫/浮渣	不可降解的表面活性剂和诺卡氏菌的存在,或微丝菌的存在	处理单元表面有大量漂浮的活性污泥固体;泡沫积聚和腐烂;固体会溢出到二次污水中或溢出到通道

7.1　概　述

污泥膨胀是活性污泥系统在运行过程中出现的异常现象之一,其定义为:由于某种原因活性污泥沉降性能恶化(SVI 值不断上升),二沉池中泥水分离效果差,污泥易随出水流失,影响出水水质,因此破坏处理工艺的正常运行的现象。

主要表现是:污泥结构松散,沉淀压缩性能差;SV 值增大(有时达到 90%,SVI 达到 300 以上);二次沉淀池难以固液分离,导致大量污泥流失,出水浑浊;回流污泥浓度低,有时还伴随大量的泡沫产生，直接影响整个生化系统的正常运行。

活性污泥法降解能力强，处理程度高，是一种有效且极具发展潜力的污水处理技术，但污泥膨胀现象一直是困扰人们的难题之一。

污泥膨胀现象具有三个显著特点：(1)发生率较高。欧洲近50%的城市污水厂每年都发生污泥膨胀，在我国污泥膨胀的发生率也很高，例如在上海几乎所有的城市污水及工业废水处理厂都存在不同程度的污泥膨胀问题。(2)普遍性。在各种类型的活性污泥处理工艺中都存在污泥膨胀问题，甚至连被认为最不易发生污泥膨胀的间歇式曝气池也能发生污泥膨胀。(3)危害严重、难以控制。污泥膨胀使污泥流失，出水悬浮物增高使水质恶化，也大大降低了处理能力，严重者将导致工艺无法正常运行，而且污泥膨胀一旦发生便难及控制，控制污泥膨胀还需要相当长的时间。

污泥膨胀不仅影响出水水质，增大污泥的处理费用，而且极易引起大量污泥流失，严重时可导致整个处理工艺失败。

7.2　非丝状菌膨胀

非丝状菌污泥膨胀又被称为黏性膨胀(viscousbulking)或菌胶团膨胀(zoogloea bulking)，其主要特征是没有丝状菌过量增生甚至观察不到丝状菌，一般是由结合水含量高的胞外多聚物引起的高黏度膨胀，相对较少发生由高黏性的菌胶团大量繁殖引起的污泥浓缩和沉降性能变差。

当活性污泥微生物处于内源呼吸期或减速增殖期的后段时，微生物的运功性能微弱、动能很低，不能与范德瓦耳斯力相抗衡，并且在布朗运动作用下，菌体互相碰撞、结合。大多数细菌体外都有荚膜样物质，当细菌进入老龄后，菌体分泌的胞外聚合物增加。这种聚合物主要是细菌多糖，它同荚膜一样都能使细菌凝聚在一起，形成菌胶团。

对于正常运行的运行阶段的活性污泥，除少数负荷较高、废水碳氮比较高的活性污泥外。典型的新生菌胶团仅在絮凝边缘偶尔见到。因为在处理废水的过程中，具有很强吸附能力的菌胶团把废水中的杂质和游离细菌等吸附在其上，形成了活性污泥的凝絮体。所以菌胶团构成了活性污泥的骨架。

菌胶团细菌是构成活性污泥絮凝体的主要成分，有很强的生物吸附能力和氧化分解有机物的能力。菌胶团一旦受到各种因素的影响和破坏，对有机物去除率就会明显下降，甚至无去除能力。

活性污泥絮凝体的形成，在废水处理过程的微生物的生态演变中有重要作用，细菌形成菌胶团后可防止被以游离细菌为食料的微型动物吞噬。在培育活性污泥的初期，微型动物吞噬游离细菌会导致细菌数目锐减，形成絮凝体后，细菌形成菌胶团聚集并被包埋，避免了被微型动物吞噬，使细菌得以生存和增殖。菌胶团细菌构成的活性污泥絮凝体有很好的沉降性能，使混合液在二沉池中迅速完成泥水分离。

非丝状菌性膨胀的活性污泥中没有大量的丝状菌存在，但含有过量的结合水。因其含有大量水分，体积膨胀，而使污泥相对密度变小，压缩性能恶化。发生非丝状菌性膨胀时，其污泥外观体积显著增大，故也称为水胀性污泥膨胀或菌胶团污泥膨胀。因其丝状菌很少或甚至看不到,即使看到也是为数极少的短丝状菌,故絮状体也较为松散。非丝状菌性污泥膨胀发生的较少,一般占发生污泥膨胀的 10% 以下。

研究表明,可能引起非丝状菌污泥膨胀的原因主要有:污水水质成分(如含有高浓度脂肪和油酸,或富含简单易降解的糖类、挥发性脂肪酸等);过高或过低的污泥负荷;水力停留时间过长;缺乏氮、磷等营养物质或某些微量元素;低温或温度波动。

高春娣等研究发现,在投加充足磷源的情况下,进水 BOD/N 为 100/3 和 100/2 时,均发生高含水率的黏性菌胶团过量生长引起的非丝状菌污泥膨胀;在进水 BOD/N 为 100/0.94 这种极度氮限制的条件下,发生严重的非丝状菌膨胀。投加了充足的氮源后,在有机负荷为 4 kg/(kg · d)的条件下污泥膨胀即能得到有效的控制。

王建芳等对发生非丝状菌膨胀的污泥镜检,发现原生动物和微生物的数量不多,以纤毛虫为主,污泥中只有很少量呈絮状的菌胶团,而呈指状的、放射状的菌胶团和球状菌胶团占污泥絮体的 60% 以上,而且污泥膨胀程度越大,这一比例越高。膨胀污泥胞外多聚物中多糖含量是正常污泥的 1 倍多,污泥的憎水性是正常污泥的 1/4 ~ 1/2。胞外多聚物中高浓度多糖具有很强的亲水性,使得污泥具有很高的黏性和含水率,阻碍了污泥絮体的下沉和压缩,导致非丝状菌污泥膨胀的发生。

7.3　丝状菌膨胀

膨胀是活性污泥系统澄清池中固体沉降缓慢和压实不良导致的。丝状菌膨胀通常是由活性污泥中丝状细菌的过度生长引起的。这些细菌是活性污泥絮凝物的正常组成部分,在特定的条件下,比形成菌胶团更有竞争力。

7.3.1　丝状细菌和菌胶团之间的关系

丝状细菌是活性污泥中微生物的重要组成成分。污水生物处理运行过程中菌胶团细菌和丝状菌生长在一起,形成一个微生物的生态体系,其中存在两种微生物在时间和空间上的动态生态学相互作用。活性污泥中的丝状细菌可交叉穿织在菌胶团之间,或附着生长于生物絮体表面,少数种类的丝状细菌可游离于污泥絮粒之间。

1. 絮体类型

根据菌胶团和丝状细菌之间的关系,活性污泥中观察到三种类型的丝状絮体:正常絮体、针状絮体和丝状菌膨胀物。

(1)正常絮体。菌胶团细菌和丝状细菌之间的平衡会产生强大的絮体,使其在曝气池中保持完整性,并在沉积池中很好地沉降。

(2)针尖絮体。在这些絮体中,丝状细菌不存在或数量较少,这导致小的絮体不能很好地沉降。尽管 SVI 较低,但二级出水仍有混浊现象。

(3)丝状菌膨胀物。丝状菌膨胀是由于丝状微生物占优势。这些细丝会干扰污泥的沉降和压实。如 SVI 所述,当总丝长度超过 10^7 mm/mg 时,虽然 SVI 急剧增加至超过 10^5 mm/mg,仍能观察到污泥沉降不良的现象(图 7.1)。

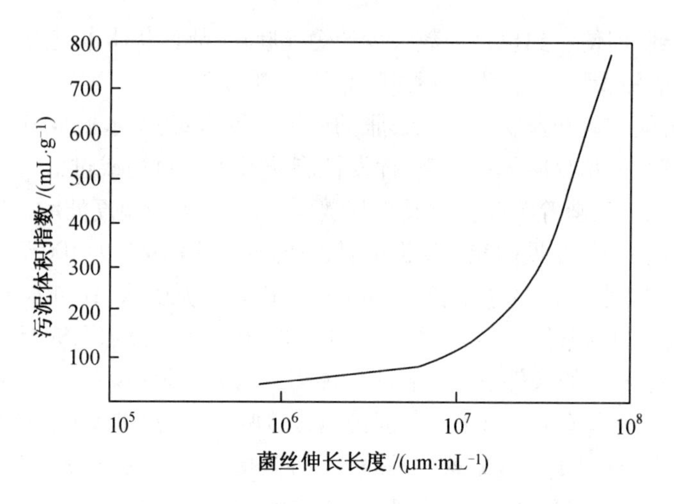

图 7.1　丝状细菌数量与污泥体积指数的关系

2. 菌胶团和丝状细菌的生理差异

表 7.2 为菌胶团和丝状细菌生理特性的比较。丝状细菌的比表面积比菌胶团大，这有助于它们在低氧浓度和低营养条件下生存。它们半饱和常数低（Monod 方程中的 K_s），对底物有很高的亲和力，表现为寡营养，在营养不足条件下生存良好。在低溶解氧、低污泥负荷率、低营养条件或高硫化物水平条件下，丝状细菌可占主导地位。然而，污泥负荷率低是污水处理厂污泥膨胀的主要原因。丝状细菌和菌胶团之间的这些差异，可用于控制活性污泥中的丝状菌膨胀。

表 7.2　菌胶团与丝状细菌生理特性的比较

特征	细菌	
	团状	丝状
最大底物吸收速率	高	低
最大比生长速率	高	低
内源性衰减率	高	低
比增长率下降	有效的	稳定的
底物浓度	低	高
抗营养匮乏的能力	低	高
比增长率从低溶解氧下降	有效的	稳定的
过剩时有可能吸附有机物	高	低
利用硝酸盐作为电子受体的能力	是	否
磷的过量吸收	是	否

大量研究表明，菌胶团与结构丝状菌之间相互依存。结构丝状菌交织生长，菌胶团附着其上形成新生污泥，丝状菌形成了絮体骨架，为絮体形成较大颗粒同时保持一定的松散度提供了必要条件。而菌胶团的附着使絮体具有一定的沉降性而不易被出水带走，并且

菌胶团的包附使得结构丝状菌获得更加稳定、良好的生态条件，可见这两大类微生物在活性污泥中形成了特殊的共生体系。

7.3.2　丝状微生物类型

已知有20～30种丝状微生物与活性污泥膨胀有关。一项对美国活性污泥膨胀工厂的调查显示，大约15种主要的丝状微生物可以产生膨胀，其中最主要的是可导致泡沫的诺卡氏菌和1701型菌（表7.3）。在美国400多个膨胀污泥样本中，发现19%有021N型菌。在所有可归因于021N型菌的膨胀案例中，70%与工业废物或工业和生活废物混合物的处理有关。一项对意大利167家工厂的调查显示，2/3的工厂存在膨胀或泡沫问题。最常见的丝状微生物是微丝菌，其次是0041型菌、021N型菌、0092型菌、0675型菌和发硫菌。另一项对宾夕法尼亚州17家废水处理厂的调查显示，4种最常见的丝状微生物分别是0041型菌、1701型菌、微丝菌和021N型菌。在德国柏林的两个废水处理厂也检测到了021N型菌，相对频率分别为13%和21%。在澳大利亚的活性污泥厂中，优势生物是软发菌。在最近对工业活性污泥系统的调查中，观察到大约40种新型丝状细菌。

表7.3　美国以丝状生物为主的活性污泥膨胀

排名	丝状细菌有机体	膨胀污泥的处理厂中占优势的丝状细菌的百分比/%
1	诺卡氏菌	31
2	1701型菌	29
3	021N型菌	19
4	0041型菌	16
5	发硫菌	12
6	浮游球衣菌	12
7	微丝菌	10
8	0092型菌	9
9	软发菌	9
10	0675型菌	7
11	0803型菌	6
12	含珠菌	6
13	1851型菌	6
14	0961型菌	4
15	0581型菌	3
16	贝氏硫菌	<1
17	真菌	<1
18	0914型菌	<1
—	所有其他的	<1

某些丝状微生物的过度生长表明了工厂某方面的操作出现了问题，如低溶解氧，低 *F/M* 值（即低有机负荷率），废水中硫化物浓度高，缺乏 N、P 元素，pH 低，不同运行条件下污泥膨胀中优势丝状菌类型见表 7.4。

表 7.4　不同运行条件下污泥膨胀中优势丝状菌类型

环境条件	丝状菌类型
低负荷	微丝菌、诺卡氏菌、软发菌、0041 型菌、0092 型菌、0675 型菌、0581 型菌、0961 型菌、0803 型菌、1851 型菌、021N 型菌
低 DO	球衣菌属、硫丝菌、1701 型菌、021N 型菌、1863 型菌和软发菌
腐化废水或硫化高	丝丝菌、贝氏硫黄菌、1701 型菌、021N 型菌和球衣菌属、0092 型菌、0914 型菌、0581 型菌、0961 型菌、0411 型菌
营养（N、P 元素）不足	硫丝菌、021N 型菌和球衣菌
pH 低	丝状真菌

7.3.3　丝状微生物的分离鉴定技术

鉴定丝状细菌有三种方法：显微镜技术、荧光抗体技术和 RNA 化学分类学。

1. 基于显微镜的技术

丝状细菌在经典微生物学教科书中一直被认为是“不寻常的”微生物。Eikelboom 和 van Buijsen 开创并推动了活性污泥中这些有机体的分离和鉴定技术的发展。有些人通过微操作分离出丝状物，然后在特定的培养介质上电镀。虽然一些革兰氏阳性丝状细菌（如放线菌、红球菌、球衣菌）可以在营养相对丰富的培养基上生长，而大多数革兰氏阴性丝状生物更喜欢营养不良的培养基。铵和 2-4-碳有机酸促进所有丝状硫细菌的生长。微丝菌也已在主要含有吐温 80、还原氮化合物和硫化合物的化学培养基中成功培养。

传统技术在丝状微生物鉴定中的应用既困难又费时，而且它们生长缓慢，难以从活性污泥样品中获得纯的培养物。因此，丝状微生物最初主要用显微镜来检查其特征。为了进行这种鉴定，应获得关于下列特征的资料：

（1）细丝形状。细丝可以是直的、弯曲的、菌丝的、扭曲的。

（2）细丝内细胞大小和形状。

（3）分支。真菌和放线菌，如戈登氏菌（Gordonia），有分支的细丝。一些丝状细菌，如球衣菌显示假分支。

（4）细丝移动。例如：贝氏硫菌通过在一个表面上滑动。

（5）鞘的存在。一些丝状细菌会产生鞘，它是一种包裹着细胞的管状结构。在缺乏细胞的制剂中可以观察到这种结构。0.1% 结晶紫染色是一种常用的鞘层检测方法。然而，对于一些丝状细菌（如发硫菌），鞘可能存在于一些菌株中，而在另一些菌株中则并不存在。

（6）细丝的表面有附生细菌的存在。一些细菌细胞附着在一些丝状细菌的表面。

（7）细丝的大小和直径。这些因素有助于区分真菌和丝状放线菌分支，如诺卡氏菌。

(8)颗粒的存在。颗粒是丝状细菌内用于储存营养的结构。通过在样品中加入硫化钠或硫代硫酸盐后观察到了亮黄色颗粒,表明了含硫颗粒的存在。贝氏硫细菌、发硫菌和021N型菌都有含硫颗粒。图7.2所示为发硫菌中的含硫颗粒。含硫颗粒在细胞质膜内由单层膜包裹。发硫菌最初由Winogradsky在1888年观察到,但是直到一百多年后才开始在纯物质中分离。这种带鞘细菌会形成能产生活动性腺的细丝。其他测试有助于检测聚磷酸和聚羟基丁酸(PHB)颗粒的存在。

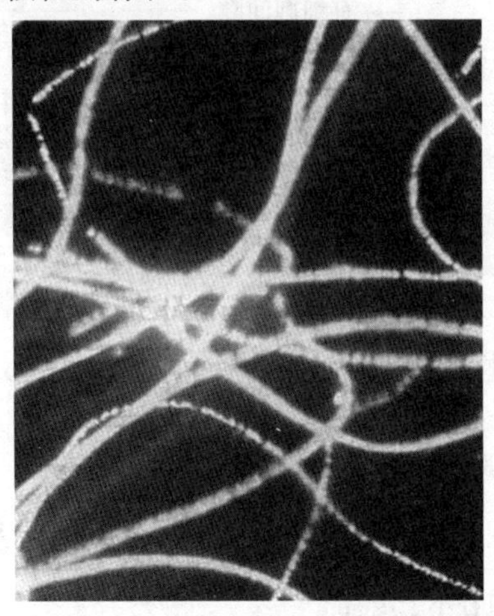

图7.2　发硫菌中的含硫颗粒(暗场显微镜;1 000倍)

(9)活性污泥干样品的染色。使用常规透射光进行下列测试。

①革兰式染色。这项试验区分革兰氏阳性菌和革兰氏阴性菌,是基于细菌细胞壁的化学成分进行的。

②奈瑟染色。这种染色技术有助于观察丝状细菌中的多磷颗粒。细胞被亚甲基蓝和结晶紫混合染色,并被碱性橙Y试剂复染。奈瑟阴性菌呈浅褐色至黄褐色丝状,而奈瑟阳性菌呈暗聚磷酸颗粒。

(10)其他特征。有时在发硫菌(图7.3)和021N型菌中可以观察到玫瑰花环。在这两种生物中,丝状体末端的基底细胞被一种用钌红染色的固定材料连接在一起,表明存在酸性多糖。利用这些特性,人们试图根据二分键(图7.4)来鉴定丝状细菌。

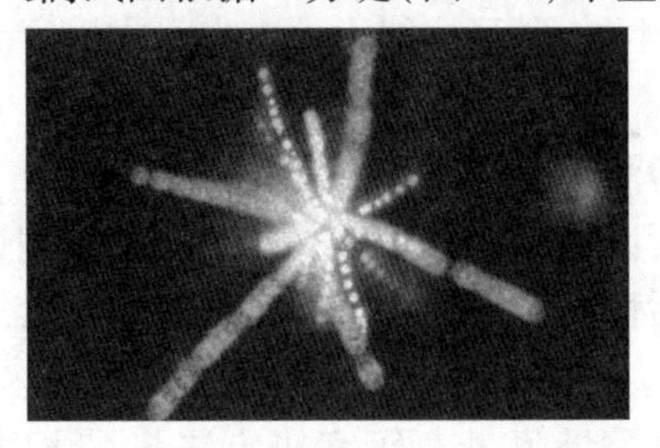

图7.3　发硫菌中玫瑰花环的形成(暗场显微镜;1 000倍)

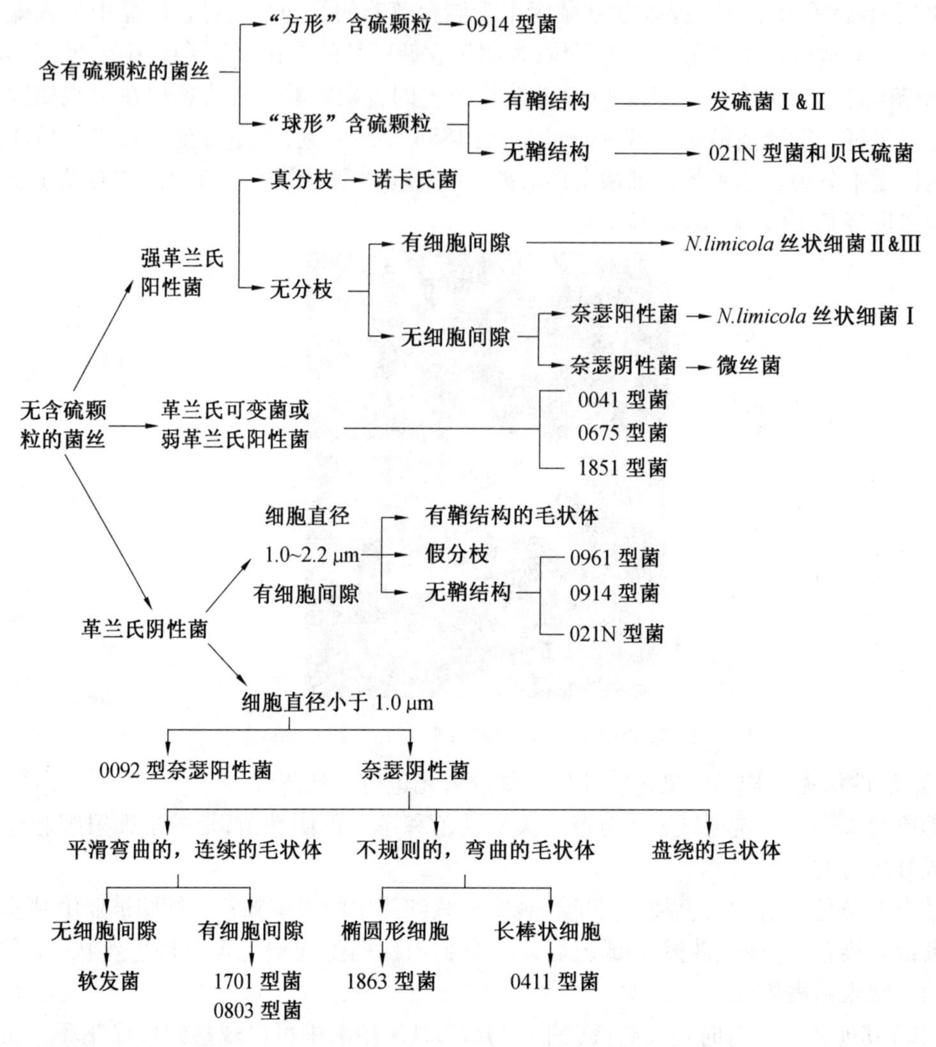

图 7.4　用于鉴定丝状微生物的简化二分键

然而，对丝状细菌的形态学鉴定还存在局限性。这些限制可能包括可变的革兰氏染色反应，一些细菌的非丝状生长，鞘形成能力的丧失和难以区分某些细菌的类型。

2. 荧光抗体技术

荧光抗体技术被用来检测活性污泥中的浮游球衣菌。在活性污泥中，抗血清与其他被测丝状微生物没有任何反应（如水合杆菌、微丝菌、1701 型菌、021N 型菌、0041 型菌）。单克隆抗体也可作为鉴定活性污泥中丝状微生物的有效工具。已经制备了一种抗发硫菌的单克隆抗体，并在佛罗里达的废水处理厂进行了测试。多克隆抗体和单克隆抗体也可用于检测活性污泥中的微丝酵母菌。然而，免疫方法并不适用于检测多种丝状细菌。

3. RNA 化学分类法

RNA 化学分类法是利用核糖体 RNA（rRNA）对微生物进行系统分类和鉴定，避免基于形态特征或结构的技术。灵敏度远高于 DNA 序列的检测（活跃生长的细胞可能含有 104 个核糖体/细胞）。在 80 多种丝状细菌中，使用 FISH（荧光原位杂交）技术鉴定出的种类只有大约 20 种。荧光标记 16 S rRNA 靶向寡核苷酸探针被用于活性污泥中丝状细菌（球衣菌 *spp*、发硫菌、水合杆菌、类型 021N 型菌、戈登氏菌 *Amarae*，以及其他引起起泡的微生物）的原位检测。rRNA 探针可以帮助区分两种丝状硫细菌：发硫菌 *sp* 和 021N 型菌 *Eikelbom* 菌，其中，发硫菌 *sp* 是绿色的，021N 型菌是红色的。利用扫描共聚焦激光显微镜可以改进荧光信号。16 S 核糖体 DNA（rDNA）序列分析表明在 021N 型菌 Eikelbom 菌分离株中显示出 3 个不同的群体。FISH 技术的使用揭示了发硫菌的 5 种物种类群的存在。发现污泥沉降性差的 *Thiothrix eikelboomii* 是活性污泥厂中最主要的发硫菌。采用这一方法对欧洲工业废水处理厂活化污泥中的丝状细菌进行了原位鉴定。RNA 化学分类法有时可显示出细菌之间的联系（如 *Sphaerotilus spp* 和 *Eikelbom* 1701 型菌），可根据 Eikelbom 分类方法进行区分。同样地，16 S 核糖体 DNA（rDNA）序列分析显示了一个 021N 型菌和发硫菌物种的单系群。

用常规显微镜和 FISH 对活性污泥中的丝状微生物进行了鉴定。虽然这两种方法在处理某些丝状生物（如微丝菌、*Eikelbom* 1863 型菌和 1851 型菌）上结果一致，但对于其他生物却不一致（如诺卡氏菌放线菌）。FISH 可以与其他方法结合，获取细胞的活性或储备材料的能力（如聚羟基烷酸盐或元素硫）。例如，FISH 与显微放射自显影技术相结合，评估 021N 型菌、硫细菌、*Nostocoida limicola* 和 *G. amarae* 等微生物的原位活性。

探针序列现在可以用于检测城市和工业处理厂中导致膨胀或泡沫的许多丝状细菌。表 7.5 为不同丝状细菌的探针序列及靶际部位分析。图 7.5 和图 7.6 所示为基于 16 S 核糖体 RNA 技术的革兰氏阳性丝状细菌和革兰氏阴性丝状细菌的种类树状图。

7.3.4　引起丝状菌膨胀的几个因素

具有良好结构的活性污泥絮体以结构丝状菌为骨架，胶团菌附着于其上，丝状菌在胶团菌的附着下，不断生长伸长，形成条状和网状污泥。活性污泥絮体、丝状菌和菌胶团两者之间应该有一个适当的比例关系，如果丝状菌生长繁殖过多，就会抑制菌胶团的生长繁殖，众多的丝状菌伸出污泥表面之外，使得絮体松散、沉淀性能恶化、污泥体积膨胀、污泥沉降体积（SV）及污泥体积指数（SVI）均很高，发生丝状菌性污泥膨胀。此时，SVI 值可达 200 ~ 2 000。这种情况占发生污泥膨胀的大多数，一般占发生污泥膨胀的 90% 以上，通常所说的污泥膨胀就是指这种丝状菌性污泥膨胀。

丝状微生物是活性污泥絮体的正常组分。它们的过度增长可能是下列因素中的一种或多种因素所致。

1. 废水成分

丝状微生物具有多种营养要求。有些使用低分子量的溶质底物（例如：α-蛋白细菌和一些 γ-蛋白杆菌，如硫细菌/021N 型菌），而另一些则需要复杂的大分子才能生长。它们产生外泌酶来降解多糖（如氯氟氏菌、软发菌）、脂类（如微丝菌）或蛋白质（如氯氟氏菌）。

表 7.5　不同丝状细菌的探针序列及靶标部位分析

靶标生物	探针名称	序列	靶标部位
微丝菌	MPA60	5′-GGATGGCCGCGTTCGACT-3′	60 ~ 77
	MPA223	5′-GCCGCGAGACCCTCCTAG-3′	223 ~ 240
	MPA645	5′-CCGGACTCTAGTCAGAGC-3′	645 ~ 661
	MPA650	5′-CCCTACCGGACTCTAGTC-3′	650 ~ 666
戈登氏菌	(S-G-Gor-0596-a-A-22)	5′-TGCAGAATTTCACAGACGACGC-3′	596 ~ 617
污泥戈登氏菌组 1	(S-G-G. am1-0439-a-A-19)	5′-TCGCGCTTCGTCCCTGGTG-3′	439 ~ 457
污泥戈登氏菌组 2	(S-G-G. am2-0439-a-A-19)	3′-CGAAGCTTCGTCCCTGGCG-5′	439 ~ 456
Nostocoida	AHW183	5′-CCGACACTACCCACTCGT-3′	183 ~ 200
limicola 型丝状细菌	Noli-644	5′-TCCGGTCTCCAGCCACA-3′	644 ~ 660
	PPx3-1428	5′-TGGCCCACCGGCTTCGGG-3′	1 428 ~ 1 447
	MC2-649	5′-CTCTCCCGGACTCGAGCC-3′	649 ~ 667
浮游球衣菌和其他细菌	SNA	5′-CATCCCCCTCTACCGTAC-3′	665 ~ 673
发硫菌	TNI	5′-CTCCTCTCCCACATTCTA-3′	652 ~ 669
021N 型菌 1	G1B(S-c021Ng1-1029-a-A-18)	5′-TGTGTTCGAGTTCCTTGC-3′	1 029 ~ 1 046
021N 型菌 2	G2 M(S-c021Ng2-842-a-A-18)	5′-GCACCACCGACCCCTTAG-3′	842 ~ 859
021N 型菌 3	G3 M(S-c021Ng3-996-a-A-18)	5′-CTCAGGGATTCCTGCCAT-3′	996 ~ 1 013
软发菌	HHY	5′-GCCTACCTCAACCTGATT-3′	655 ~ 672

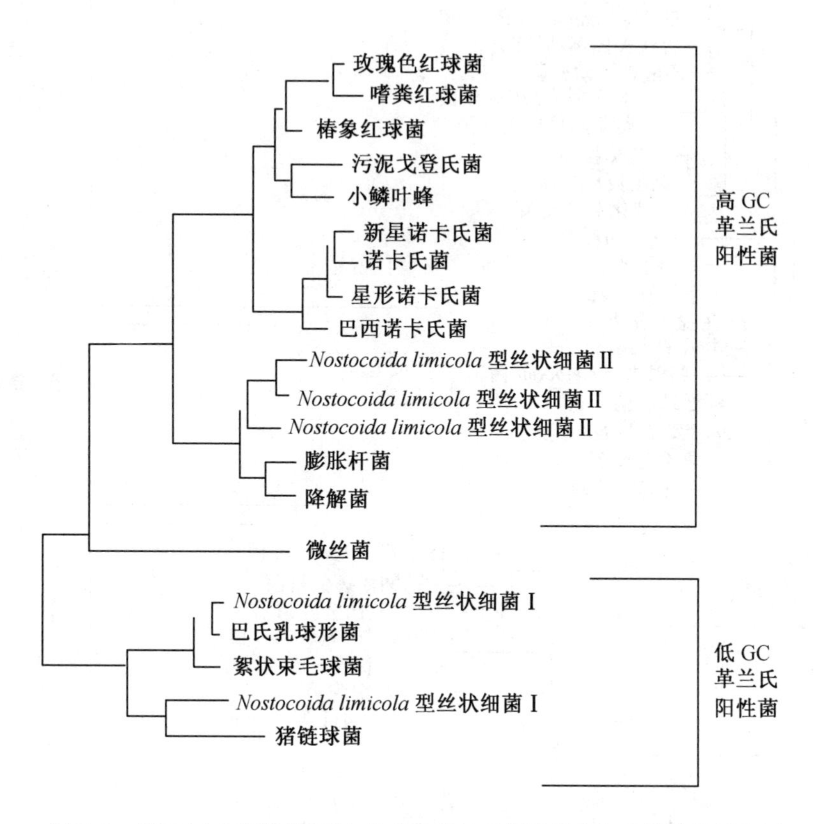

图7.5　基于16 S核糖体RNA技术的革兰氏阳性丝状细菌的种类树状图

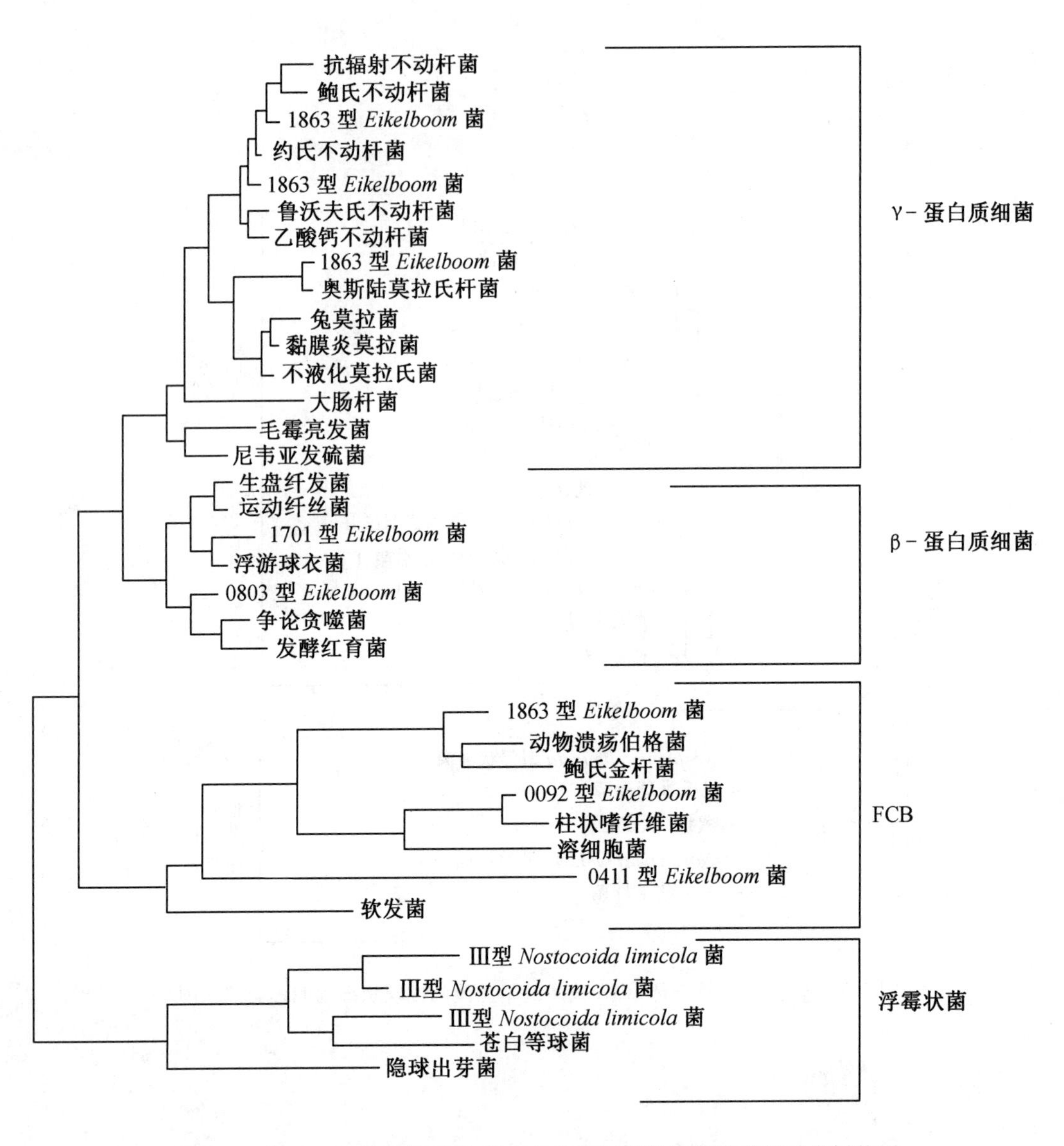

图 7.6　基于 16 S 核糖体 RNA 技术的革兰氏阴性丝状细菌的种类树状图

高碳水化合物废物(如啤酒厂和玉米湿磨工业)似乎有利于污泥膨胀。碳水化合物由葡萄糖、麦芽糖和乳糖组成,但不含半乳糖,可促进丝状细菌的生长。一些细丝菌(如浮游球衣菌、发硫菌 spp、021N 型菌)利用容易生物降解的有机物质(如醇、挥发性脂肪酸、氨基酸),而另一些细菌(如微丝菌)则能够利用缓慢生物降解的物质。

2. 底物浓度(*F/M*)

低底物浓度(即低 *F/M*)似乎是丝状菌膨胀最常见的原因。丝状微生物是生长缓慢的微生物,其半饱和常数 K_s 和 μ_{max} 均低于浮游生物。一个关于 021N 型菌(一种丝状细菌)和 *Zooglea ramigera*(一种典型的菌胶团细菌)相互作用的研究表明,在较低的底物浓度(低 *F/M*)下,021N 型菌以其对底物的亲和力较高(K_s 较低)的优势优于 *Zooglea ramigera*。相反,由于 *Zooglea ramigera* 的最高增长率更高,所以在较高的底物浓度下要比丝状细菌有优势,丝状微生物在较低的底物浓度下对底物的去除率要高于高底物浓度下的去除率(图 7.7)。微丝菌是一种革兰氏阳性丝状细菌,既存在于膨胀污泥中,也存在于泡沫污泥中,通常与低 *F/M* 有关。虽然它是好氧菌,但它可以在厌氧条件下长时间生长。由于其 K_s 低(即对底物的高亲和力),因此它可以在低底物浓度下与胶团菌进行有效竞争。可通过生物选择器确定较高的底物浓度。

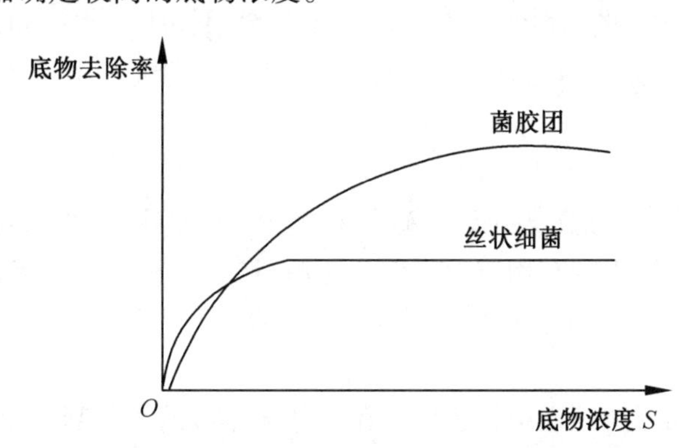

图 7.7　菌胶团和丝状菌的底物去除率

3. 污泥负荷和污泥龄

污泥负荷和污泥龄之间的关系为

$$\frac{1}{\theta}=YB-K_d \tag{7.1}$$

式中,θ 为污泥龄;Y 为产率系数;B 为污泥负荷;K_d 为总生物量衰减率。

式(7.1)取决于反应器是完全混合还是推流系统。在完全混合系统中,污泥负荷的增加导致 SVI 降低,从而导致丝状微生物减少。在 B 值高(低污泥龄值)时,丝状微生物被清洗掉,从而产生劣质废水。在推流系统中,形成菌胶团在 B 值约为 0.3 g/d 时占主导地位。

一些丝状微生物(如发硫菌、1701 型菌、浮游球衣菌)出现在普遍的中等污泥龄(即 MCRT 细胞保留时间)值上,而另一些只出现在较低的污泥龄值(如 1863 型菌)或者较高的污泥龄值(如微丝菌和 0092 型菌)(图 7.8)。

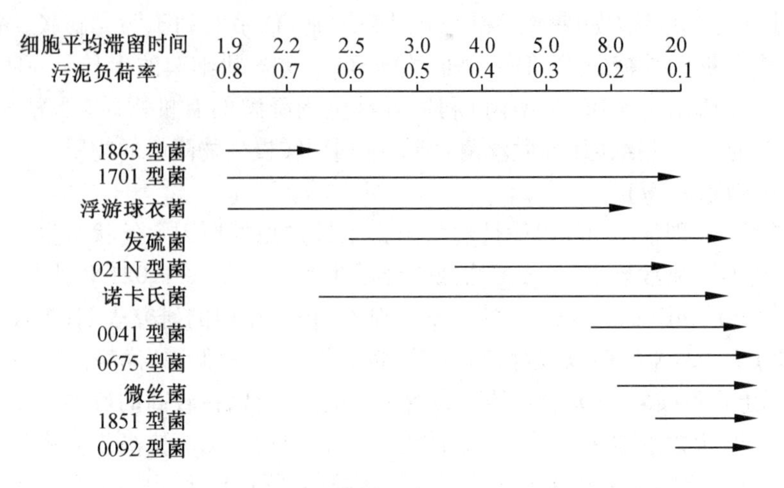

图 7.8　污泥龄和 F/M 与活性污泥中特殊丝状微生物的关系

4. pH

曝气池的最适 pH 为 7 ~7.5。pH 低于 6 可能有利于真菌(如地丝菌、念珠菌、木霉)的生长,并导致丝状菌膨胀。在实验室活性污泥装置中,pH 为 4.0 和 5.0 条件下,30 d 后,真菌过度生长引起膨胀。对宾夕法尼亚州污水处理厂的调查显示,10% 的样本中含有真菌。

5. 硫化物浓度

曝气池中硫化物浓度过高会导致含硫丝状细菌(如发硫菌、贝氏硫细菌或 021N 型菌)的过度生长。这些微生物利用硫化物作为能源,将其氧化成单质硫,并以胞内硫颗粒的形式储存。贝氏硫菌主要生长在固定膜生物反应器中。

6. 溶解氧水平

某些丝状细菌(如浮游球衣菌、1701 型菌、水合杆菌)的生长繁殖受到曝气池中相对较低的溶解氧水平的影响。池中的底物过多可能导致缺氧。曝气池溶解氧浓度应至少为 2 mg/L,以避免特定丝状微生物(即浮游球衣菌)占优势。在实验室条件下已使用连续培养技术对浮游球衣菌的生长动力学及其与菌胶团的相互作用进行了研究。结果表明,低溶解氧是导致这种丝状菌在活性污泥中增殖的主要因素。球衣菌的 K_{DO}($K_{DO}=0.01$ mg/L)低于菌胶团($K_{DO}=0.15$ mg/L),因此可以在低溶解氧的混合液中迅速生长。然而,当优势丝状细菌为微丝菌或 0041 型菌时,溶解氧水平与细丝数没有关系。

7. 营养不足

氮、磷、铁或微量元素的缺乏可能导致膨胀。一些丝状微生物对营养物质有很高的亲和力。浮游球衣菌、发硫菌和 021N 型菌的生长繁殖可能与氮、磷缺乏有关。建议碳:氮:磷(质量比)应为 100:5:1。

8. 温度

温度升高有利于适应低溶解氧的丝状细菌的生长繁殖。然而,在冬季微丝菌有成为优势丝状微生物的趋势。在意大利的活性污泥泡沫中发现了这种在低温条件下大量繁殖的趋势。由于微丝菌具有疏水细胞壁和释放生物表面活性剂的能力,它可以专门利用脂质。其在低温下的优势可能是由于其在冬季脂溶性降低,因此提出了污泥膨胀的综合假设。根据这一假设,活性污泥包含了三类"模型"微生物:①生长快速的菌胶团类型微生物;②生长缓慢、底物亲和力高的丝状生物(即低 K_s);③溶解氧亲和力高(低 K_{DO})的生长快速的丝状生物。在较高的底物浓度下,只要有足够的溶解氧,第①类就会具有优势。底物浓度低于临界浓度 S^* 有利于第②类微生物的增殖。第③类在低氧条件下占优势。阶段供氧模式为非丝状微生物的发育创造了有利条件,这些微生物在底物浓度高的时期具有较高的底物吸收率,并在营养匮乏时期具有储备材料的能力(内源性代谢)。

关于丝状菌膨胀的另一个假说是基于丝状细菌的能力,即在细胞没有累积有毒 NO 的情况下,将硝酸盐反硝化成亚硝酸盐,这就使得丝状细菌比菌胶团更具有竞争优势,不过还需要进一步的研究来支持这一假设。

7.3.5　丝状菌膨胀的应对措施

如果确定污泥膨胀是由丝状菌而引起的,还要通过对各种运行条件的分析确定所属的具体膨胀类型。

1. 非结构型丝状菌膨胀

非结构型丝状菌膨胀的主要特征是存在大量丝状微生物,无附着生长物,无絮体形成。对于这种类型,由于其与菌胶团菌之间有拮抗关系,一般只有通过投加药剂的方法,将其生长抑制。最常用的药剂有氯和过氧化氢,以氯为多。加氯的目的是杀死附着在絮体微生物表面的丝状菌。加氯量和投加地点是两个重要的参数,由于这两类细菌对氯的敏感性没有明显的差别,因此氯的投加量要控制到刚好能杀死丝状菌而不能或少伤害到絮体微生物,一般投加量为 1 ~ 10 g 有效氯/(kgMLSS · d),从小剂量开始投加,逐渐增加至预期的效果。投加地点可选择在:①回流活性污泥中紊流程度大的地方,如管道的转弯处、回流污泥泵的入口处等;②二沉池的中央配水井或进水廊道;③多点加氯的方式。对于没有外鞘的丝状菌,在系统中加氯几天后 SVI 就会下降到正常水平。对于有外鞘的丝状菌,SVI 只有通过排泥才会回到正常的状态,这需要 2 ~3 个污泥龄的周期。

2. 结构型丝状菌膨胀

根据引起产生结构型丝状菌膨胀的不同情况采取相应的控制措施,具体方法如下:

(1)低基质浓度的限制。通过提高食微比(F/M)或使用选择器来控制,改变工艺的运行方式也可以有效地提高底物浓度,如采用推流式运行或将曝气池分成若干个小格、间歇序批运行、间歇进水等。

(2)低溶解氧限制。工程中往往是由于高负荷引起的低 DO,通过降低食微比,提高曝气池的 MLSS,使得食微比处于不易膨胀的中等负荷状态;或在曝气池前段增设好氧选择器;或增加曝气量,提高风机的供风量;或改用更高充氧效率的设备等。

(3)营养盐缺乏(N、P 元素)。调整废水中的 C、N、P 元素的比例,使 BOD_5 : N : P(质量比)回到 100 : 5 : 1 或 100 : 6 : 1.2 的正常水平。在恢复正常后,可考虑将 BOD_5 : N : P(质量比)保持在 100 : 4 : 0.18。

(4)低 pH 冲击。低 pH 有利于丝状真菌的生长,干扰菌胶团的正常生长,可通过加碱的方式,使进曝气池的废水 pH 控制在 7.12 ~8.15 范围内。

(5)腐败废水或高 H_2S。根据前面所述,这种废水引起的膨胀可归纳到低溶氧限制的膨胀类型,可考虑相应的控制对策。

7.4　污泥膨胀成因

据报告,在发生污泥膨胀的污水处理厂,约有 90% 以上属于丝状菌性污泥膨胀。因此主要从进水水质、环境条件和运转条件三方面来论述丝状菌膨胀的形成原因。

7.4.1　进水水质

在大量的实践中总结出的如下几种废水水质容易引起污泥膨胀:

(1)碳水化合物含量高的废水和含有大量可溶性有机物的废水。

废水水质对污泥膨胀有明显影响,一般认为污水中悬浮固体少,而溶解性好和易降解的有机物组分较多,特别是含低相对分子质量的烃类、糖类和有机酸等类型基质的污水容易发生非丝状菌性污泥膨胀(如啤酒、食品、乳品、石化、造纸等废水)。

(2)陈腐或腐化的废水和含有大量 H_2S 的废水。

污水在下水管道、初沉池等储存设施中,停留时间过长,发生早期消化,使 pH 下降,产生利于丝状菌摄取的低分子溶解性有机物和 H_2S,容易引起硫代谢丝状菌(如 021N 型菌、丝硫细菌、贝丝硫菌)的过量增殖。现有的资料一致认为,含有 H_2S 的废水易引起污泥膨胀。当城市污水中的 H_2S 浓度超过 1 ~ 2.5 mg/L 时,就可能发生膨胀。污水中存在的硫化物,大部分是厌氧发酵过程中的一个副产物,在污水中厌氧发酵有大量小分子有机酸产生,它是曝气池在一定运行方式和负荷情况下造成污泥膨胀的主要原因,而 H_2S 是次要原因。

(3)含有有毒物质的废水。

当大量含有有毒有害物质的工业废水进入污水厂时,绝大多数情况下,活性污泥中的微生物要出现“中毒”现象。Novak 在对非丝状菌膨胀的研究中发现,当活性污泥中菌胶团细菌吸收污水中的有毒物质后,黏性物质分泌量减少,生理活动出现异常,可能引起污泥膨胀。

(4)N、P 元素含量不平衡的废水。

进水中营养物质缺乏或不平衡,除引发丝状菌膨胀外,还会导致非丝状菌污泥膨胀。高春娣等人以 SBR 法处理啤酒废水(COD 为 600 mg/L)为研究对象,分析了 N、P 元素缺乏引起的非丝状菌污泥膨胀问题,认为当进水 TP 充足,BOD_5/P 元素为 100/0.6 和 100/0.3 时发生高含水率黏性菌胶团菌过量生长引起了污泥膨胀,BOD_5/P 元素为 100/0.4 时,混合液中出现大量高含水量的细胞外聚物,发生严重的非丝状菌污泥膨胀;当进水 TP 充足,BOD_5/N 为 100/3 和 100/2 时,污水中营养失调,均发生高含水率的黏性菌胶团细菌过量生长引起了非丝状菌污泥膨胀。对于完全混合式反应器在 BOD_5/N 元素为 35/1 时,就会形成 N 元素限制的情况,使得过量的碳源存在,微生物不能充分利用,吸入体内并转变为多聚糖类胞外储存物,此类物质具有高度亲水性,形成很多结合水,从而影响了污泥的沉降性能,造成高黏度污泥膨胀。吉芳英和杨琴等在除磷脱氮 SBR 系统的研究中也发现了高黏性污泥膨胀。楼少华和王涛等在一体化氧化沟的实际运行中发现了高黏性污泥膨胀。

(5)低 pH 的废水。

在活性污泥法工艺的运行中,为了使活性污泥正常发育、生长,曝气池的 pH 应保持在 6.5 ~8.0 内。pH 较低会导致丝状真菌的繁殖,从而引起污泥膨胀。国内外研究报道显示:混合液的 pH 低于 6.5 时,有利于丝状真菌的生长繁殖,而菌胶团的生长受到抑制;当 pH 低至 4.5 时,真菌将完全占优势,活性污泥絮体遭到破坏,处理出水水质严重恶化。Storm 和 Hu 通过对不同 pH 下的研究发现,pH≤5 时有利于真菌繁殖。

7.4.2　环境条件

引起污泥膨胀的常见的环境因素主要有以下方面:

(1)水流流态及运转方式。

流态影响的关键是曝气池内的基质浓度梯度。Rensink 于 1982 年在三种不同流态的活性污泥试验模型中进行比较得出,曝气池内的流态对丝状菌的生长有很大的影响。在完全混合式曝气池中负荷 0.1 ~0.5 $kgBOD_5$/(kgMLSS · d)都发生膨胀,而在推流式系统中,污泥负荷大于 0.5 $kgBOD_5$/(kgMLSS · d)才发生膨胀,而在间歇反应器内没有发现膨胀现象。

(2)流量和水质变化。

在实际污水处理工程的实践中,污水的流量、水质变化是其本质特性。王凯军等研究认为,在变化的水力负荷下,污泥的 SVI 呈上升趋势,具体分析为变负荷对于污泥沉降性能的影响是在高负荷、低溶解氧的状态下刺激了丝状菌的生长,且由于丝状菌生长过程的不可逆性,造成了污泥沉降性能的变化。日本的口田广的研究表明,在水质、水量发生变化时,特别当有机物浓度剧增时,极易引起污泥膨胀。

(3)其他环境因子。

微生物的生长、发育、代谢过程受各种环境条件影响很大。pH、温度以及营养成分等环境因子对丝状菌的生长十分重要。

曝气池混合液的 pH 低于 6.0 时,有利于丝状菌的生长,而菌胶团细菌的生长则受到抑制;pH 降至 4.5 时,真菌将完全占优势,原生动物大部分消失,一些真菌迅速繁殖可以造成丝状菌型膨胀,严重影响污泥的沉降分离和出水水质;pH 超过 11 时,活性污泥即会破坏,处理效果显著下降。

不同的丝状菌具有其各自的最佳温度生长范围。如:球衣菌的最佳生长温度在 30 ℃左右,丝硫菌、贝氏硫菌的最佳生长温度为 30 ~36 ℃。如果温度较低,污水中微生物代谢速度较慢,会积蓄大量高黏性多糖类物质,易形成高黏性污泥膨胀。温度也普遍影响丝状菌的生长,Knoop 等人通过观察 *M. Parvicella* 细菌在低温下的生长情况,认为低温有利于丝状菌的生长。据报道,在低温、高负荷的情况下,可能发生非丝状菌型膨胀。

7.4.3　运行条件

引起污泥膨胀的运行条件主要有:

(1)负荷的影响。

负荷对污泥沉降性能的影响比较复杂,很多报道由于研究者的背景以及研究条件的不同,研究结果有时互相矛盾。Chudoba 在 20 世纪 70 年代进行一组试验,结果表明,完全混合式活性污泥系统中,随着负荷的增大,SVI 呈下降趋势。而推流式活性污泥系统中,SVI 的变化规律则相反。一般认为,在低负荷时,进水底物浓度低,由于基质的限制而引起污泥膨胀。低 F/M 的情况通常出现在完全混合式曝气池、大回流比的氧化沟(如 Carrousel 氧化沟)、沿程分散进水曝气池中。

Pipes 调查研究了 32 个活性污泥处理厂,发现合适的污泥负荷在 0.25 ~ 0.45 kg/(kgMLSS · d)范围内,低于或高于这个范围会导致 SVI 升高。Chao 和 Keinath 在试验研究中发现,负荷在 0.6 ~ 1.3 gCOD/(gMLSS · d)和大于 1.8 gCOD/(gMLSS · d)范围内易发生膨胀。污泥负荷与膨胀之间的关系非常复杂,原因是还有其他许多因素(如污水性质、运行条件等)同时影响污泥膨胀。

(2)溶解氧。

在曝气池中低溶解氧浓度的条件下,大部分好氧菌几乎不能继续生长繁殖。因为丝状菌的菌丝比较长,比表面积大,更易夺得溶解氧并迅速生长繁殖。另外,丝状菌的饱和常数 K_b 值低,对低浓度溶解氧有很大的亲和力,因此在低溶解氧的环境中,丝状菌是优势菌属。

负荷与溶解氧之间的关系对 SVI 有十分密切的影响。Palm 等人对负荷与溶解氧关系影响 SVI 的研究表明,只要溶解氧成为限制,在任何负荷下都可能发生膨胀。同样,只要负荷足够高,在任何溶解氧的条件下也可能发生污泥膨胀。溶解氧水平为 0.1 ~ 6.0 mg/L时,随着有机负荷的不同,活性污泥均有可能发生污泥膨胀。Segzin 等人研究结果表明,在高有机负荷的情况下,推流式系统在缺氧时引起膨胀。在高污泥负荷下,"安全"溶解氧值很高。陈滢、彭永臻等人在研究用 SBR 工艺处理实际生活小区污水时发现,在低溶解氧条件下,有机负荷为 0.20 kg/(kg · d)和 0.26 kg/(kg · d)时,活性污泥中虽有丝状菌存在,但没有发生污泥膨胀。当有机负荷升高至 0.57 kg/(kg · d)时,发生了非丝状菌污泥膨胀。长期的高负荷,低溶解氧浓度条件下可引起非丝状菌污泥膨胀。

关于引起膨胀的低 DO 的具体范围在文献里有不同的报道,Sezin 等人的研究发现,曝气池混合液中 DO 质量浓度小于 1.0 mg/L 时会引起污泥膨胀;德国一研究小组则认为曝气池中 DO 质量浓度小于 2.0 mg/L 时会导致污泥膨胀;而 Palm 等人的研究结果表明,DO 浓度在膨胀与非膨胀之间并没有一个固定的临界值,而是与污泥负荷有关,即负荷越高对应的临界值越大。Chudoba 曾报道过推流式反应器超过一定负荷[$F/M >$ 0.5 kgBOD_5/(kgMLSS · d)]时会发生污泥膨胀。

(3)污泥龄(SRT)。

钱易等人对污泥龄与 SVI 的相关关系进行的研究表明,两者之间不存在数量上的相关关系。认为泥龄对污泥沉降性能的影响,实际上是通过受其他影响的很多因素来发生作用。

(4)运行方式和处理工艺。

研究证明,在活性污泥处理系统中,初沉池水力停留时间长,采用完全混合式曝气池的方法更可能导致污泥膨胀；而推流式曝气池中形成底物梯度有利于增强污泥絮凝性，发生污泥膨胀的概率较低。

7.5　污泥膨胀的控制

污水处理厂控制污泥膨胀有多种可供选择的方法。

7.5.1　氧化剂处理

用氯或过氧化氢处理回流污泥，有选择地去除丝状微生物可以控制丝状细菌。这种方法基于的事实是：絮体中伸出的丝状微生物更多地暴露在氧化剂中，而大多数菌胶团微生物嵌在絮体内部，免受氧化剂的致命作用。用氯来控制膨胀是目前应用最广泛、最经济、最快的控制丝状细菌的方法。氯可添加到曝气池或回流活性污泥（RAS）中（图 7.9）。选择的方法是以氯气或次氯酸钠的形式在回流活性污泥中添加氯，每天三次。氯的质量浓度应为 10～20 mg/L（质量浓度为 20 mg/L 时可能导致脱附并形成针状絮体）。用一种基于脱氢酶还原四唑盐的短期酶分析方法可以快速估算控制膨胀的氯用量。这项试验有助于用显微镜确定氯对丝状细菌的抑制作用。基于氧化剂对膜完整性的影响，LIVE/DEAD BacLight™（细菌细胞活性测定剂）染色混合物也能帮助区分活的丝状细菌和死的丝状细菌。活的丝状细菌呈荧光绿色，而死的细菌呈荧光红色。

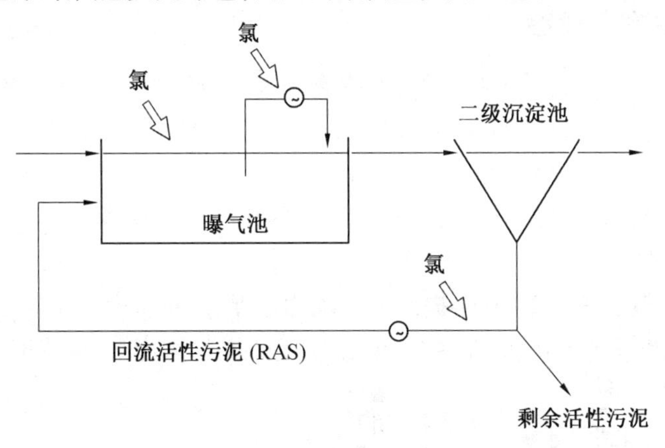

图 7.9　通过氯化控制膨胀

然而，氯化有时不能用于控制膨胀。事实上，已经有耐氯丝状细菌的存在（如耐氯 021N 型菌）。过氧化氢一般以 100～200 mg/L 的质量浓度添加到回流活性污泥中，但和氯相同，过量的过氧化氢对菌胶团有害。除了作为氧化剂外，过氧化氢还可以作为曝气池中的氧气来源。也有人建议用臭氧固化丝状菌膨胀物。

7.5.2　絮凝剂和混凝剂的处理

合成有机聚合物、石灰和铁盐可添加到混合液中，以改善絮体之间的连接，从而促进污泥沉降。然而，石灰和铁盐的加入增加了固体负荷，而且聚合物的使用成本很高。添加质量浓度为15～20 mg/L的阳离子聚合物，成功地控制了啤酒工业废水中的膨胀。虽然用聚合物和混凝剂处理可立即改善沉降性能，但因为它们对丝状微生物没有不良作用，效果持续时间较短。Seka和合作者配制了一种由聚合物（絮凝剂）、滑石粉（压载剂）和季铵盐化合物（CTAB）制成的添加剂，来改善活性污泥中丝状菌膨胀物的沉降。由于反硝化作用，这种添加剂使沉淀和悬浮污泥的上升得到了长期的改善。

7.5.3 回流活性污泥（RAS）流量的控制

活性污泥法中的澄清池具有两种功能：澄清（即去除悬浮物以获得清的出水）和污泥的浓缩。用方程给出了如何确定澄清池的增厚程度，即

$$\frac{X_u}{X}=\frac{Q+Q_r}{Q_r} \tag{7.2}$$

式中，X_u为回流活性污泥（RAS）的悬浮固体质量浓度，mg/L；X为曝气池中的混合液悬浮固体（MLSS）质量浓度，mg/L；Q为进水流量，m^3/d；Q_r为回流活性污泥流量，m^3/d。

膨胀对澄清池中污泥的增长有明显的干扰作用，导致RAS悬浮固体浓度（X_u）降低，必须由RAS流量（Q_r）的增加来弥补。因此，提高RAS流量有助于澄清池正常工作。降低澄清器进料中MLSS的浓度也有助于控制膨胀。这可以通过增加污泥消耗率来减少混合液中固体数量来实现。

7.5.4 生物选择器

生物选择器是一种可供选择的结构，它有利于菌胶团的生长，从而有助于控制细菌的膨胀。可以通过控制选择器的某些参数（如F/M、电子受体）来抑制不良丝状微生物的过度生长。流入的废水和RAS在进入曝气池之前，要先在所需条件下于选择器中混合。

生物选择器有三种：好氧选择器、缺氧选择器和厌氧选择器。

1. 好氧选择器

动力选择的概念是在1970年提出的。动力学基于Monod方程。在较高的底物浓度（$S>K_s$），具体比生长速率由μ_{max}决定。但在较低的底物浓度（$S<K_s$）下，具体增长率主要

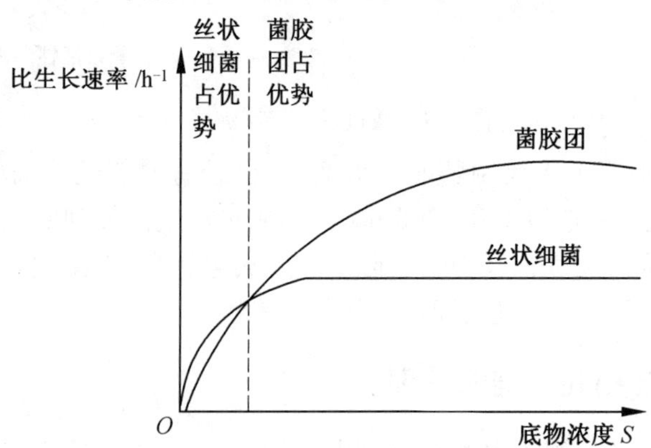

图7.10 基于Monod方程的丝状微生物的动力学选择

由 K_s 控制。丝状细菌是生长缓慢的微生物（K-对策者），其 μ_{max} 和 K_s 低于菌胶团（r-对策者）。图 7.10 所示为基于 Monod 方程的丝状微生物的动力学方程。相反，在高底物浓度下，菌胶团占主导地位，也被称为 μ_{max}-对策者。

因此，好氧选择器在整个生物反应器中创建了一个底物浓度梯度（F/M 梯度）。这种梯度可以通过使用串联的几个反应堆或在同一个储罐内建立 F/M 梯度来产生[图 7.11(a)]。这种结构使菌胶团具有选择性优势，这些细菌在反应器顶端占据了大部分的可溶性底物。

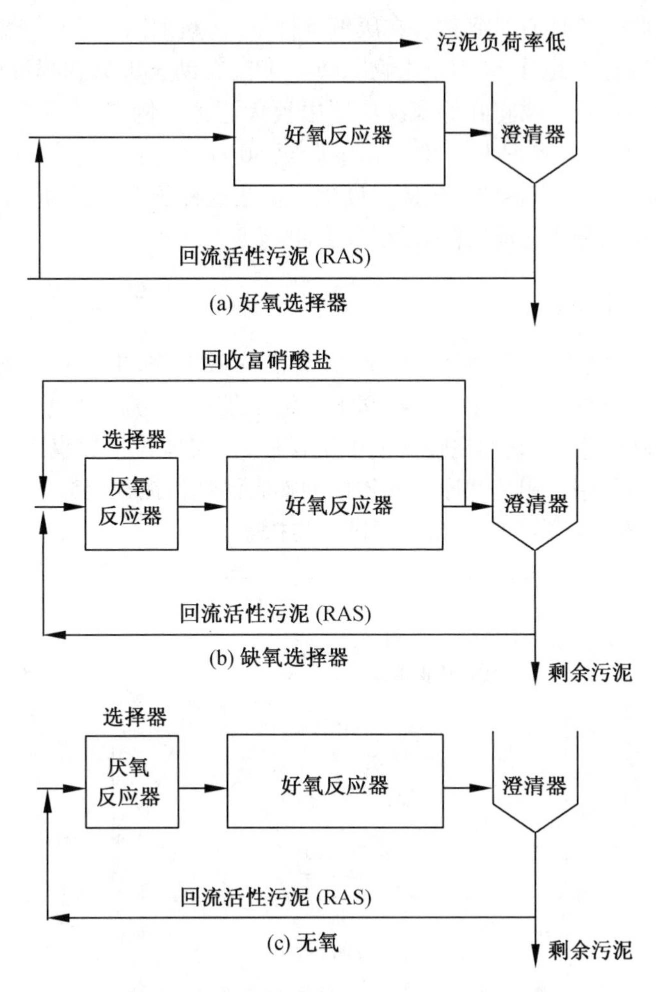

图 7.11　用于控制膨胀的生物选择器

2. 缺氧选择器

缺氧条件的定义是无氧并具有作为电子受体存在的硝酸盐。试点工厂研究表明，缺氧条件对污泥沉降具有积极的影响。这个方法包括建立一个缺氧反应器和一个好氧反应器。在缺氧反应器中，菌胶团占主导地位，因为它们可以利用硝酸盐作为电子受体，吸收有机底物。尽管一些不能使用硝酸盐或亚硝酸盐作为电子受体的丝状微生物（如浮游球衣菌、021N 型菌、0092 型菌）可以将硝酸盐还原为亚硝酸盐，但速率远低于菌胶团。硝酸盐是由回流活性污泥的回流以及混合液提供的[图 7.11(b)]。好氧反应器中有机的底物浓度较低,不足以维持丝状细菌的生长。使用缺氧选择器成功地抑制了 *Nostocoida limicola* 的生长。

3. 厌氧选择器

厌氧是指缺氧以及缺少硝酸盐作为电子受体。厌氧条件对丝状细菌(如浮游球衣菌和 021N 型菌)的生长有抑制作用。厌氧选择器是根据菌胶团在好氧条件下聚集聚磷酸盐的能力而设计的(即聚-P 细菌对磷的过量吸收,见第 3 章)。利用它们作为能源,从而在厌氧条件下吸收可溶性有机底物。在厌氧条件下,丝状细菌无法以与聚-P 细菌相当的速率摄取有机底物。因此,设计用于生物除磷的工艺有助于厌氧选择反应器中的菌胶团生长。其积存的碳水化合物将在好氧反应器中被代谢掉。例如,在新加坡的一个废水处理厂,厌氧选择器有助于将 SVI 从 200 mL/g 降至 80 mL/g。

然而,在厌氧条件下观察到发硫菌过度生长。在这种条件下,丝状微生物能够利用有机基质进行硫酸盐的分离还原,并随后引起膨胀。

7.5.5　生物控制

从各种来源(如活性污泥、堆肥、土壤)分离出的微生物,主要是细菌和放线菌,能够溶解丝状细菌。从土壤中分离出一种抗 021N 型菌的活性溶质微生物。捕食性纤毛原生动物也能摄取丝状微生物,它们在曝气池中生长后,污泥体积指数也随之减小,表明它们对污泥膨胀有控制作用。用这些原生动物接种膨胀活性污泥也会导致污泥体积指数减小(图 7.12)。这种方法需要在室外条件下进一步探索。

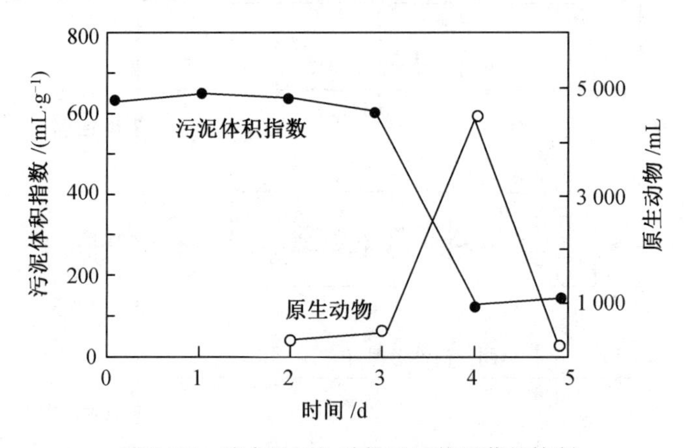

图 7.12　捕食性原生动物对丝状细菌的控制

7.5.6　其他方法

使用废水预曝气去除硫化物有助于控制发硫菌的生长,但较高的溶解氧浓度并不会抑制 0961 型菌的生长。丝状硫细菌(如发硫菌、贝氏硫细菌、021N 型菌)在低 pH 条件下不能很好地生长。因此,调节和维持废水的低 pH 有助于控制丝状硫细菌的生长,尽管低 pH 可能会促进真菌菌丝的生长。铁化合物(如硫酸亚铁、高铁酸钾、铁锡)对丝状细菌(如球衣菌、发硫菌、021N 型菌)的呼吸有很强的抑制作用。这些化学物质的作用效果值得进一步研究。

一些调查人员建议采取两阶段的方法来解决膨胀的问题：①氯化杀死大部分的丝状微生物；②鉴定找出致病微生物，最好使用分子工具（如 FISH），以便做出特定的设计或操作上的改变。

7.6 思考题

1. 讨论活性污泥中遇到的各种分离问题。
2. 如何评估活性污泥中的膨胀？
3. 胶团菌和丝状细菌之间有什么生理差异？
4. 列举与丝状菌膨胀有关的重要因素。
5. 列举研究丝状微生物的技术。
6. 当将分子技术 FISH 与显微放射自显影相结合时，可以获得什么信息？
7. 解释 Chudoba 的动力学选择理论关于胶团菌和丝状细菌之间的关系。
8. 与高硫含量有关的三种丝状微生物是什么？
9. 用 r-策略和 K-策略解释胶团菌和丝状细菌之间的竞争。
10. 使用生物选择器控制活性污泥中丝状细菌的依据是什么？
11. 给出三种类型的生物选择器，并解释相关的机制。
12. 当使用氧化剂来控制膨胀时，需要做什么？

第 8 章　基于微生物附着生长的工艺

8.1　概　述

在固定膜生物过程中,微生物附着在固体基质上达到相对较高的浓度。支撑材料有砾石、石头、塑料、沙子、活性炭颗粒等。影响支撑材料上微生物生长的重要因素是废水的流速和颗粒的大小与几何构型。

生物膜反应器包括滴滤器、旋转生物接触器(RBCs)和浸没式过滤器(下流和上流过滤器)。这些反应器用于有机物氧化、硝化、反硝化及废水厌氧发酵过程(图 8.1)。生物膜中电子供体和受体必须扩散到生物膜内部,反应产物必须运出生物膜(图 8.2)。

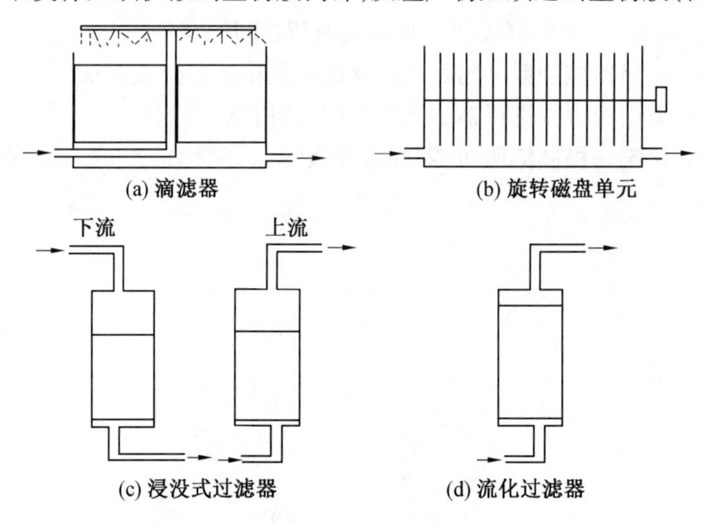

图 8.1　用于废水处理的生物膜反应器

固定生物膜法具有以下优点:①使微生物具有较低的比生长速率(如硝化菌、产甲烷菌);②受到可变或间歇性负载影响较小;③适用于小型反应堆;④对于滴滤器等固定膜工艺,运行成本低于活性污泥。

然而,在工业系统中,固定生物膜过程会导致生物絮凝,即表面微生物过度生长。生物絮凝会对热交换器、配水管、船体和医疗设备(如导管、植入物)产生不利影响。生物膜中胞外聚合物(EPS)所具备的机械稳定性可以抵抗剪切力和生物杀伤剂作用。控制生物絮凝可通过物理、化学方法或者两者的结合的方法。物理方法包括生物膜的物理去除以及在生物膜上施加低强度电场或超声波能量。化学方法包括氧化剂(如过氧化物、卤素、臭氧)和非氧化性杀菌剂(如表面活性剂、醛基化学品或苯酚衍生物)的使用。

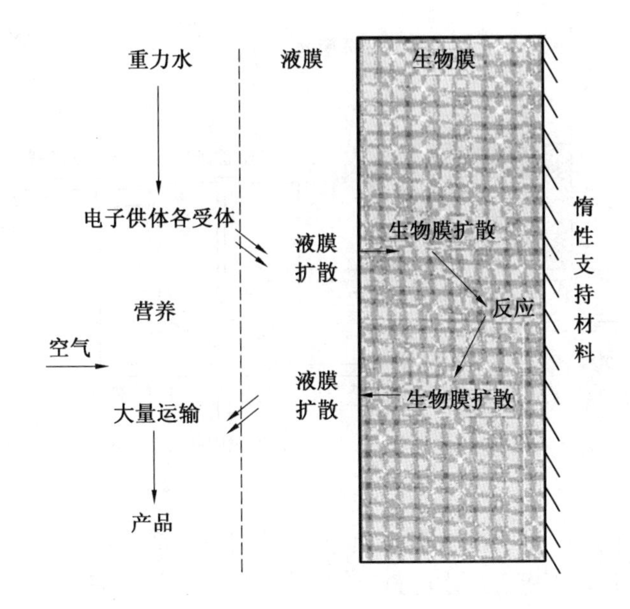

图 8.2　生物膜反应中潜在的限速现象

8.2　滴滤器

滴滤器又称渗滤过滤器，于1890年问世，是最早的生物废物处理系统之一。滴滤器主要将可溶性有机物转化为生物质，生物质通过在最终澄清器中沉降进一步去除。有机负荷是将BOD应用于滴滤器的速率，以kgBOD表示，单位为kgBOD/(m^3·d)。典型的有机负荷为0.5 kgBOD/(m^3·d)，有机负荷从低速率过滤器的0.1~0.4 kgBOD/(m^3·d)到高速过滤器的0.5~1 kgBOD/m^3/不等。该参数对滴滤器的性能很重要，并可能决定过滤器上的液压负载。低速率过滤器去除BOD的比例约为85%，高速率过滤器去除BOD的比例为65%~75%。滴滤过程如图8.3所示。滴滤器有4个主要组成部分：

(1)装有过滤介质的圆形或矩形容器，容器深为1.0~2.5 m。过滤介质为微生物生长提供了较大的表面积。理想的过滤介质应能够提供大的表面积，以最大限度地增加微生物附着生长，还可以为空气扩散提供充足的空隙空间，并允许脱落的微生物通过生物膜。它在化学和机械性质上保持稳定，并且对微生物无毒。

滴滤器中的过滤介质可以是石头(碎石灰石和花岗岩)、陶瓷材料、处理过的木材、硬煤或塑料介质。滤芯的选择基于比表面积、空隙空间、单位质量、介质结构和尺寸以及成本等因素。粒径越小，微生物附着生长的表面积越大，空隙率越低。20世纪70年代引入由聚氯乙烯(PVC)或聚丙烯制成的塑料介质，主要用于高速滴滤器。与其他过滤介质相比，其容重低，具有最佳的表面积(85~140 m^2/m^3)和更高的空隙率(达95%)。因此，使用塑料介质会使滤芯堵塞情况大大减少。同时与石材相比，塑料还是一种轻质材料，需要的钢筋混凝土更少。因此，塑料介质的生物塔式反应器为6~11 m。

(2)废水分配器有1~4个臂，其配置和速度取决于所用的过滤介质，其作用是实现

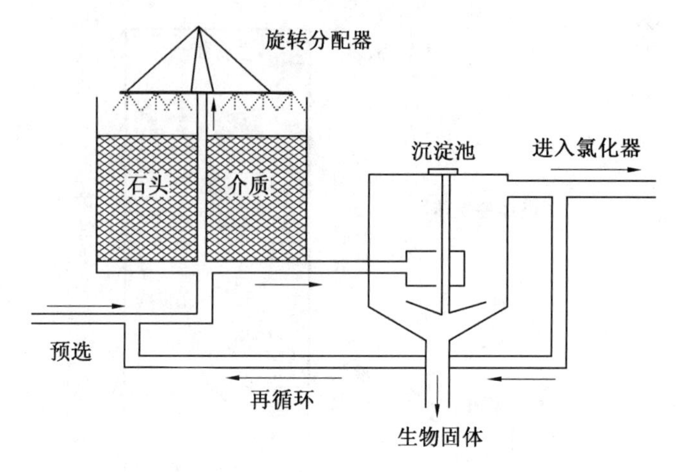

图 8.3 滴滤过程

过滤器材料均匀的液压负载。液压负载从小于 5 $m^3/(m^2 \cdot d)$(低速)到大于 25 $m^3/(m^2 \cdot d)$(高速)不等。废水经过滤器渗滤或滴流,为过滤器表面的微生物生长提供营养。

(3)用于收集液体和引入空气的地下排水系统。地下排水管收集经处理的废水以及从生物膜材料上脱落的生物固体(即微生物生物质)。

(4)最终澄清器也称腐殖质池,用于分离已处理废水中的固体。

滴滤器可以在不同的模式下运行:

①单程模式。有机负荷率为 0.06~0.12 kgBOD /($m^3 \cdot d$)。

②交替双滤(ADF)模式。ADF 模式涉及两套过滤器和腐殖质罐的交替使用(1~2 周间隔),允许更高的有机负荷率,且不会出现过滤器堵塞问题。

③再循环模式。部分滴滤液通过返回过滤器再循环提高过滤介质的处理效率。再循环比率 R 是再循环出水流量与废水进水流量的比值,即

$$R=Q_R/Q \tag{8.1}$$

式中,Q_R 为再循环出水滴滤器出水流量,m^3/d;Q 为废水进水流量,m^3/d。

废水的质量和数量可以通过调节再循环速度来改变。再循环增强了废水和过滤材料之间的接触,有助于稀释高 BOD 及有毒的废水,增加溶解氧以降低有机物的生物降解,解决气味问题,还能改善流入物在过滤器表面的分布,防止过滤器在废水流量较低的夜晚变干燥,并避免积水(即过滤器表面的水坑)。

8.2.1 生物膜形成

滴滤器中过滤介质表面形成的生物膜称为动物生物膜,由细菌、真菌、藻类、原生动物和其他生命形式组成(图 8.4)。图 8.5 所示为表面形成生物膜的扫描电子显微形貌。废水中生物膜形成过程(图 8.6)与天然水生环境中发生的过程类似。包括以下步骤:

(1)表面修整。

基质(石头或塑料表面)由蛋白质、糖蛋白、类腐殖质和其他溶解或胶体有机物等有机材料组成。

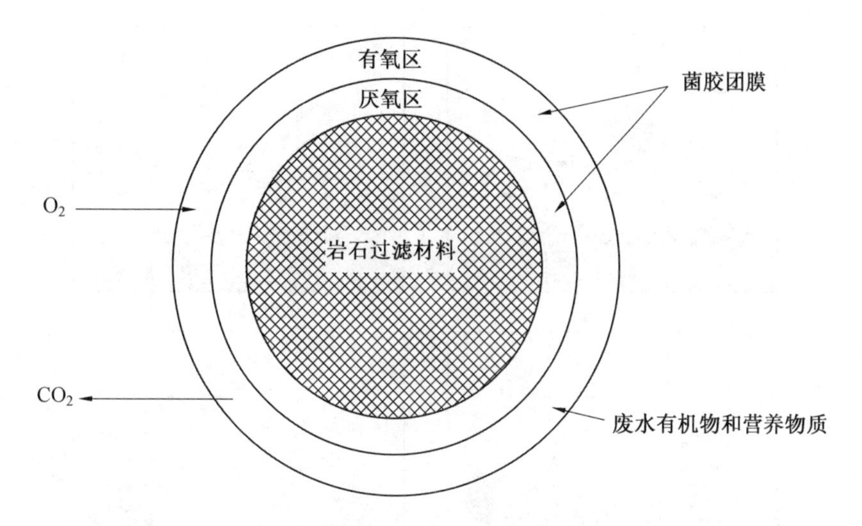

图8.4 滴滤器中填充介质上的膜形成

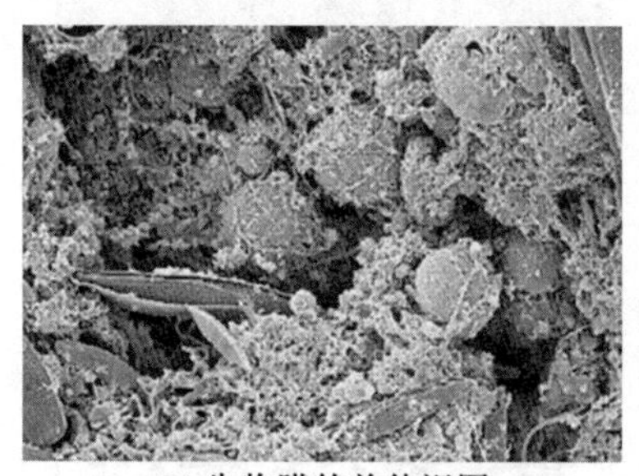
(a) 生物膜的总体视图

(b) 生物膜中的硅藻

图8.5 表面形成生物膜的扫描电子显微形貌

(2)微生物在表面的附着能力。

微生物通过微生物和基质表面电荷产生的电作用力以及疏水相互作用产生黏附能力在分解之后变成其他生命形式。

(3)表面单元锚定。

细菌吸附到基质上需要一种糖萼聚合物基质。胞外聚合物由多糖(如甘露聚糖、葡聚糖、尿酸)、蛋白质、核酸和脂质组成,具有亲水和疏水特性,有助于稳定生物膜结构及固定生物膜微生物到过滤材料表面。糖萼还提供了富含复合金属离子的聚阴离子化合物的表面。生物膜中微生物能降解废水中的有机物。但是,生物膜厚度的增加会限制有限的 O_2 向生物膜更深层扩散,从而在过滤介质表面形成厌氧环境。深层微生物面临有机基质供应缺乏的问题,并进入内源性生长阶段。它们依次从表面脱落,然后形成新的生物膜。

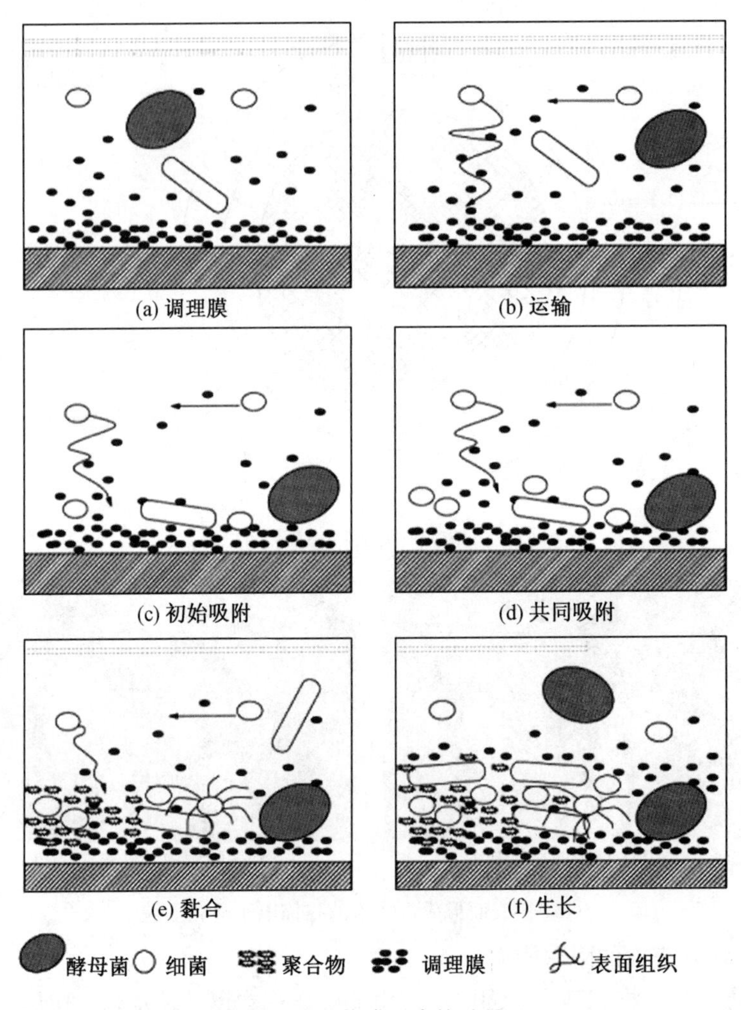

图 8.6　生物膜形成的过程

8.2.2　滴滤器生物膜中的生物

滴滤器处理废水的形式十分多样,使得该过程比活性污泥过程更复杂。除原核和真核微生物外,滴滤器还含有轮虫、线虫、环节虫、蜗牛和许多昆虫幼虫等高等生命形式。在滴滤器中遇到的主要生物群体如下:

1. 细菌

细菌对可溶性有机物的吸收和降解非常活跃。胶体有机物也被截留在过滤器中并被胞外酶降解。滴滤器中活跃的细菌属是菌胶团属、假丝酵母属、黄杆菌属、无色杆菌属、产碱杆菌属、丝状细菌(如球形芽孢杆菌属)和硝化细菌(亚硝化菌和硝化杆菌)。硝化细菌通过亚硝酸盐将氨转化为硝酸盐,并在有机物质存在下被异养生物取代以获得 O_2 和氨。

如今,生物膜微生物学研究方法有了重大改进。微米尺寸的微型传感器可用于测量化学浓度梯度(如甲烷、氧气、二氧化碳、硫化氢、硝酸盐和亚硝酸盐含量,pH,氧化还原电位)。图 8.7 所示为使用微电极测量生物膜中的 pH、氧化还原电位、O_2和硫化物的分布。

微电极与荧光原位杂交(FISH)等方法相结合,可用于研究生物膜、活性污泥中硝化细菌和其他微生物的群落结构和活性。共焦激光扫描显微镜(基于使用激光束激发与细胞内靶结构结合的荧光染料)配合 16 S rRNA 靶向的寡核苷酸探针显示,硝化酶大多存在于生物膜的氧化层中,但也有些存在于缺氧层中。亚硝化菌会以簇的形式出现在密度较低的硝化杆菌的聚集体附近。通过对生物膜进行硝化-脱氮和增强除磷的研究表明,硝化过程受限于 O_2 含量,并只作用于生物膜 200 mm 处。至于氨氧化细菌(AOB)和生物膜 100 mm内含有亚硝胺单胞菌、寡营养亚硝胺单胞菌和亚硝化单胞菌的混合物,而在较深层中仅发现寡营养菌。

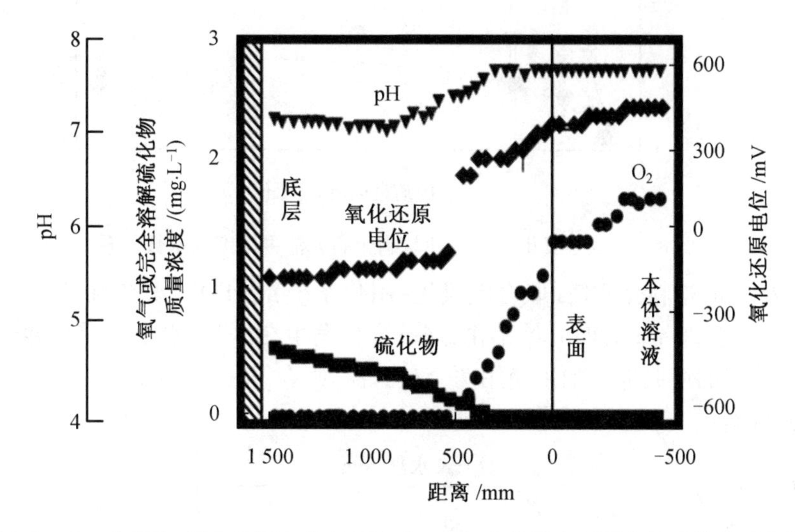

图 8.7　O_2、硫化物、氧化还原电位(ORP)和 pH 与生物膜表面距离的函数关系曲线

在硝化滴滤器中,生物膜和 AOB(亚硝化单胞菌的优势)数量和活性(图 8.8)随着滤池深度的增加而减少。使用原位 PCR 扩增硝化生物膜中的 *amoA* 基因(*amoA* 基因编码铵单加氧酶,其催化铵氧化为羟胺)。在生物膜表面检测到具有 *amoA* 基因的生物膜细胞。

在工程系统的其他研究中发现硝化生物膜主要的亚硝酸盐氧化细菌(NOB)是硝基螺旋菌 *sp*。而通过检测 *amoA* 基因的表达(即检测 *amoA* mRNA)获得铵氧化剂的活力/活性信息的方法被用于实时监测硝化生物膜中氨氧化细菌的活性。

amoA mRNA 转录响应低 pH 的抑制作用,并在添加氨之后被诱导。荧光原位杂交(FISH)被用于量化全标度硝化滴滤器中的 AOB。AOB 群体与氨去除率或硝酸盐氮生成速率有关。

硝化效率在操作上定义为处理过程中去除氨的质量分数。该定义没有考虑其他的氮转化(如氮同化和脱氮等转化)。滴滤器中的硝化程度取决于多种因素,包括温度、溶解氧、pH、抑制剂、过滤器深度、介质类型、负载率以及废水 BOD。低速滴滤器可以开发高硝化菌群。相反,由于高负荷率和生物膜的连续脱落,高速滴滤器不允许硝化过程进行。对于岩石介质过滤器,有机负荷不应超过 0.16 $kgBOD_5/(m^3 \cdot d)$。在较高负荷率下因生物膜中异养生物占优势使得硝化作用减弱而塑料介质的表面积较大,其滴滤器可承受更高的负载率[0.35 $kgBOD_5/(m^3 \cdot d)$]。图 8.9 所示为位于德克萨斯州加兰和乔治亚州亚特

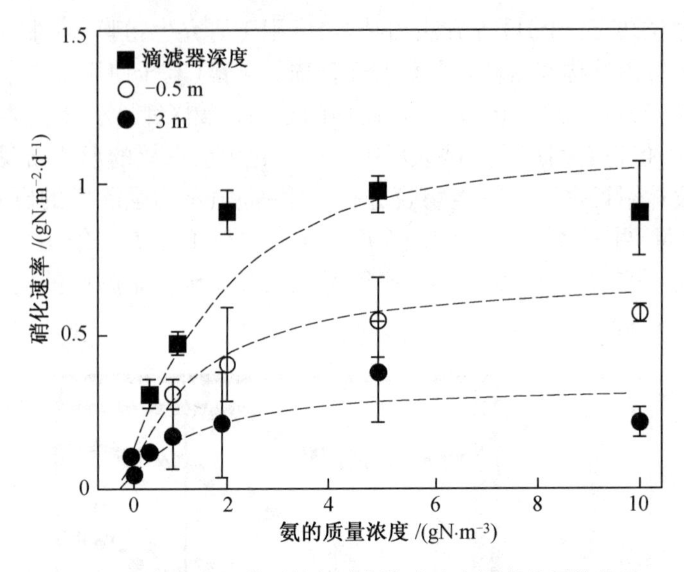

图 8.8　氨氮氧化细菌活性与硝化滴滤池中深度的函数关系

兰大的 4.876 8 m 塑料介质塔(联合碳氧化-硝化系统)中 BOD_5 水平与硝化作用的关系。当 BOD_5 水平低于 20 mg/L 时开始硝化,这一步只发生在 BOD_5 水平较低且异养生物和硝化细菌竞争较弱的塔底部。如果使用两个过滤器,则在第一次过滤器中异养生长,第二次过滤器中进行硝化。

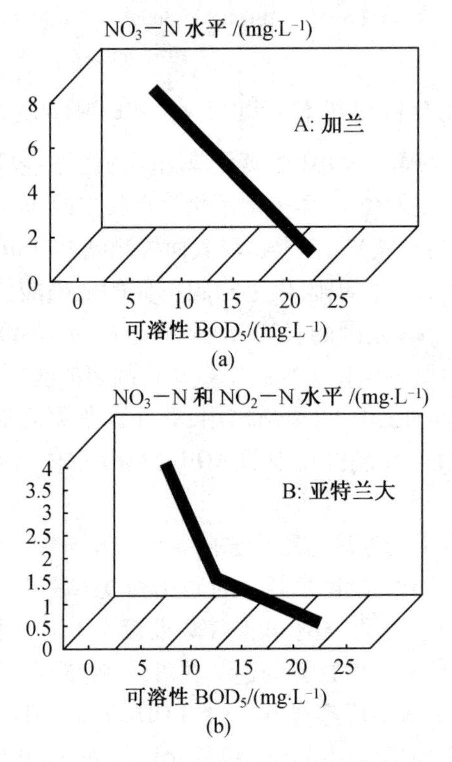

图 8.9　硝化与可溶性 BOD_5 之间的关系

在滴滤生物膜中也发现了产甲烷细菌和硫酸盐还原细菌(SRB),生物膜为这些细菌发展提供缺氧的微型场所。生物膜内硫化物的氧化可能有助于维持该环境中的 SRB 生存。

2. 真菌

真菌在生物膜中具有稳定性。然而,它们仅在低 pH 条件下占优势,这可能是引入了某些酸化工业废料而造成的。滴滤器中发现的真菌有镰刀菌、青霉、曲霉、毛霉、地霉和酵母菌。真菌的菌丝生长有助于将 O_2 转移到生物膜的较低深度。

3. 藻类

生物膜表面还生长有许多类型的藻类。它们白天通过光合作用产生 O_2,一些蓝绿藻还能固定 N_2。与活性污泥相比,藻类和真菌是滴滤器中生物膜的重要组成部分。

4. 原生动物

原生动物作为单细胞真核生物以生物膜细菌为食,通过持续去除细菌保持高分解率。生物膜中含有的原生动物为鞭毛虫、纤毛虫和阿米巴。

5. 轮虫类

轮虫类也存在于生物膜中。

6. 大型无脊椎动物

在滴滤器中发现几组大型无脊椎动物(如线虫、蚓科、弹尾目和双翅目)。昆虫幼虫以生物膜为食,用以控制其厚度,从而避免微生物聚合物堵塞过滤器。幼虫在 2 ~ 3 周内发育为成虫(“滤蝇”),对污水处理厂的经营者来说,它们反而是一种害虫。据报道,每天有高达 30 000 只苍蝇/m^2产生。由于 *Psychoda* 幼虫仅在干燥过滤器中出现,因此常通过增加过滤器表面的湿润度来控制昆虫幼虫产生,并用杀虫剂进行化学防治。苏云金芽孢杆菌变种的商业制剂 israelensis 也可用于滤床以控制昆虫幼虫。这种虫生病原体的孢子含有一种原毒素,原毒素在昆虫肠道中被激活,导致昆虫死亡。低温和有毒物质会减缓捕食者(原生动物和大型洄游动物)活动,从而增加过滤器堵塞和积水的可能,硝化作用也受冬季低温的影响。当捕食者活动恢复时,可能会对春季腐殖槽的性能产生不利影响。过量的生物膜脱落可能会使沉淀池过载,造成最终流出物中的固体含量增加。

8.2.3　生物膜动力学

滴滤器的正常运行取决于在过滤材料上形成的生物膜内的生长动力学。生物膜增长的描述方程为

$$dX/dt = \mu X - kX \tag{8.2}$$

式中,μX 为增长;kX 为损失;X 为微生物数量(微生物生物量);μ 为增长率常数,h^{-1};k 为衰变速率常数,h^{-1}。

增长率 μ 取决于废水负荷率,而 k 取决于诸如细菌和真菌生物量衰减以及水力负荷等因素。

在稳定状态下,有

$$dX/dt = 0 \tag{8.3}$$

推导出

$$uX = kX \tag{8.4}$$

生物膜增长有利于滴滤器的正常运行。生物膜的厚度取决于过滤器输入废水(即 BOD_5)并控制去除底物的强度。超过临界值后,生物膜厚度不再影响基质去除(图8.10)。生物膜活性部分的厚度受膜内氧扩散程度的控制,而膜内 O_2 限制扩散在0.3 mm内。

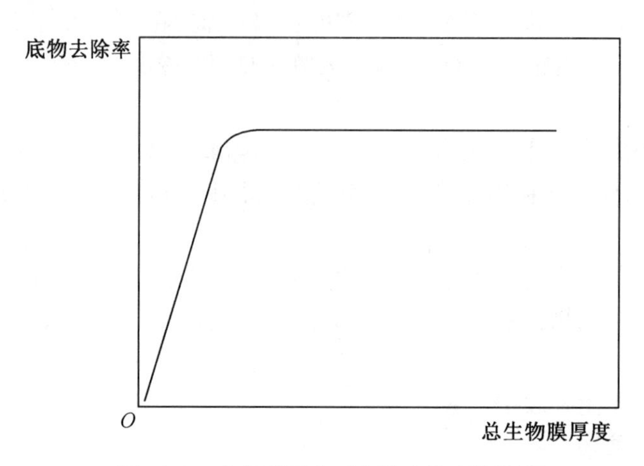

图8.10　生物膜厚度对底物去除率的影响

根据Monod方程,生物膜的活性部分去除BOD效果取决于底物浓度。

8.2.4　生物膜传质过程

设有一被基础生物膜所覆盖的平板。如果将这一平板放入某一基质溶液内,在生物膜表层的基质浓度将低于其在液相主体的浓度,因为生物膜内的生物会消耗基质。而且由于这一消耗,基质的浓度会随生物膜的厚度继续降低。为了满足这一消耗,基质必须通过分子扩散和湍流扩散作用自液相主体传递到液相与生物膜的界面处,它也必须在生物膜内传递。如上所述,虽然扩散和平流传质在内部传递中都起作用,但现象的模拟表明似乎只有扩散起作用,而这些作用的最终结果就产生了基质浓度变化。在这种情况下,观察到的基质消耗速率依赖于生物膜外到膜和膜内的传质速度,以及生物体对基质真实、固有的消耗速率,即无任何传质限制时的真实反应速率。因此,如果通过液相主体内基质浓度的函数来观察生物膜对基质消耗速率,它将不同于当微生物均匀分散在液相中时(因而消除了传质的影响)所测得的基质消耗速率和基质浓度之间的固有关系。因此,传质效果使得生物膜内真实的反应速率关系变得模糊,不考虑传质效应的建模无效。

外部传质的典型建模过程是将液相主体内基质浓度的变化理想化(图8.11)。基质浓度的变化被限定在一假设的静止厚度为 L_w 的液膜内,基质必须通过这一液膜到达生物膜。因此,在其余流体内,即液相主体内基质的浓度恒定不变。假定所有从液相主体到生物膜的传质阻力都发生在静止的液膜内。

通常有两种方法模拟外部传质过程:

(1)假定通过液层的传质是靠分子扩散完成的,扩散系数为 D_w。在此情况下,厚度 L_w 被定义为仅仅通过分子扩散所描述的实际传质所要通过的当量液体厚度。因此,通量

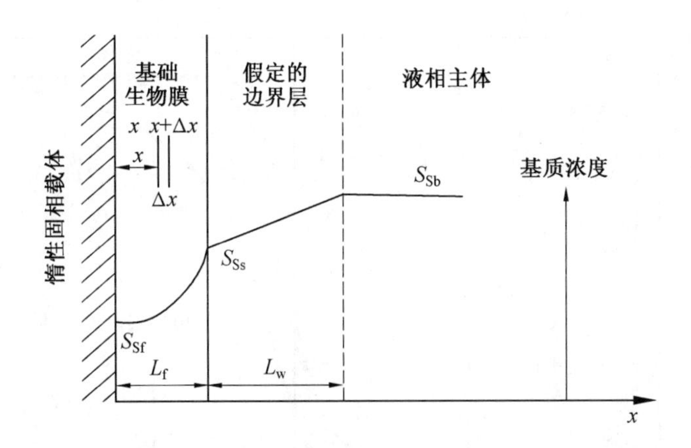

图 8.11　对于单一限制营养物表明一种理想浓度分布的基础生物膜传统示意图

J_S,即单位时间通过单位面积的基质的传递量可表示为

$$J_S=\frac{D_w}{L_w}(S_{Sb}-S_{Ss}) \tag{8.5}$$

由于扩散系数是被传递物质的内在特性(假定流体为水),因此用式(8.5)来描述基质到生物膜的传递速率必须对参数 L 进行评估。它的值必须用测定的通量与相应的扩散系数和浓度梯度从式(8.5)推导出来。

(2)应用液相传质系数 k_L,它将所有的扩散与平流传质效应合并成一个参数。在该方法中,有

$$J_S=k_L(S_{Sb}-S_{Ss}) \tag{8.6}$$

式中,k_L的值也必须由测定的通量和浓度梯度推导出来。比较式(8.5)和式(8.6)得

$$k_L=\frac{D_w}{L_w} \tag{8.7}$$

因此,k_L的测定值可以用来估算 L_w,反之也是。k_L和 L_w的值与流体的性质(如黏度μ_w和密度ρ_w)、基质在液相中的扩散系数、湍流特性有关。其在一定程度上反映了液相主体流经生物膜的速率 v。图 8.12 所示为对于外部传质过程,经过生物膜的流速对边界层厚度的影响。这里,传输的物质是 O_2,供生物膜消耗基质用。图 8.12 中带数字的箭头表示的是液体流速对实际边界厚度的影响,因而也就表示了对 L_w和 k_L的影响。k_L与系统特性间有很多关联,通常用雷诺(Reynolds)数($Re=v\rho_w d/\mu_w$)和施密特(Schmidt)数($\mu_w/\rho_w D_w$)定义,在有关传质的文章(如 Weber 和 DiGiano)或其他相关资料中论及。很多人认为 k_L随液相流速的平方根的增大而增大。然而,在附着生长反应器中流态很复杂,通常有必要通过试验来测定流体速率或其他因素如何影响 k_L(如搅动釜内的搅拌强度或转盘在静止流体中的转速)。

生物膜内的传质可用菲克定律描述,这一定律适用于水溶液中的自由扩散,即

$$J_S=D_w\frac{dS_S}{dx} \tag{8.8}$$

式中,dS_S/dx 为浓度梯度。然而,由前面的讨论可知,生物膜比菲克定律表示的自由扩散要复杂得多。因此,建模者通常采用的做法是保留菲克定律作为控制方程,将其中的扩散

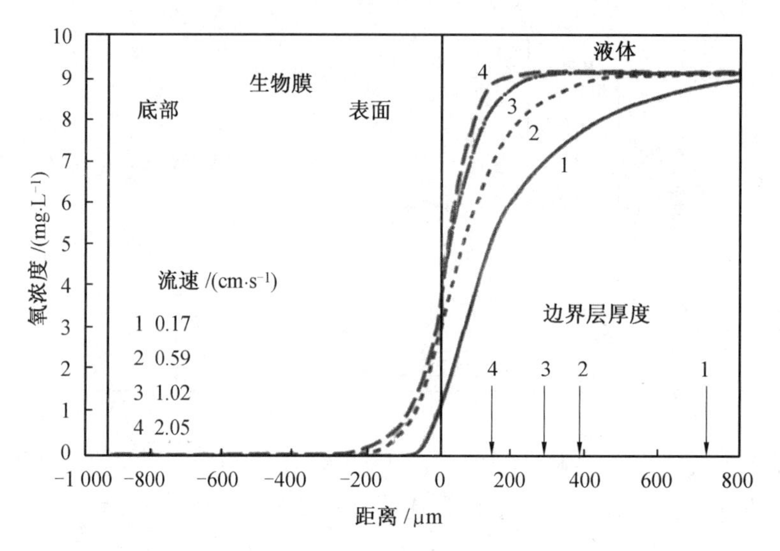

图 8.12　对于外部传质过程，经过生物膜的流速对边界层厚度的影响

系数用有效扩散系数 D_w 替代，有

$$J_S = D_e \frac{dS_S}{dx} \tag{8.9}$$

因为胞外聚合物包围着生物膜中的细胞，因此有效扩散系数通常较自由扩散系数小。然而，一些研究人员测得的有效扩散系数较相应的自由扩散系数大。因而，当式(8.9)继续用来描述生物膜内的传质时，D_e 不应当只被视为扩散作用的结果。

确定了生物膜外和生物膜内的传质如何建模后，下一步就是将传质与生物膜内的反应结合起来，以建立主体基质浓度与生物膜内基质去除速率之间的关系。将这些关系与适当的工艺模型结合，以模拟附着生长生物反应器的性能。通常有三种方法可用于生物膜模型与工艺模型的联合建模：(1)直接法；(2)有效因子法；(3)伪解析法。在直接法中，将描述生物膜反应的微分方程与描述生物反应器的微分方程相联立，这一联立方程组必须由数值方法来求解。这一方法通常应用于多个生物物种，并同时发生多个反应，如碳氧化、硝化、反硝化等系统中。有效因子法假定，生物反应器内每一点处的反应速率可以用液相主体浓度所表示的本征反应速率乘传质影响校正因子(有效因子)来表示。有效因子与系统特征间的关系则可与过程模型的微分方程联立，以模拟生物反应器的行为。伪解析法在概念上与有效因子法类似，因为它建立了应用于生物反应器模型的反应速率与液相主体基质浓度间的关系。代表生物膜内部传质和反应的微分方程需用数值方法来求解，用其计算结果来建立可进行分析求解的传质与反应间的一般关系式，因而这些关系式可与过程方程联立。

8.2.5　滴滤器的优缺点

1. 优点

滴滤器操作简单、维护成本低、可靠性高，适用于小型社区。常用于处理有毒工业废水，并且能够承受有毒物质的冲击，脱落的生物膜也可以通过沉淀轻松去除。

2. 缺点

生物膜中黏菌的过度生长,高有机负荷导致过滤器堵塞。生物膜的过度生长也会造成滴滤器带有难闻气味。堵塞阻碍了空气循环,导致生物膜微生物的氧气利用率低。然而,针对缺点进行改进有助于提高滴滤器的 BOD 去除率。改进方法有:①由交替用于接收废物的两个过滤器组成的交替双重过滤(ADF);②减缓废水分配;③在过滤器中使用塑料材料以增加表面积并改善空气循环;④通过强制通风增加气流来控制气味问题。

8.3　旋转生物接触器

8.3.1　过程描述

旋转生物接触器(RBC)是固定式膜生物反应器的另一个例子,如图 8.13 所示。这一装置构思于 20 世纪初的德国,20 世纪 20 年代由美国引入,但直到 20 世纪 60 年代才推出。RBC 由安装在水平轴上的圆盘组成,圆盘约 40% 被淹没在废水中,在废水中缓慢旋转。浸没部分持续去除 BOD 以及溶解氧。圆盘的旋转提供充气和剪切力,导致生物膜从圆盘表面脱落。旋转的增加改善了氧气转移并增强了附着的生物质和废水之间的接触。RBC 的优点是停留时间短,运行和维护成本低,适用于快速沉降的、易脱水污泥的生产。

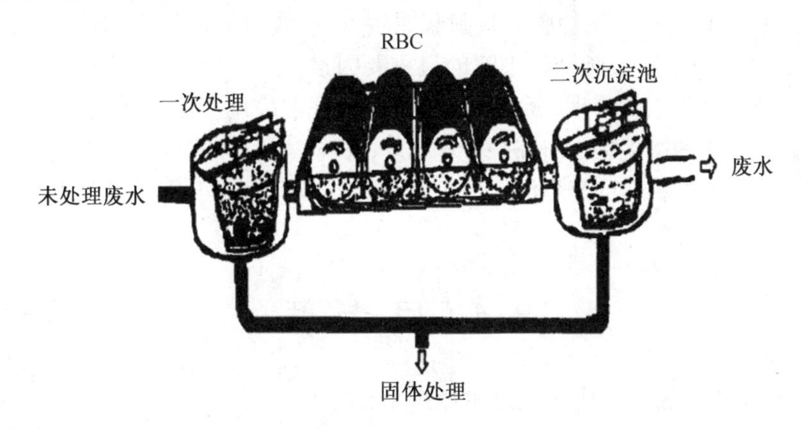

图 8.13　旋转生物接触器

8.3.2　RBC 生物膜

微生物初始吸附在圆盘表面上,形成 1 ~ 4 mm 厚的生物膜,负责 RBC 中的 BOD 去除。转盘为附着的生物质提供了大的表面积。

RBC 上的生物膜含有由真细菌、丝状细菌、原生动物和后生动物组成的复杂多样的微生物群落。常见的丝状生物包括球衣菌属(*Sphaerotilus*)、贝吉阿托氏菌(*Beggiatoa*)、诺卡氏菌和丝状藻类(如颤藻)。

通过电子显微镜观察发现,球形芽孢杆菌中含有许多聚-b-羟基丁酸酯内含物,这表明细菌内存储了过量的碳。这些内含物可占该细菌干重的 11% ~ 20%。在一项研究中,通过扫描电子显微镜观察到,RBC 生物膜由两层组成,即含有贝吉阿托氏菌(*Beggiatoa*)

丝的外部白色层和含硫酸盐还原细菌脱硫弧菌的内部黑色层(由于硫化亚铁沉淀)。

(1)厌氧区。在厌氧区中,发酵细菌提供硫酸盐还原菌所需的最终产物(有机酸、醇)。

(2)好氧区。由厌氧区中硫酸盐还原菌产生的硫化氢扩散到好氧区,硫化氢被 *Beggiatoa* 用作电子供体,氧化成单质硫。

RBC 表面的生物演替与活性污泥中观察到的相似。细菌定植之后是原生动物鞭毛虫和小型变形虫→自由游动的细菌纤毛虫(如阴道兰)→线虫→秆纤毛虫(如漩涡虫)→轮虫。达到一定厚度后,生物膜脱落,脱落的物质到达最终澄清器。

当 BOD_5 足够低时,RBC 的第一阶段主要是去除有机物质(即去除 BOD_5),之后由硝化作用除去 NH_4。此时,氨氧化剂不能有效地与快速增长的氧化性异养生物竞争。只有当 BOD 降低到约 14 mg/L 并随转速增大时才发生硝化。硝化作用发生时,第一阶段低溶解氧和后一阶段低 pH 会对 RBC 的性能产生负面影响。

旋转生物接触器具有滴滤器的一些优点(如低成本、低维护、抗冲击负荷),且弥补了一些缺点(如过滤器堵塞)。

8.3.3　RBCs 中的病原体清除

迄今关于 RBCs 中指示剂和病原微生物的去除机理尚不清楚。RBCs 在去除指示细菌方面相当有效。通过这一过程可去除一个数量级或更多的粪便大肠菌群和 79% ~ 99% 的弯曲菌。研究发现,生物膜的吸附和原生动物、线虫的放牧活动(在红细胞系统的第二和第三阶段)是控制大肠杆菌去除的最重要因素。

总之,对于生活污水的处理,滴滤器不如活性污泥法应用广泛。因此,自 20 世纪 80 年代以来,对这一过程的微生物学研究很少。相反,环境微生物学家现在正关注生物膜的微生物学和分子生态学,这将有助于更深入地了解滴滤器和其他基于生物膜工艺的微生物生态学。

8.4　思考题

1. 使用固定生物膜处理废水的基本原理是什么?
2. 什么类型的微生物从固定膜工艺中受益最大?
3. 描述生物膜形成过程。
4. 原生动物、轮虫和大型无脊椎动物在滴滤器中的作用是什么?
5. 控制生物膜厚度的最重要因素是什么?
6. 活性污泥法和滴滤法中哪种方法更适合去除病原体和寄生虫?
7. 滴滤器中是否存在生物固体分离问题?
8. 讨论大型无脊椎动物在滴滤堵塞中的作用。

第9章 稳定池

稳定塘旧称氧化塘或生物塘，是一种利用自然净化能力对污水进行处理的构筑物的总称。稳定塘的净化过程与自然水体的自净过程相似，通常是将土地进行适当的人工修整，建成池塘，并设置围堤和防渗层，依靠塘内生长的微生物来处理污水，主要利用菌藻的共同作用处理废水中的有机污染物。稳定塘污水处理系统具有基建投资和运转费用低、维护和维修简单、便于操作、能有效去除污水中的有机物和病原体、无须污泥处理等优点。

池塘污水处理可能是人类已知的最古老的污水处理方法。氧化池也被称为稳定池或生物池，主要应用于土地价格相对较低的农村地区。它们用于污水的二级处理或用作抛光池。据估计，美国有7 000多个稳定池。下面将讨论各种类型的稳定池。

稳定池分为兼氧池、好氧池、厌氧池、曝气池和熟化池。

9.1 兼氧池

9.1.1 兼氧池简介

兼氧池是生活污水处理中最常见的类型，由好氧和厌氧过程进行。这些池塘深1～2.5 m，分为三层：上部曝气区、中部兼氧区和下部厌氧区。停留时间为5～30 d。这些池塘的优点是初始成本低，易于操作。由此也会产生一些不利因素，包括藻类生长和H_2S产生异味，以及蚊蝇繁殖等公众健康关注的问题。

9.1.2 兼氧池生物学

氧化池中的污水处理主要是由细菌和藻类进行的自然生物过程。兼性池处理污水由好氧、厌氧以及兼性微生物的混合种群进行，允许有固体积累，这些固体在池塘底部被厌氧分解。藻类、异养和自养细菌以及浮游动物，在兼性处理过程中发挥重要作用。图9.1所示为兼性池中的微生物过程。

1. 光带活动

在透光区，光合作用由多种藻类（主要是绿藻、裸藻和硅藻）进行，生产10～66 g藻类/(m^2·d)。兼性池中叶绿素a质量浓度为500～2 000 mg/L。氧化池中最常见的物种是衣藻、眼虫、小球藻、栅藻、微丝藻、颤藻和微囊藻。优势藻的种类由多种因素决定。在浑浊的水体中，能自由运动的藻类往往占优势，因为它们可以控制在水中的位置，以最佳效率利用入射光进行光合作用。在低温下硅藻比蓝绿藻占优势。藻类光合作用取决于可用的温度和光照。在藻类数量较多的情况下，光穿透限于水深的前0.3 m。风引起的混合对于维持池塘内的有氧条件以及提供光养生物和异养生物之间的营养和气体交换非常

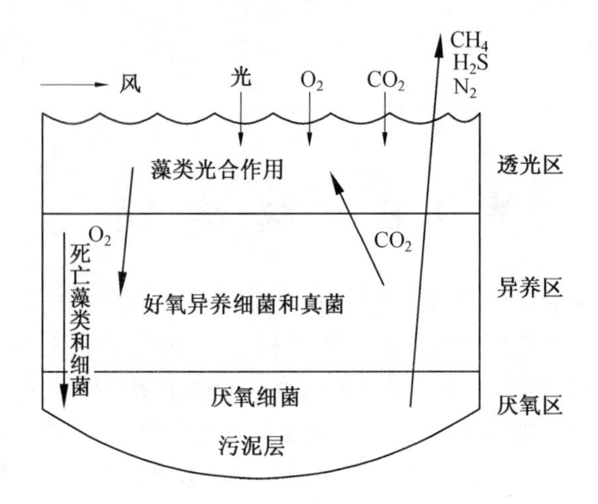

图 9.1　兼性池的微生物学

重要。温暖的条件下,较暖的上层(即表层)和较低较冷的下层之间建立了温差引起池塘分层,这种交换受到阻碍,没有自然循环。其表层和底层之间的区域称为温跃层,其特征是温度急剧下降(图 9.2)。

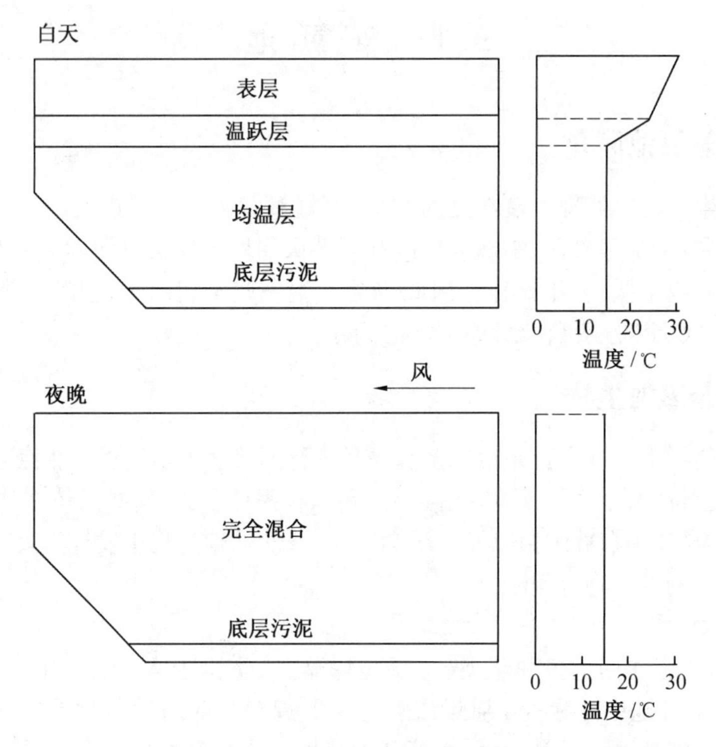

图 9.2　氧化池中的分层现象

藻类也参与养分吸收,主要是氮和磷。一些藻类能够固定氮(如蓝绿藻),而大多数其他藻类则利用铵或硝酸盐。光合作用会导致 pH 增大,特别是当处理过的污水碱度低时,会为营养物质的去除创造有利条件。在高 pH 下,磷沉淀为磷酸钙,铵离子会转化为氨流失。此外，藻类光合作用产生氧气，供异养微生物使用。氧浓度在午后达到峰值，在夜间降至最低。

氧化池中的其他光合微生物是光合细菌，它们利用 H_2S 作为电子供体，而不是 H_2O。因此，它们的主要作用是去除产生气味的 H_2S。藻类和光合细菌的数量随着有机负荷的增加而减少。藻类可能受到氨和 H_2S 的抑制，这两种物质均能在稳定池中产生，且都能抑制光合作用。

2. 异养生物活性

在池壁和池底生长的细菌异养生物是导致兼性池中有机物降解的主要微生物，真菌和原生动物的影响不显著，它们的活性会产生藻类生长所需的 CO_2 和微量营养素。反过来，藻类提供好氧异养生物氧化有机物所需的 O_2。表面复氧是异养生物的另一个 O_2 来源。

死亡细菌、藻类细胞和其他固体沉淀到池塘底部，在那里它们进行厌氧分解。厌氧微生物的活性导致气体的产生（如 CH_4、H_2S、CO_2、N_2 等）。硫酸盐还原菌产生硫化氢可能会促进光合细菌的生长，即紫色硫细菌（染色质、硫辛酸）。污水处理池中红螺菌科（非硫紫色细菌）和其他光合细菌的繁殖也有记录，特别是在气候炎热的干旱地区。在兼性池中，光合细菌被发现在海藻层下（有关它们的生态特征的更多细节，请参见第 2 章）。它们有助于保护池塘藻类免受 H_2S 的危害。尽管部分碳以 CO_2 或 CH_4 的形式流失到大气中，但大部分碳转化为微生物生物量。除非通过沉淀或其他固体去除工艺（如间歇砂滤）去除微生物细胞，否则氧化池中的碳被还原的量很少。此外，池塘出水中的微生物细胞会提高接收水中的需氧量。

3. 浮游动物活动

浮游动物（轮虫、枝角类和桡足类）能捕食藻类和细菌细胞，在控制这些种群数量中发挥重要作用。因此，它们的活动对池塘的运行很重要。枝角类动物（如水蚤）是滤食性动物，主要以细菌细胞和碎屑颗粒为食，较少以丝状藻类为食。滤食性动物连同一些纤毛原生动物、变形虫和轮虫，也能摄取隐孢子虫和贾第虫等寄生原生动物。实验室放牧试验表明，水蚤明显降低了隐孢子虫软囊和蓝氏贾第鞭毛虫的数量、活性和繁殖能力。因此，它们有助于降低池塘污水的浊度。然而，浮游动物生物量会在分层池塘中受到不利影响。这是藻类光合作用使 pH 提高，高浓度的未结合氨积累。

9.2　好 氧 池

好氧池是浅池（0.3 ~ 0.5 m），通常混合以允许藻类生长和 O_2 生成所必需的光穿透。污水的停留时间一般为 3 ~ 5 d。

9.3　曝 气 池

曝气池有 2 ~ 6 m 深，停留时间为 10 d。通过用空气扩散器或机械通气器进行机械曝气的方式，曝气池被用于处理高强度生活污水，BOD 去除率取决于曝气时间、温度和污水类型。

9.3.1　曝气池高负荷状态下的指示生物

在高负荷状态下，曝气池中的指示生物主要有以下几种：

1. 膜袋虫属(*Cyclidium*)

膜袋虫虫体呈卵圆形，平整的头顶部无纤毛，而虫体周围有稍长的纤毛，体长为 25～30 μm，如图 9.3 所示。与尾丝虫不同，口围部有达到体长一半的明显的波动膜，捕食时长纤毛扩展。活动方式也与尾丝虫略有不同，膜袋虫的显著特征是静止与跳跃反复进行。

在负荷高时活性污泥中容易观察到膜袋虫。虽然出现的环境与尾丝虫相似，但出现频率比尾丝虫高得多。

2. 肾形虫属(*Colpoda*)

肾形虫虫体呈蚕豆形或肾形，体长为 40～110 μm，在侧面中央稍靠近头顶部有胞口，如图 9.4 所示。胞口的特征向体内深度张开，像一个锯齿状三角形空洞，有时则一边旋转一边游泳。

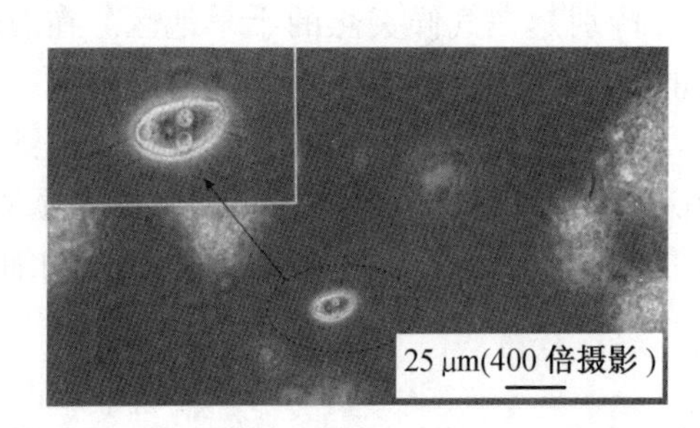

图 9.3　膜袋虫

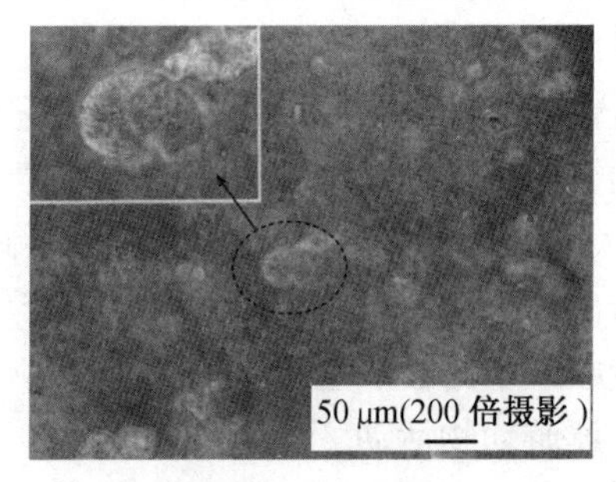

图 9.4　肾形虫

在 pH 较高、氨氮含量较多时，活性污泥中经常出现肾形虫。负荷较高时，在粪便处理设施及接纳粪便的污水处理厂中很容易观察到这种指示生物。

3. 尾丝虫属(*Uronema*)

尾丝虫虫体呈卵圆形，头顶部无纤毛，尾毛长与膜袋虫相似，体长为 25～50 μm，如图 9.5 所示。与膜袋虫相比，尾丝虫头顶部更圆，相对虫体长度口围部的膜稍小，除尾毛外虫体周围的纤毛长度一般较短。尾丝虫游泳方式与膜袋虫不同，不发生跳跃，快速连续地旋转游泳。在负荷高时可观察到尾丝虫的存在。

4. 草履虫属(*Paramecium*)

高负荷条件下，活性污泥中可常见草履虫，其特征是有两个收缩泡，一个在前端，另一个在虫体的中央部位。收缩泡有时张开呈花的形状，但通常张开呈圆形，体长为 100～300 μm，如图 9.6 所示。虫体呈卷叶状或足形，大多呈扭曲的体形。虫体表面纤毛长度一致，但后端纤毛较长。

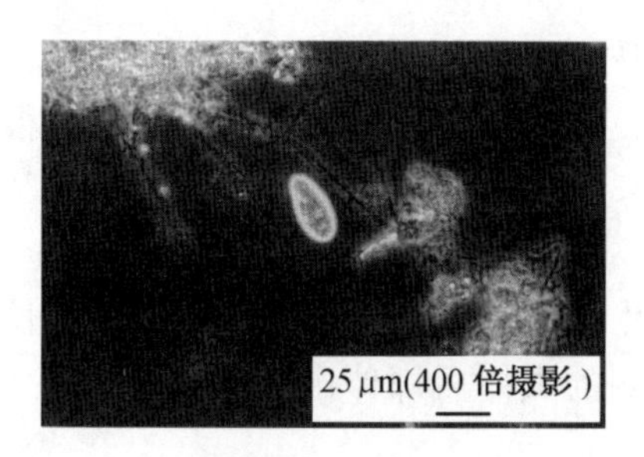

图9.5 尾丝虫

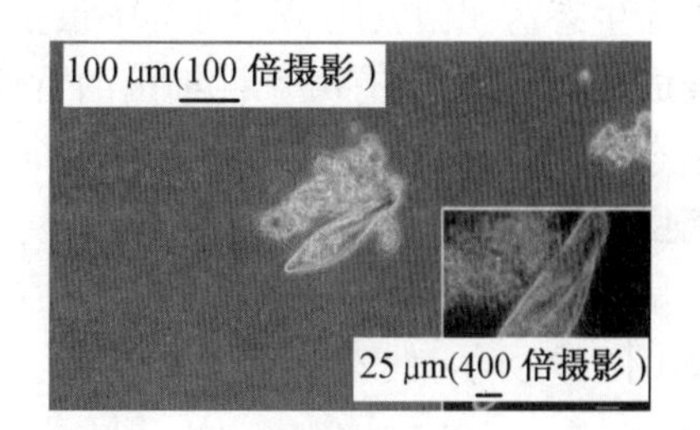

图9.6 草履虫

当活性污泥中溶解氧不充足时可观察到大量的草履虫。溶解氧不足时,通常与硫黄细菌的长杆菌、螺旋菌、丝状细菌的贝氏硫细菌等生物同时出现。生物膜法中出现的频率较高,大多可以在溶解氧略不足的生物膜周围观察到。

5. 絮体和小型鞭毛虫类

当有机负荷较高时,活性污泥中会出现许多动物性小型鞭毛虫类。即使将显微镜放大到400倍,也难以观察动物性小型鞭毛虫类。熟练后能在絮体内部、絮体与絮体之间的水中发现似乎在运动的虫体。小型鞭毛虫类最大只有25 μm,当放大100倍进行观察时,假定显微镜视野的直径是2 000 μm,那么虫体大小约是显微镜视野的1/80,大致能判断是否有虫体存在。为了掌握生物的大小和絮体粒径,通常使用微米级的显微镜视野大小。

根据鞭毛数、鞭毛和虫体基部的胞口可识别小型鞭毛虫类。胞口在鞭毛基部,根据游泳方式可确定鞭毛基部的位置。正确识别小型鞭毛虫类,必须用400倍以上的高倍显微镜观察,但由于虫体的轮廓不清晰,即使在高倍镜下也很难观察。

图9.7所示为在400倍显微镜下观察到的图像。附着在絮体周围的小型鞭毛虫类是跳侧滴虫。400倍下拍摄的个体数较多,小型鞭毛虫类的准确识别必须在更高的倍率下观察。即使在低倍率下,只要能够确定是否存在小型鞭毛虫类,就可为诊断曝气池状态提供参考。

6. 新生态污泥的菌胶团

如果能观察到新生态污泥的菌胶团,那么证明有大量有机物存在,细菌类处于快速增殖状态。图9.8所示为在水中单独观察到的新生态污泥菌胶团及附着在其他絮体上的新生态污泥上的菌胶团。形成附着在絮体周围的新生态污泥菌胶团时,表示某些有机物能被絮体大量吸附,细菌在吸附点反复不断显著增殖;有单独的新生态污泥菌胶团形成时,表示水中有大量有机物存在。污水中的有机物首先被絮体吸附,一部分来不及吸附,则在水中形成新生态污泥菌胶团。

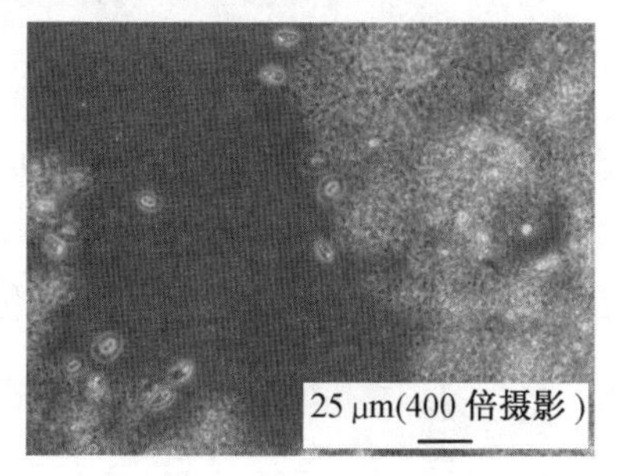

图9.7 絮体与小型鞭毛虫类

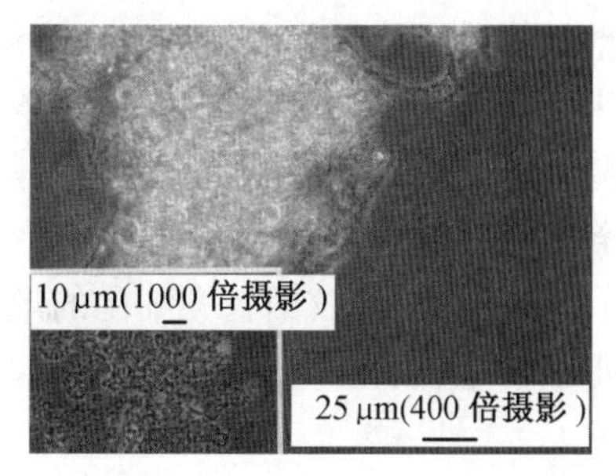

图9.8 新生态污泥的菌胶团

形成新生态污泥菌胶团的细菌类中最主要的是动胶杆菌(*Zoogloea*)。一般认为动胶杆菌不会成为优势菌,具有凝聚性细菌的特性。由于构成活性污泥的细菌种类很多,所以判别新生态污泥菌胶团是否为动胶杆菌必须采用法定方法。

7. 滴虫属(*Monas*)

滴虫呈球形,虫体前端有两根鞭毛,但大多情况下观察不到短鞭毛,体长为 10 ~ 15 μm,如图 9.9 所示,偶尔从与鞭毛相反一侧的虫体后部伸出附着器附着在其他物体上。

在有机物浓度较低,污泥发生解体时通常能观察到滴虫。由于活性污泥一部分常常会发生自氧化,因此,即使在处理水质良好的情况下,有时也有滴虫出现。

8. 侧滴虫属(*Pleuromonas*)

侧滴虫的虫体呈蚕豆形,体长为 6 ~ 10 μm,从凹陷处长出两根鞭毛,鞭毛长度是虫体的 2 ~ 3 倍,其中一根向前伸,另一根向后伸,如图 9.10 所示。其特征是后端的一根鞭毛固着在絮体上作为支点,用虫体和另一根鞭毛做跳动。在污泥解体、溶解氧不足等原因引起絮体周围自氧化分解产生的游离细菌增多的状态下经常出现侧滴虫。通常一部分活性污泥会发生自氧化,因此与滴虫相似,即使在处理水水质良好的状态下,有时也能观察到侧滴虫。

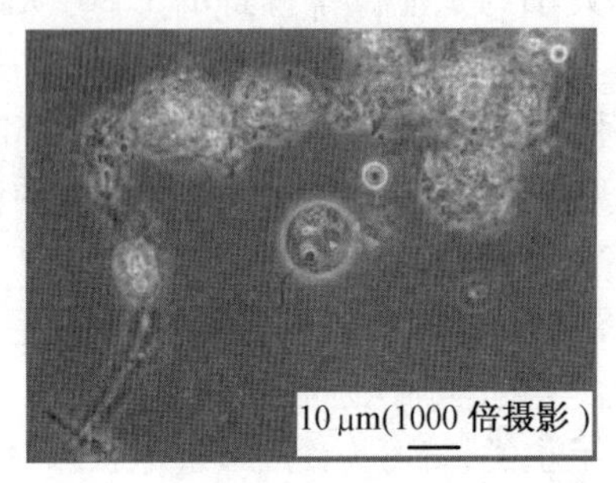

图 9.9　滴虫

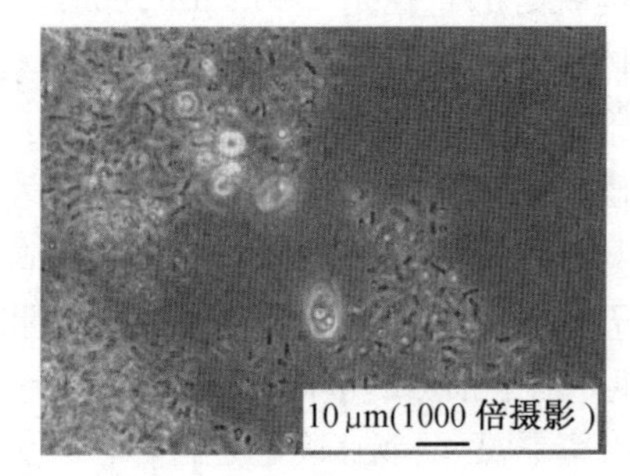

图 9.10　侧滴虫

9.3.2　曝气池低负荷状态下的指示生物

当污水浓度或有机负荷较低时,活性污泥中占优势的生物主要有游仆虫属、旋口虫属、轮虫属、表壳虫属、鳞壳虫属等,这种生物量多时,标志着硝化正在进行,出现这种生物相时应及时提高曝气池的有机负荷。

1. 分散絮体或糊状絮体

图 9.11 所示为解体后压密性恶化的絮体,图 9.12 所示为茶褐色糊状成团块絮体以及在其周围能看到的解体后压密性恶化的絮体。用相位差显微镜观察解体后压密性恶化的絮体与新生态污泥菌胶团,都呈暗绿色。如果用 400 ~ 1 000 倍(物镜 40 ~ 100 倍)的显微镜观察,新生态污泥菌胶团各类细菌的形状都很清晰,然而解体后压密性恶化的絮体,细菌类的形状发生破裂。

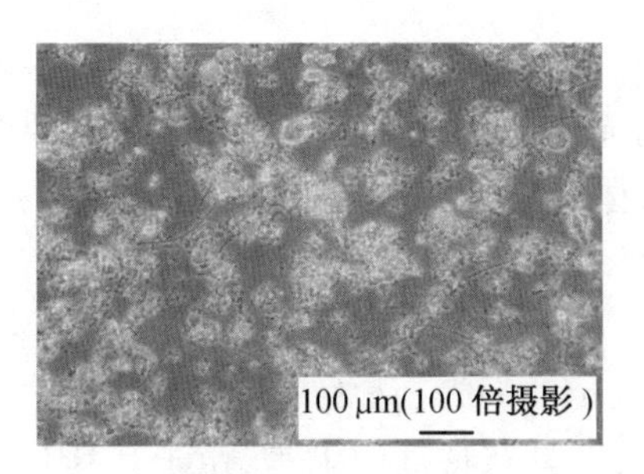

图9.11 分散絮体

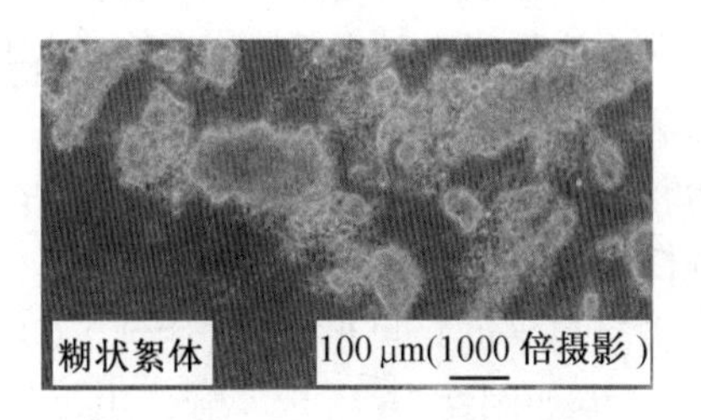

图9.12 糊状絮体

在有机负荷低、污泥停留时间长的状态下,絮体具有各种各样的形态,既存在糊状的絮体,也存在压密性恶化的絮体。

2. 表壳虫属(*Arcella*)

表壳虫是有壳变形虫,虫体周围有坚硬的外壳。从上方观察,虫体呈圆形,体长为30~250 μm,而横向观察其呈略显扁平的半圆形,如图9.13所示。表壳虫的口孔在中央,运动、摄食时伸出棒状的足。表壳虫分裂后新生期的虫体透明,老化后虫体变为深褐色。如果有污泥堆积和死水区存在时,外壳容易着色变为深褐色,可作为有无污泥堆积区的指标。

在处理水良好的情况下,很容易观察到表壳虫。在污泥停留时间长、pH降低或发生硝化时也能够观察到此类虫属。如果溶解氧浓度突然下降,有机负荷升高,环境条件发生变化,壳上将产生龟裂而改变原来的形状。

3. 鳞壳虫属

磷壳虫呈卵圆形,体长为30~200 μm,如图9.14所示。具有透明有规则的硅酸质鳞片或小板块构成的壳,有的壳上有尖突。鳞壳虫运动、捕食时伸出丝状的伪足。在工业废水中含量高,污泥解体时可大量繁殖,甚至成为优势种群。

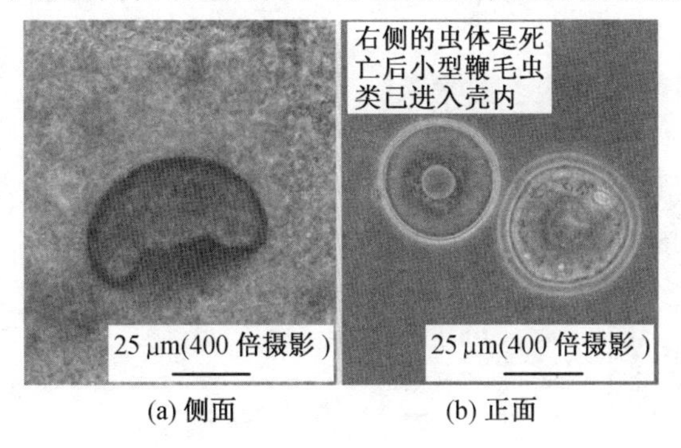

图9.13 表壳虫

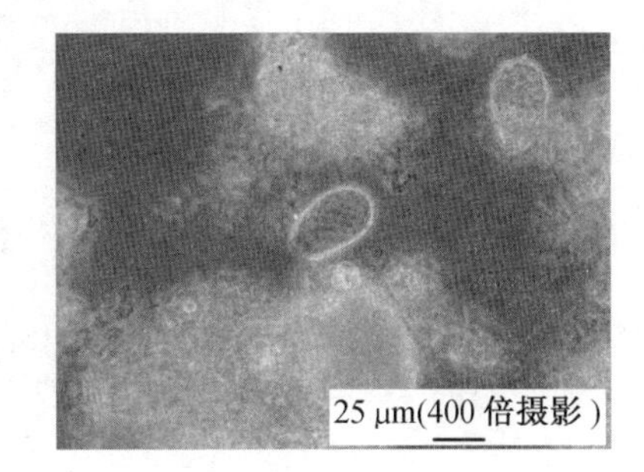

图9.14 鳞壳虫

4. 游仆虫属

游仆虫呈扁平的长椭圆形或卵圆形,腹面平坦而背面隆起,体长为80~155 μm,如图9.15所示。游仆虫生长从前端开始达到体长1/3宽的口围部。虫体的前面和后面纵生刚毛。游仆虫捕食楯梢纤虫时,用后部的刚毛摁住絮体,用前部的刚毛掐碎絮体捕食。有的游仆虫也以纤毛虫类和小型鞭毛虫类为食。在水中游泳速度较快，但捕食时一般停留在絮体表面或水中。游仆虫停留时，会在虫体周围泛起大的水流，可根据此现象来判断游仆虫的存在。此外，在污泥停留时间长或发生解体现象时，很容易观察到游仆虫。游仆虫抗缺氧能力较强。

5. 旋口虫属

旋口虫呈扁平的短尺形，有时达到 1 000 μm(1 mm)，认为其是污水处理中出现的最大的原生动物，如图 9.16 所示。旋口虫虫体后部具有特征收缩泡，由于其具有透明的特征而容易进行识别。在有机负荷降低、溶解氧浓度升高、污泥开始出现解体的过程中都能观察到旋口虫。在处理水透明度良好的状态下也可出现大量旋口虫。

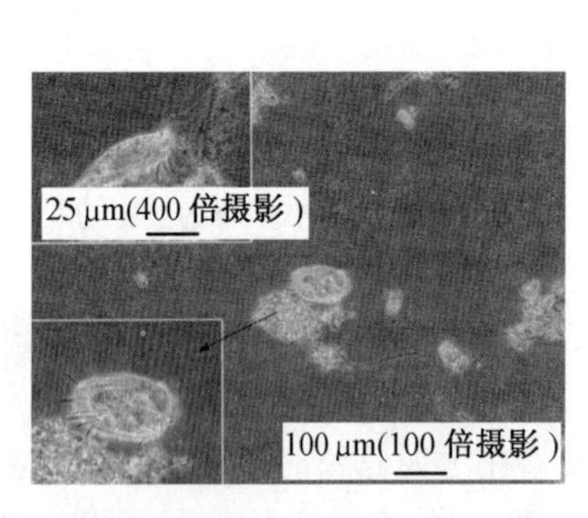

图 9.15　游仆虫

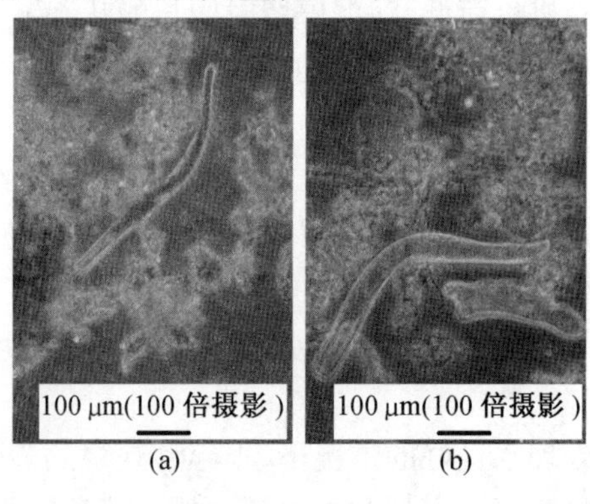

图 9.16　旋口虫

6. 轮虫属

与单细胞原生动物不同，轮虫属于多细胞的小昆虫类，体长为 300 ~ 800 μm，可根据趾的数量(3 根)和吻状凸起上的眼点来识别轮虫，如图 9.17 所示。轮虫将趾部的吸附器附着在絮体上，用头部的纤毛环搅动水流，把游动着的细菌类和微小原生动物吸引过来运送到咽头进行捕食。

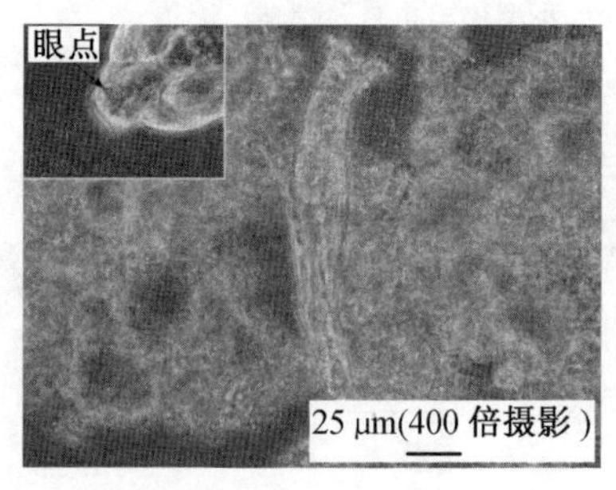

图 9.17　轮虫属

从有机负荷低，污泥解体开始之后到还残留大的絮体为止都可观察到轮虫。与原生动物不同，小昆虫类以卵繁殖。因此，当环境状态发生变化后，小昆虫类有时会从卵中孵化出虫体，判断时需加以注意。

9.4 厌氧池

厌氧池的深度为2.5~9 m,停留时间相对较长,为20~50 d。厌氧池用作高BOD有机污水的预处理步骤,这些污水具有高蛋白质和脂肪含量(如肉类废弃物)和高浓度悬浮固体。有机物在厌氧条件下被生物降解为CH_4、CO_2和其他气体(如H_2S)。厌氧池不需要昂贵的机械曝气设备,会产生少量污泥,还会产生有气味的化合物(如H_2S)。毒物的敏感性以及相对高温导致污水的厌氧处理在低于10 ℃时停止,厌氧池不适合处理BOD很低的生活污水。

9.4.1 厌氧消化过程的酸碱平衡及pH控制

pH是厌氧生物处理过程中的一个重要控制参数,一般认为,厌氧反应器的pH应控制在6.5~7.5。为了维持这样的pH,在处理某些工业废水时,需要投加pH调节剂,因而增加了运行费用。但是,厌氧消化体系中的pH是体系中CO_2、H_2S等在气液两相间的溶解平衡、液相内的酸碱平衡,以及固液相间离子溶解平衡等综合作用的结果,而这些又与反应器内所发生的生化反应直接相关。因此,有必要对厌氧消化过程中生化反应与酸碱平衡之间的相互关系进行分析研究。

1. pH对厌氧消化过程的重要意义

在厌氧消化反应过程中,酸碱度影响消化系统的pH和消化液的缓冲能力,因此对消化系统有一定的碱度要求。改变pH首先会抑制产氢产乙酸作用和产甲烷作用,使产酸过程形成的有机酸不能正常降解,从而使整过消化过程的平衡受到影响。使pH降到5以下,则对产甲烷菌不利,同时产酸作用受到抑制,整个厌氧消化过程停滞;若pH较高,只要恢复中性,产甲烷菌便能较快恢复活性。所以厌氧装置适宜在中性或略碱性的状态下运行。

除受外界因素影响之外,pH的升降变化还取决于有机物代谢过程中某些产物的增减情况。产酸作用产物有机酸的增加,会使pH下降,而含氮有机物分解产物氨的增加,会引起pH升高。具体的影响因素还包括进水pH、代谢过程中自然建立的缓冲平衡(在pH为6~8范围内,控制消化液pH的主要化学系统是二氧化碳-重碳酸盐缓冲系统),以及挥发酸、碱度、CO_2、氨氮、氢之间的平衡。

由于消化液中存在氢氧化铵、碳酸氢盐等缓冲物质。仅靠pH难以判断消化液中的挥发酸积累程度,一旦挥发酸的积累量足以引起消化液pH下降,系统中碱度的缓冲力丧失,系统工作紊乱。所以在生产运转中常把挥发酸浓度及碱度作为管理指标。

2. 厌氧微生物的适宜pH

厌氧处理要求的最佳pH指的是反应器内混合液的pH,而不是进水的pH,因为生物化学过程和稀释作用可迅速改变进水的pH。反应器出水的pH一般等于或接近反应器内部的pH。含有大量溶解性碳水化合物的废水进入厌氧反应器后,会因产生乙酸而引起pH迅速降低,而经过酸化的废水进入反应器后,pH将会上升。含有大量蛋白质或氨基酸的废水,由于氨的形成,pH可能会略有上升。因此,对不同特性的废水,可控制不同的进水 pH,可能低于或高于反应器所要求的 pH。

进水 pH 条件失常首先表现在产甲烷作用受到抑制,即使在产酸过程中形成的有机酸不能被正常代谢降解,从而使整个消化过程各个阶段的协调平衡丧失。如果 pH 持续下降到 5 以下不仅对产甲烷菌形成毒害,对产酸菌的活动也产生抑制,进而可以使整个厌氧消化过程停滞。这样一来,即使调整恢复 pH 到 7 左右,厌氧处理系统的处理能力也很难在短时间内恢复。但如果因为进水水质变化或加碱量过大等原因,pH 在短时间内升高超过 8,一般只要恢复中性,产甲烷菌就能很快恢复活性,整个厌氧处理系统也能恢复正常。所以厌氧处理装置适宜在中性或弱碱性的条件下运行。

每种微生物可在一定的 pH 范围内活动,产酸细菌对酸碱度的敏感性不及甲烷细菌,其适宜的 pH 范围较广,在 4.5 ~ 8.0。产甲烷菌要求环境介质 pH 在中性附近,最适 pH 为 7.0 ~ 7.2,6.6 ~ 7.4 较为适宜。在厌氧法处理废水应用中,由于产酸和产甲烷大多在同一构筑物内进行,因此为了维持平衡,避免过多的酸积累,常保持反应器内 pH 在 6.5 ~ 7.5,最佳范围为 6.8 ~ 7.2。

在厌氧处理过程中,pH 的升降除了受进水 pH 的影响外,还取决于有机物代谢过程中某些产物的增减。比如厌氧处理中间产物有机酸的增加会使 pH 下降,而含氮有机物的分解产物氨含量的增加会使 pH 升高。因此,厌氧反应器内的 pH 除了与进水 pH 有关外,还受到其中挥发酸浓度、碱度、氨氮含量等因素的影响。

3. 碳酸氢盐缓冲系统

在水和纯 CO_2 的密闭系统中,非离解的溶解碳酸的浓度值取决于分压,而非 pH,因此反应器中 CO_2 浓度也受分压的影响,由于有机物组成和系统中强碱的量不同,CO_2 分压占到了气相总压力的 0 ~ 50%,特定废水的产气组成在稳定操作下相对固定,因此,厌氧系统中的 pH 是碳酸氢盐浓度的函数。

pH 的控制对于厌氧处理系统来说很重要,原因在于酸化阶段 VFA(弱酸)形成于积累。当充足的碳酸氢盐碱度存在时,会有以下反应发生:

$$CH_3COOH+Na^++HCO_3^- \longrightarrow CH_3COO^-+Na^++CO_2+H_2O$$

当所有碳酸氢盐碱度被形成的 VFA 中和后,pH 急剧下降。pH 在中性范围内,其他的缓冲溶液会不同程度存在于溶液中,比如:H_2PO_4/HPO_4^{2-},$pK_1=7.2$; H_2S/HS^-,$pK_1=6.5$,这些缓冲物浓度不高,所以在保持 pH 上没有起到关键性的作用。

有机物形成的挥发性脂肪酸对 pH 的影响作用很大,比如与产甲烷菌相比,酸外菌更耐受低 pH 的影响,甚至在 pH 小于 5 时仍然相当活跃,也就是说产甲烷菌过程被抑制时,产酸过程没有停止,这一点在缓冲能力小的厌氧处理系统中很重要。在此系统中,pH 的下降导致甲烷菌的活力降低和 pH 进一步下降,从而导致反应器操作失败,因此对于含碳水化合物的废水而言,需多注意酸化对 pH 的影响。

4. 厌氧体系中的碱度

在调节厌氧反应体统缓冲能力时,可以通过添加增大缓冲能力的化学品来提高缓冲能力,人们通常认为首先想到的碱性添加剂比如苛性钠、纯碱以及石灰等可能会对试验有所帮助,事实上并非如此,这些添加剂在未同 CO_2 反应前不能增加溶液的碳酸氢盐碱度:

$$NaOH+CO_2 \longrightarrow NaHCO_3$$

$$Na_2CO_3+H_2O+CO_2 \longrightarrow 2NaHCO_3$$

$$Ca(OH)_2+2CO_2 \longrightarrow Ca(HCO_3)_2$$

由此可见,加入这些化学药品会使产气中 CO_2 的浓度降低,并不能起到作用。可以起到一定作用的化学药品有 $NaHCO_3$,它可以在不干扰微生物敏感的理化平衡的情况下平稳调节 pH 至理想状态,因此是理想的化学药品,不过它也有一定的缺点,比如价格昂贵等。

5. 厌氧体系中的生化反应及其对酸碱平衡的影响

在厌氧消化体系中,发生着许多不同类型的生化反应,这些反应对反应系统内的酸碱平衡具有一定的影响。根据各种生化反应的性质可将其划分为四类:氨的产生与消耗、硫酸盐或亚硫酸盐的还原、脂肪酸的产生与消耗以及中性含碳有机物的转化。

(1)氨的产生与消耗。

厌氧消化过程中氨产生的途径有很多种,如氨基酸、蛋白质的发酵;含氨有机物的降解等,但其最终产物只有一种——NH_3,这种游离的 NH_3 是厌氧系统中的致碱物质,因此通常可以看到含氮有机物的降解导致厌氧反应系统中碱度升高的现象,这种碱度的变化决定于所释放的氨量,即

$$\Delta A_N = E_N \cdot [N]i$$

式中,ΔA_N 为由含氮有机物的降解而引起的碱性变化,mol/L;E_N 为有机氮的去除率,%;$[N]i$ 为进水中的总有机氮浓度,mol/L。

(2)硫酸盐或亚硫酸盐的还原。

在厌氧反应器中硫酸盐或亚硫酸盐能被硫酸盐还原菌还原成硫化物,其主要的反应方程式为

$$CH_3COO^- + SO_4^{2-} \longrightarrow 2HCO_3^- + HS^-$$

$$4CH_3CH_2COO^- + 3SO_4^{2-} \longrightarrow 4CH_3COO^- + 4HCO_3^- + 3HS^- + H^+$$

$$4H_2 + SO_4^{2-} + CO_2 \longrightarrow HS^- + HCO_3^- + 3H_2O$$

$$3CH_3COO^- + 4HSO_3^- \longrightarrow 3HCO_3^- + 4HS^- + 3H_2O + 3CO_2$$

由此通过计算分析可知,每 0.5 mol SO_4^{2-} 被还原,就会产生 1 mol HCO_3^- 碱度。

根据以上分析可得

$$\Delta A_{SO_4^{2-}} = 2E_{SO_4^{2-}} \cdot [SO_4^{2-}]i$$

式中,$\Delta A_{SO_4^{2-}}$ 为硫酸盐还原引起的碱性变化,mol/L;$E_{SO_4^{2-}}$ 为硫酸盐的还原率,%;$[SO_4^{2-}]i$ 为进水中硫酸盐浓度,mol/L。

(3)脂肪酸的产生与消耗。

当厌氧反应器超负荷运行或承受不良条件冲击时,产酸菌的生长快且对环境条件不太敏感的特点会导致脂肪酸的积累,积累的同时,厌氧缓冲体系中的 HCO_3^-、HS^- 碱度会与脂肪酸发生反应从而转化为 Ac^- 碱度,这时反应体系的 pH 会下降,但当另一种情况(如累积的脂肪酸被产甲烷菌转化为 CH_4 和 CO_2)发生时,这一变化会向反向进行。由此可知,脂肪酸的产生和消耗对厌氧体系的总碱度没有较大的影响,但当其累积时,会消耗较多的 HCO_3^- 而使体系 pH 下降。

(4)中性含碳有机物的转化。

当中性含碳有机物完全被转化为 CH_4 和 CO_2 时,不会产生、消耗碱度,但是 CO_2 的溶解会较大地影响缓冲体系的 pH,CO_2 的溶解度取决于温度和气相中 CO_2 的分压。

9.4.2 温度对厌氧生物处理的影响

温度是影响微生物生存及生物化学反应的最主要因素之一。各类微生物适应的温度范围不同,根据微生物生长的温度范围,习惯上将微生物分为三类:嗜冷微生物(5 ~ 20 ℃);嗜温微生物(20 ~ 42 ℃);嗜热微生物(42 ~ 75 ℃)。相应地,废水的厌氧处理工艺也分为低温、中温、高温三类。

1. 温度对厌氧消化过程的影响

在厌氧生物处理工艺中,温度是影响工艺的重要因素,其主要影响有几个方面:温度可影响厌氧微生物细胞内的某些酶活性、微生物的生长速率和微生物对基质的代谢速率,进而影响废水厌氧生物处理工艺中的污泥的产量、反应器的处理负荷和有机物的去除速率;某些中间产物的形成、有机物在生化反应中的流向、各种物质在水中的溶解度都会受到温度的影响,并由此影响到沼气的产量和成分;剩余污泥成分,及其性状都可能受温度影响;在厌氧生物处理设备运行时,装置需要维持在一定的温度范围当中,这又与运行成本和能耗等有关。

各种微生物生存都有一定的温度范围,在厌氧消化系统中的微生物也是一样,分为嗜冷微生物、嗜温微生物、嗜热微生物三类。在不同的温度区间内运行的厌氧消化反应器内生长着不同类型的微生物,具有一定的专一性。

每一个温度区间内,随着温度的上升,细菌的生长速率也上升并在某个点上达到最大值,此时的温度称为最适生长温度,过此温度后细菌生长速率迅速下降。在每个区间的上限,细菌的死亡速率已经开始超过细菌的增值速率。

当温度高出细菌生长温度的上限时,细菌致死,如果这种情况持续的时间较长或温度过高,会导致细菌的活性无法恢复。

当温度低于细菌生长温度下限时,细菌不会死亡,会使细菌代谢活性减弱,呈休眠状态,这种情况在一定时间范围内可以恢复,只需将反应温度上升至原温度就可恢复污泥活性。

所以,温度过高相较于温度过低会带来更严重的影响。不过,在温度上限内,较高温度下的厌氧菌代谢活性较高,所以高温厌氧工艺较中温厌氧工艺、中温厌氧工艺较低温厌氧工艺反应速率要快很多,相应的反应器负荷和污泥活力也要高得多。

2. 温度对厌氧微生物的影响

在厌氧生物反应中,需要一定的反应温度范围,即最适温度。最适温度是指在此温度附近参与消化的微生物所能达到其最大的生物活性,具体的衡量指标可以是产气速率,又或者是有机物的消耗速率。这是因为,一般认为厌氧微生物的产气速率与其生化反应速率大致呈正相关,所以最适温度就是厌氧微生物,或厌氧污泥具有最大产气速率时的反应温度。

一般来讲,厌氧生物反应可以在很宽的温度范围内运行,即 5 ~ 83 ℃,而产甲烷作用则可以在4～100 ℃的温度范围内进行。由此,厌氧消化过程的最适温度范围是有一定研究价值的问题。

许多的研究表明,好氧生化过程仅有一个最适温度范围,而厌氧消化过程却存在两个最适温度范围,主要表现在5～35 ℃的温度范围内,好氧生化过程的产气量随温度的上升而直线上升。有相关研究者对试验资料得出结论,在上述温度范围内,温度每上升10～15 ℃,生化速率增快1～2倍。在此温度范围内,厌氧生化反应也具有类似的规律。之所以会出现两个最适温度范围,是因为在甲烷发酵阶段,其参与者具有不同的最适温度。如布氏甲烷杆菌的最适温度为37～39 ℃,而嗜热自养甲烷杆菌为65～70 ℃,如果发酵温度控制在32～40 ℃,上述中温菌的大量存在会导致反应出现一个产气高峰区。但在实际厌氧污泥试验中,利用混合细菌时所表现出来的最适温度范围与产甲烷菌所要求的温度范围不同,一般认为最适中温范围为30～40 ℃,而最适高温范围为50～55 ℃。这是因为厌氧消化过程是一个混合发酵过程,其总的生化速率取决于多种厌氧细菌(包括产甲烷菌、产酸菌等),只有当这些厌氧菌都能处在良好的环境条件下时,才能创造出最佳条件。

对于连续运行的厌氧生物处理有机物时有机负荷和产气量与温度的关系的研究中,发现对于中温条件下培育的厌氧污泥,在38～40 ℃时有机物去除有机负荷最高,其产气量与温度之间的关系与去除有机负荷的情况相似;而对于高温条件下培育的厌氧污泥,在50 ℃左右可达到有机物去除负荷的高峰。

在厌氧生物工艺中,45 ℃左右的温度很不利于反应进行,因为它处于中温和高温范围之内,厌氧微生物如果处于这种温度范围下,其活性往往会很低,因此如果实际生产废水的温度在45 ℃左右,就应将反应温度升高到55 ℃的高温范围内,或者降低到35 ℃的中温范围内,之后再对其进行厌氧处理。

3.温度对动力学参数的影响

以上是从宏观的角度来分析温度对厌氧微生物的影响,如果换个角度来看,比如从反应动力学的角度来看,在众多的反应参数当中,温度主要影响其中的两个参数,即最大比基质去除速率k和半饱和常数K_s。温度的变化会通过影响最大比基质去除速率k,而影响整个系统对进水中有机物的去除速率,半饱和常数K_s也同样如此,温度的变化会影响厌氧微生物对相应基质的降解,因为半饱和常数K_s越高,表示基质对微生物来说越难降解,反之,就越易于降解。

研究表明,在厌氧过程中起着控制作用的动力学参数(如产甲烷过程的半速常数K_b)对温度的变化很敏感。1969年,Lawerence等曾经研究过几种不同温度下利用厌氧生物工艺处理复杂有机废弃物时反应动力学参数的变化(表9.1)。从表9.1中可以看出,当温度从35 ℃降至25 ℃时,反应的K_s值会升高,即从164 mg/L升高至930 mg/L,当温度进一步下降时,反应的K_s值还会进一步升高,而且上升速率较快,如此大的变化肯定会对出水水质和生物活性产生很大的影响。

表 9.1　不同温度下厌氧生物处理复杂有机物时的动力学参数

温度/℃	k/d^{-1}	$K_s/(mg\cdot L^{-1})$
35	6.67	164
25	4.65	930
20	3.85	2 130

4. 温度突变对厌氧消化过程的影响

大多数厌氧废水处理系统是在中温范围内运行的，且每升高 10 ℃，厌氧反应速率可增加一倍。温度的微小波动对于厌氧工艺来说，不会有太大的影响，但当温度下降的幅度过大时，污泥活力降低、过负荷等会导致产生反应器酸积累现象。下面给出某试验中测得的温度突变与相对产气量的关系（图 9.18）。

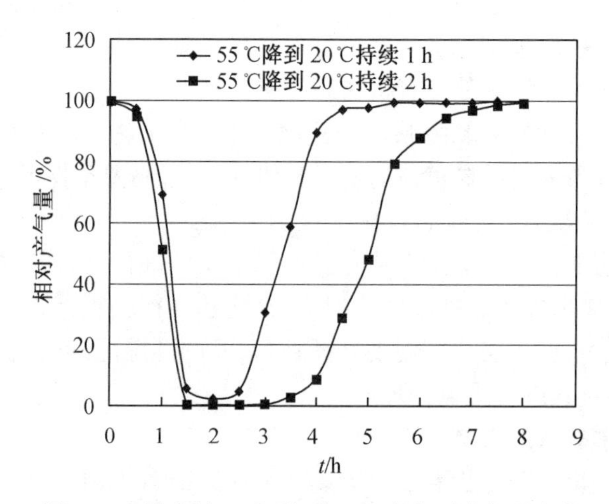

图 9.18　温度从 55 ℃降到 20 ℃的相对产气量变化

从图 9.18 中可看出，当温度从 55 ℃降到 20 ℃时，持续时间不同，导致产气量变化也不同。

从试验结果可以看出，温度突变会使得产气量下降甚至停止产气，但温度波动不会使得厌氧消化系统受到不可逆转的破坏，即温度瞬时波动对发酵的不利影响只是暂时的，温度一经恢复正常，发酵效率也随之恢复。如温度波动时间较长时，恢复效率所需时间也相应延长。

厌氧微生物对反应温度的突变十分敏感，温度的突降会对其生物活性产生显著的影响，降温幅度越大，低温持续的时间就越长，产气量的下降就更严重，升温后产气量的恢复更困难。一般认为，厌氧生物处理系统的每日温度波动以不大于 3 ℃为佳。有相关研究表明，厌氧生物处理对温度的敏感程度随有机负荷的增加而增加，因此当反应器在较高的负荷下运行时，应该注意温度的控制；当在低负荷下运行时，温度的影响不大。

5. 厌氧消化过程温度的选择与控制

厌氧消化过程分为低温、中温和高温三类，分别适于不同种群微生物生长，其相应生长温度范围在前文中已经做了相应的介绍。

当温度过高时,会造成细菌代谢活力下降甚至死亡,所以应控制好最适温度,不要超过温度上限;当温度过低时,同样会降低细胞活力,不过如果做到降低反应器负荷或停止进液,就不会产生较严重的问题,当温度恢复正常以后,反应器运行即可恢复正常。

目前,厌氧处理系统多为中温反应系统,反应温度为 30 ~ 40 ℃,最佳处理温度为 35 ~ 40 ℃;高温处理工艺在 50 ~ 60 ℃范围内运行。对于低温厌氧处理工艺,由于污泥活力低,其反应器负荷也相应较低,但某些情况下低温工艺也具有一定的优势,比如:对于某些温度较低的废水,低温处理工艺相对于其他处理工艺消耗的能要小得多。

厌氧反应器的温度控制主要有三种方式:

(1)采用热交换器对进水进行间接加热。

(2)将蒸气管直接安装到厌氧反应器内部,再通过温度传感器保证反应器内部温度处于合适的温度范围内,也就是直接在厌氧反应器内进行温度控制。

(3)对厌氧反应器本身进行保温处理,将加热装置放在进入厌氧反应器之前的调节池中,对废水加热至略高于所需要的温度,最后将进水泵加热后的废水泵入厌氧反应器。

处理高浓度废水,不论温度高低都可以采用厌氧工艺进行处理,这是因为厌氧工艺在处理废水中的有机物时会产生甲烷,燃烧甲烷产生的热量可以用来加热废水,有研究表明,1 000 mgCOD/L 甲烷燃烧后产生的热量大约可使进水温度升高 3 ℃。由此可以看出,在处理高浓度有机废水的同时,对进水加热的经济可行性很明显,但这种情况适于高浓度的废水,当废水浓度较低时,则不会达到这样的效果。甲烷的回收利用需要另外的投资,因此,对于小规模的厌氧处理设施来讲,回收利用甲烷未必会提高经济效益,一般多直接在废弃燃烧器中处理掉。

9.5 熟化池或三级池

熟化池或三级池深度为 1 ~ 2 m,用作活性污泥或滴滤塔污水的三级处理。停留时间大约为 20 d。表面复氧和藻类光合作用提供的 O_2 用于硝化作用。它们的作用是进一步降低 BOD、悬浮固体和营养物(氮和磷),并进一步灭活病原体。

两个池的总停留时间为 16 d。在为期 18 个月的研究中,温度变化范围为 11 ~ 32 ℃。

9.6 稳定塘运行原理

稳定塘是以太阳能为初始能量,通过在塘中种植水生植物,进行水产和水禽养殖,形成人工生态系统,在太阳能(日光辐射提供能量)作为初始能量的推动下,通过稳定塘中多条食物链的物质迁移、转化和能量的逐级传递、转化,将进入塘中污水的有机污染物进行降解和转化,最后不仅去除了污染物,而且以水生植物和水产、水禽的形式作为资源回收,净化的污水也可作为再生资源予以回收再利用,使污水处理与利用结合起来,实现污水处理资源化。

人工生态系统利用种植水生植物、养鱼、鸭、鹅等形成多条食物链。其中,不仅有分解者生物(即细菌和真菌)、生产者生物(即藻类和其他水生植物),还有消费者生物(如鱼、虾、贝、螺、鸭、鹅、野生水禽等），三者分工协作，对污水中的污染物进行更有效的处理与利用。如果在各营养级之间保持适宜的数量比和能量比，就可建立良好多生态平衡系统。污水进入这种稳定塘，其中的有机污染物不仅被细菌和真菌降解净化，而其降解的最终产物——一些无机化合物作为碳源、氮源和磷源，以太阳能为初始能量，参与到食物网中的新陈代谢过程，并从低营养级到高营养级逐级迁移转化，最后转变成水生作物、鱼、虾、蚌、鹅、鸭等产物，从而获得可观的经济效益。

9.7 稳定塘用于后处理

稳定塘是大而浅的池塘，废水在稳定塘内因自发产生的生物作用而得到处理。主要用于气候比较温和、土地费用低、污染物负荷波动大而又缺乏熟练操作人员的地区。稳定塘处理废水的主要缺点是水力停留时间过长，而且需要相当大的占地面积。所以在人口密集的地区，稳定塘仅可能作为一种后处理的手段。

稳定塘的设计在传统上是以去除有机物为标准。有机物在稳定塘中被去除的机理很复杂，既有好氧过程，又有厌氧过程。一般情况下，空气中的氧从液面溶入水中，但在藻类存在时，主要的溶解氧来源是光合作用。很多情况下，光合作用产生的溶解氧远远大于从空气中溶解的氧。稳定塘的特征主要是由水中溶解氧产生速率与细菌氧化作用消耗速率的比值决定的。稳定塘的主要类型有厌氧塘、兼性塘和好氧塘三类。

1. 厌氧塘

如果有机物浓度非常高，那么溶解氧的消耗就相当快，此时仅在液面很薄的表面能检测到溶解氧的存在，这样的稳定塘称为厌氧塘。有机物的去除几乎全部是厌氧菌消耗的。

2. 兼性塘

兼性塘的表面是一个明显的好氧层，或者说在白天由于藻类的光合作用形成显著的好氧层，而其余部分仍是厌氧条件。在兼性塘中，藻类和细菌营共生生活。细菌利用藻类光合作用产生的 O_2 来生长繁殖并降解废水中的有机物，而藻类利用细菌形成的 CO_2进行光合作用。在兼性塘的上层好氧区，细菌与藻类的协同作用并不是直接去除有机物，而是将有机物转化为藻类物质，这种转化最终还是提高了有机物的去除率；藻类物质沉降于兼性塘的下部，被下部的厌氧菌降解或转化为惰性污泥。

3. 好氧塘

好氧塘中 O_2 的产生量大于 O_2 的消耗量，只能容纳低浓度的废水。在好氧塘中，水层的绝大部分处于好氧区。白天在日光照射下，好氧塘的上层甚至是氧过饱和状态，因而会自发地向空气中释放溶解 O_2。

通常，一个稳定塘的性质与其负荷有关，因此稳定塘的有机负荷[以 1 m^2塘面 1 d 接受的 BOD 或 COD 计，记作 gBOD/(m^2 · d)或 gCOD/(m^2 · d)]是设计的主要参数。表9.2列出了不同类型稳定塘的有机负荷。在实践中，为了更好地去除有机物，经常将几种稳定塘同时应用于同一个系统。例如，使用一个厌氧塘、一个兼性塘再接一个或多个好氧塘。

表9.2　不同类型稳定塘的有机负荷

稳定塘的类型	有机负荷/[$gBOD \cdot (m^2 \cdot d)^{-1}$]
厌氧塘	100～1 000
兼性塘	15～50
好氧塘	5～15

注：鱼塘的有机负荷为1～10 $gBOD/(m^2 \cdot d)$。

9.8　稳定塘优缺点

9.8.1　优点

在我国，特别是在缺水干旱的地区，生物氧化塘是实施污水资源化利用的有效方法，所以稳定塘处理污水成为我国着力推广的一项新技术。优点如下：

（1）能充分利用地形，结构简单，建设费用低。

采用污水处理稳定塘系统，可以利用荒废的河道、沼泽地、峡谷、废弃的水库等地段建设，结构简单，大都以土石结构为主，具有施工周期短、易于施工、基建费低等优点。污水处理与利用生态工程的基建投资为相同规模常规污水处理厂的1/3～1/2。

（2）可实现污水资源化和污水回收及再用，实现水循环，既节省了水资源，又获得了经济收益。

稳定塘处理后的污水可用于农业灌溉，也可在处理后的污水中进行水生植物和水产的养殖。将污水中的有机物转化为水生作物、鱼、水禽等物质，提供给人们使用或其他用途。如果考虑综合利用的收入，可能到达收支平衡，甚至有所盈余。

（3）处理能耗低，运行维护方便，成本低。

风能是稳定塘的重要辅助能源之一，经过适当的设计，可在稳定塘中实现风能的自然曝气充氧，从而达到节省电能降低处理能耗的目的。此外，在稳定塘中无须复杂的机械设备和装置，这使稳定塘的运行更能稳定并保持良好的处理效果，而且其运行费用仅为常规污水处理厂的1/5～1/3。

（4）美化环境，形成生态景观。

将净化后的污水引入人工湖中，用作景观和游览的水源。由此形成的处理与利用生态系统不仅将成为有效的污水处理设施，而且将成为现代化生态农业基地和旅游胜地。

（5）污泥产量少。

稳定塘污水处理技术的另一个优点是产生污泥量小，仅为活性污泥法所产生污泥量的1/10，前端处理系统中产生的污泥可以送至该生态系统中的藕塘或芦苇塘或附近的农田，作为有机肥加以使用和消耗。前端带有厌氧塘或碱性塘的塘系统，通过厌氧塘或碱性塘底部的污泥发酵坑使污泥发生酸化、水解和甲烷发酵，从而使有机固体颗粒转化为液体或气体，可以实现污泥等零排放。

(6)能承受污水量大范围波动,其适应能力和抗冲击能力强。

我国许多城市其污水 BOD 质量浓度很小,低于 100 mg/L,使活性污泥法尤其是生物氧化法无法正常运行,而稳定塘不仅能够有效地处理高浓度有机物水,也可以处理低浓度污水。

9.8.2 缺点

生物氧化塘的缺点如下:①占地面积过多;②气候对稳定塘的处理效果影响较大;③若设计或运行管理不当,则会造成二次污染;④易产生臭味和滋生蚊蝇;⑤污泥不易排出和处理利用。

9.9 思考题

1. 厌氧池的主要用途是什么?
2. 如何计算 31 ℃时氧化池中大肠菌群的衰减常数?
3. 解释氧化池中的分层。
4. Dynasand 过滤器如何工作?给出此过滤器的图表和应用程序。
5. 在氧化池中去除寄生虫卵的主要因素是什么?
6. 控制氧化池中微生物病原体灭活的主要因素是什么?
7. 解释氧化池中细菌和藻类之间的有益关系。
8. 为什么氧化池中的 pH 有时会很高?在晴朗的天气下,pH 何时达到峰值?
9. 为什么要从公共卫生角度来看池塘沉积物?
10. 氧化池中细菌死亡模型通常考虑哪些因素?
11. 讨论氧化池中寄生虫卵的存活情况。

第10章　废水和生物质的厌氧消化

产甲烷(CH_4)是几种不同自然环境中的常见现象,甲烷可来自冰川冰、海洋、淡水沉积物、沼泽、沼泽水稻、白蚁、人类与反刍动物的胃肠道、城市固体废物填埋场、厌氧消化池、油井、热液喷口等。

10.1　厌氧消化的基本原理

有机物厌氧消化产甲烷过程是一种由多种微生物共同作用完成的、极其复杂的消化过程。1914年,Thumm和Reichie通过研究发现,有机物厌氧消化过程分为酸性发酵和碱性发酵两个阶段(图10.1)。1916年,Imhoff也独立发现了这一过程,1930年,Buswell和Neave验证并肯定了前人的看法。

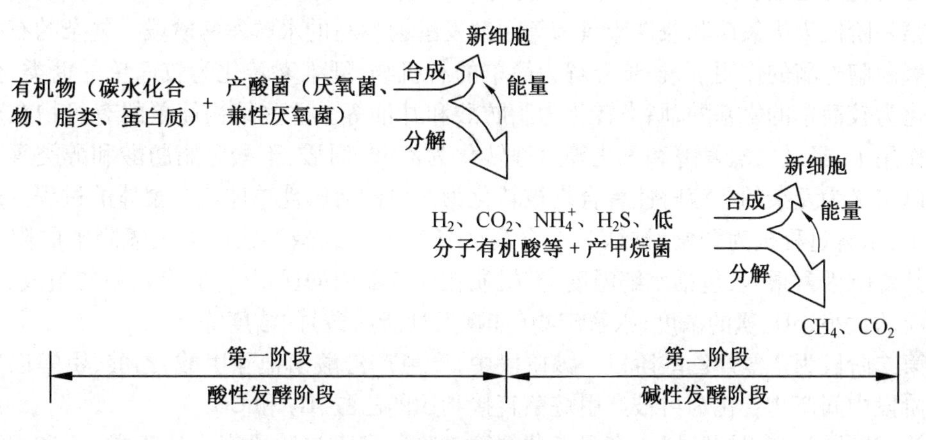

图10.1　两阶段厌氧消化过程

从图10.1中可以看出,在第一阶段里,复杂的有机物(如糖类、脂类和蛋白质等),在产酸菌(厌氧菌和兼性厌氧菌)的作用下,分解为低分子中间产物,包括乙酸、丙酸、丁酸等低分子有机酸和乙醇等醇类,并伴随H_2、CO_2、NH_4^+和H_2S等产生。因为该阶段产生的大量脂肪酸降低了发酵液的pH,发酵液呈酸性,所以此阶段被称为酸性发酵阶段或产酸阶段。

在第二阶段中,第一阶段的中间产物被产甲烷菌继续分解为甲烷和CO_2等。在有机酸不断转化为甲烷和CO_2的同时,系统中的NH_4^+使发酵液的pH不断升高,发酵液呈碱性,所以此阶段被称为碱性发酵阶段或产甲烷阶段。

伴随着有机物降解,细菌利用有机物分解过程中释放的能量合成新细胞,产生新细菌,在厌氧消化的两个阶段都有新细菌的产生。但是,由于有机物厌氧消化的终产物主要

为 CO_2 和能量较高的甲烷,大幅减少了有机物厌氧降解过程释放出来的能量,即可供厌氧细菌用于细胞合成的能量较少,因此厌氧菌尤其是产甲烷菌世代期较长,生长缓慢。

间歇厌氧消化反应器在消化过程中的发酵液 pH 变化如图 10.2 所示。

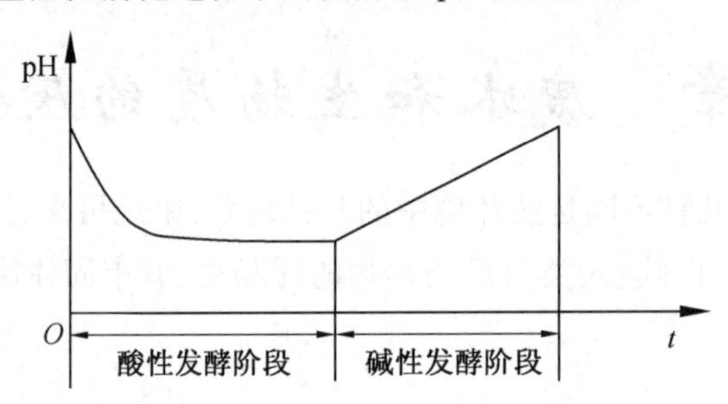

图 10.2　有机物厌氧消化 pH 变化

厌氧消化两阶段论统治学术界长达半个世纪,国内外有关厌氧消化的专著和教科书里大都采用这一理论。直到 1979 年,M. P. Bryant 在人们对厌氧消化生物学过程和生化过程的不断深化研究的基础上,提出了厌氧消化三阶段论。该理论认为,产甲烷菌不能直接利用除乙酸、H_2、CO_2、甲醇等以外的有机酸和醇类,长链脂肪酸和醇类必须经过产氢产乙酸菌转化为乙酸、H_2、CO_2等以后,才能被产甲烷菌利用。

第一阶段为厌氧菌和兼性厌氧菌等水解发酵菌参与的水解发酵阶段。复杂的有机物在厌氧菌胞外酶的作用下,初步分解为简单的有机物,纤维素转化为较简单的糖类,蛋白质转化为较简单的氨基酸,脂类转化为脂肪酸和甘油等。这些结构简单的有机物在产酸菌的作用下,经过厌氧发酵和氧化等过程转化为乙酸、丙酸、丁酸等脂肪酸和醇类等。水解可以定义为复杂的非溶解性聚合物被转化为简单的溶解性单体或二聚体的过程。通常情况下,水解过程极为缓慢,被认为是含高分子有机物或悬浮物废液厌氧降解的限速阶段。其影响因素很多,包括水解温度、有机质在反应器内的保留时间、有机质的组成、有机质颗粒的大小、pH、氨的浓度、水解产物(如挥发性脂肪酸)的浓度等。

第二阶段为产氢产乙酸阶段。该阶段中,产氢产乙酸菌把除甲酸、乙酸、甲醇以外的第一阶段中间产物转化为可被产甲烷菌直接利用的乙酸、H_2 和 CO_2。

第三阶段为产甲烷阶段。产甲烷菌把第一阶段和第二阶段产生的乙酸、H_2和 CO_2等转化为甲烷。在厌氧反应器中,大约 70%(体积分数)的甲烷产量由乙酸歧化菌产生。乙酸的羧基从乙酸分子中分离,甲基最终转化为甲烷,羧基转化为 CO_2,在中性溶液中,CO_2以碳酸盐的形式存在。另一类产甲烷的微生物被称为嗜氢甲烷菌,它们能由 H_2 和 CO_2反应生成甲烷。在反应器条件正常的情况下,嗜氢甲烷菌能产生占甲烷总量 30%(体积分数)的产量。

Zeikus 也于 1979 年在第一届国际厌氧消化会议上提出了四种群说理论。理论认为,复杂的有机物的厌氧消化过程有四种群厌氧微生物参与,分别为水解发酵菌、产氢产乙酸菌、同型产乙酸菌(又称耗氢产乙酸菌)以及产甲烷菌。

复杂有机物在第一类种群水解发酵菌作用下转化为有机酸和醇类。第二类种群产氢产乙酸菌把经第一类种群水解有机物产生的有机酸和醇类转化为乙酸、H_2、CO_2和一碳化合物甲醇、甲酸等。第三类种群同型产乙酸菌能够利用 H_2和 CO_2等转化为乙酸,一般情况下这类转化数量较少。第四类种群产甲烷菌把乙酸、H_2、CO_2和一碳化合物转化为甲烷和CO_2。

通常在有硫酸盐存在的情况下，硫酸盐还原菌也将参与厌氧消化过程。在厌氧条件下，产酸菌将葡萄糖降解为中间产物（如丙酸、乙酸、乙醇等），并有少量乙酸、H_2和CO_2产生。因SO_4^{2-}的存在，部分中间产物被产氢产乙酸菌转化为乙酸、H_2和CO_2，另一部分则在硫酸盐还原菌的作用下转化为乙酸和H_2S。硫酸盐还原菌还能利用乙酸或氢使SO_4^{2-}还原为H_2S。

有机物厌氧消化过程是一个有多种不同微生物菌群协同作用的极为复杂的生物化学过程，从两阶段论发展到三阶段论和四种群学说是人们对这一复杂过程不断深刻认识的结果。

10.2　厌氧消化的优缺点

与好氧过程相比，厌氧消化具有以下几个优点：

（1）厌氧消化利用容易获得的CO_2作为电子受体，不需要供应O_2，可大大降低废水处理的成本。

（2）厌氧消化产生较少的稳定污泥（比好氧过程少3～20倍）。因为厌氧微生物的能量产量相对较低，基质分解产生的大部分能量都来自于甲烷的最终产品。关于细胞产量，有机碳在有氧条件下有50%（体积分数）转化为生物质，而在厌氧条件下仅有5%（体积分数）转化为生物质。1 000 kg COD去除后产生的细胞净量为20～150 kg，而有氧消化为400～600 kg，理论上讲，通过在好氧活性污泥中解偶联代谢，可以减少产生的生物量。在实验室条件下，添加对硝基苯酚（一种已知的氧化磷酸化解偶联剂）可减少活性污泥中30%的生物质产量。重金属（如Cu、Zn和Cd）可以充当微生物代谢的解偶联剂。例如，在向活性污泥中添加镉之后，随着C_{Cd}/X_0比率的增加，生长产率Y_{obs}降低（C_{Cd}为镉浓度；X_0为初始生物量）（图10.3）。

（3）厌氧消化产生沼气，包含60%～70%（体积分数）的甲烷，30%～40%（体积分数）的CO_2和微量的氨、H_2S、硫醇，约90%的能量，热值约为37 665 000 J/kg，可以在现场燃烧，为沼气池提供热量或发电，少量能量（3%～5%）转化为热量。几个世纪以来，沼气作为一种廉价的能源被开发利用，如今，数以百万计的小型工厂在全球范围内运营并产生热量和提供照明。

一个影响产甲烷的因素是复杂有机物对微生物的生物利用程度，因此需要实施预处理步骤。通过裂解生物固体微生物可以改善生物产气量，即通过机械（高压、超声处理）、热（生物固体短时间暴露于60～225 ℃的高温）或化学（用NaOH或石灰碱）处理生物固体。

电场中的聚焦脉冲污泥预处理（FP）通过渗透细胞改善厌氧消化，从而提高有机材料的生物利用能力和甲烷产量。例如，当63%的输入污泥进行FP预处理时，甲烷排放量增加了30%；另一个优点是能减少10%的处置污泥。

厌氧消化优点有：①废水处理所需的能源少；②厌氧消化适用于高强度工业废水；③

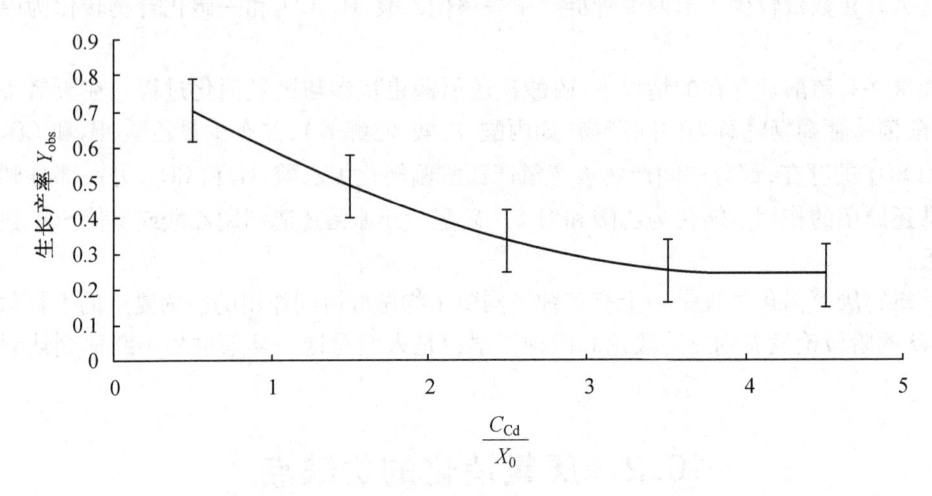

图 10.3　C_{Cd}/X_0比率对活性污泥中微生物量的生长产量的影响

可采用高负荷消化;④即使消化器很长一段时间未进料,也能保持厌氧微生物的活性;⑤厌氧系统通常比好氧系统需要的操作成本更低;⑥厌氧系统可以生物降解异生化合物,如氯化脂肪烃(如三氯乙烯、三卤甲烷)和难降解的天然化合物,如木质素。

厌氧消化的缺点有:①厌氧消化过程比好氧消化过程更慢;②厌氧消化对毒物的干扰更敏感;③尽管使用高质量的材料(例如颗粒污泥)可以加速厌氧消化过程,但该过程的启动时间很长;④关于通过共代谢生物降解外来化合物,厌氧过程需要的初级底物浓度相对更高。

10.3　厌氧消化工艺

厌氧消化工艺根据其运行形式,分为两相消化工艺和多级消化工艺。

10.3.1　两相消化

两相消化工艺设有两个单独的反应器,为产酸菌和产甲烷菌提供了各自的生存环境,能够降低在有机负荷过高的情况下挥发性有机酸积累对产甲烷菌活性的抑制,降低反应器中不稳定因素的影响,提高反应器的负荷和产气的效率。但在实际应用中,由于两相消化系统需要更多的投资,运转维护也更为复杂,并没有表现出优越性,在欧洲固体垃圾厌氧消化中,两相消化所占的比重比单相消化要小得多。

污泥两相消化是污泥厌氧消化技术的一个重要发展方向,两相消化的设计思想是基于将污泥的水解、酸化过程和产甲烷化过程分开,使之分别在串联的两个消化池中完成,因而可以使各相的运行参数控制在最佳范围内,达到高效的目的。这种工艺的关键是如何将两相分开,其方法有投加抑制剂法、调节控制水力停留时间和回流比等。一般来说,投加抑制剂法是通过在产酸相中加入产甲烷菌的抑制剂(如氯仿、四氯化碳、微量 O_2、调节氧化还原电位等),使产酸相中的优势菌种为产酸菌。但加入的抑制剂可能对后续产甲烷发酵阶段有影响而难以实际应用。通常调节水力停留时间是更为实际的方法。目前有人研究高温酸化、中温甲烷化的两相消化工艺,其优点是比常规中温厌氧消化具有更高的产甲烷率和病原微生物杀灭率。一种两相消化的工艺流程如图10.4所示,由于运行管理复杂,很少用于污泥处理的实际工程中。

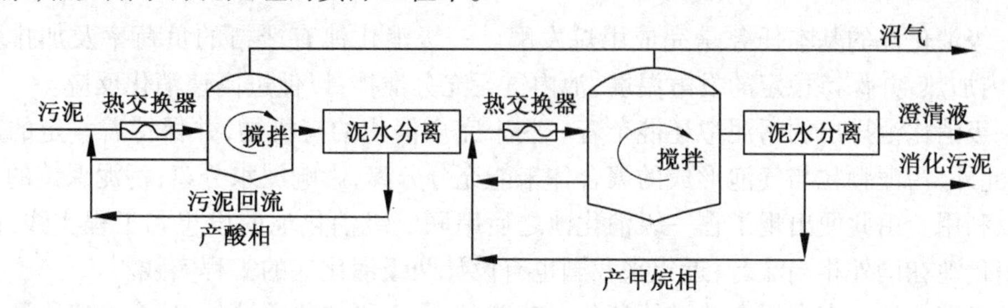

图10.4　污泥两相消化流程图

南阳酒精厂采用2个5 000 m^3的厌氧发酵罐和1个3 000 m^3的UASB厌氧反应,对3对高浓度酒精糟液进行处理,控制温度为50～60 ℃,COD_{Cr}有机负荷为7.0 kg/(m^3·d)。COD_{Cr}为3 500～4 300 mg/L,BOD_5为1 500～2 100 mg/L,TN为400～700 mg/L,NH_3—N为300～600 mg/L,碱度为1 600～2 100 mg/L,每天处理酒糟量为2 000 m^3左右,每天产沼气40 000 m^3左右,可供10万户家庭用沼气,这也是我国利用酒精发酵产生沼气规模较大、运行较为成功的企业。

20世纪80年代以来,两相厌氧消化工艺在污泥上的研究取得了新的进展:

清华大学杨晓宇、蒋展鹏等人对石化废水剩余污泥进行了湿式氧化-两相厌氧消化的试验研究,选择较温和的湿式氧化条件,使污泥的可生化性和过滤性能得到明显改善。对上清液采用两相厌氧处理,提高产气率和COD的去除率;固渣经离心分离形成含水38%～44%的滤饼,湿式氧化-两相厌氧消化-离心脱水处理工艺对COD的去除率为86.16%～94.15%,污泥消化率为63.11%～75.15%,减少污泥体积95%～98.15%,可直接填埋。

哈尔滨工业大学的赵庆良等人研究了污泥和马铃薯加工废水、猪血、灌肠加工废物的高温酸化-中温甲烷化两相厌氧消化。认为污泥和一定比例的其他高浓度有机废物进行高温/中温两相厌氧消化在技术上是可行和有效的。控制高温产酸相在75 ℃和21.15 d可基本达到水解与产酸的目的,控制中温产甲烷相在37 ℃和10 d可达到最大产气与甲烷,系统稳定性较好。

哈尔滨工业大学的付胜涛等人较系统地研究了混合比例和水力停留时间对剩余污泥和厨余垃圾混合中温厌氧消化过程的影响,混合进料按照TS之比分别采用75%∶25%、50%∶50%和25%∶75%,HRT为10 d、15 d和20 d。结果表明,在整个运行期间,进料VS有机负荷为1.53～5.63 kg/(m^3·d),没有出现pH降低、碱度不足、氨抑制的现象。进料TS之比为50%∶50%时,具有最大的缓冲能力,稳定性和处理效果都比较理想,相应的挥发性固体去除率为51.1%～56.4%,单位TS甲烷产率为0.353～0.373 L/g,甲烷的体积分数为61.8%～67.4%。系统对原污泥的处理效果较明显,尤其是单位产气量和甲烷含量均具有较高值。

10.3.2　多级消化

从运行方式来看，厌氧消化池有一级和二级之分，二级消化池串联在一级消化池之后。

一级消化池的基本任务是完成甲烷发酵。一级消化池有严格的负荷率及加排料制度，池内加热，并保持稳定的发酵温度；池内进行充分搅拌，以促进高速消化反应。

一级消化池排出的污泥中还混杂着一些未完全消化的有机物，并保持着一定的产气能力；此外，污泥颗粒与气泡形成的聚合体未能充分分离，影响泥水分离；污泥保持的余热还可以利用。由此便出现了在一级消化池之后串联二级消化池的设想和工程实践，而且两级消化池在国外相当流行，近年来我国也有设计两级消化池的工程实践。

二级消化池虽有利用余热继续消化的功能，但由于不加热不搅拌，残余有机物数量较少，因此其产气率很低，实际上它主要是一个固液分离的场所。一般从池子上部排出清液，从池子底部排出浓缩了的污泥。产生的沼气从池顶引出，与一级消化池产生的沼气混合储存和利用。由二级消化池排出的污泥温度低、浓度大、矿化度高，进一步浓缩和脱水都比较容易，而且气味小，卫生条件好。

二级消化池是泥水分离的场所，不应进行全池性搅拌。但是，为了有效地破除液面的浮渣层，往往在液面以下不深处吹入沼气，防止浮渣的滞留和结块。

1. 一级厌氧消化

厌氧消化池是装有机械搅拌、加热、气体收集、污泥添加和提取以及上清出口的大型发酵池(图10.5)。污泥在池中消化和沉淀同时进行，污泥从罐的底部到顶部分层并形成消化污泥层、活性消化污泥层、上清液层、浮渣层和气体存储室。污泥连续混合并加热可实现更高的污泥进料速率。

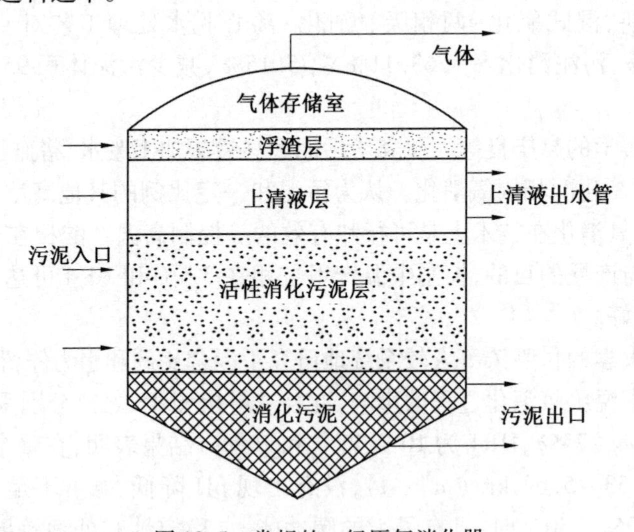

图10.5　常规的一级厌氧消化器

2. 两级厌氧消化

一级消化池的水力停留时间多采用15～20 d，二级消化池的水力停留时间可采用一级的一半，即两池的容积比大致控制在2∶1。两级消化池的液位差以0.7～1.0 m为好，以便一级池的污泥能利用重力作用流向二级池。

两级厌氧消化是为了节省污泥加温与搅拌所需能量，根据消化时间与产气量的关系而建立的运行方式。两级厌氧消化把消化池设为两级，第一级消化池有加热、搅拌设备，污泥在该池内被降解后，送入第二级消化池。第二级消化池不设加热与搅拌设备，依靠余热继续消化。由于不搅拌，第二级消化池还兼有污泥浓缩和降低污泥含水率的功能。目前国内外仍以两级厌氧消化运行为主。

两级厌氧消化包括两个消化器(图10.6)：一个罐连续混合并加热以稳定污泥，另一个罐用于在提取和最终处置之前进行增稠和储存。虽然传统的高速厌氧消化和两阶段厌氧消化实现了高的甲烷产率和COD稳定效率，但后一种方法的进料速率更高，水力停留时间更短。

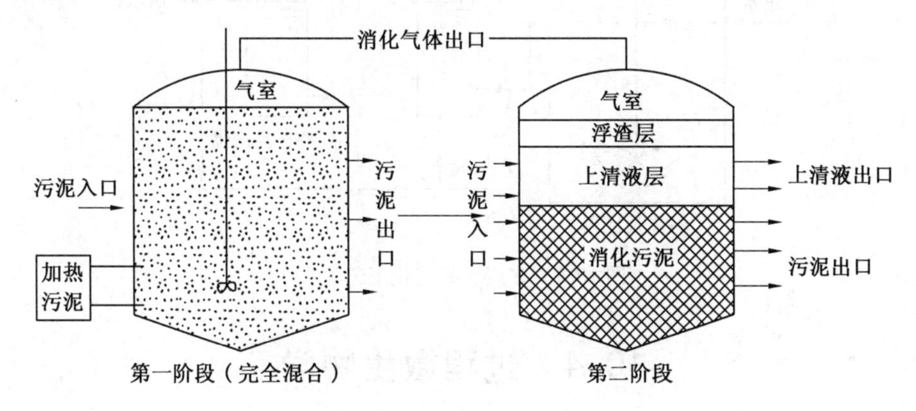

图10.6　两级厌氧消化器

3. 多级厌氧消化

在对城市污水污泥特性和各种厌氧反应器了解的基础上，借鉴国内外的研究结果和带有共性的研究思路，将治污、产气、综合利用三者相结合，使废物资源化、环境效益与经济效益和社会效益相统一。我国北京市环境保护科学研究院研究了污泥的多级消化，其基本思想是将具体工艺分为如下三个处理阶段：

(1)第一级处理阶段。第一级反应器应该具有将固体和液体状态的废弃物部分液化(分解和酸化)的功能。其中液化的污染物去UASB反应器(为第二级处理的一部分)，固体部分根据需要进行进一步消化或直接脱水处理。可采用加温完全混合式反应器(CSTR)作为酸化反应器，采用CSTR反应器的优点是反应器采用完全混合式。由于不产气，可以采用不密封或不收集沼气的反应器。

(2)第二级处理阶段。第二级处理阶段包括一个固液分离装置，没有液化的固体部分可采用机械或上流式中间分离装置(设施)加以分离。中间分离的主要功能固液分离，保证出水中悬浮物含量少，有机酸浓度高，为后续的UASB厌氧处理提供有利条件。分离后的固体可被进一步干化或堆肥并作为肥料或有机复合肥料的原料。

(3)第三级处理阶段。在第二级处理阶段的固液分离装置去除大部分(80%～90%)悬浮物，使得污泥转变为简单污水。城市污泥经CSTR反应器酸化后的出水中含有高浓度 VFA,需要有高负荷去除率的反应器作为产甲烷反应器。UASB 反应器对处理进水稳定且悬浮物含量低的水有一定的优势,而且 UASB 在世界范围内的应用相当广泛,已有很多运行经验。

在该研究中,CSTR 反应器有效容积为 20 L,反应控制在恒温和搅拌的条件下。物料在 CSTR 反应器中进行水解、酸化反应,反应器后接一上流式中间分离池,作用是分离在 CSTR 反应器内产生的有机酸。采用 UASB(有效容积为 5 L)反应器出水回流洗脱方法。经液化后的水在 UASB 反应器内充分地降解,产气经水封后由转子流量计测定产率,水则排到排水槽内,部分出水回流到中间分离池(图 10.7)。

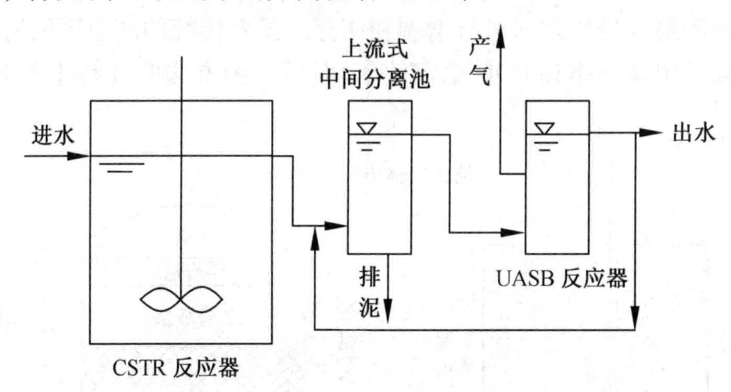

图 10.7　多级厌氧消化工艺流程

10.4　过程微生物学

微生物的聚集体主要是细菌和产甲烷菌,参与反应的复杂的有机高分子化合物向甲烷的转化。此外,各种微生物群之间的协同相互作用涉及废物的厌氧消化。总反应式为

$$\text{有机物} \longrightarrow CH_4+CO_2+H_2+NH_3+H_2S \qquad (10.1)$$

10.4.1　厌氧消化中的微生物

细菌和产甲烷菌是厌氧消化中主要的微生物。大量的严格性兼性厌氧细菌(如拟杆菌、双歧杆菌、梭菌、乳杆菌、链球菌、球菌)涉及有机化合物的水解和发酵。也可能在厌氧消化池中发现真菌和原生动物。纤毛原生动物的数量与连续搅拌槽反应器 COD 去除和甲烷产量密切相关。

国外研究者对厌氧消化器中的微生物种群和数量进行了大量调查。污泥消化器中产甲烷菌数量为 10^6 ~ 10^8 个/mL,其他厌氧菌总数为 2×10^9 ~ 6×10^9 个/mL。它们绝大部分是严格厌氧菌,兼性厌氧菌大约只占总数的 1%。Smith 等利用特异的含碳底物对水解菌计数研究,1 mL 下水污泥中含 7 个数量级的蛋白水解菌,5 个数量级的纤维素分解菌,产氢产乙酸菌数量可达 4.2×10^6 个/mL,同型产乙酸菌的数量为 10^5 ~ 10^6 个/mL。赵一章报道川西平原沼气池中,产甲烷菌数量一般为 10^5 ~ 10^8 个/mL,产氢菌为 10^5 ~ 10^7 个/mL,而厌氧纤维素分解菌为 10^3 ~ 10^5 个/mL。钱泽澍在一个连续进料,高产沼气的奶牛场沼气池中观察到了更多数量的微生物种群,发酵水解菌达 26×10^{12} 个/mL,产氢产乙酸菌达

49.6×10^{12}个/mL,产甲烷菌也可达49.8×10^{12}个/mL。

1. 厌氧发酵型细菌

下水污泥中厌氧发酵细菌组成非常复杂。分解蛋白的细菌大多属于梭状芽孢杆菌属、葡萄球菌属、真细菌属和类杆菌属等。迄今为止,分解纤维素和半纤维索细菌的知识大多来自于Hungate对瘤胃的研究。一般认为,存在于粪便残渣和沉积物环境中的细菌也会出现在中温消化器中。根据消化器中使用的原料,瘤胃中的优势纤维素分解菌(如琥珀酸拟杆菌、生黄瘤胃球菌、溶纤维丁酸弧菌、纤维二糖梭菌等)可能也存在于消化污泥中。此外,从消化污泥中还分离出分解纤维素能力强的类弧菌,并从木材生物质原料消化器中分离出三种生成芽孢的纤维素分解菌。从瘤胃中也已经分离出数种解纤维素的厌氧真菌。纤维素分解菌能够从径流水或人和动的排泄物中进入厌氧消化器。在高温(约60 ℃)的厌氧消化器中重要的纤维素分解菌是热纤梭茵以及不产孢子的杆菌。

2. 产氢产乙酸菌

产氢产乙酸菌的典型代表是从所谓"奥氏甲烷芽孢杆菌"混合培养物中分离出的"S"有机体,在甲烷杆菌存在时,"S"有机体可以分解代谢乙醇。在此启发下,以后又陆续分离出丁代谢脂肪酸产氢的细菌。例如:氧化丁酸、戊酸等的沃尔夫互营单胞菌(*Syntrophomonas wolfel*)和降解丙酸的沃林互营杆菌(*Syntrophobacter wolinii*)。此外,部分硫酸盐还原菌(如脱硫弧菌和普通脱硫弧菌)在环境中没有硫酸盐,并有产甲烷菌存在时,也可在乙醇或乳酸盐培养基上生长,并氧化乙醇或乳酸生成乙酸和H_2。许多研究工作者已证实厌氧消化器所产生的甲烷中,大约有70%(体积分数)来自于乙酸,因而在污泥的甲烷发酵中,产氢产乙酸菌占有重要的生态位置。

3. 同型产乙酸菌

同型产乙酸菌表现为混合营养类型,它既能代谢H_2/CO_2,也能代谢糖类等多碳化合物,还可以进行丁酸发酵。最早分离出的同型产乙酸菌为伍氏乙酸杆菌(*Acetobacterium woodii*),是Balch在用H_2/CO_2富集产甲烷菌的培养物中,在甲烷形成后加入连二亚硫酸钠分离出来的。以后又分离出了乙酸梭菌(*Clostridium acericum*)、基维产乙酸菌(*Acetogenium kivui*)、嗜热自养梭菌(*Clostridium thermoautotrophicum*)、黏液真杆菌(*Eubacterium limosum*)等菌株。但在厌氧消化器中,以消耗H_2来生成乙酸的同型产乙酸菌的确切生态作用并不十分清楚。

4. 产甲烷菌

产甲烷菌是唯一能够有效地利用氧化氢形成的电子,并能在没有光和游离氧、NO_3^-和SO_4^{2-}等外源电子受体的条件下厌氧分解乙酸的微生物。厌氧消化中,产甲烷菌是甲烷发酵的核心。厌氧消化器下水污泥中,产甲烷菌的数量约为10^8个/mL,Smith等计数甲烷杆菌属、甲烷球菌属、甲烷螺菌属和甲烷八叠球菌属的数量为10^6~10^8个/mL,甲烷丝状菌属的数量为10^5~10^6个/mL。在我国农村沼气池中,产甲烷菌的主要类型是甲酸甲烷杆菌、史密斯甲烷短杆菌、嗜树木甲烷短杆菌、甲烷八叠球菌和甲烷小球菌。嗜热产甲烷菌也同时存在于农村沼泽池中,其中一种是利用H_2/CO_2和甲酸的杆菌;一种是包囊状球菌,形成类似子马氏甲烷球菌的包囊;另外一种是小球菌。

氢营养型甲烷菌代时短,而乙酸营养型甲烷菌繁殖速度慢。厌氧消化器中甲烷八叠球菌代时为 1 ~2 d，利用乙酸产甲烷的优势菌索氏甲烷丝状菌，代时超过 3.5 d。互营利用丙酸和丁酸产甲烷的共生培养物则需要更长的时间。实际上，互营脂肪酸降解菌和乙酸营养甲烷菌是有机物厌氧降解转化成甲烷的主要限制因素，由于这些微生物生长缓慢，在厌氧消化器中必须停留足够长的时间才能免于被洗脱。按照工程要求，厌氧消化器的保留时间必须大于 10 d 才能够有效并稳定地运行。因为产甲烷菌在代谢一碳化合物和乙酸时，要有对氢进行氧化的氧化还原酶参与，并要求一定的质子梯度，而较低的 pH 有利于质子还原成氢，不会使氢氧化成质子。高质子浓度也抑制产甲烷菌和产乙酸菌的氢代谢。乙酸营养型产甲烷菌的质子调节作用可除去有毒的质子并确保各类型菌优势菌群的最适 pH 范围。一些事实说明，产甲烷菌的质子调节作用是其最重要的生态学功能，只有产甲烷菌才能够有效地代谢乙酸。产甲烷菌代谢氢而完成的电子调节作用则从热力学上为产氢产乙酸菌代谢多碳化合物（如醇、脂肪酸、芳香族化合物等）创造了最适条件，并促进水解菌对基质的利用。此外，产甲烷菌还可能具有营养调节作用，合成和分泌某些有机生长因子，有利于其他类型厌氧菌的生长。产甲烷菌表现的这三种调节机能（表 10.1），维持了复杂微生物种群间相互联合和相互依赖的代谢联系，为厌氧消化过程的稳定和保持生物活性提供了最适条件。

表 10.1　厌氧消化中产甲烷菌的生物调节作用

功能	代谢反应	意义
质子调节	$CH_3COO^- + H^+ \longrightarrow CH_4 + CO_2$	除去有毒代谢产物；维持 pH 稳定
电子调节	$4H_2 + CO_2 \longrightarrow CH_4 + 2H_2O$	为某些底物代谢创造条件；防止某些有毒代谢物积累；提高代谢速率
营养调节	分泌生长因子	刺激异样菌生长

10.4.2　厌氧消化中的微生物演替

有四类微生物参与复杂材料转化为简单分子（如甲烷和 CO_2），以下微生物群以协同关系运作。

1. 水解细菌

厌氧细菌的聚集体将复杂的有机分子（如蛋白质、纤维素、木质素、脂质）分解成可溶性单体分子（如氨基酸、葡萄糖、脂肪酸、甘油）。单体分子可直接用于下一组细菌；复合分子的水解由细胞外酶（如纤维素酶、蛋白酶、脂肪酶）催化。然而，水解阶段相对较慢并且可能限制厌氧消化废物（如含有木质素的原纤维素分解废物）。

2. 发酵产酸菌

产酸的细菌（如梭菌）将糖、氨基酸和脂肪酸转化为有机酸（如乙酸、丙酸、甲酸、乳酸、丁酸或琥珀酸）、醇和酮（如乙醇、甲醇、甘油、丙酮）、醋酸盐、CO_2 和 H_2。醋酸盐是碳水化合物发酵的主要产物，产物随细菌类型以及培养条件（温度、pH、氧化还原电位）而变化。

3. 产乙酸细菌

产乙酸细菌（醋酸盐和 H_2 产生菌）将脂肪酸（如丙酸、丁酸）和醇转化为乙酸盐、H_2

和 CO_2，被产甲烷菌利用。该组进行的脂肪酸转化需要密切监测 H_2 浓度以保证 H_2 浓度低。在相对高的 H_2 分压下，乙酸盐的形成减少，底物转化为丙酸、丁酸和乙醇而不是甲烷。产乙酸细菌和产甲烷菌之间存在共生关系，产甲烷有助于实现产乙酸细菌所需的低氢张力，可用于测量总 VFA（挥发性脂肪酸）和溶解氢浓度，用作良好的厌氧消化过程功能监测工具。

乙醇、丙酸和丁酸被产乙酸细菌转化为乙酸，如下式：

$$CH_3CH_2OH + H_2O \longrightarrow CH_3COOH + 2H_2 \quad (10.2)$$

$$CH_3CH_2COOH + 2H_2O \longrightarrow CH_3COOH + CO_2 + 3H_2 \quad (10.3)$$

$$CH_3CH_2CH_2COOH + 2H_2O \longrightarrow 2CH_3COOH + 2H_2 \quad (10.4)$$

产乙酸细菌比产甲烷菌生长得快得多，前一组的 μ_{max} 约为 1 h^{-1}，而后者的 μ_{max} 约为 0.04 h^{-1}。

4. 产甲烷菌

如前所述，环境中有机物的厌氧消化每年向大气中释放约 5 亿 t 甲烷，表示约0.5%（质量分数）的有机物来自光合作用。严格的天然产甲烷菌存在于深层沉积物或食草动物的胃中。产甲烷微生物在废水中生长缓慢，35 ℃条件下，其产生时间需 3 d，10 ℃条件下高达 50 d。

产甲烷菌使用有限数量的底物，包括乙酸盐、H_2、CO_2、甲酸盐、甲醇和甲胺。这些底物都还原成甲基 CoM（CH_3—S—CoM），其通过甲基 CoM 还原酶转化为 CH_4。

产甲烷细菌作为一个生理和表型特征独特的类群，突出的特征是能够产生甲烷。它们生活在极端的厌氧环境中：海洋、湖泊、河流沉积物、沼泽地、稻田和动物肠道，与其他群细菌互营发酵复杂有机物，产生甲烷。

产甲烷是厌氧发酵过程中最后一个环节，在自然界碳素循环中扮演重要角色。由于产甲烷菌在废弃物厌氧消化、高浓度有机废水处理、沼气发酵及反刍动物胃中食物消化等过程中起关键性作用，以及产甲烷菌所释放出来的甲烷是导致温室效应的重要因素，因此产甲烷菌的研究成为环境微生物研究的焦点之一。

产甲烷菌细分为两类：

（1）氢营养型产甲烷菌（即使用氢的化学营养生物）将 H_2 和 CO_2 转化为甲烷：

$$CO_2 + 4H_2 \longrightarrow CH_4 + 2H_2O \quad (10.5)$$

大多数甲烷杆菌和甲烷杆菌使用 H_2 和 CO_2。

（2）乙酸营养型产甲烷菌，也称为乙酸裂解或乙酸裂解产甲烷菌，将乙酸盐转化为甲烷和 CO_2，即

$$CH_3COOH \longrightarrow CH_4 + CO_2 \quad (10.6)$$

该组包括两个主要属：甲烷八叠球菌属和甲醇菊酯。在嗜热（58 ℃）消化木质纤维素废物期间，甲烷八叠球菌属是生物反应器中主要的乙酰营养产甲烷菌。四个月后，甲烷八叠球菌属（μ_{max} = 0.3 d；K_s = 200 mg/L）被甲醇菊酯置换（μ_{max} = 0.1 d；K_s = 30 mg/L）。据推测，甲醇菊酯的竞争优势是由于该生物体的乙酸 K_s 值较低。

5. 区分细菌和古细菌的一些特征

产甲烷菌属于一个独立的区域，即古细菌，与以下特征中的细菌不同：

(1)产甲烷菌属于古细菌属领域内的欧洲产甲烷菌属。产甲烷菌是严格厌氧的,在无氧环境下生长旺盛(如淡水及海洋沉积物、沼泽、堆填区、牛的胃或厌氧消化池等)。

(2)细胞壁组成不同(如产甲烷菌的细胞壁缺乏肽聚糖)。

(3)细胞膜的组成不同,细胞膜通过醚键与甘油连接的支链烃链构成。

(4)产甲烷菌具有特异性辅酶 F_{420},一种5-脱氮黄素类似物,其在代谢中充当电子载体。

(5)产甲烷菌与细菌和真核生物的核糖体 RNA 序列不同。

(6)产甲烷菌以 NH_4^+为氮源,但也有一些以氨基酸为氮源。

(7)产甲烷菌需要铁、镍、钴等微量元素。

表10.2 显示了产甲烷菌的分类。产甲烷菌分为四类:甲烷杆菌(如甲烷杆菌、甲烷杆菌、甲烷菌)、甲烷微球菌(如甲烷微球菌、甲烷菌、甲烷螺菌、甲烷球菌)、甲烷球菌(如甲烷球菌)和甲烷菌。

表10.2 产甲烷菌的分类

<table>
<tr><th>目</th><th>科</th><th>属</th><th>种类</th></tr>
<tr><td rowspan="7">甲烷杆菌目</td><td rowspan="7">甲烷杆菌科</td><td rowspan="4">甲烷杆菌属</td><td>M. formicicum</td></tr>
<tr><td>M. bryanti</td></tr>
<tr><td>M. 热自养型</td></tr>
<tr><td>M. 反刍动物</td></tr>
<tr><td rowspan="3">甲烷短杆菌属</td><td>M. arboriphilus</td></tr>
<tr><td>M. smithii</td></tr>
<tr><td>M. vannielli</td></tr>
<tr><td rowspan="2">甲烷球菌目</td><td rowspan="2">甲烷球菌科</td><td>产甲烷球菌属</td><td>M. voltae</td></tr>
<tr><td>甲烷微菌属</td><td>M. mobile</td></tr>
<tr><td rowspan="5">甲烷微菌目</td><td rowspan="4">甲烷微菌科</td><td rowspan="2">产甲烷菌属</td><td>M. cariaci</td></tr>
<tr><td>M. marisnigri</td></tr>
<tr><td rowspan="2">甲烷螺菌属</td><td>M. hungatei</td></tr>
<tr><td>M. barkeri</td></tr>
<tr><td>甲烷八叠球菌科</td><td>甲烷八叠球菌属</td><td>M. mazei</td></tr>
</table>

10.4.3 产甲烷菌分类

1. 按照最适温度分类

以温度来划分产甲烷菌,主要是因为温度对产甲烷菌的影响很大。当环境适宜时,产甲烷菌得以生长、繁殖;过高、过低的温度都会不同程度地抑制产甲烷菌的生长,甚至使其死亡。根据最适生长温度(T_{opt})的不同,研究者将产甲烷菌分为嗜冷产甲烷菌(T_{opt}低于25 ℃)、嗜温产甲烷菌(T_{opt}为35 ℃左右)、嗜热产甲烷菌(T_{opt}为55 ℃左右)和极端嗜热产甲烷菌(T_{opt}高于 80 ℃)4 个类群。

(1)嗜冷产甲烷菌。

嗜冷产甲烷菌是指能够在寒冷(0 ~ 10 ℃)条件下生长,同时最适生长温度在低温范围(25 ℃以下)的微生物(表 10.3)。嗜冷产甲烷菌可分为两类:专性嗜冷产甲烷菌和兼性嗜冷产甲烷菌。专性嗜冷产甲烷菌的最适生长温度较低,在较高的温度下无法生存;而兼性嗜冷产甲烷菌的最适生长温度较高,可耐受的温度范围较宽,中温条件下仍可生长。

(2)嗜温和嗜热产甲烷菌。

嗜温和嗜热产甲烷菌的 T_{opt}分别为 35 ℃和 55 ℃,其生长的温度范围为 25 ~ 80 ℃。1972 年,自 Zeikus 等从污水处理污泥中分离出第一株热自养产甲烷杆菌开始,各国研究人员已从厌氧消化器、淡水沉积物、海底沉积物、热泉、高温油藏等厌氧生境中分离出多株嗜热产甲烷杆菌;Wasserfallen 等根据多株嗜热产甲烷杆菌分子系统发育学研究,将其立为新属并命名为嗜热产甲烷杆菌属(*Methanothemobacter*),该属分为六种,其中 *M. thermau-totrophicus str. Delta H* 已经完成基因组全测序工作。有研究者从胶州湾浅海沉积物中分离出 1 株嗜热自养产甲烷杆菌 JZTM,直径为 0.3 ~ 0.5 μm,长为 3 ~ 6 μm,具有弯曲和直杆微弯两种形态,单生、成对、少数成串。能够利用 H_2/CO_2 和甲酸盐生长,而不利用甲醇、三甲胺、乙酸和二级醇类。最适生长温度为 60 ℃,最适盐的质量分数为 0.5% ~ 1.5%,最适 pH 为 6.5 ~ 7.0,酵母膏刺激生长。

(3)极端嗜热产甲烷菌。

极端嗜热产甲烷菌的 T_{opt}高于 80 ℃,能够在高温的条件下生存,低温却对其有抑制作用,甚至不能存活。Fiala 和 Stetter 在 1986 年发现了 *Pyrococcus furiosus*,该菌的最适生长温度达 100 ℃,是严格厌氧的异氧性海洋生物。

2. 以系统发育为主的分类

系统发育信息则主要是指 16 S rDNA 的序列分析,16 S rRNA 是原核生物核糖体降解后出现的亚单位。16 S rRNA 在细胞结构内的结构组成相对稳定,在受到外界环境影响,甚至在受到诱变情况下,也能表现其结构的稳定性。因此,Balch 等利用比较两种产甲烷细菌细胞内 16 S rRNA 经酶解后各寡核苷酸中碱基排列顺序的相似性(即同源性)大小即 S_{ab}值,来比较两个菌株或菌种在分类上目科属种菌株的相近性。

1979 年根据 S_{ab}值对产甲烷菌分类(表 10.4),主要包括 3 个目、4 个科、7 个属、13 个种。

表 10.3　嗜冷产甲烷菌及其基本特征

菌种	分离时间	分离地点	外形特征	T_{opt}/℃	T_{min}/℃	T_{max}/℃	底物	最适 pH
Methanococcoides burton	1992 年	Ace 湖（南极洲）	不规则、不动、球状、具有鞭毛、0.8～1.8 μm	23	-2	29	甲胺，甲醇	7.7
Methanogenium frigidum	1997 年	Ace 湖（南极洲）	不规则、不动、球状、1.2～2.5 μm	15	0	19	H_2/CO_2 甲醇	7.0
Methanosarcina lacustris	2001 年	Soppen 湖（瑞士）	不规则、不动、球状、1.5～3.5 μm	25	1	35	H_2/CO_2 甲醇，甲胺	7.0
Methanogenium marinum	2002 年	Skan 海湾（美国）	不规则、不动、球状、1.0～1.2 μm	25	5	25	H_2/CO_2 甲酸	6.0
Methanosarcina baltica	2002 年	Gotland 海峡（波罗的海）	不规则、有鞭毛、球状、1.5～3 μm	25	4	27	甲醇、甲胺、乙酸	6.5
Methanococcoides alasken	2005 年	Skan 海湾（美国）	不规则、不动、球状、1.5～2.0 μm	25	-2	30	甲胺，甲醇	7.2

注：T_{opt} 为最适生长温度；T_{min} 为最低生长温度；T_{max} 为最高生长温度。

表10.4　产甲烷菌的分类(1979年)

目	科	属	种
甲烷杆菌目	甲烷杆菌科	甲烷杆菌属	甲酸甲烷杆菌
			布氏甲烷杆菌
			嗜热自养产甲烷杆菌
		甲烷短杆菌属	嗜树甲烷短杆菌
			瘤胃甲烷短杆菌
			史氏甲烷短杆菌
甲烷球菌目	甲烷球菌科	甲烷球菌属	万氏甲烷球菌
			沃氏甲烷球菌
		甲烷微菌属	运动甲烷微菌
甲烷微球菌目	甲烷微球科	产甲烷菌属	卡里亚萨产甲烷菌
			黑海产甲烷菌
		甲烷螺菌属	享氏甲烷螺菌
	甲烷八叠球菌科	甲烷八叠球菌属	巴氏甲烷八叠球菌

随着厌氧培养和分离技术的日渐完善,以及细菌鉴定技术的日渐精深,发现和鉴定的甲烷细菌新种也就越来越多。表10.5中列有3目、7科、17属、55种的产甲烷菌。

表10.5　产甲烷菌的分类

目	科	属	种
甲烷杆菌目	甲烷杆菌科	甲烷杆菌属	甲酸甲烷杆菌
			布氏甲烷杆菌
			嗜热自养产甲烷杆菌
			沃氏甲烷杆菌
			沼泽甲烷杆菌
			嗜碱甲烷杆菌
			热甲酸甲烷杆菌
			伊氏甲烷杆菌
			热嗜碱甲烷杆菌
			热聚集甲烷杆菌
			埃氏甲烷杆菌
	未分科	甲烷短杆菌属	嗜树甲烷短杆菌
			瘤胃甲烷短杆菌
			史氏甲烷短杆菌

续表 10.5

目	科	属	种
甲烷球菌目	甲烷热菌科	甲烷球菌属	炽热甲烷热菌 集结甲烷热菌
	甲烷球菌科	甲烷球形属	斯太特甲烷球形菌
		甲烷球菌属	万氏甲烷球菌 沃夫特甲烷球菌 海沼甲烷球菌 热矿养甲烷球菌 杰氏甲烷球菌
甲烷微菌目	甲烷微菌科	甲烷微菌属	运动甲烷微菌 佩氏甲烷微菌
		甲烷螺菌属	亨氏甲烷螺菌
		甲烷产生菌属	卡氏甲烷产生菌 塔条山甲烷产生菌 嗜有机甲烷产生菌
		甲烷盘菌属	泥境甲烷盘菌 内生养甲烷盘菌
		甲烷挑选菌属	布尔吉斯甲烷挑选菌 黑海甲烷挑选菌 嗜热甲烷挑选菌 奥林塔河甲烷挑选菌
甲烷微菌目	甲烷八叠球菌科	甲烷八叠球菌属	巴氏甲烷八叠球菌 马氏甲烷八叠球菌 嗜热甲烷八叠球菌 嗜乙酸甲烷八叠球菌 泡囊甲烷八叠球菌 弗里西甲烷八叠球菌
		甲烷叶菌属	丁达瑞甲烷叶菌 西西里亚甲烷叶菌 武氏甲烷叶菌
		甲烷拟球菌属	嗜甲基甲烷拟球菌
		嗜盐甲烷菌属	马氏嗜盐甲烷菌 智氏嗜盐甲烷菌 俄勒冈嗜盐甲烷菌
		甲烷盐菌属	依夫氏甲烷盐菌
		甲烷毛发菌属	康氏甲烷毛发菌 嗜热乙酸甲烷毛发菌

续表 10.5

目	科	属	种
甲烷微菌目	甲烷微粒菌科	甲烷微粒菌属	小甲烷粒菌 拉布雷亚砂岩甲烷粒菌 集聚甲烷粒菌 巴伐利亚甲烷粒菌 辛氏甲烷粒菌

注:在该分类系统中,未包括的科、属、中有:盐甲烷球菌属,与列出的甲烷嗜盐菌属无明显区别;道氏盐甲烷球菌,与甲烷嗜盐菌属或甲烷盐菌属无明显区别;三角洲甲烷球菌,为海沼甲烷球菌的异名;嗜盐甲烷球菌,该种的描述与甲烷球菌属矛盾;甲烷盘菌科,与 16 S 序列数据相矛盾;孙氏甲烷丝菌,非纯培养物,该种的典型菌株可作为康氏甲烷发毛菌的参考菌株。

《伯杰系统细菌学手册》第 9 版将近年来的研究成果进行了总结和肯定,并建立了以系统发育为主的产甲烷菌最新分类系统,产甲烷菌分可为 5 个大目,分别是甲烷杆菌目(Methanobacteriales)、甲烷球菌目(Methanococcales)、甲烷微菌目(Methanomicrobiales)、甲烷八叠球菌目(Methanosarcinales)和甲烷火菌目(Methanopyrales),上述 5 个目的产甲烷菌可继续分为 10 个科与 31 个属,它们的系统分类及主要代谢生理特性见表 10.6。

表 10.6　产甲烷菌系统分类的主要类群及其生理特性

分类单元(目)	典型属	主要代谢产物	典型栖息地
甲烷杆菌目	*Methanobacterium* *Methanobrevibacter* *Methanosphaera* *Methanothermobacter* *Methanothermus*	H_2 和 CO_2,甲酸盐,甲醇	厌氧消化反应器、瘤胃、水稻土壤、腐败木质、厌氧活性污泥等
甲烷球菌目	*Methanococcus* *Methanothermococcus* *Methanocaldococcus* *Methanotorris*	H_2 和 CO_2,甲酸盐	海底沉积物、温泉等
甲烷微菌目	*Methanomicrobium* *Methanoculleus* *Methanolacinia* *Methanoplanus* *Methanospirillum* *Methanocorpusculum* *Methanocalculus*	H_2 和 CO_2,2-丙醇,2-丁醇,乙酸盐,2-丁酮	厌氧消化器、土壤、海底沉积物、温泉、腐败木质、厌氧活性污泥等

续表 10.6

分类单元(目)	典型属	主要代谢产物	典型栖息地
甲烷八叠球菌	*Methanosarcina* *Methanococcoides* *Methanohalobium* *Methanohalophilus* *Methanolobus* *Methanomethylovorana* *Methanimicrococcus* *Methanosalsum* *Methanosaeta*	H_2 和 CO_2,甲酸盐,乙酸盐,甲胺	高盐海底沉积物、厌氧消化反应器、动物肠道等
甲烷火菌目	*Methanopyrus*	H_2 和 CO_2	海底沉积物

10.5　检测产甲烷菌的方法

过去的十年中,在开发确定厌氧消化器中产甲烷菌的数量和活性的程序方面取得了进展。从环境样品中分离产甲烷菌是一项艰巨的任务,新技术的发展促进了新型产甲烷菌的研究和分离。

10.5.1　标准微生物技术

标准的微生物计数技术不适用于产甲烷菌,产甲烷菌很难在实验室培养,而且仅能检测到一小部分产甲烷菌。

10.5.2　免疫技术

使用多克隆或单克隆抗体的免疫学分析已被用作确定厌氧消化器中产甲烷菌的数量和特性的工具。间接免疫荧光(IIF)和载玻片免疫酶测定(SIA)表明,厌氧消化器的产甲烷菌群更加多样化。检测到的主要物种是乙酸古细菌(*Methanobacterium formicum*)和嗜树木甲烷短杆菌(*Metha-nobrevibacter arboriphilus*)。

10.5.3　分子技术

目前,分子技术已被广泛应用于古细菌的鉴定,尤其是甲烷菌的鉴定。它们对于生物反应器的优化和对生物反应器性能扰动的检测很有用。

分子技术包括 16 S rRNA 基因序列的分析,有 16 S rRNA 靶向寡核苷酸探针以及个别种类的甲烷菌,这种探针已被用于鉴定厌氧消化器中的产甲烷菌。另一种方法是扩增甲基辅酶 M 还原酶的基因,该酶催化产甲烷的最后一步,它们只存在于产甲烷菌中。最近,研究人员开发了一种厌氧芯片来研究厌氧消化器中产甲烷菌群的关系。厌氧芯片由核苷酸探针组成,靶向厌氧污泥中大多数嗜中温、嗜热产甲烷菌的 16 S rRNA,其在污泥中的应用以甲烷菌为主,其次是甲烷杆菌、甲烷还原菌和甲烷孢子虫。

10.5.4　其他方法

在厌氧消化器中通常通过测量挥发性脂肪酸(VFA)或甲烷来确定微生物的活性,用脂质分析确定试验消化器中的生物量、群落结构和代谢状态。通过总磷脂、磷脂脂肪酸和聚-β-羟基丁酸来确定微生物生物量、群落结构和代谢状态。厌氧污泥中的微生物活性也可以通过测量ATP和INT-脱氢酶活性来确定,这些参数与其他传统参数(如气体产率)相关。ATP的测定可用于估算污泥中乙酰营养型产甲烷菌的量。其中一项测试是测量污泥将乙酸盐转化为甲烷的能力,该测试提供了厌氧消化污泥中乙酰营养产甲烷菌的百分比信息。

有人提议将磷酸酶活性作为预测消化器紊乱的生化工具。可以在常规测试(pH、VFA、气体产生)之前增加酸性和碱性磷酸酶来预测消化过程的不稳定性。

10.6　控制厌氧消化的因素

厌氧消化受温度、pH、停留时间、废水化学成分、产甲烷菌与硫酸盐还原菌的竞争以及毒物的影响。

10.6.1　温度

1. 温度对厌氧生物处理的影响

温度是影响微生物生存及生化反应的最主要因素之一。各类微生物适应的温度范围不同,根据微生物生长的温度范围,习惯上将微生物分为三类:嗜冷微生物(5~20 ℃)、嗜温微生物(20~42 ℃)、嗜热微生物(42~75 ℃)。相应地,废水的厌氧处理工艺也分为低温、中温、高温三类。

2. 温度对厌氧消化过程的影响

在厌氧生物处理工艺中,温度是影响工艺的重要因素:温度可影响厌氧微生物细胞内的某些酶活性、微生物的生长速率和微生物对基质的代谢速率,进而影响废水厌氧生物处理工艺中的污泥的产量、反应器的处理负荷和有机物的去除速率;某些中间产物的形成、有机物在生化反应中的流向、各种物质在水中的溶解度都会受到温度的影响,并由此影响到沼气的产量和成分;剩余污泥成分及其性状都可能受温度影响;在厌氧生物处理设备运行时,装置需要维持在一定的温度范围,这又与运行成本和能耗等有关。

各种微生物都有一定的温度范围,在厌氧消化系统中的微生物也是一样,分为嗜冷微生物、嗜温微生物、嗜热微生物三类。在不同的温度区间内运行的厌氧消化反应器中生长着不同类型的微生物,具有一定的专一性。

在每一个温度区间内,随着温度的上升,细菌的生长速率也上升,并在某个点达到最大值,此时的温度称为最适生长温度,过此温度后细菌生长速率迅速下降。在每个区间的上限,细菌的死亡速率已经开始超过细菌的增值速率。

当温度高出细菌生长温度的上限时,会使细菌死亡,如果这种情况持续的时间较长或是温度过高,会导致细菌的活性无法恢复。

当温度低于细菌生长温度下限时,细菌不会死亡,会使细菌代谢活性减弱,呈休眠状态,这种情况在一定的时间范围内可以恢复,只需将反应温度上升至原温度就可恢复污泥活性。

温度太高相较于温度太低会带来较严重的影响。不过,在上限内,较高温度下的厌氧菌代谢活性较高,所以高温厌氧工艺较中温厌氧工艺要快得多,中温厌氧工艺较低温厌氧工艺反应速率也要快很多,相应的反应器负荷和污泥活力要高得多。

3. 温度对厌氧微生物的影响

在厌氧生物反应中,需要一定的反应温度范围,也就是最适温度,最适温度是指在此温度附近参与消化的微生物所能达到其最大的生物活性,具体的衡量指标可以是产气速率,也可以是有机物的消耗速率。这是因为一般认为厌氧微生物的产气速率与其生化反应速率大致呈正相关,所以说最适温度就是厌氧微生物,或厌氧污泥具有最大产气速率时的反应温度。

一般来讲,厌氧生物反应可以在很宽的温度范围内运行,即 5 ~ 83 ℃,而产甲烷作用则可以在 4 ~ 100 ℃的温度范围内进行,尽管尚未分离出嗜冷产甲烷菌,但在温泉中的嗜热菌株的最佳温度范围为 50 ~ 75 ℃。在冰岛的一个温泉中发现,63 ~ 97 ℃的温度下生长着炽热甲烷嗜热菌。由此厌氧消化过程的最适温度范围是有一定研究价值的问题。

在市政污水处理厂中,嗜温厌氧消化在 25 ~ 40 ℃的温度下进行,最佳温度约为 35 ℃。嗜热消化在 50 ~ 65 ℃的温度范围内,有助于更大程度地破坏病原体,缺点是它对毒物的敏感性更高。

由于产甲烷菌对温度的微小变化非常敏感,因此与产酸菌相比它们的生长较慢。许多研究表明,好氧生物过程仅有一个最适温度范围,而厌氧消化过程却存在两个最适温度范围,主要表现在 5 ~ 35 ℃的温度范围内,好氧生化过程的产气量随温度的上升而直线上升。有相关研究者根据试验资料得出结论,在上述温度范围内,温度每上升 10 ~ 15 ℃,生化速率增快 1 ~ 2 倍。在此温度范围内,厌氧生化反应也具有类似的规律。之所以会出现两个最适温度范围,是因为在甲烷发酵阶段,其参与者具有不同的最适温度。如布氏甲烷杆菌的最适温度为 37 ~ 39 ℃,而嗜热自养甲烷杆菌为 65 ~ 70 ℃,如果发酵温度控制在 32 ~ 40 ℃,上述中温菌的大量存在会导致反应出现一个产气高峰区。但在实际厌氧污泥试验中,利用混合细菌时所表现出来的最适温度范围与产甲烷菌所要求的温度范围不同,一般认为最适中温范围为 30 ~ 40 ℃,而最适高温范围为 50 ~ 55 ℃。这是因为厌氧消化过程是一个混合发酵过程,其总的生化速率取决于多种厌氧细菌,包括产甲烷菌、产酸菌等,只有这些厌氧菌都能处在良好的环境条件下时,才能创造出最佳条件。

对于连续运行的厌氧生物处理有机物时有机负荷和产气量与温度的关系的研究中发现,对于中温条件下培育的厌氧污泥,在 38 ~ 40 ℃时有机物去除有机负荷最高,其产气量与温度之间的关系与去除有机负荷的情况相似;而对于高温条件下培育的厌氧污泥,在 50 ℃左右可达到有机物去除有机负荷的高峰。

在厌氧生物工艺中,45 ℃左右的温度很不利于反应运行,因为它是处于中温和高温范围之内的,厌氧微生物如果处于这种温度范围下,其活性往往会很低,所以如果实际生产中废水的温度在45 ℃左右，就应将反应温度升高到55 ℃的高温范围内，或者降低到35 ℃的中温范围内，之后再对其进行厌氧处理。嗜温消化池必须在30～35 ℃的温度下进行才能实现最佳效果。

10.6.2　停留时间

水力停留时间(HRT)取决于废水特性和环境条件，HRT必须足够长，以便在消化器中通过厌氧微生物进行代谢。基于附着生长的消化比基于分散生长(10～60 d)的消化的HRT更低(1～10 d)。嗜温和嗜热消化池的停留时间为25～35 d之间，但可以更低。

10.6.3　pH

在厌氧消化反应过程中，酸碱度影响消化系统的pH和消化液的缓冲能力，因此消化系统中有一定的碱度要求。pH条件的改变首先会使产氢产乙酸作用和产甲烷作用受到抑制，产酸过程形成的有机酸不能正常降解，从而整个消化过程的平衡受到影响。使pH降到5以下，则对产甲烷菌不利，同时产酸作用受到抑制，整个厌氧消化过程停滞；若pH较高，只要恢复中性，产甲烷菌便能较快恢复活性。所以厌氧装置适宜在中性或稍偏碱性的状态下运行。

除受外界因素影响之外，pH的升降变化还取决于有机物代谢过程中某些产物的增减情况。产酸作用产物有机酸的增加，会使pH下降，而含氮有机物分解产物氨的增加，会引起pH的升高。具体的影响因素还包括进水pH、代谢过程中自然建立的缓冲平衡(在pH为6～8时，控制消化液pH的主要化学系统是CO_2-重碳酸盐缓冲系统)，以及挥发酸、碱度、CO_2、氨氮、氢之间的平衡。

由于消化液中存在氢氧化铵、碳酸氢盐等缓冲物质，仅靠pH难以判断消化液中的挥发酸的积累程度，一旦挥发酸的积累量足以引起消化液的pH下降时，系统中碱度的缓冲力已经丧失，系统工作已经相当紊乱。所以在生产运转中常把挥发酸浓度及碱度作为管理指标。

pH是厌氧生物处理过程中的一个重要控制参数，一般认为，厌氧反应器的pH应控制在6.5～7.5之间。为了维持这样的pH，在处理某些工业废水时，需要投加pH调节剂，因而增加了运行费用。但是，厌氧消化体系中的pH是体系中CO_2、H_2S等在气液两相间的溶解平衡、液相内的酸碱平衡，以及固液相间离子溶解平衡等综合作用的结果，而这些又与反应器内所发生的生化反应直接相关。因此，有必要对厌氧消化过程中生化反应与酸碱平衡之间的相互关系进行分析研究。

大多数产甲烷菌在pH为7.0～7.2时效果最佳，如果pH接近6.0，则厌氧消化过程可能无法进行。产酸细菌产生有机酸，可降低生物反应器的pH，在正常条件下，产甲烷菌产生的碳酸氢盐可对pH的降低具有缓冲作用。在恶劣的环境条件下，系统的缓冲能力可能会受到影响，最终会阻止甲烷的产生。酸性对产甲烷菌的抑制作用比对产酸菌的抑制作用更强，因此，挥发性酸水平的增加可作为系统不稳定的早期指标。建议保持总挥发性酸(如乙酸)与总碱度(如碳酸钙)的比例在0.1以下。

在调节厌氧反应系统缓冲能力时，可以通过添加增大缓冲能力的化学品来提高缓冲能力。人们认为,常见的碱性添加剂比如苛性钠、石灰、纯碱等可能会对试验有所帮助,事实上并非如此,这些添加剂在未同 CO_2 反应前不能增加溶液的碳酸氢盐碱度:

$$NaOH+CO_2 \longrightarrow NaHCO_3$$

$$Na_2CO_3+H_2O+CO_2 \longrightarrow 2NaHCO_3$$

$$Ca(OH)_2+2CO_2 \longrightarrow Ca(HCO_3)_2$$

由此可见,加入这些化学药品会使产气中 CO_2 的浓度降低,并不能起到作用。可以起到一定作用的化学药品有碳酸氢钠,它可以在不干扰微生物敏感的理化平衡的情况下平稳调节 pH 至理想状态,因此是理想的化学药品,不过它也有一定的缺点,比如价格昂贵等。因此,调节 pH 平衡可以通过添加化学品(如石灰、无水氨、氢氧化钠或碳酸氢钠)来增加碱度。

10.6.4 废水的化学成分

化学物质对厌氧微生物综合生物活性的影响与其浓度有关。一些研究者认为,大多数化学物质在浓度很低时对生物活性有一定的促进作用;当浓度较高时产生抑制作用;而且浓度越高,抑制作用越强烈。在从促进作用向抑制作用的过渡中,必然存在一个既无促进作用又无抑制作用的浓度区间,称为临界浓度区间。如果该浓度区间很小,表现为某一值时,则此值称为临界浓度(图 10.8)。

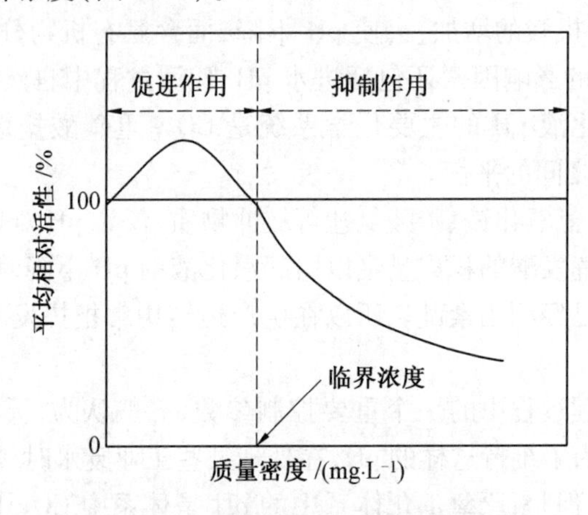

图 10.8　不同浓度对生物活性的影响

虽然说许多化学物质对综合生物活性有一定的刺激作用,但多数化学物质的刺激作用表现得并不明显,或者临界浓度值很小,实际生产中难以观察到。

研究表明,各种化学物质的临界浓度相差很大,而且不同研究者提供的同一化学物质的临界浓度值也很不一致。

化学物质对综合生物活性的抑制作用按程度不同大体分为基本无抑制(即浓度在临界浓度附近时的情况)、轻度抑制、重度抑制、完全抑制等。轻度抑制和重度抑制的划分并无严格的界限。完全抑制指厌氧微生物完全失去甲烷发酵能力时的抑制。

当厌氧微生物首次接触某些化学物质时,在浓度为 A 时表现为重度抑制,那么在长期接触同一浓度后,由于适应能力的提高,有可能表现为轻度抑制了。同理,当初次接触某一化学物质时的临界浓度为 a,则在长期接触该化学物质后的临界浓度有可能变为大于 a 的 b 了。因此,应将初次接触时的抑制和长期接触后的抑制加以区别。前者可称为初期抑制(或冲击抑制),后者可称为长期抑制(或驯化抑制)。

在生产实际中,初期抑制只发生在某种化学物质偶发性的短期进入厌氧消化系统的场合。由于初期抑制产生的抑制程度较高,往往会使厌氧消化系统在受到较高浓度冲击时遭到严重抑制,甚至完全破坏。

碳水化合物、蛋白质、脂质,以及复杂的芳香族化合物(如阿魏酸、香草酸、丁香酸)可以利用产甲烷菌产生甲烷。然而,一些化合物(如木质素和正链烷烃)几乎不会被厌氧微生物降解。

废水营养必须平衡(氮、磷、硫等),以保证其厌氧消化。磷的限制降低了产甲烷活性的可逆性。厌氧细菌的 C∶N∶P 的摩尔分数比为 700∶5∶1,然而,部分研究人员认为,天然气产量的最佳 C/N 比应为(25～30)∶1。产甲烷菌分别使用氨和硫化物作为氮和硫源,未离子化的硫化物虽然对产甲烷菌的毒性超过 150～200 mg/L,但这是甲烷菌硫的主要来源。此外,还需要诸如铁、钴和镍的微量元素,镍可显著增加实验室消化池中的甲烷产量,添加镍可以将产甲烷菌的乙酸利用率从 2 g 提高到 10 g 醋酸盐 gVSS/天。镍参与了辅因子 F_{430} 的组成,同时,参与沼气形成。

10.6.5　产甲烷菌与硫酸盐还原菌的竞争

产甲烷菌和硫酸盐还原菌可以竞争相同的电子供体、乙酸盐和 H_2。对这两组生长动力学的研究表明,硫酸盐还原菌比产甲烷菌对醋酸盐底物(K_s=32.8 mg/L)具有更高的亲和力(K_s=9.5 mg/L)。这意味着硫酸盐还原菌在低乙酸盐浓度下比产甲烷菌更具竞争优势。这种竞争性抑制导致电子从甲烷产生分流到硫酸盐还原。在生物膜中也证明了这种竞争,使用基于固定的甲烷氧化细菌活性的直径为 30 mm 的甲烷微传感器,使用氢作为电子供体,在 2 mmol/L 硫酸盐存在下生物膜中的产甲烷被抑制。竞争也会受到 SRB 产生的 H_2S 和产甲烷菌的毒害。

硫酸盐还原剂和产甲烷菌在 COD/SO_4 值为 1.7～2.7 时具有很强的竞争力。提高这一比例对产甲烷菌有利,而降低这一比例对硫酸盐还原剂有利。

10.6.6　有毒物质

有毒物质是造成厌氧消化过程失败的原因之一。废水(尤其是工业废水)当中常常含有许多有毒物质,这些毒性物质对生物处理过程的影响作用很大,为方便分类,将毒性物质分为无机毒性物质、天然有机物中的毒性物质和生物异性化合物。

1. 无机毒性物质

在无机毒性化合物中常含有氨、无机硫化合物、盐类和重金属等毒性物质。

2. 天然有机化合物中的毒性物质

天然有机化合物中毒性物质的毒性作用可根据其结构的不同,分为非极性毒性物质和含氢键毒性物质。

(1)非极性毒性物质。

在废水中,非极性的有机化合物可能会损害细胞的膜系统,这些非极性的有机化合物包括挥发性脂肪酸(VFA)、长链脂肪酸、非极性酚化合物和树脂化合物。挥发性脂肪酸的毒性取决于 pH,因为只有非离子化的 VFA 是呈毒性的,pH 越高(大于 7 时),挥发性脂肪酸是无毒,且浓度再高,也不会显示毒性;当 pH 较低时,非离子化的挥发性脂肪酸就会抑制甲烷菌生长,但在一定数量值下,甲烷菌不会致死,因为 VFA 的毒性是可逆的,有试验表明;在 pH 为 5 左右时,甲烷菌在含挥发性脂肪酸的废水中最多可停留两个月,pH 恢复以后,甲烷菌的活性可根据低 pH 维持时间的长短在几天或几个星期内恢复,甚至可立即恢复活性。

相比之下,长链脂肪酸的毒性大于挥发性脂肪酸的毒性,其抑制作用主要是由于产甲烷菌的细胞壁与革兰氏阳性菌很相似,长链脂肪酸会吸附在其细胞壁或细胞膜上,干扰其运输或防御功能,从而导致抑制作用。长链脂肪酸的毒性与厌氧降解过程有直接联系,在厌氧降解过程中,长链脂肪酸发生降解时,可恢复受抑制的产甲烷活性,但如果有 VEA 存在,就可抑制长链脂肪酸的这种降解作用。长链脂肪酸对生物质的表层吸附还会使活性污泥悬浮起来,导致活性污泥被冲走。通过驯化可提高生物膜对油酸盐的耐受性和生物降解能力。由于长链脂肪酸可与钙盐形成不溶性盐,所以加入钙盐可降低长链脂肪酸的抑制作用。Hanaki 等人研究发现,乙酸存在时,可增加长链脂肪酸的毒性。他们还发现,在厌氧过程当中,长链脂肪酸的不完全溶解会使其被吸附到厌氧污泥的表面,这时如果施以较低 pH,并投加钙离子会使长链脂肪酸沉淀,达到脱毒的效果。

非极性酚化合物:一般地,可以根据单体的酚化合物的非极性特征对其毒性进行估计。结构与官能团类似的酚化合物的非极性程度越高,其毒性越大,且酚类化合物在丙酸降解时要比乙酸降解时有更大的毒性。较大非极性酚化合物(如一些木素的单体衍生物-异丁子香酚等)会强烈损伤细胞,其毒性很大,即使除去也无法恢复细菌活性。

木材中非极性的抽提物称为树脂化合物,树脂引起的产甲烷活性降低在树脂除去后不能恢复,且在质量浓度高于 280 mg/L 时可使细菌死亡。

(2)含氢键毒性物质。

许多含有氢键的化合物质(如单宁),可通过氢键被蛋白质吸附,如果这种吸附作用很强,会使酶失活。

单宁是树皮中含量较高的聚合酚类化合物。极性的酚化合物与细胞的蛋白质形成氢键。聚合物形成的单宁可以和蛋白质形成多个氢键连接,这种氢键的结合力非常强。如果单宁与细菌的酶形成很强的氢键,会使酶受到损害。因此单宁单体是相对无毒的而天然的寡聚物,其毒性相对较强。更大相对分子质量的单宁则由于不能穿透细胞膜,因此对细菌毒性不是很大。

化合物的分子大小也是影响其毒性的重要因素,化合物分子大,就不能通过细菌的细胞壁和细胞膜,所以无法损害细胞组织。有研究表明,当化合物相对分子质量大于 3 000 时,不会抑制细菌。除此之外,这些有机毒物可以被驯化后的细菌适应,也就是厌氧污泥可在浓度较低的废水中先进行驯化,之后反应器就可以容纳含有较高有机毒物的废水。单宁的单体化合物毒性较低,较高的为单宁寡聚物,它是木材和造纸工业剥皮废水中的主要毒性物质,可分为水解单宁寡聚物和缩合单宁寡聚物,水解的单宁寡聚物在厌氧时可很快降解,缩合的单宁寡聚物不能很快降解,两种寡聚物在降解后,都不能使细菌的活性恢复。

除了非极性毒性物质和含氢键毒性物质,还有两种物质也很重要,即芳香族氨基酸和焦糖化合物。

在某些淀粉工业废水中常常含有酪氨酸等芳香族氨基酸,酪氨酸本身是无毒的,但在工业废水中,它被氧化成有毒的多巴,同样地,当 VFA 存在时,其毒性更强。

焦糖化合物通过焦糖化形成,焦糖化即在高温工业下,水中的糖和氨基酸受热变为棕褐色的过程。糠醛类化合物是焦糖化的第一个产物,其毒性可随污泥的驯化而降低,具有生物降解性。

3. 生物异性化合物

生物异性化合物质是指人为制造且在自然环境中难以发现的有机化合物。

(1)氯化烃。

氯化烃为某些氯化的碳氢化合物,如氯仿等可在小剂量浓度下使细菌死亡,可通过驯化厌氧菌来降解这类有机物,使之生成甲烷和没有毒性的氯离子。

(2)甲醛。

甲醛常常存在于含有黏结剂的废水当中,一般情况下,达到 100 mg/L 就会对甲烷菌产生影响,可通过驯化甲烷菌来部分适应甲醛。

(3)氰化物。

氰化物存在于石油化工废水,也可存在于淀粉废水当中,对甲烷菌伤害极大,可驯化甲烷菌来抗这类毒性物。

(4)石油化学品。

常见的产甲烷菌的石油类毒性物有苯和乙基苯等,这些非极性的芳香族化合物在其结构上与树脂化合物类似。

(5)洗涤剂。

洗涤剂多存在于工厂废水中,非离子型洗涤剂和离子型洗涤剂的抑制质量浓度分别为 50 mg/L 和 20 mg/L。

(6)抗菌剂。

酿造厂在使用抗菌剂原料灭菌时可能会在废水中积累这类毒性物质,这类毒性物对驯化后细菌的影响不大,但某些抗生素对未经驯化的厌氧污泥的毒性较大。然而,一旦厌氧微生物适应了有毒废水,毒性就会降低。通常,通过减少甲烷产生量和增加挥发性酸浓度来指示产甲烷的抑制作用。

部分产甲烷作用的抑制剂如下：

(1)氧。

产甲烷菌是专性厌氧菌,可能受到微量氧气的不利影响。然而,新的研究结果表明,产甲烷菌可以抵抗氧气,特别是在颗粒污泥中,颗粒污泥可以保护产甲烷菌免受污泥聚集体内氧气的不利影响。由于颗粒上微生物的生长和附着,氧气也会导致颗粒污泥的恶化。

(2)氨。

非离子化的氨对产甲烷菌有很大的毒性。然而,由于非离子化氨的产生受 pH 影响,在中性 pH 下几乎没有毒性。氨对质量浓度为 1 500 ~ 3 000 mg/L 的产甲烷菌具有抑制作用,随着固体停留时间的增加,连续加入氨引起的毒性降低。

(3)氯化烃。

氯化脂肪酸对产甲烷菌的毒性远大于好氧异养微生物。氯仿对甲烷菌有很大的毒性;通过甲烷产生量和氢积累来衡量,氯仿的质量浓度超过 1 mg/L 时,会对甲烷菌产生抑制作用(图 10.9)。产甲烷菌对该化合物的适应导致其对质量浓度高达 15 mg/L 的氯仿的耐受性增加。产甲烷回收率取决于生物质的质量浓度、固体停留时间和温度。

(4)苯环化合物。

苯环化合物(如苯、甲苯、苯酚、五氯苯酚)可抑制产甲烷菌的纯培养物。五氯苯酚是所有测试的苯环化合物中毒性最大的。在酚类化合物中,对产甲烷的抑制能力的排序是硝基-酚>氯酚>羟基酚。芳香族化合物对上流式厌氧污泥床(UASB)的颗粒中的产甲烷活性的抑制作用的排序为:甲酚>苯酚>羟基酚>邻苯二甲酸酯。在 N-取代的芳族化合物中,硝基苯对乙酸发酵型产甲烷菌毒性最大。

(5)甲醛。

甲醛在质量浓度为 100 mg/L 时严重抑制甲烷的产生,但在较低的甲醛浓度下抑制作用可能会恢复(图 10.10)。

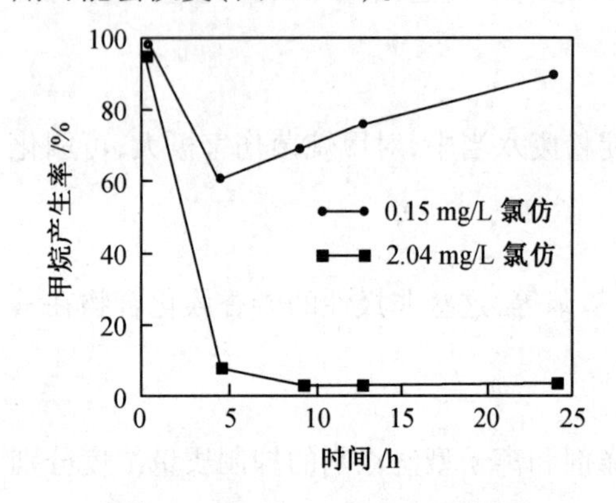

图 10.9　氯仿对甲烷产生率的影响

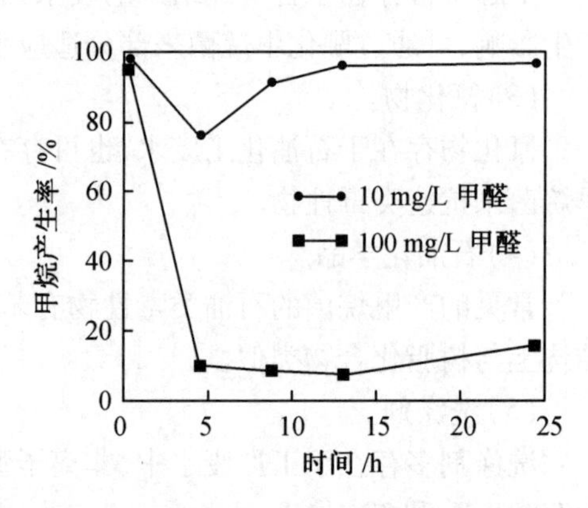

图 10.10　甲醛对甲烷产生率的影响

(6)挥发性酸。

如果保持 pH 接近中性,则挥发性酸(如乙酸或丁酸)对产甲烷菌几乎没有毒性。然而,丙酸对形成酸的细菌和产甲烷菌都有毒性。

(7)长链脂肪酸。

长链脂肪酸(如辛酸、月桂酸、肉豆蔻酸和油酸)可抑制乙酸发酵型产甲烷菌(如甲烷杆菌)的活性。

(8)重金属。

在工业废水和污泥中发现重金属(如 Cu^{2+}、Pb^{2+}、Cd^{2+}、Ni^{2+}、Zn^{2+}、Cr^{6+})对厌氧消化具有抑制作用。重金属对城市污泥的厌氧消化的抑制能力的排序为 Ni>Cu>Cd>Cr>Pb。随着重金属对污泥的亲和力降低,其毒性增大,因此,铅是毒性最小的重金属,因为它对污泥具有高亲和力。来自光学加工工业的废水,其厌氧消化过程可以耐受相对高浓度的银

[ρ(Ag)≥100 mg/L]。与硫化氢反应后金属毒性降低,导致生成不溶性重金属沉淀物。

(9)氰化物。

氰化物用于工业过程,如金属清洁和电镀。虽然氰化物的毒性由质量浓度和时间决定,但产甲烷菌的回收率取决于生物质浓度、固体停留时间和温度。

(10)硫化物。

硫化物是最有效的厌氧消化抑制剂之一。由于未离子化的硫化氢比离子化物质可以更快地扩散通过细胞膜,因此硫化物毒性高度依赖于 pH。例如,产甲烷作用在中性 pH 下,20% ~50%(质量分数)的溶解硫化物是 H_2S 形式,当硫化物的质量浓度为150 ~200 mg/L时,硫化物对产甲烷菌有毒。产酸菌对硫化氢的敏感性低于产甲烷菌;氢氧化产甲烷菌似乎比乙酸发酵型产甲烷菌对硫化氢更敏感。硫化物的抑制作用可能是由于硫化物本身,也可能是由硫酸盐引起的,硫酸盐作为硫酸盐还原菌的末端电子受体,硫酸盐还原菌群与产甲烷菌都使用相同的底物,因此这两组菌之间可能存在竞争。当 TOC 与硫酸盐的摩尔分数比为 1.3 时未观察到抑制作用。在嗜热厌氧发酵中,通过控制 pH 和生物质循环来选择耐硫化物的微生物,以减轻硫化物的抑制作用。

(11)季铵盐化合物(QAC)。

QAC 可抑制质量浓度超过 25 mg/L 的混合产甲烷菌的培养。产甲烷对 QAC 抑制作用的敏感性高于产酸。

(12)直链烷基苯磺酸盐(LAS)。

低浓度的表面活性剂(5 ~10 g/kg 干污泥)可以增大厌氧消化污泥的沼气产量,表面活性剂浓度越高,产甲烷活性越低。毒性与烷基链长度之间存在显著联系。

(13)药品。

一些化学物质通过人类和动物的尿液和粪便排出,最终进入废水地表水、地下水和饮用水中。有些可能会对污水处理厂的生物过程产生不利影响,特别是产甲烷等敏感过程。对六种药物(氨基巴甲泽松、磺胺甲恶唑、盐酸普萘洛尔、双氯芬酸钠、氧氟沙星和对氯菲布酸)进行的毒性试验发现有些药物是无毒的(如磺胺甲恶唑、氯纤酸),盐酸普萘洛尔的毒性最高[$c(IC_{50})$ = 30 mg/L]。

(14)单宁。

单宁是源自葡萄、香蕉、苹果、咖啡、豆类和谷物的酚类化合物,这些化合物通常对产甲烷菌有毒性作用。虽然速溶单宁酸对产甲烷菌具有高毒性,但其单体衍生物没食子酸和邻苯三酚对产甲烷菌的毒性要小得多。单宁通过与可接近的酶位点反应来抑制产甲烷菌。

(15)钾。

高的钾离子质量浓度(3 g/L)对猪粪便的嗜热厌氧消化有抑制作用,产甲烷量的下降伴随着 VFAs 的积累。

(16)离子。

Fe^{3+} 对产甲烷菌有抑制作用,Fe^{3+} 对污水厌氧生物膜中产甲烷活性的抑制能力为52% ~82%。为了避免上面讨论的一些毒性问题,建议使用两相厌氧消化系统将产酸菌与产甲烷菌在空间上分开。两相系统的优点是增强稳定性和增加对毒物的抵抗力(在第一阶段中除去或减少有毒物质)。污泥停留时间(SRT)长,允许产甲烷菌适应诸如氨,硫化物和甲醛等有毒物质。因此,应在反应器(如厌氧过滤器、厌氧流化床,厌氧上流污泥床)中对含有毒化学品的工业废物进行厌氧消化,这样可以在相对较低的水力停留时间内实现长的污泥停留时间。

10.7 废水的厌氧生物处理

厌氧生物法自一百多年前被引入废水处理领域以来,如今已在此领域中发挥了不可替代的作用,在20世纪60年代以前,厌氧生物法主要在城市废水厂污泥消化中,应用于处理生活废水的污泥,20世纪70年代以后又在高浓度有机废水处理中发挥了独特的作用。

我国长江、黄河等七大江河的主要污染物是有机污染,COD的污染质量负荷比为99.5%,因此,解决我国水污染的主要目标是控制有机污染。在有机污染物治理方面,生物法比物化法效果更好,处理费用更低,而厌氧生物法比好氧生物法更具优越性。

有机废水的性质大致可分为易于生物降解型、难生物降解型和有害型三类,有机废水处理途径的选择依据主要取决于废水的性质。高浓度有机废水不宜直接采取好氧生物法,因为好氧生物法不仅要消耗大量的稀释水,还伴随大量的电能消耗。应优先考虑采用厌氧生物法作为去除有机物的主要手段,提高有机物的可生化性。

易于生物降解的废水一般来自以农牧产品为原料的工业废水和禽畜粪便废水等,如轻工食品发酵废水、禽畜饲养场排放的废水。这类废水数量庞大,有机浓度高,对环境污染较严重,但易于生物降解,其主要有机组分为糖类、蛋白质和脂类。这类高浓度有机废水的治理一般优先考虑对有用物质的回收,如玉米酒精废液采用蒸发浓缩技术回收干酒精糟。在处理技术的选择方面,应优先考虑厌氧处理技术,不仅效能高、能耗低,还能大量回收生物能,是最佳的废水处理方式。

难以生物降解的废水主要来自化学工业、石油化工、炼焦工业等,如制药厂、染料厂、焦化厂、人造纤维厂等排出的生产废水。这类废水或难于降解,或对生物有害。由于这类废水中的有机物主要是难以生物降解的高分子有机物,单独采用好氧生物法往往达不到满意的处理效果,采用厌氧生物法则可降解或提高有机物的可生化性。但如果废水中所含有的有机物有毒,则不宜采用生物法,应考虑化学法或物化法进行处理。

有害废水主要来自化工工业和发酵工业(如味精废水、糖蜜酒精废水等)。这类废水所含有的有机物可能易于生物降解,但其中的某些物质对生物有害(如重金属、高氮、高硫等)。这类废水首先要经过适当的预处理,去除废水中的有毒有害物质,之后再根据废水中剩余有机物的性质选择适当的生物处理方法。

10.7.1 厌氧生物处理工艺的发展概况

1. 厌氧生物处理工艺的发展进程

早在几千年前,人类就有以粪便为农家肥施于农田的做法,这便是早期的厌氧生物处理,其做法是将动植物残体、人畜粪尿或两者的拌合物进行长期厌氧发酵,使其中的有机物无机化或稳定化,有机氮转化为无机氮,并保持磷、钾等及微量元素含量,为农作物提供肥分,一般发酵时长在半年至一年之间。随着工业化发展,城镇人口不断增加,粪便、工业废水等不断排入河流中引起水体变质,应用价值下降,18 世纪 50 年代,西方国家开始重视水污染问题,并着手探索生物处理方法解决这一问题。

废水厌氧生物处理技术发展至今,已有 120 多年的历史了(发展概况见表 10.7),最早由法国人 Louis Mouras 改进简易沉淀池作为污水污泥处理构筑物使用。1860—1897 年,厌氧消化工艺经历了它的第一个发展阶段,即简单的沉淀与厌氧发酵合池并行的初期发展阶段。此阶段的发展特点为:

(1)在腐化池(我国习惯称之为化粪池)中集中进行污水沉淀和污泥发酵,以简易的沉淀池为基础,适当扩大其污泥储存容积,作为挥发性悬浮固体野花的场所。

(2)处理对象为污水污泥。当时仅以悬浮固体作为污染指标,因而处理效果通常以悬浮固体的液化(水解)作为衡量标准,这其中不可避免地进行着酸化和气化过程。

(3)腐化池设计精确,至今仍应用于无排水管网地区以及某些大型居住或公用建筑的排水管网上。

随后,在 1899—1906 年间,厌氧消化工艺经历了它的第二个发展阶段:污水沉淀与污泥发酵分层进行。其特点有:

(1)用横向隔板把污水沉淀和污泥发酵分隔在上下两室各自进行,上层为污水沉淀室,下层为污泥发酵室,即形成了所谓的双层沉淀池。

(2)仍以悬浮固体作为污染指标,但已认识到生物气的能源效益,并开始开发利用。

(3)20 世纪 60 年代后,双层沉淀池逐渐退出应用舞台。

厌氧消化工艺的第三个发展阶段始于 1912 年,即独立式营建的高级发展阶段。此阶段开发的主要处理设备有普通厌氧消化池和生流式厌氧污泥床反应器,同时发展了厌氧接触工艺、两相厌氧消化工艺、厌氧生物滤池及厌氧流化床等。此阶段发展特点有:

(1)将厌氧发酵室从沉淀池中分离出来,建立独立工作的厌氧消化反应器,发展出功能齐全,构型各异的厌氧消化装置,由处理污水污泥发展到处理高浓度有机废水,由处理营养性有机物发展到处理抑制性有机物等。

(2)将有机废水及污泥的处理和生物气的利用结合起来,既能达到环境保护的目的,又能开发利用新型能源。

(3)处理对象除可挥发悬浮固体外,还着眼于降低化学需氧量和生物需氧量,以及某些有毒有机物的降解。

20 世纪 80 年代以来,在原有的废水处理新工艺的基础上陆续开发出如 UBF、USR、EGSB、IC 等新的高效厌氧处理工艺。这些新颖厌氧处理工艺的开发,打破了过去认为厌氧处理工艺处理效能低、需要较高温度、较高废水浓度和较长停留时间的传统观念,逐步适应各种不同温度和不同浓度的有机废水。

2. 厌氧生物处理工艺的分类

废水厌氧生物处理技术发展至今已经取得长足的进步,开发出适合多种条件的种类繁多的厌氧反应器,按照选择方式的不同,可以把不同类型的厌氧反应器作如下分类。

(1)按发展年代分类。

人们习惯把 20 世纪 50 年代以前开发的厌氧消化工艺称为第一代厌氧反应器,把 20 世纪 60 年代以后开发的厌氧消化工艺称为第二代或现代厌氧反应器。

表 10.7　厌氧生物处理工艺发展概况

分类	时间	名称	特点
混合式	1860—1881 年	Moures 净化器	改进后的沉淀池使沉淀污泥能厌氧液化，处理对象为挥发性悬浮固体
	1890 年	厌氧填料床过滤器	
	1894 年	腐化池	连续进出水，浮渣影响出水水质，并形成结渣层，有臭气散发，污泥每年清掏 1～2 次
	1897 年	集气式腐化池	腐化池顶安装了集气器，首次回收了生物能源，收集气体用于驱动气体发动机
分隔式	1899 年	分隔式腐化池	提出分隔污水沉淀与污泥发酵的构想
	1903 年	Travis 双层沉淀池	分隔沉淀池，上层为污水沉淀室，下层无污泥发酵室；下室每十多天排空老化污泥一次，用 1/5 污水注入下室冲走危害发酵的物质
	1906—1940 年	Imhoff 双层沉淀池	下室很大，污泥能完全消化，污泥龄不小于 60 d，能去除 95% 的污染物
独立式	1912 年	敞开式消化池	圆形或矩形的人工和天然的大型露天贮泥池，消化时间最少在 100 d 左右，散发臭气，接种不良，但管理和构建较方便
	1920—1926 年	密封式消化池	以沼气作为污泥泵的动力，建造能加热和集气的消化池，形成现代消化池原型
	1935—1955 年	现代高速搅拌式消化池	消化池内采用搅拌技术，奠定了现代高速消化池的基本条件之一（另一技术为加热）
	1955 年	厌氧接触工艺	与好氧活性污泥法相似，由厌氧消化池、沉淀池及污泥回流系统组成，缩短了消化池内水力停留时间，延长了污泥的停留时间，能连续进水，保持池内负荷均匀，保持污泥的高浓度

续表 10.7

分类	时间	名称	特点
独立式	1955—1967 年	厌氧生物滤池	首次开发了厌氧生物膜法,增大了污泥龄,提高了处理效率,侧重于有机工业废液的处理
	1971 年	两相厌氧消化工艺	分别进行酸发酵与甲烷发酵,以适应产酸菌和产甲烷菌的各自习性
	1974 年	上流式厌氧污泥床	反应器内有大量厌氧污泥,上部设有三相反应器及污泥沉降室,无须搅拌
	1975—1982 年	厌氧生物转盘	厌氧微生物固着在转盘上,污泥浓度高,泥龄长,不怕流失,转盘安装运行较复杂,后改进为厌氧挡板式反应器
	1978 年	厌氧附着膜膨胀床	厌氧微生物固着在粒状挂膜介质上,介质处于半悬浮状态
	1979 年	厌氧流化床	厌氧微生物固着在粒状挂膜介质上,通过回流产生上升流速,造成污泥床的流化,处理效能高,运行管理较为复杂
	1980 年	组合式厌氧反应器	根据废水特点,对各种处理设备进行优化组合

第一代厌氧消化反应器的化粪池和隐化池（双层沉淀池）主要用于处理生活废水下沉的污泥，传统消化池与高速消化池用于处理由城市污水厂初沉池和二沉池排出的污泥。第二代厌氧反应器主要用于处理各种工业排出的有机废水。

以传统厌氧消化池和高速厌氧消化池为代表的第一代厌氧反应器的主要特点是污泥龄（SRT）等于水力停留时间（HRT）。为了使污泥中的有机物达到厌氧消化稳定，必须保持较长的 STR（即 HTR），这就势必要求反应器拥有大容积，也使得反应器的处理效能较低。

第二代反应器的特点是将 STR 与 HTR 分离，使得反应器既可维持很长的 SRT，又可使 HTR 缩短，即 HRT<SRT，这有利于维持反应器内较高的生物量，提高反应器的处理效能。由于第一代厌氧反应器中的厌氧接触法已经采用了污泥回流，从而做到 HRT<SRT，其实它具有第二代反应器的特征，所以一般把 RGSB 和 IC 反应器称为第三代厌氧反应器。

两代反应器的消化工艺概况见表 10.8。

（2）按反应器流态分类。

厌氧生物处理工艺按反应器流态分类，可分为活塞流型厌氧反应器（如腐化池、升流式厌氧滤池和活塞流式消化池）和完全混合型厌氧反应器（如带搅拌的普通消化池和高速消化池），或介于活塞流和完全混合两者之间的厌氧反应器（如升流式厌氧污泥层反应器、厌氧折流板反应器和厌氧生物转盘等）。

（3）按厌氧微生物在反应器内的生长方式不同分类。

按照厌氧微生物在反应器内的生长方式不同，厌氧反应器可分为悬浮生长厌氧反应器和附着生长厌氧反应器。传统消化池、高速消化池、厌氧接触法和升流式厌氧污泥层反应器等反应器中的厌氧活性污泥均以絮体或颗粒状悬浮于反应器液体中生长，这类反应器被称为悬浮生长厌氧反应器。而厌氧滤池、厌氧膨胀床、厌氧流化床和厌氧生物转盘等反应器中的微生物附着于固定载体或流动载体上，这类反应器被称为附着膜生长厌氧反应器。

有些反应器将悬浮生长与附着生长结合在一起，例如 UBF，下层是升流式污泥床，上层则是充填填料厌氧滤池，两者结合称为升流式污泥床——过滤反应器，而这一类的反应器则称为复合厌氧反应器。

（4）衍生的厌氧反应器。

衍生的厌氧反应器包括 EGSB、IC 反应器、USR 等，它们均是在 UASB 反应器的基础上衍生出来的。EGSB 是使 UASB 反应器的厌氧颗粒污泥处于流化状态；IC 反应器则是使两个 UASB 反应器上下叠加，以污泥床产生的沼气为动力，实现反应器内的混合液循环；如果把 UASB 反应器去掉三相分离器，则成为用于处理高固体废液的 USR。

（5）按厌氧消化阶段分类。

按厌氧消化阶段分类，反应器可分为单相厌氧反应器和两相厌氧反应器。单相厌氧反应器是让产酸阶段与产甲烷阶段在一个反应器中进行；两相厌氧反应器则是将两个阶段分别在两个反应器中进行，再将两反应器串联而成。由于产酸阶段的产酸菌反应速率快，而产甲烷阶段的反应速率慢，将两过程分离，可充分发挥产酸阶段微生物的作用，提高系统整体反应速率。

表10.8　第一代和第二代厌氧消化工艺概况

类别	厌氧处理工艺	HTR	处理对象	设计负荷率/($L \cdot m^{-3} \cdot d^{-1}$)	开发时间/年	应用情况	运行温度
第一代反应器	腐化池	半年~一年(污泥)	生活污水和污泥		1895	生产	常温
	隐化池	40~80 d(污泥)	生活污水和污泥	0.5 kgvss	1906	生产	常温
	普通消化池	20~30 d	污泥	1.0~1.5 kgvss	1920	生产	中温·高温
	高速消化池	7~10 d	污泥	3.0~3.5 kgvss	1950	生产	中温·高温
	厌氧接触法	0.5~6 d	有机废水	1.8~4.0 kgBOD	1955	生产	中温
第二代反应器	厌氧生物滤池	0.9~8 d	有机废水	3~10 kgCOD	1967	生产性	中温
	升流式厌氧污泥层反应器	6~20 h	有机废水	6~15 kgCOD	1974	生产性	中温
	厌氧膨胀床	6~24 h	有机废水	4.0 kgCOD	1978	实验室测试	常温
	厌氧流化床	0.5~4 h	有机废水	9~13 kgCOD	1979	实验室测试	常温
	厌氧生物转盘	8~18 h	有机废水	8~33 gCOD	1980	实验室测试	常温
	厌氧折流板反应器	6~26 h	有机废水	8~36 kgCOD	1982	实验室测试	常温

3. 废物处理生物反应器

对于高浓度有机废水应采用厌氧生物处理为主、好氧生物处理为辅的技术路线，因为仅通过厌氧生物处理高浓度有机废水，出水往往达不到排放标准，需要好氧生物处理作为后处理才能满足排放要求。

废水的厌氧处理作为废物处理的节能方法备受人们关注。现在将讨论微生物学方面在废水处理中使用的主要厌氧系统类型。用于废物处理的生物反应器如图 10.11 所示。

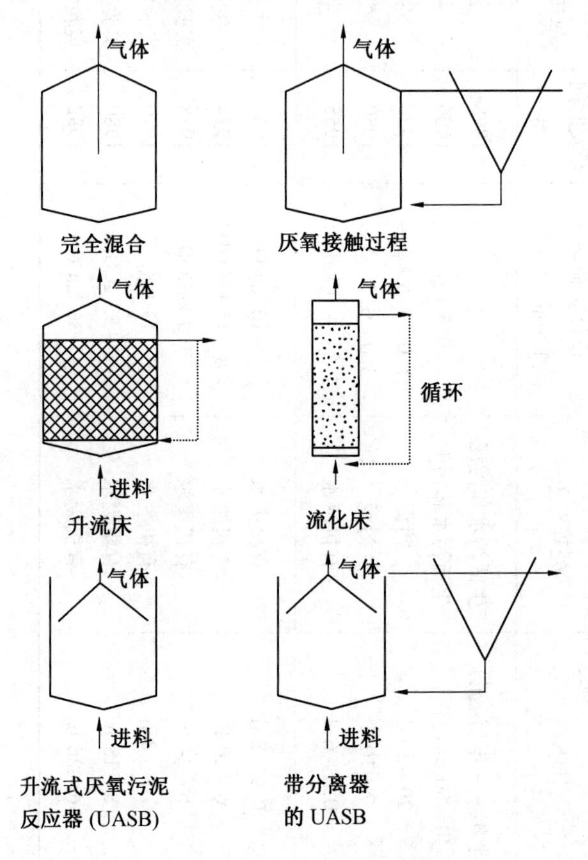

图 10.11　用于废物处理的生物反应器

10.7.2　化粪池

化粪池系统于 19 世纪末推出，是最古老和使用最广泛的厌氧处理系统。大约 25% 的美国人口由化粪池提供服务，化粪池是污染地下污水的最重要因素。化粪池系统由水箱和吸收池组成(图 10.12)。

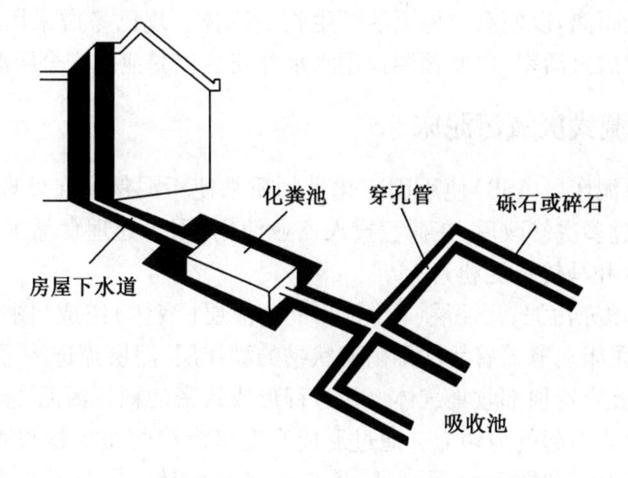

图10.12　化粪池系统

1. 水箱

水箱的主要功能是在厌氧条件下对有机废物进行生物消化,然后进行固液分离。水箱由混凝土、金属或玻璃纤维制成,目的是去除废水中的固体,避免堵塞吸收区域。废水经过厌氧消化,产生称为腐化物的污泥和一种称为浮渣的轻质固体(脂肪)漂浮层。化粪池内废水的滞留时间为24~72 h,化粪池系统产生相对少量的腐化物(3 000~6 000 L)。污泥主要通过土地施用或与污水处理厂待处理的城市污水相结合处理。污水浓度约为城市污水的50倍。对于装载城市废水达到其设计容量75%的工厂,推荐的腐化负荷约为1%。应定期检查水箱,并应每隔3~5年清洁一次,以清除积聚的污水。在炎热气候下,化粪池可有效去除悬浮固体(约80%)和BOD(0.90%)。其他情况下,化粪池分别可以去除65%~80%和70%~80%的BOD和悬浮固体。然而,水箱中的厌氧消化能灭活的病原体有限,病毒不会失活,因此可能被转运到地下水中。

2. 吸收池

自化粪池的污水通过多孔管道系统到达吸收区域,多孔管道被砾石或碎石包围。化粪池污水在土壤向下渗透到地下水时由土壤处理。有几种土壤吸收系统的设计,包括沟渠、床、土墩和渗水坑。土壤吸收池的运行取决于许多因素,其中包括废水特征、土壤吸收率、废水负荷、地质和土壤特性。在正常条件下,吸收池应在不饱和流动条件下运行。

3. 化粪池对地下水的污染

化粪池污水是病原微生物对地下水污染的主要途径,数以亿计的化粪池污水被排放到环境中,特别是地下水。由于使用未经处理的地下水而引起的疾病暴发中,很大一部分是由这些向地下环境输入的废水引起的。化粪池可能是地下环境中肠道病毒的主要来源。

在美国和其他国家,数以百万计的家庭使用私人水井作为他们唯一的饮用水来源,然而,这些水中可能存在病原微生物。对威斯康丰州应用地点附近化粪池所在地区的私人家庭水井的监测显示,8%的样本中存在肠道病毒。井水中检测到的病毒有甲型肝炎病毒、诺如病毒、轮状病毒和肠道病毒。因此,饮用水井的位置应适当,以避免地下水污染、并留出足够的安全距离,以便有效地灭活微生物病原体。现已考虑采用地质统计技术来估计地下水中病毒的灭活率,以便预测饮用水水井安装化粪池的安全距离。

10.7.3 上流式厌氧污泥床

上流式厌氧污泥床(UASB)使用固定化生物质来使污泥保留在处理系统中,是在21世纪初引入的,经过多次修改后,在荷兰投入商业使用,用于处理食品工业产生的工业废水(如甜菜糖、玉米和马铃薯淀粉)。

UASB由底层填充污泥、污泥层(污泥)和上清液层(液体)组成(图10.13)。废水向上流过污泥床,污泥床上覆盖着活性细菌絮状物的漂浮层,滤层筛选将污泥絮凝物与处理过的水分离,并在反应器顶部收集气体。该过程形成致密的颗粒污泥,能很好地沉降并且能够承受由废水上流引起的剪切力。通过形成高度可沉淀的微生物来固定污泥,生长成具有高VSS含量和比活性的独特颗粒(1~5 mm)的聚集体。免疫学技术、扫描电子显微镜(SEM)检测和颗粒污泥的能量分散X射线分析表明,颗粒由产甲烷菌组成。扫描电子显微镜和透射电子显微镜(TEM)显示颗粒是三层结构,内层由甲醇菊酯样细胞组成,其可以作为颗粒发育起始所必需的成核中心。中间层由棒状细菌组成,包括产生H_2的产乙酸菌和消耗H_2的生物。最外层由杆状、球状和丝状微生物的混合物组成。这一层发酵和产生H_2的生物的混合物,因此,颗粒可能具有将有机化合物转化为甲烷所必需的生理基团。使用16 S rRNA靶向探针确认了厌氧污泥颗粒的分层结构。嗜温和嗜热颗粒均为层状结构,外层主要含有细菌细胞,而内层主要含有古细菌。

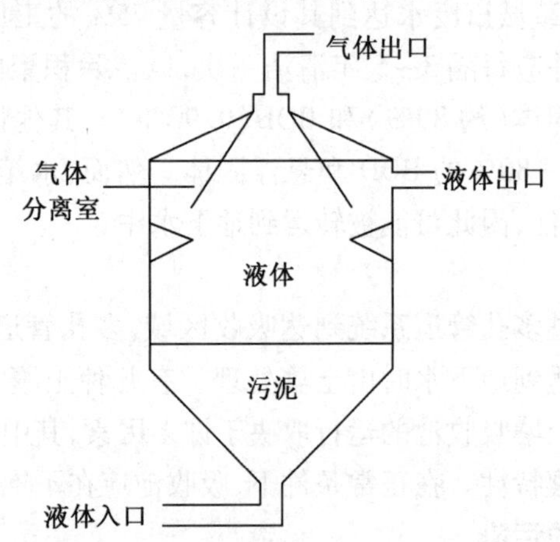

图10.13 上流式厌氧污泥床(UASB)工艺

微电极与遗传探针组合,可用于显示颗粒内的pH、甲烷和硫化物分布。该方法提供了关于颗粒内的产甲烷菌和硫酸盐还原菌(SRB)之间相互作用的信息。例如,在以葡萄糖作为底物的颗粒中,显示pH从颗粒的外部到内部逐渐增大(即内部的酸转化为甲烷)。该技术还证明,在颗粒的外部发生硫酸盐还原,而在内部发生FeS沉淀。在产甲烷-硫化生物反应器中,SRB位于表层,深度为100 mm,而产甲烷菌位于聚集体的核心。

为了寻求节能技术,目前正在努力研究工业废水排放温度(小于18 ℃)下厌氧消化器的微生物生态学。对于啤酒厂的废水,嗜温厌氧和嗜冷厌氧生物反应器在COD去除和能量生成方面的作用类似。

颗粒的微生物组成取决于生长基质的类型。影响颗粒产生速率的因素包括废水特性(当废水由可溶性碳水化合物组成时具有更高的速率)、操作条件(如污泥进料速率)、温度、pH 和基本养分的可利用性。存在的问题包括污泥颗粒的劣化,快速生长的细菌的附着、浮选和碳酸钙沉淀。通过 UASB 工艺处理蒸馏废水可去除 92%(质量分数)的 BOD。

新型 UASB 反应器包括膨胀颗粒污泥床(EGSB)反应器,该反应器在高流速下起作用,即使在低于 10 ℃的温度下也能处理极低强度的废水。

10.7.4　厌氧过滤器

厌氧过滤器(图 10.14)于 20 世纪初首次引入,并于 1969 年由 Young 和 McCarty 进一步开发。这些过滤器是滴滤器的等效物,它们含有支撑介质(岩石、砾石、塑料),空隙空间约为 50% 或更大。大部分厌氧微生物生长附着在过滤介质上,但有些形成絮状物被困在过滤介质中。废水通过反应器的上升有助于保留塔中的悬浮固体,这种方法对处理富含碳水化合物的废水特别有效。装载率随废物类型和支撑介质类型而变化,通常在 5 ~ 20 kgCOD/(m^3 · d)的范围内。该系统去除了少量的 BOD,但对固体的去除率较高,约有 20%(质量分数)的 BOD 转化为甲烷。

另一种厌氧过滤器是薄膜反应器。该反应器含有几个直径为 5 ~ 10 cm 的黏土管。进入的废水向下流动,在黏土管表面形成的 1 ~ 3 mm 厚的厌氧生物膜上被处理(图 10.15)。

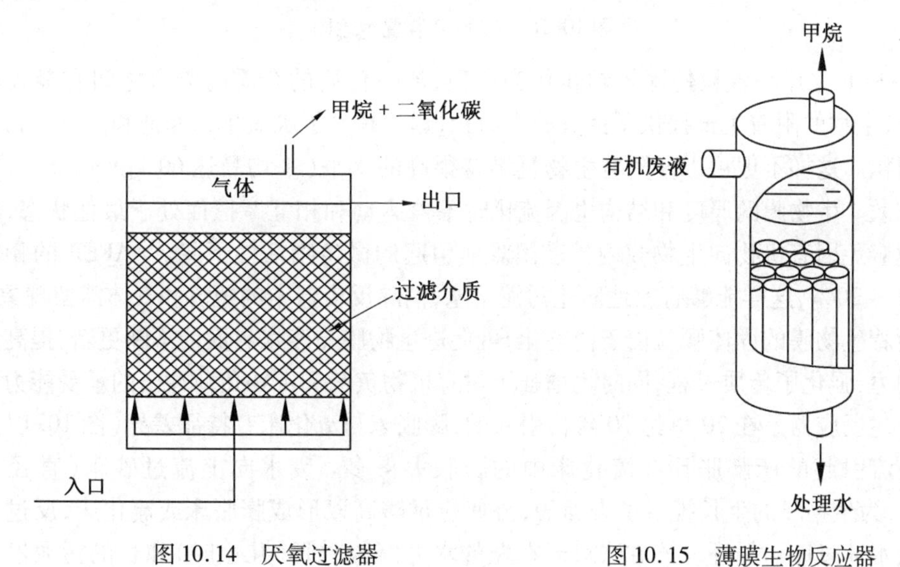

图 10.14　厌氧过滤器　　图 10.15　薄膜生物反应器

10.7.5　厌氧附着膜膨胀床和流化床反应器

厌氧附着膜膨胀床(Anaerobic Attached Film Expanded Bed,AAFEB)是由美国的 Jewell 等人最早在 20 世纪 70 年代中期,将化工流态化技术引进废水生物处理工艺,开发出的一种新型高效的厌氧生物反应器。20 世纪 70 年代末，Bowker 在厌氧附着膜膨胀床的基础上采用较高的膨胀率成功地研制了厌氧流化床（Anaerobic Fluidised Bed，AFB）。AAFEB 和 AFB 的工作原理完全相同，操作方法也相同，只不过 AFB 的膨胀率更高。

图 10.16 所示为 AAFEB 装置示意图。在 AAFEB 内填充粒径很小的固体颗粒介质（粒径为 0.5 ~1 mm），在介质表面附着厌氧生物膜，形成了生物颗粒。废水以升流方式通过床层时，在浮力和摩擦力作用下使生物颗粒处于悬浮状态，废水与生物颗粒不断接触而完成厌氧生物降解过程。净化后的水从上部溢出，同时产生的气体由上部排出。

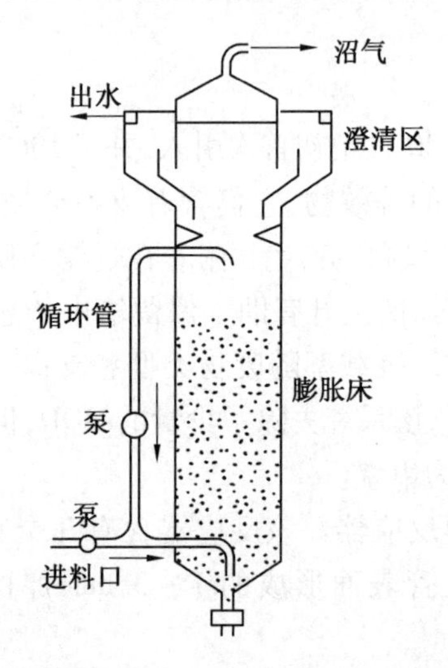

图 10.16　AAFEB 装置示意图

AAFEB 采用小颗粒的固体颗粒作为介质，流态化后的介质与废水之间有最大的接触，为微生物的附着生长提供了巨大的表面积，远远超过了厌氧生物滤池和厌氧生物转盘的表面积。这样不但可以使附着生物量维持很高的水平（平均高达 60 $kgVSS/m^3$），而且相对疏散。生物膜的厚度和结构也因流化时不停运动和相互摩擦而处于最佳状态，能够有效地避免因有机物向生物膜内扩散困难而引起的微生物活性下降。AAFEB 的膨胀率为 10% ~20%，这样能够有效地防止污泥堵塞，消除反应器中的短流和气体滞留现象。

附着生物膜的固体颗粒由于流态化，可促进生物膜与废水界面的不断更新，提高了传质推动力，强化了传质过程，同时也增强了对有机物负荷和毒物负荷冲击的承受能力。

上述反应器是在 20 世纪 70 年代引入的，膨胀床与流化床有特征差异（图 10.17），由废水上流引起的床膨胀比在流化床中的膨胀大得多。废水向上流过砂床（直径小于 1 mm），为生物膜的生长提供了表面积，流速应足够高以形成膨胀床或流化床，反过来又需要废水通过床再循环。该方法对于在短的水力停留时间（几小时）和长的污泥停留时间（SRT）内处理低强度有机底物（COD 小于 600 mg/L）有效。这个过程的优点有：

（1）废水和微生物之间实现了良好的接触；

（2）避免堵塞和窜流；

（3）由于反应器体积减小，可以实现高生物质质量浓度；

（4）可以控制生物膜厚度；

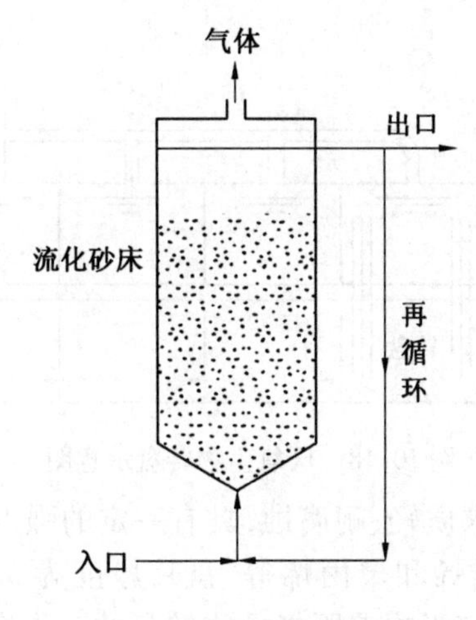

图 10.17　流化床反应器

(5)在低温和相对较短的水力停留时间(小于 6 h)内成功处理低质量浓度废水(COD≤600 mg/L)。

一些研究人员认为,流化床反应器可适用于好氧处理。这种应用的优点是停留时间较短,因此具有较高的上流速率。此外,由于生物膜中缓慢生长的硝化细菌的保留,可促进硝化作用。

该方法的一些缺点是床膨胀的上流速度所需的能量高和载体材料占据的体积大(30% ~40%)。一些人提出了一种厌氧膨胀微载体床(MCB)来解决这些问题。用粉末状沸石作为 MCB 工艺中的载体材料,促进了颗粒污泥的形成,如 UASB 工艺中所述。

10.7.6　厌氧生物转盘

厌氧生物转盘(Anaerobic Rotating Biological Contactor Process)最早是由 Pretorius 等人在进行废水的反硝化脱氮处理过程中提出来的。1980 年 Tati 等人首先开展了应用厌氧生物转盘处理有机废水的试验研究工作。厌氧生物转盘具有生物量大、高效、能耗少和不易堵塞、运行稳定可靠等特点,应用于有机废水发酵处理,正日益受到人们的关注。当前在我国,对厌氧生物转盘的开发应用开始受到重视,开展着试验研究。

1. 厌氧生物转盘的构造和工作原理

厌氧生物转盘在构造上类似于好氧生物转盘,即主要由盘片、转动轴和驱动装置、反应槽等部分组成。在结构上它利用一根水平轴装上一系列圆盘,若干圆盘为一组,成为一级。厌氧微生物附着在转盘表面,并在其上生长。附着在盘板表面的厌氧生物膜,代谢污水中的有机物,并保持较长的污泥停留时间。不同之处是反应器密封,而且圆盘全部浸没于水中(图 10.18)。

厌氧生物转盘的净化机理与厌氧生物滤池基本相同。在转动的圆盘上附着厌氧活性生物膜,同时反应器内还有悬浮的厌氧活性污泥。

厌氧生物转盘与其他厌氧生物膜工艺相比,其最大的优点是转盘缓慢地转动产生了搅拌混合反应,使其流态接近于完全混合反应器;反应器的进出水使水平流向不会形成沟流、短流以及引起堵塞等问题。

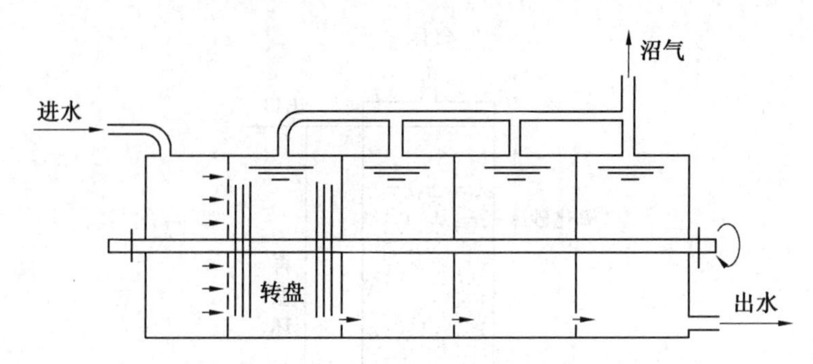

图 10.18 厌氧生物转盘示意图

厌氧生物转盘的盘片要求质轻、耐腐蚀,具有一定的强度,且表面粗糙以便于挂膜。目前常用的盘片材料有聚乙烯和聚丙烯等,盘片厚度为 3 ~ 5 mm,盘片直径为 60 ~ 260 mm。盘片之间的间距直接影响着厌氧生物转盘的工作容量和生物量。一般要求盘片之间的间距适当小一些,以增加片数。增大厌氧微生物附着的总表面积,加大单位容积反应器的生物量,提高处理能力。但是间距过小也可能引起堵塞。目前试验研究中所采用的盘片大致为 8 mm 或更大。

为了防止盘片上的生物膜生长过厚,单独靠水力冲刷剪切难以使生物膜脱落,使得生物膜过度生长,过厚的生物膜会影响基质和产物的传递,限制了微生物的活性发挥,也会造成盘片间被微生物堵塞,导致废水与生物膜的面积减少。有研究者将转盘分为固定盘片和转动盘片相间布置,两种盘片相对运动,避免了盘片间生物膜黏结和堵塞的情况发生。

厌氧生物转盘可以是一级也可以是几级串联。一般认为多级串联可以提高系统的稳定性,增强系统运行的灵活性。目前试验研究多用多级串联,级数一般为 4 ~ 10 级。

在生物转盘运行过程中,水力停留时间(HRT)、有机负荷率、进水水质以及转盘串联级数都对其处理效果产生影响,在处理过程中需探索出最佳的工艺参数。

2. 厌氧生物转盘的研究及应用前景

从大多数的试验研究结果来看,厌氧生物转盘用以处理高浓度、低浓度、高悬浮固体含量的有机废水都能取得较好的效果。它不仅使用的处理范围很广,而且在操作运行上比较灵活,是一种很有前途的厌氧生物膜处理工艺。

厌氧生物转盘类似于好氧生物转盘,只是反应器密封以产生厌氧条件(图 10.19)。该过程因为不考虑氧转移,所以允许转盘浸没的面积更大。厌氧生物膜的形成与有机负荷和时间有关,即使在高达 90 gCOD/(m^3 · d) 的进料速率下,也可以去除约 85%(质量分数)的 COD(图 10.20)。在该有机负荷下,甲烷以 20 L/(m^3 · d)的速率产生。这种厌氧固定膜系统的优点有:①有较高的有机负荷潜力;②独立于水力停留时间的细胞停留时间短;③废物固体的产量低;④有承受有毒冲击负荷的能力;⑤能产生甲烷。

研究废水处理的厌氧过程表明,需要对这些过程的微生物方面进行更多的研究。对于附着的生物膜进行全面检查也是必要的。

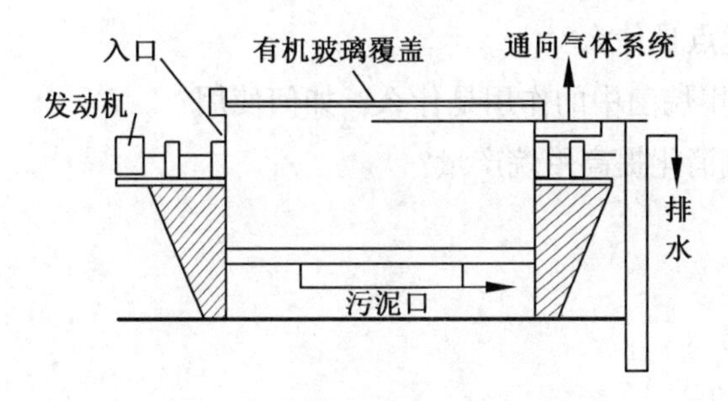

图 10.19　厌氧旋转生物接触器

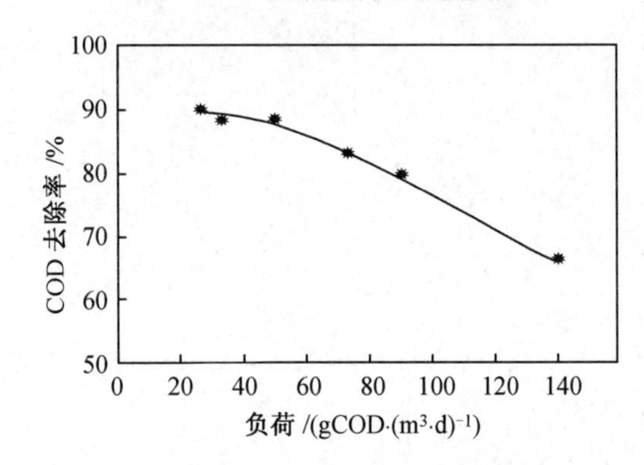

图 10.20　厌氧生物接触器作为有机负荷函数的效率

10.8　思考题

1. 厌氧过程主要由哪些类型的微生物驱动?
2. 为什么厌氧消化产生的生物量(污泥)很低?
3. 如何减少好氧过程中产生的生物量(污泥)?
4. 指出两类产甲烷菌并解释它们是如何产生甲烷的。
5. 化粪池的污水有什么问题?
6. 产甲烷菌属于古细菌,它们和细菌有什么不同?
7. UASB 是如何工作的?
8. 硫酸盐还原菌和产甲烷菌在 UASB 颗粒中的作用如何?
9. 如何检测产甲烷菌?
10. 指出控制产甲烷的主要因素。
11. 解释产甲烷菌和硫酸盐还原菌在厌氧消化中的竞争。
12. 描述化粪池系统。
13. 如果化粪池以有氧模式运作会怎样?
14. 如何处理化粪池污泥?
15. 厌氧消化涉及的四类微生物是什么?

16. 厌氧消化的优点是什么？

17. *mcr* 基因在产甲烷菌中的作用是什么？如何使用？

18. 如何通过厌氧消化提高甲烷产量？

第 11 章　饮用水处理过程中的微生物技术

11.1　概　述

饮用水安全是全世界关注的问题。受污染的饮用水对全世界人类健康都有影响。图 11.1 所示为按大陆划分的供水服务未得到改善的全球人口分布情况（世界卫生组织，2003 年）。据统计，世界上有 11 亿人口无法获得安全、干净的水。

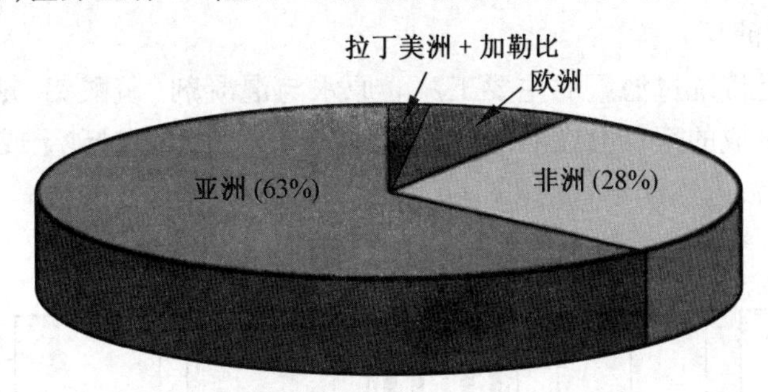

图 11.1　供水服务未得到改善的全球人口（11 亿）分布情况

即便摄入较低水平的病原体，特别是病毒，也可能对易感人群造成感染，临床疾病甚至有死亡的风险。与饮用水中病毒相关的风险举例见表 11.1。用指数风险评估模型来评估饮用水中存在柯萨奇病毒的相关风险。模型假设一般人群的每天每人饮用水的消耗量为 2 L，病毒浓度为 0.13 PFU/L（最高浓度）或 1 023 MPN CPU（最可能的细胞病变单位数）/L（最低浓度）。饮用处理后地表水的日感染风险为 10^{25}，年感染风险为 10^{22}。饮用未消毒地下水的风险较高。随着饮用水研究取得进展，以及针对微生物病原体和寄生虫的多重屏障的建立，人们日常饮水的安全性显著提高，尤其是在工业化国家。这种多屏障系统包括水源保护，可靠的水处理措施（预处理、混凝、絮凝、沉淀、过滤、消毒）和给水分配网络的保护。

表 11.1　饮用水中柯萨奇病毒的相关风险

	5×10^{23} MPN CPU/L 地表水		0.13 PFU/L地下水	
风险类型	d	年	d	年
感染风险	7.75×10^{25}	2.79×10^{22}	2.01×10^{23}	5.21×10^{21}
患病风险	5.81×10^{25}	2.09×10^{22}	1.51×10^{23}	3.91×10^{21}
死亡风险	3.43×10^{27}	1.23×10^{24}	8.91×10^{26}	2.30×10^{23}

注：一般人口 2 L 饮用水/（日・人）。

在本章中,将介绍源头水的微生物质量以及公共卫生方面的水处理过程。

11.2 饮用水处理厂工艺流程概述

水中含有几种化学和生物污染物,只有高效地去除这些污染物,才能生产出安全的饮用水。化学污染物包括硝酸盐、重金属、放射性核素、杀虫剂和其他外来生物。最终的成品还必须没有微生物病原体、寄生虫、颜色、味道和气味。为了实现这一目标,将对原水(地表水或地下水)进行一系列物理化学处理,这些过程会在后面详细讲述。如果原水来自于受保护的水源,那么只进行消毒就足够了。有几种更常见的处理水的方法:消毒与混凝、絮凝和过滤相结合。其他去除特定化合物的处理方法包括预曝气和活性炭处理。处理方法的选择取决于源头水的水质状况。

水处理厂主要有两类:

(1)传统的过滤厂。

混凝和絮凝是传统过滤厂的主要工序。原水与混凝剂(硫酸铝、氯化铁、硫酸铁)快速混合,混凝后,生成的絮体会在澄清池沉淀,澄清后的污水通过砂土或硅藻土进行过滤,水最终经过消毒后,进入配水管网(图 11.2)。

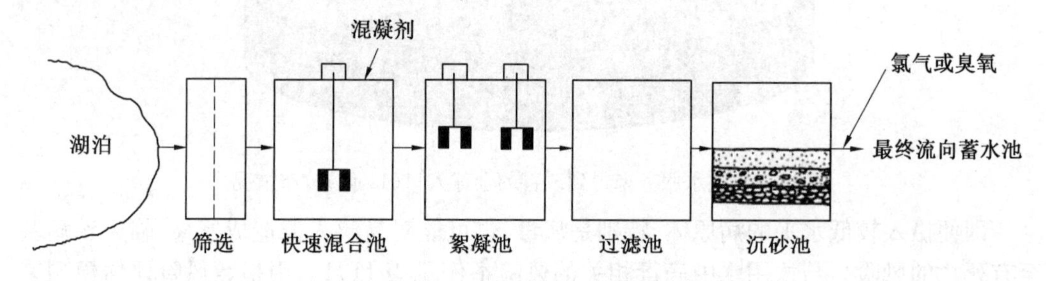

图 11.2 常规水过滤厂的流程图

(2)软化水处理厂。

软化水处理厂的主导工艺是水软化,这有助于去除水中钙和镁的硬度,并形成钙镁沉淀物,沉淀之后,对水进行过滤和消毒。

在水处理厂,可以通过混凝、沉淀、过滤、吸附等物理过程去除微生物病原体和寄生虫,也可以用消毒剂或者水软化过程中产生的高 pH 环境灭活。

饮用水中有几种很受关注的病原体和寄生虫。在常规水处理厂的饮用水中偶尔还是会检测到病毒,但是生产的水符合目前的水质标准。例如,在水处理厂处理的饮用水中检测到的肠道病毒浓度为 3 ~20 个/1 000 L,处理过程包括预氯化、絮凝、沉淀、砂滤、臭氧处理和氯化消毒。然而,在加拿大拉瓦尔的一家水过滤厂的 162 个成品水样(每个样本为 1 000 ~2 000 L)中没有发现病毒,但是在成品中检测到了大肠杆菌和梭菌。在韩国,对经过絮凝/沉淀、过滤和氯化处理的自来水进行采样,经过细胞培养检测和 PCR 扩增发现有 39% ~48% 的样本中含有传染性的肠病毒(脊髓灰质炎病毒 1 型、回声病毒 6 型、柯萨奇 B 型病毒)和腺病毒(如 40 型和 41 型腺病毒)。在法国的一个处理厂进行的调查显示,处理流程包括预臭氧氧化、混凝-絮凝、过滤、臭氧氧化、活性炭和最终臭氧消毒,在最终产品中并未发现病毒(表 11.2)。西班牙的三家水处理厂也报告了类似的结果。

表 11.2 水处理厂不同阶段的水样中病毒浓度(PFU/1 000 L)

抽样事件	蓄水	沉降	滤砂	臭氧化
1	10.4	<25	9.1	<1
2	6.1	132	<1	<1
3	100	75	<2	<2
4	90	5	<1	<1
5	10	20	3	<1
6	30.7	10	5	<1

在世界范围的文献中,有对于饮用水部分处理、经过较少处理或者处理较好的水处理厂生产的水中肠道病毒的记载。这些病毒可能是水源水质发生了相对剧烈的变化,或者是设备和工艺故障造成的。这些病毒具体表现为:

(1)隐孢子虫和蓝氏贾第虫。目前正在开发检测隐孢子虫和蓝氏贾第虫的方法,但水处理厂还没有掌握有关于饮用水中寄生虫的常规检测技术。

(2)机会性病原体。由水传播的病原体(如恶臭假单胞菌、产碱杆菌、不动杆菌和黄杆菌)会引起饮用者二次感染。

(3)军团杆菌。军团杆菌是一种非肠道微生物,可通过吸入来自喷头或加湿器的饮用水气溶胶传播。医院的军团病可能是因受到医院供水系统中暴露的军团菌而感染。

水处理厂利用一些工艺和操作单元来生产安全可靠的饮用水。水进行处理的程度取决于原水的来源,地表水一般比地下水需要更多的处理过程。为水处理设计的工艺过程,除消毒步骤外,并没有关于杀死或清除寄生虫、细菌和病毒病原体的具体过程。

11.3 饮用水处理方法

11.3.1 源头水预处理

预处理是指在进入水处理厂之前,为了改善源头水质量而设计建立的一系列步骤。

1. 原水的储存

可以将原水储存在水库中,以尽量减少水质的波动。储存会影响水中微生物的质量,储存水的水质受物理(固体沉降、蒸发、气体与大气交换)、化学(如氧化还原、水解、光解)和生物过程(营养物循环、生物降解、病原体衰变)的影响。在储存过程中,病原体、寄生虫和指示微生物的减少受许多因素影响,例如温度、阳光、沉降和生物不良现象,细菌噬菌体的捕食、拮抗、溶解作用。温度是影响水库中病原体存活的重要因素。

在最佳条件下,水库蓄水会导致细菌和病原体减少 1 ~2 个数量级,并且观察到病毒病原体会有更高的减少量。通过诱捕原生动物囊肿,使其吸附于悬浮固体上,然后沉降到沉积物中而被清除。

2. 粗砂过滤器

粗砂过滤器采用粒径较粗的介质(砾石、岩石),这有助于降低水的浊度和细菌浓度(大约减少1个数量级)。

3. 微过滤器

微过滤器是由不锈钢或聚酯纤维丝制成的,孔径为15~45 mm,主要去除藻类和较大的原生动物。与单细胞藻类相比,丝状和群居藻类的去除效率更高。

4. 河岸过滤(RBF)

河岸过滤是一种预处理技术,早在19世纪70年代就在欧洲得到了广泛的应用。在德国,大约16%的饮用水经过RBF或渗透处理。河岸过滤是指河水通过河岸或湖堤向水处理厂的生产井渗水。这种做法具有一定的优点,例如可去除病原体、寄生虫和藻类细胞,降低浊度和自然有机物,以及对地下水进行稀释。吸附、束缚作用和生物降解共同作用可去除颗粒。河岸过滤降低了可同化有机碳(AOC)的浓度,降低水中生物生长潜力(图11.3)。美国一项关于五种RBF的研究表明,RBF对隐孢子虫和贾第虫的去除很有效。在荷兰,通过RBF可去除4个数量级病毒和5~6个数量级F-特异性噬菌体。

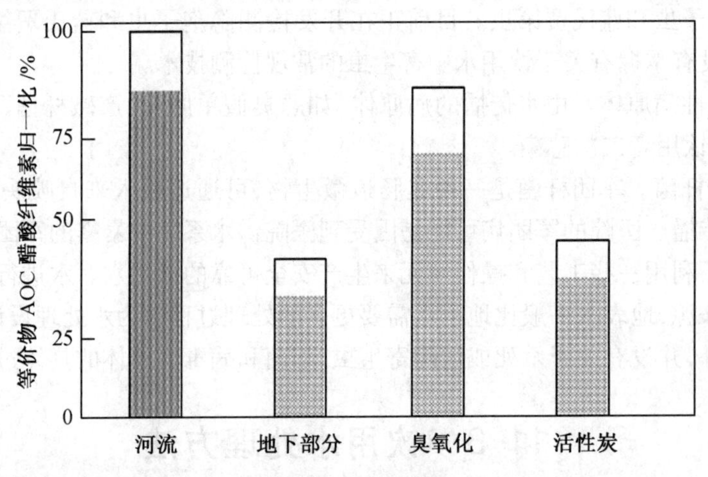

图11.3 河岸过滤对可同化有机碳(AOC)的影响

11.3.2 预氯化处理

有时采用预氯化步骤是为了提高单位工艺的性能(如过滤、混凝—絮凝)或者氧化有色物质(如腐殖酸)。尽管预氯化在一定程度上降低了病原体微生物的水平,但由于其增加了形成三卤甲烷的可能性,它的使用还面临很多质疑。

11.3.3 絮凝—混凝—沉淀

混凝涉及胶体粒子的不稳定性和粒子间的碰撞(如矿物胶体、微生物细胞、病毒颗粒),还包括混凝剂(Fe和Al盐)和助凝剂(如活性硅酸、膨润土、聚合电解质、淀粉)的作用。最常见的混凝剂是明矾、氯化铁和硫酸铁。粒子之间进行接触而形成大颗粒物质的过程称为絮凝。混合后,胶体颗粒形成的絮体足够大,可以快速沉降(图11.4)。混凝是水处理厂对有色浑浊水进行澄清的最重要的工艺，pH 条件是影响混凝的最重要的因素，其他的因素包括浊度、碱度、温度和搅拌速率。

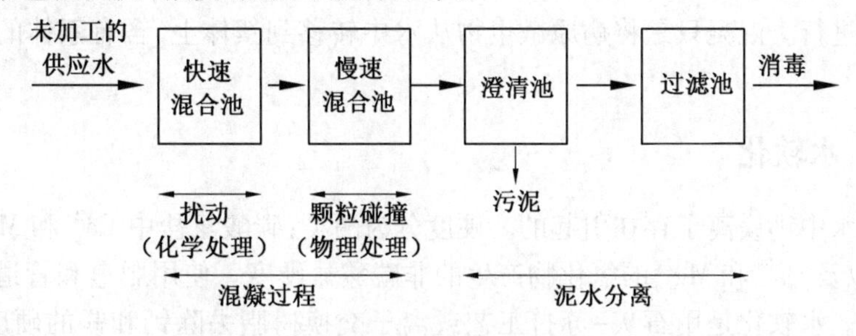

图 11.4　混凝过程的示意图

Jar 试验表明，细菌和原生动物囊肿的灭活效果为 1 ~ 2 个数量级，病毒的灭活效果是 1 ~ 3 个数量级。在实验室条件下，混凝—絮凝能有效除去水中 90% ~ 99% 的病毒（表 11.3）。在西班牙的三家水处理厂中，预氯化—絮凝—沉淀法是去除噬菌体（体细胞、雄性特异性噬菌体和脆弱类杆菌噬菌体）的最好方法。混凝除去 74% ~ 99.4% 的大肠杆菌和大肠菌群。虽然藻细胞经混凝—絮凝处理的效果很好，但目前尚无有效去除藻毒素的报道。

表 11.3　混凝—沉淀法去除病毒

混凝剂	混凝剂质量浓度 /（mg · L^{-1}）	黏土质量浓度 /（mg · L^{-1}）	病毒	去除率	
				病毒 /%	浑浊度 /%
明矾	10	50	Ⅰ型脊髓灰质炎病毒	86	96
	25.7	120	T4 噬菌体	98	99
	25.7	120	MS2 噬菌体	99.8	98
硫酸铁	40	—	Ⅰ型脊髓灰质炎病毒	99.8	—
	40	—	T4 噬菌体	99.8	—
氯化铁	60	50	Ⅰ型脊髓灰质炎病毒	97.8	97.5
	60	100	Ⅰ型脊髓灰质炎病毒	93.3	97.8
	60	500	Ⅰ型脊髓灰质炎病毒	99.7	99.7

然而，病原体和寄生虫在外界环境中的去除率要低于在实验室环境中的去除率。在法国一家处理塞纳河水的水处理试点厂，混凝—絮凝过程去除当地病毒的比例为 31% ~ 90%，平均去除率为 61%。这表明在实验室得到的病毒去除率要远高于当地的病毒去除率。

内毒素或脂多糖（LPS）是大多数革兰氏阴性细菌和一些蓝藻外膜的组成成分。它们与急性呼吸道疾病、水热、肠胃疾病和过敏反应有关。水处理的不同过程可除去 59% ~ 97% 的内毒素，在经过混凝、澄清和快速砂滤之后，可得到最好的去除效果。

有时可以通过使用助凝剂，如聚电解质、膨润土或活性硅酸来提高混凝效果。聚电解质有助于形成大的絮体，从而快速沉淀。助凝剂的浓度也是一个重要的参数，过量的助凝剂会抑制絮凝进行。混凝只是将病原微生物从水中转移到絮体上，含有絮体的污泥必须妥善处置。

11.3.4 水软化

硬度是由水中钙镁离子存在引起的。硬度分为两类：碳酸氢盐中 Ca^{2+} 和 Mg^{2+} 产生的碳酸盐硬度，以及 Ca^{2+} 和 Mg^{2+} 的氯化物产生的非碳酸盐硬度。使用肥皂和管道结垢是硬度形成的原因。水软化是用石灰-苏打工艺或离子交换树脂去除钙和镁的硬度。石灰-苏打工艺包括在水中加入石灰（氢氧化钙）和苏打（碳酸钠）。碳酸盐硬度通过以下方法去除：用石灰软化水所产生的 pH＝11，导致细菌和病毒病原体的有效灭活。Ⅰ型脊髓灰质炎病毒、轮状病毒和甲型肝炎病毒在水软化过程（pH＝11）中被有效去除（去除率为95%）（表 11.4）。当加入石灰使 pH 超过 11 后，细菌病原体数量显著减少，其灭活率与温度有关。

表 11.4 水软化过程中病毒的去除率[a]

病毒	病毒投入量 /（$PFU \cdot 500\ mL^{-1}$）	去除百分率/%		
		病毒	总硬度	浊度
PV	3.9×10^6	96	54	70
RV	7.8×10^5	99	47	60
HAV	6.8×10^8	97	76	62

注：PV 为脊髓灰质炎病毒；RV 为轮状病毒；HAV 为甲型肝炎病毒；[a]pH 调整至 11.0。

水软化过程中微生物的去除原因有两个：(1)有害微生物在高 pH 环境下，会导致微生物丧失其结构完整性或微生物的必需酶失活；(2)正电荷氢氧化镁絮体吸附微生物而进行物理去除（碳酸钙沉淀带负电荷，不吸附微生物）。就离子交换树脂而言，Ca^{2+} 和 Mg^{2+} 通过与交换位点上存在的 Na^{2+} 进行交换而被去除。病毒由阴离子交换树脂去除，不能用阳离子交换树脂去除。然而，不能依靠离子交换树脂去除微生物病原体。

11.3.5 过滤

过滤是指流体通过多孔介质去除浊度（悬浮固体，如黏土、淤泥颗粒、微生物细胞）和絮体颗粒。这一过程取决于过滤介质、过滤固体的浓度和类型以及过滤器的运行情况。

过滤是水处理中最古老的工艺之一。1685 年，意大利医生 Luc Antonio Porzio 设计了一种过滤系统，用于保护军事设施中士兵的健康。自那以后，这一处理过程便一直在使用，并有助于减少诸如伤寒和霍乱等经水传播的疾病。通过对世界各地水传播疾病暴发的调查，可以清晰地看出，在历史上过滤一直都能防止致病微生物传播，可以在很大程度上降低水传播疾病的发生。

1. 慢速砂滤

尽管慢速砂滤在欧洲国家比美国更受欢迎，但其服务对象大多是人口不足 10 000 人的社区,因为其资金和运营成本均低于快速砂滤。美国第一个慢速滤池安装在马萨诸塞州的劳伦斯,以去除水中的伤寒沙门氏菌。

慢速滤池(图 11.5)含有一层沙子(60 ~ 120 cm 深),下方由一层承托层(30 ~ 50 cm 深)支撑。砂粒粒径为 0.15 ~ 0.35 mm,水力负荷范围为 0.04 ~ 0.4 m/h。可以在过滤器内生长的生物有很多,包括细菌、藻类、原生动物、轮虫、微管虫(扁虫)、线虫(线虫)、环节动物(节段蠕虫)和节肢动物。在慢速滤池正常工作的过程中形成生物活性层(即去污层),表层由生物生长和过滤后的颗粒物组成,这会导致过滤器的水头损失,但是可以通过去除或刮去上层的沙子来解决这一问题。刮除之后用干净的沙子补充过滤床,这种操作称为重铺。有时在刮除后几天内水质会恶化,但在成熟期后会有所改善。然而,一些检测人员并未观测到刮除后情况恶化的现象。去污层中的细菌有助于去除可同化有机化合物(AOC),其中一些是三卤甲烷等氯化有机物的前体物质。

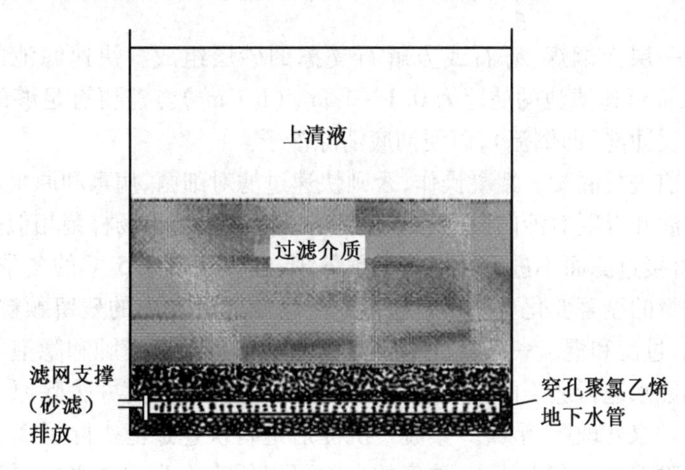

图 11.5　慢速滤池

大肠杆菌的去除率受温度、砂粒粒径和砂床深度的影响。图 11.6 所示为砂床深度和砂粒粒径对大肠杆菌总量去除的影响。即使在最高负荷率(0.4 m/h)的条件下,贾第虫和大肠杆菌的去除率也超过 99%。试点水厂的研究表明,慢速砂滤可使大肠杆菌群减少 4 ~ 5 个数量级。美国一项对慢速滤池的调查显示,大多数水厂的大肠杆菌水平为 1 个/100 mL 或更低。在法国巴黎的水处理厂中发现,慢速滤池在去除分枝杆菌方面比快速滤池更有效。在两个使用慢速滤池的处理厂生产的水中没有发现隐孢子虫卵囊,但是在进入水厂的原水中经常分离出这种寄生虫。在砂滤池上形成的微生物群落对慢速滤池去除细菌、原生动物囊肿和浊度有很大的影响。慢速滤池在 11 ℃,0.2 m/h 的条件下运行时,对病毒的去除率可以超过 99.999%。已建立的过滤器似乎比新建立的过滤器对去除病毒更有效。慢速滤池中影响病毒去除的因素包括滤池深度、流速、温度和滤池上一层生物膜。

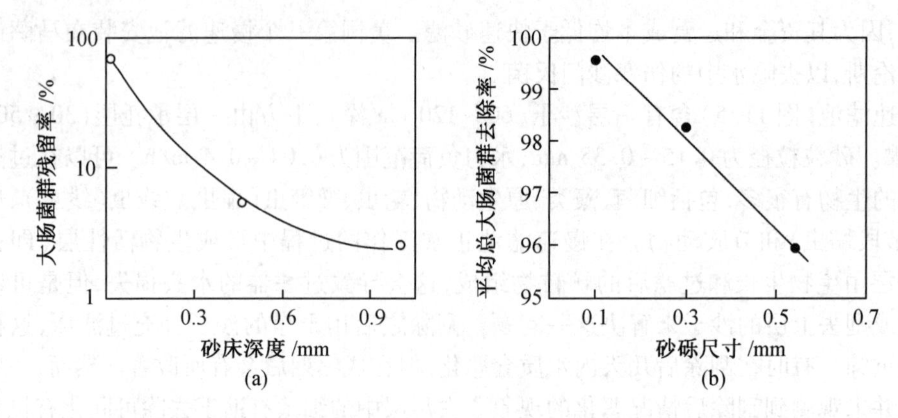

图 11.6 慢速滤池的砂床深度和砂粒粒径对总大肠杆菌去除率的影响

2. 快速砂滤

快速滤池由一层无烟煤、砾石或方解石支撑的砂层组成。快速滤池的滤速为 5 ~ 24 $m^3/(h \cdot m^2)$,而慢速滤池的滤速为 0.1 ~ 1 $m^3/(h \cdot m^2)$。需要有足够的流量来定期对这些滤池进行反冲洗(即倒流),以便彻底清除沙子。

除非在此之前进行混凝—絮凝操作,否则快速过滤对细菌、病毒和原生动物囊肿的去除效率很低。过滤和混凝对沙门氏菌和志贺菌的去除效果与大肠杆菌相似。对于贾第鞭毛虫,可以采取直接过滤而不进行任何化学预处理,在气温低于 5 ℃的冬季月份,这一现象更为明显。流量的显著变化可能引起包括原生动物囊肿在内的残留颗粒的释放,从而导致水质的恶化,过滤和混凝—絮凝的组合对去除贾第鞭毛虫囊肿和隐孢子虫卵囊十分重要。必须对低蚀水进行适当的化学混凝,才能很好地降低浊度并去除原生动物囊肿和卵囊。在日本的一家处理厂,混凝—絮凝—沉淀后进行快速过滤去除了 2.5 个数量级的隐孢子虫和贾第鞭毛虫。有人认为,浊度的去除可以用来作为低浊水中贾第鞭毛虫囊肿去除的替代指标,然而对过滤处理的饮用水样品中的贾第鞭毛虫和隐孢子虫监测表明,浊度的去除是去除隐孢子虫卵囊的一个很好的预测指标,而不适合作为贾第鞭毛虫囊肿的预测指标。卵囊大小的聚苯乙烯微球似乎是通过过滤去除小球藻卵囊的可靠替代品,过滤前,不事先添加混凝剂,可以去除大约 90% 的隐孢子虫卵囊。人们发现,用水合氧化铁对沙子颗粒进行表面包裹,可以提高对隐孢子虫的去除率。如果水源是地表水,那么必须有双重屏障来防止蓝氏贾第鞭毛虫囊肿的污染,这种双重屏障包括混凝—砂滤过程以及消毒过程。

快速砂滤和混凝也能有效除去人痢疾阿米巴囊肿,由于沙粒对病毒的吸附能力很差,导致砂滤去除病原体的能力往往很低,但在砂滤前进行混凝可去除 99% 以上的病毒(表 11.5)。混凝、沉淀和过滤对肝炎病毒、猴轮状病毒(SA-11)和脊髓灰质炎病毒(表 11.6)的去除率超过 1 个数量级。在一家水质为 190 ~ 1 420 PFU/1 000 L 的塞纳河水的试点工厂,经过混凝—絮凝和砂滤的操作后,病毒去除率为 1 ~ 2 个数量级,臭氧预处理极大地提高了病毒的去除率,达到 2 ~ 3 个数量级。蠕虫形成的虫卵较大,通过沉淀、混凝和过滤可以有效除卵。

表 11.5　快速砂滤对脊髓灰质炎病毒的去除率

过滤方法	去除率/%
A. 砂滤	1~50
B. 砂滤和明矾混凝	
1. 无沉淀	90~99
2. 有沉淀	99.7

注：[a]流速为 83~250 L/m^2。

表 11.6　混凝—沉淀—砂滤对病毒的去除

	病毒检测，总（PFU·200 L^{-1}）（去除百分比/%）		
病毒名称	投入量	沉水	滤过水
PV	5.2×10^7	1.0×10^6(98)	8.7×10^4(99.84)
RV	9.3×10^7	4.6×10^6(95)	1.3×10^4(99.987)
HAV	4.9×10^{10}	1.6×10^9(97)	7.0×10^8(98.6)

注：PV 为脊髓灰质炎病毒；RV 为轮状病毒；HAV 为甲型肝炎病毒。

因此，水处理厂为控制寄生虫和病原体，混凝和过滤等操作必不可少。影响过滤器运行的其他因素有水流速度的骤变、化学投料的中断、过滤器反冲洗不充分，以及使用不成熟的纯砂层。

由于快砂过滤器保留固体的能力有限，因此必须进行反冲洗，才能将被困的固体从滤芯中除去。水处理厂的成品水一般用作反冲洗水，然而，废滤池的反冲洗水（SBFW）必须经过充分处理之后，才能在工厂内再利用或将其处理到接收流中。SFBW 的回收主要由以地表水为水源的处理厂进行，由于 SFBW 中的生物污染物（原生动物囊肿、细菌和病毒病原体）和化学污染物（消毒副产物、金属）含量增加，美国环保局对其进行了管制。因此，必须对 SFBW 进行处理，以降低病原体和寄生虫进入成品水中的风险。处理措施包括沉淀（最好是在有混凝剂的情况下）、溶解气浮、颗粒介质或膜过滤器过滤、以及消毒（最好是澄清后进行）。

二级过滤（DSF）是小型水处理厂快速砂滤的一种替代方法，这个过程包括化学混凝，然后是由两个水槽、一个深度澄清器和一个深度过滤器组成的过滤组件。流速为 420 L/(m^2·min)时，这种处理去除了 99% 以上的贾第虫囊肿，出水浊度低于 1 NTU。

3. 硅藻土过滤

硅藻土过滤由硅质贝壳的残骸制成，包括两个步骤：硅藻土过滤预涂层——硅藻土的预涂层被涂在一个多孔的过滤隔膜上，在滤料上作为一个 1/8 in(1 in=2.54 cm) 的支撑层来形成滤饼（图 11.7）。过滤是原水在经过硅藻土（主体加料）处理时，先通过滤饼以保持过滤器可以运行更长的时间，在运行结束后，滤饼被移除，用新鲜的硅藻土代替。硅藻土滤池的性能受硅藻土品质、硅藻土滤饼厚度、微生物大小和硅藻土的化学条件等因素的影响。用 Al、Fe 盐或阳离子聚电解质对硅藻土进行化学包覆，可以提高该材料对微生物的去除率。浓度为 0.15 g/m^3 的阳离子聚电解质可使脊髓灰质炎病毒的去除率达到

100%,而没有聚电解质时去除率则为62%。金属盐(Al,Fe)的原位沉淀也增强了硅藻土去除病毒的能力,用于预涂层和主体加料的硅藻土的大小也影响了这种材料去除微生物的效率。硅藻土品质、水力负荷、进水细菌浓度和过滤时间对细菌的去除具有一定影响,含明矾和混凝剂的化学涂层大大提高了去除率(表11.7)。

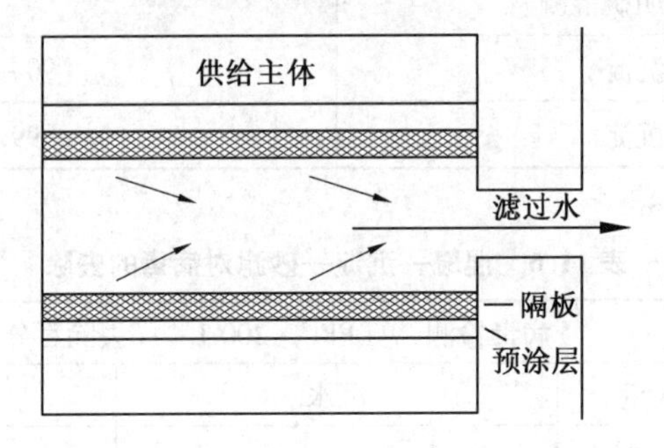

图11.7 硅藻土过滤器

表11.7 明矾对硅藻土除菌能力去除作用

等级	DE过滤器明矾比率[a]	供给主体的质量浓度/(mg·L^{-1})	平均去除率/%		
			总大肠菌群	平皿计数水平	浊度去除率
B	0.02	25	—	—	66.11
	0.04	25	99.02	95.02	86.41
	0.04	25	99.02	95.02	86.41
	0.05	25	99.86	98.56	98.38
D	0.05	25[b]	98.01	79.31	79.06
	0.05	25	99.56	93.25	94.41
	0.05	25	96.33	99.57	98.61
	0.08	25	99.83	99.52	98.80

注:[a]明矾包覆盖率为每克硅藻土中$Al_2(SO_4)_3 \cdot 14H_2O$浆料中的明矾;[b]25 mg/L试验3 h后,主体加料质量浓度提高至50 mg/L。

硅藻土能有效去除原生动物寄生虫的囊肿,对蓝氏贾第虫囊肿和隐孢子虫卵囊的去除率超过99%。此外,添加明矾可大大提高隐孢子虫的去除率。当使用硅藻土预涂层为1 kg/m^3,主体加料为5 mg/L,过滤速度为42 L/(m^2·min)时,对隐孢子虫的去除为10^{6}个/L。

11.3.6 活性炭法

活性炭是从木材、烟煤、褐煤或其他含碳材料中提取出来的吸附剂,是废水处理中应用最广泛的吸附剂。通过燃烧过程激活,以增加其内部表面积(500~600 m^2/g)来吸附有味道、气味和颜色的化合物,过量氯、有毒和致突变物质(如氯化有机化合物,包括三卤甲烷)、三卤甲烷前体、农药、酚类化合物、染料、有毒金属和引起生物后生长的物质。

活性炭可以颗粒活性炭(GAC)的形式应用于砂滤后和氯化前,也可以粒径小于 GAC 的粉末活性炭(PAC)的形式使用,可应用于水和废水处理厂的各个环节,主要用于过滤前。粉末活性炭处理(PACT)比 GAC 处理成本低,因为只有在需要时才使用粉末活性炭,从而减少了使用的碳量。PACT 应用于好氧废水处理系统和厌氧废水处理系统。

活性炭自古以来就以其净化特性而闻名,但其微生物方面的研究直到最近才开始。碳表面的官能团有助于吸附微生物,包括细菌(杆状细菌、球状细菌和丝状细菌)、真菌和原生动物。通过扫描电镜观察到碳表面有微生物(产多糖细菌、茎状原生动物)生长。经鉴定,在 GAC 颗粒或间隙水中的优势菌属为假单胞菌、嗜碱菌、气单胞菌、不动杆菌、节杆菌、黄杆菌、嗜铬菌、芽孢杆菌、棒状杆菌、微球菌、小孢子虫和莫拉氏菌。

活性炭具有去除有机物质的能力,又可作为支持过滤基质中细菌生长的碳基质。生物同化的程度取决于多种因素,包括温度、运行时间、强度,以及过滤器反冲洗的频率,有机化合物的去除似乎是微生物在活性炭柱中扩散的结果。然而,其中一些细菌可能会产生内毒素,它们可以进入处理过的水中,进行一些处理可促进 GAC 上细菌的生长,产生生物活性炭(BAC),这种方法已被推荐用于增加有机物的去除率,以及延长 GAC 柱的使用寿命。臭氧可以增强活性炭柱中细菌的生长,从而使有机物更易生物降解,轻微污染物(如苯酚)可由臭氧化天然有机物上生长的生物黏膜降解。BAC 中的细菌群落主要是好氧细菌、革兰氏阴性细菌、氧化酶阴性细菌、过氧化氢酶阳性细菌和活动杆状菌。其他细菌属为假单胞菌属、不动杆菌属、肠杆菌属和莫拉氏样菌属。

致病菌可以在成熟的 GAC 过滤器上生存。然而,生物膜微生物对活性炭上的致病菌和指示菌有抑制作用。这一现象是营养竞争抑制或微生物群落在过滤器中产生细菌素类物质所致。

当附着在碳过滤器上的细菌或细菌微菌落脱落,或者当细菌包覆的碳粒子穿透分配系统时,就会出现问题。其中一些碳微粒可与生物膜相关联,并可作为接种剂,诱导潜在病原体在分散系统中再生。通过对 201 份样品进行检测,发现异养菌和大肠菌群与碳颗粒有关,附着的细菌表现出更高的抗氯性。如图 11.8 所示,附着在碳颗粒上的大肠杆菌和天然异养细菌对氯的抵抗力比未附着碳颗粒的细菌强。一氯胺可以比游离氯或二氧化氯更有效地控制生物膜细菌。

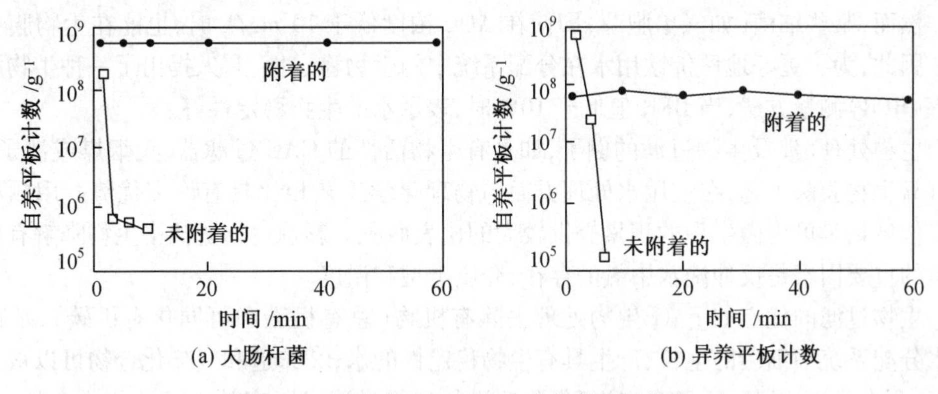

图 11.8　附着在 GAC 上的细菌抗氯性的增强

进入水分配系统的活性炭颗粒可携带潜在的病原体，这些病原体具有抗氯性，也可携带支持微生物在水分配系统中生长的营养物质。病毒被静电力吸附到活性炭上，其相互作用受 pH、离子强度和水中有机物含量的控制。有机物与病毒竞争碳表面的附着点，使得这种材料不能成为去除水中病毒的可靠吸附剂。以下是碳过滤器可能存在的一些缺点有：①产生和释放内毒素；②在过滤器内创造厌氧条件，随后产生有臭味的化合物（如 H_2S）；③产生含有高菌落数的废水；④碳过滤器中浮游动物的偶然增长，及其在滤出物中的释放。

11.3.7　膜系统处理法

膜过程包括反渗透（去除阳离子、阴离子、金属、有机物和微生物）、纳米过滤（主要是除去钙和镁）、超滤（孔径小于 0.1 mm；去除胶体颗粒、有机物和微生物）和微滤。

微滤是使用微孔过滤器处理饮用水和废水，或作为后处理以去除悬浮固体，藻类，细菌病原体，以及囊肿和原生动物寄生虫卵囊。市面上的膜是由醋酸纤维素、聚丙烯、聚偏氟乙烯、聚醚砜和其他专有材料制成的，各种标准孔径为 0.01 ~ 0.2 mm。膜测试研究表明，对于贾第虫囊肿，膜去除率为 4.9 ~ 5.8 个数量级，对隐孢子虫卵囊去除率为 5.8 ~ 6.8个数量级。微滤的清除机制可能是物理张力，在水中去除枯草杆菌孢子的效果为 4 个数量级，废水中的噬菌体去除率为 3.4 个数量级。

然而，膜会受到胶体颗粒和天然有机物（NOM）的污染，导致在膜表面形成滤饼层。

研究表明，污垢可以增强微滤膜去除噬菌体的能力，产生污垢的天然有机物组分包括小的、中性的、亲水性化合物。微滤前进行混凝可以减少膜结垢，为了防止或减少水分配系统中生物膜的形成，建议饮用水的可同化有机碳（AOC）的质量浓度为 10 mg/L。

11.3.8　生物处理

在生物学上来说，含有有机物和氨氮的水不稳定，水中存在有机和无机电子供体会引起严重问题，如用氯消毒后三卤甲烷的形成、味道和气味问题、分配系统中细菌的再生长。几个欧洲国家（如法国、德国、荷兰）和日本在将生物过程包括在处理过程中，以降低处理后的水中的营养水平，限制分配管道和水库中微生物的生长，从而获得具有生物稳定性的水。然而，某些细菌（如气单胞菌）即使在 AOC 浓度低于 10 mg/L 时，也能在生物膜中生长。因此，为了更好地评价饮用水在分配系统中的生物稳定性，有人提出了一种生物膜形成率（BFR）测量方法，当 BFR 值低于 10% 时，表示水的生物稳定性好。

生物处理（涉及生物过滤的例子，如具有生物活性的 GAC 过滤器、无烟煤或沙子）基于好氧生物膜法工艺，在饮用水处理方面与物理化学工艺相比具有许多优势。用颗粒活性炭作生物膜可为微生物的积累提供较大的比表面积。影响生物滤池中生物降解有机物去除的重要因素是反冲洗水中氯的存在、介质类型和温度。

生物过滤的优点如下：①生物处理去除有机物（总有机碳和可同化有机碳），从而减少水分配系统中细菌的生长，产生具有生物稳定性的水；②味道和气味化合物可以被去除（如地蛋白和 2-甲基异丁醇），臭氧氧化后进行生物过滤可以有效处理这些化合物；③生物处理，采用 GAC 过滤，可以去除水中的氨并减少氯的需求（理论量为每去除 1 mg 氨氮需 7.6 mg 氯）；④三卤甲烷前体和其他消毒副产物可被移除，化学和生物处理的对比研究表明，后者产生的饮用水具有较低的致突变活性；⑤可去除铁和锰；⑥外源物质（如石油烃、卤代烃、农药、氯化苯酚和苯）可被生物降解和去除。

生物滤池的反冲洗水去除了部分附着的生物量，并保持了过滤器去除可生物降解有机碳的能力。预臭氧化通过将大分子化合物氧化成更易生物降解的小分子化合物来提高生物膜对有机物的生物降解性。因此，臭氧氧化增加了工厂废水和分配系统中的 AOC，臭氧氧化后进行生物过滤能够去除 AOC，从而减少细菌在分配系统中的再生长。

11.3.9　消毒

消毒是阻止病原体和寄生虫进入饮用水的最后一道屏障。消毒主要灭活致病微生物。

11.4　思考题

1. 什么是内毒素？内毒素在饮用水中会产生什么问题？
2. 为什么将水软化会使病原体失活？
3. 生物处理饮用水的目的是什么？应用中的优点是什么？
4. 什么是去污层？
5. 洁净的沙子是一种很好的病毒吸附剂吗？
6. 在水处理厂中，最有可能去除贾第虫囊肿和隐孢子虫卵囊的过程是什么？
7. 什么是河岸过滤？
8. 可以用什么来代替砂滤池去除囊肿和卵囊？
9. 如何去除水处理厂的蠕虫卵？
10. 除了水传播的途径外，饮用水中的病原体还有其他可感染消费者的途径吗？
11. 如何清除游泳池中的病原体和寄生虫？
12. 什么是 GAC 和 PAC？它们的用途是什么？
13. 致病菌对氯化的敏感性对活性炭的细菌定植有什么影响？
14. 是否可以依靠活性炭来去除病毒？
15. 列出不同的膜过程以及它们去除的污染物。
16. 什么是反渗透？如何通过这一过程去除污染物？

第 4 篇　污染控制与废水回用

第12章　污染控制生物技术

12.1　概　述

微生物遗传学和基因工程技术的进步给污染控制生物技术领域的研究带来了巨大的动力。在一些国家,人们正努力研究生物技术在污水处理中的应用,包括对基因工程方法的应用、废物处理的固定化技术以及废水处理生物反应器的发展和改进。由于缺乏关于环境中基因工程微生物生存及影响的资料,目前只有用传统浓缩技术分离出来的微生物。

废水处理的目的是去除排放后可能危害水环境的污染物。传统废水处理的重点在于那些会消耗接纳水体溶解氧(DO)的污染物的去除,因为水中DO浓度降低会危及水生生物。这些所谓的需氧污染物质,是水体中微生物的食物来源,在新陈代谢过程中需要利用水中的O_2。并且,与高等水生生物相比,微生物能够在比较低的DO浓度下生存。多数需氧污染物是有机化合物,而氨是一种重要的无机物。因此,早期的废水处理系统被设计成去除有机物质的系统,有时包括将氨态氮氧化为硝态氮。当今建立的许多系统仍然以此为目的。随着工业化持续发展和人口增长,人们认识到另一个问题,即富营养化问题。富营养化是指水体中植物和藻类过度生长,使湖泊和河口加速老化的现象。这是由氮和磷等营养物排入水体引起的。因此,工程师们开始注重设计有效的、成本低廉的废水处理系统来去除这类污染物。过去20年中的许多研究都注重于这类处理方法。直到最近,人们才开始重视有毒有机化学物质的排放问题。这些有毒物质中有许多是有机物,去除需氧物质的工艺方法也能够去除有毒有机物。因此,目前许多研究都转向更好地理解有毒有机物在处理系统中的归宿和对处理系统产生的影响。

在本章中将讨论商业酶和微生物混合物的使用、固定化微生物和分子技术在加强生物废水处理中的应用,还将探讨微生物在废水处理厂中去除金属离子的作用。

12.2　微生物和酶的商业混合物在废水处理中的应用

12.2.1　微生物在污染控制中的应用

早期尝试将微生物应用于污染控制领域主要集中在厌氧消化方面。后来,从工业废料中分离出来能够降解农药和其他化学品的微生物,成为用来控制污染而设计的商业制剂。在20世纪70年代,用微生物制剂来提高废物处理过程的操作效率的方法被称为生物强化。

生物强化技术是指在废水处理中添加目标微生物来提高系统的污染物处理效果,是未来废水生物处理的一个重要方法。从现有的研究资料上看,生物强化技术已经在很多方面显示出了它的优越性,生物强化技术已经广泛地应用于废水处理的诸多领域(表12.1),它的作用主要表现在以下几个方面:

表12.1 生物强化技术在废水处理中的应用

废水类型	运行系统种类	效果
牛奶废水	曝气塘氧化沟	提高COD去除率,防止污泥膨胀
马铃薯废水	连续式活性污泥 间歇式活性污泥	提高COD去除率 提高TOC去除率,减少污泥产生
苯酚废水	SBR非稳态 SBR稳态 SBR稳态	提高COD去除率 加速系统启动 耐冲击负荷能力增强
3-氯苯甲酸脂废水	SBR	加速系统启动
氯酚废水	恒化器	提高降解效果
染化废水	厌氧反应器	提高脱色效果
染整和砂洗废水	不完全厌氧-好氧	提高脱色效果减少泡沫
含磷废水	SBR SBR	提高污泥抗负荷冲击能力 加速系统启动
焦化废水	间歇式活性污泥	降解能力增强
化工厂含氨废水	普通活性污泥法	脱氨率提高
菠萝加工废水	间歇式活性污泥	提高TOC去除率
五氯酚废水	UASB	提高降解效果
BTX废水	升流式附着床	提高BTX去除率
城市废水	氧化塘	降低污泥床层
制药废水	升流式厌氧污泥床	提高COD去除率
含表面活性剂废水	活性污泥法	提高活性剂去除率
洗衣及厨房废水	滴滤池	降低油脂

(1)目标污染物的降解作用得到加强。

生物强化作用需要向废水处理系统的活性污泥中投加高效工程微生物,目的是增加生物处理系统的特定细菌的种群数量和改善种群结构从而能够发挥效能。Kennedy等人的研究发现,利用生物强化技术处理对氯酚(4-CP)废水,能够在9 h内使4-CP的去除率达到96%,而未强化的系统在58 h后4-CP的去除率仅为57%。徐向阳等人研究了染化废水的生物强化技术,脱色率得到显著提高,苯胺去除率也获得了提高。罗国维等人在厌氧池中投入高效菌种后,出水的色度去除率为70% ~90%,软油及其他表面活性剂的去除率为80% ~90%,克服了该废水处理过程中泡沫较多的缺点。

Chin等人在固定化生物床中加入降解苯、甲苯和二甲苯的优势混合细菌,当HRT为

1.9 h 时,生物强化系统能去除 10 mg/L 的 BTX。含氨化工废水的两步强化处理法(可降解硝基苯的菌和铵根离子氧化菌)后,NH_4^+—N 含量大大降低,焦化废水的强化处理效果也较好。

(2)BOD、COD 去除率得到提高。

生物强化技术对 BOD、COD 去除率都有显著提高,Chambers 等人强化处理牛奶废水在延时曝气、曝气塘和氧化沟三种系统,强化处理的 BOD、COD 去除率效果都好。Saravance 等人强化处理含头孢氨废水 COD 去除率可达 88.5%。

(3)污泥活性得到提高和减少剩余污泥。

生物强化能够消除污泥膨胀现象、防止污泥流失、改善了出水水质,排放和消化剩余污泥的工作也得到改善。Hung 等人发现投加强化系统的污染物去除率比活性污泥提高了 1/5,污泥减少了 1/3。Hung 等强化处理城市废水中,污泥床层由 2.3 ~ 2.7 m 下降至 0.7 ~ 1 m。

(4)反应器启动加快和耐冲击负荷加强。

投加相当数量的工程细菌,可加快启动所耗的时间,达到较好的处理效果,耐冲击负荷和稳定性增强。

Belia 等人强化处理含磷废水启动过程仅需 14 d,普通的驯化活性污泥则需 58 d。Watanabe 等人强化处理 3 个活性污泥系统来降解酚仅需 2 ~ 3 d 的启动时间,普通活性污泥法需 10 d。Guio 等人强化处理酚类化合物废水需要 36 d,对照系统却需要 171 d。全向春等的强化氯酚降解菌强化治理氯酚废水仅需 4 d 完成启动,对照系统需要 9 d。

(5)问题反应系统的快速恢复。

反应器的运行失败时,投加菌种能够快速恢复系统,这是生物强化技术最早的应用方式。Koe 等人发现废水处理系统的运行状况不佳或失败时,强化作用能够帮助恢复。Vartak 等人在低温和低负荷条件下的奶牛粪便废水厌氧消化过程的生物强化工艺,能够显著地提高甲烷产量。

12.2.2　微生物种子的生产

用于促进特定化学物质生物降解的微生物菌株通常是从环境样品(废水、生物固体、堆肥、土壤)中分离出来的,并通过常规富集技术进行筛选。它们生长在营养培养基中,含有特定的有机化学物质,作为碳、能量和氮的唯一来源。此外,还选择了能够处理相对高浓度的目标化学物质的菌株,随后,一些微生物菌株可能经辐射后获得理想的突变(图 12.1)。市场上现有的许多微生物种子被商业化,用于石油污染的生物修复。

在利用微生物进行污染控制的商业准备之前,必须首先获得有关化学污染物的生物降解性的信息。这可以通过查阅文献或在实验室条件下进行生物降解研究来完成。生物测定法还用于评估目标废水的毒性和微生物种子的商业化制备。富集培养技术已被用于分离降解石油碳氢化合物的商业菌株。例如,销售假单胞菌属细菌分离物的混合物,用于对受脂肪族或芳烃污染的含水层进行原位生物酯化。

利用微生物进行污染控制,需要选择生长在大型发酵菌中的菌株,然后通过离心或过滤浓缩,通过冻干、干燥或冷冻保存。能够降解异种生物的芽孢细菌也可以干燥的形式储

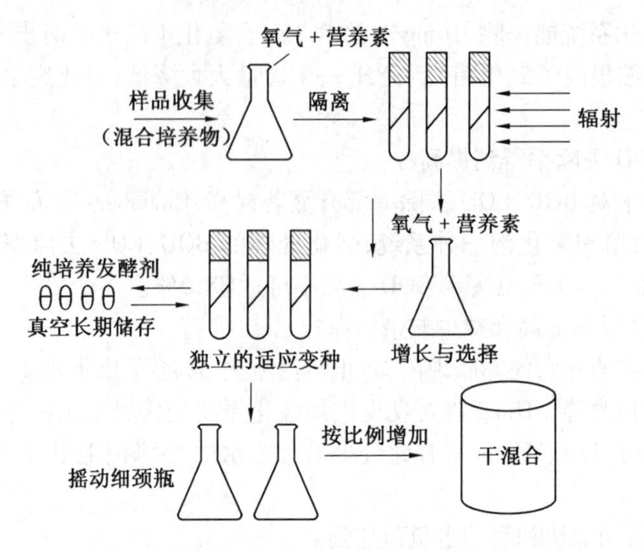

图 12.1　利用微生物混合物的分离与制备控制污染

存在干燥的孢子中。为了取得成功，应用的微生物必须能够承受所需要的环境条件。这些条件包括温度、pH、溶解氧、养分有效性和耐废水潜在毒性的能力。

因此，在开展混合培养生物制氢的同时，从混合培养发酵生物制氢系统中分离培养出环境适应能力强、产氢效能高的新型产氢细菌，进行纯培养生物制氢研究，对拓宽产氢微生物种子资源、提高生物制氢效能具有重要的意义。

12.2.3　利用生物强化技术处理废物

生物强化技术（bioaugmentation），即生物增强技术，也就是人们常说的投菌法。它产生于 20 世纪 70 年代中期，是通过人工方法向生物处理反应体系中投加从自然界中或通过遗传工程技术产生的高效菌种，进而提高废水生物处理系统的处理效率并改善原有生物处理体系处理效果的一种方法，在 80 年代后引起了广泛的研究和关注。生物强化技术应用的初期主要是针对由于一些废水处理厂的突发事故致使废水达不到排放标准的情况，因此人们开始直接投加高效菌种以期改善生物处理系统出水水质，从而使系统恢复正常。

生物处理系统中的微生物活性和种群组成决定它对某类废水的处理效果，如果在原来的生物处理构筑物中不存在某些特定的功能性微生物种群，这时加入经过筛选的具有特定功能的微生物，就可以有针对性地处理废水，从而达到较好的处理效果；即使原来的生物处理构筑物中存在少量的功能性微生物种群，对已有微生物的培养和驯化也需要较长的时间才能完成，采用补充活性污泥的措施也是如此，而采用生物强化技术向活性污泥组成的自然混合菌群中投加具有特殊作用的功能性微生物，可以大大缩短反应体系中微生物的驯化时间，并增加系统所需的功能性生物在微生物种群中的数量，从而强化其对某一特定环境或特殊污染物的反应，加快和改善反应体系的生物处理效果。随着生物强化技术在受污染的地下水处理、土壤的生物修复和废水治理等方面的广泛应用，该项技术也越来越受到人们的重视，近年来科学工作者在生物强化技术的应用上也进行了大量的研究工作。

商业生物强化产品是具有理想降解性能和理想特性(如在低营养条件下生长、耐高毒物浓度和具有在污染环境中生存的能力)的单一微生物或组合微生物。目前,工业污水处理厂常用生物强化产品。通常,在生物反应器中添加所选微生物以维持或增强生物反应器中的生物降解潜力。但由于商业机密,关于混合微生物培养物配方的信息很少。生物强化可以帮助提高传统活性污泥对有毒化合物冲击负荷的抗性。生物增强的应用包括以下几个方面:增加了 BOD 去除;微生物菌株可用于污水处理厂脱除生化需氧量。例如,已检测到无氧光养细菌具有在废物处理中减少 BOD/COD 的能力。减少污泥体积,生产大量的生物固体是一个严重的问题,这与有氧废物处理有关,因此,减少生物固体量非常重要。添加选定微生物混合培养物后有机物去除增加,生物固体量减少,已记录的污泥产生量减少了 17% ~30%。

在生物固体的消化过程中使用混合培养物:在有氧消化器中,混合培养的使用大大节省了能量需求。在厌氧消化器中,生物强化可以提高甲烷产量。

碳氢化合物废物的生物处理:商业细菌制剂一直以来都用于处理碳氢化合物废物。例如,添加突变细菌培养物可提高石化废水处理厂的出水质量。

危险废物的生物处理:添加微生物处理危险废物(如苯酚、乙二醇、甲醛)的方法已经得到了尝试,并具有广阔的前景。与对照组相比,使用对氯苯酚降解菌进行生物强化后的对氯苯酚降解菌在 9 h 内去除率为 96%,普通对氯苯酚降解菌在 58 h 后去除率为 57%(图 12.2)。

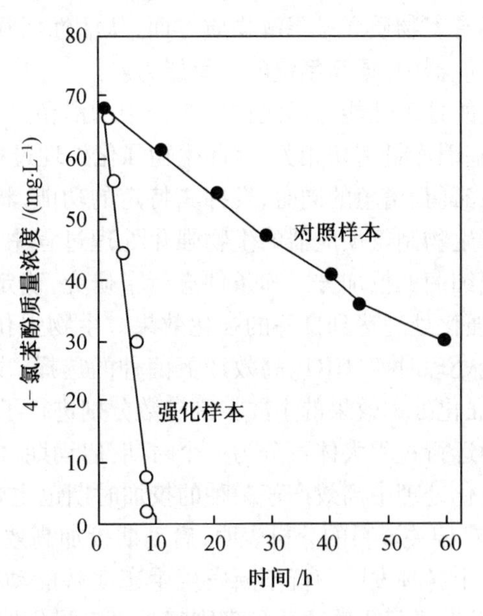

图 12.2　生物强化对氯苯酚的生物降解

热带念珠菌细胞也被用来去除废水中高浓度的苯酚。将地磺酰铁代乙酯添加到一个产甲烷的上流式厌氧颗粒污泥层(UASB),可提高生物反应器脱氯 3-氯苯酯(ahring)的能力。无氧光养细菌也被认为可以降解废物中的有毒化合物。在废水处理中,生物强化可以增加2,4-二氯苯酚、酚类化合物和氯苯胺的生物降解作用。

生物强化的主要缺点是在开始生物降解之前需要一段适应期,以及微生物接种在播种式生物反应器中存活时间短或缺乏生长能力。此外,添加无细胞提取物并不能显著提高生物废物处理的性能。目前正在研究一种新型的污水处理厂危险废物生物强化降解方案。例如,浓缩器-反应器过程,即在活性污泥系统或流化床反应器外维持一种单独的环境,这确实改善了异种生物的生物降解和去除能力。通过添加一个风险小、类似结构的诱导化合物作为目标化合物,从浓缩器-反应器向流化床固定膜反应器定期加入生物质,可使1-萘胺的去除率超过90%。该生物强化工艺适用于低强度废水的处理。

生物强化技术广泛应用于土壤的生物修复,投加工程菌使土壤中引入能够污染物的微生物,已成为一种简单、有效且价格合理的处理方法。韩立平等人对受到喹啉污染的土壤进行了生物修复研究。Lestan等人利用真菌进行生物强化处理受到五氯酚(PCP)污染的土壤,取得了较好的效果。生物强化技术在受污染的地表水和地下水处理上也有较多的应用。Ro等人在处理生物强化受I-萘胺污染的地下水、Ellis等人在处理受三氯乙烯(TCE)污染的地下水、赵荫薇等人在对石油污染的地下水处理时均采用了生物强化技术,并都在处理效果上表现出了不同程度的增强。

综上所述,生物强化技术在诸多的研究领域得到了普遍使用。Bouchez等人在硝化反应器的生物强化处理使系统运行失败。Wilderer等人强化处理3-氯苯甲酸脂废水没有改善系统。Lange等人认为系统内土著菌经过驯化后也能达到与增强菌的相同效果。Gaisek等人和Koe等人认为生物强化处理系统与对照系统的处理效果无异。生物强化作用主要应用在去除有毒有害物质和难降解物质方面,从活性污泥中分离培养高效产氢工程菌投加到生物制氢反应器中,提高系统的产氢能力。

废水生物处理系统的处理性能与污泥在反应器中的滞留、功能表达活性及其功能性微生物的富集、降解性基因库量密切相关,因此生物强化处理过程中投加的高效细菌是否可以在生物反应系统中滞留、增殖的同时,发挥其特定的功能,将会直接影响生物强化处理的效果。在厌氧发酵生物制氢反应器的生物强化处理过程中,对发酵反应系统的主要控制参数及其高效产氢细菌的投加方式和条件进行了研究,确定生物强化处理的最佳控制参数,从而保证生物强化处理达到良好的强化效果。生物强化处理中的主要控制参数包括反应器的生物强化处理时期、HRT、高效产氢菌种的选择、投加方式以及投加剂量等方面,本节对影响生物强化处理效果的主要控制参数分别进行了研究并分析。

生物制氢反应器的运行过程大体可分为三个时期:启动期、低负荷稳定运行期和高负荷稳定运行期。生物强化处理中高效产氢菌种的投加时期也主要是这三个时期。

(1)启动期投加。对相关资料的分析表明,启动期投加高效菌可能会加速启动过程,但是由于启动过程是一个各种发酵菌群不断发生生态演替的动态变化过程,而不是稳定的运行阶段,因此在启动期进行生物强化处理则很难界定强化处理的效果。

(2)低负荷稳定运行阶段投加。在反应器的运行过程中,随着容积负荷的提高,系统内的活性污泥量也随之增加,因此稳定运行的低负荷阶段与高负荷期相比,反应器内生长的污泥量较少,在相同细菌投配比的条件下,此时投加细菌的绝对剂量较小而且又可以很明显地反映出处理的效果。

(3)高负荷运行稳定投加。若在高负荷运行稳定状态进行生物强化处理,要达到与低负荷阶段相同的投加比例需要投加的细菌绝对剂量更大,这将加大强化处理的工作量并增加工程运行的成本。

综合上述分析,低负荷稳定运行阶段最适于进行生物强化处理。

1. 生物强化对 pH 的影响

pH 也是生物强化处理中的重要监测指标之一。生物强化处理前后系统的进出水 pH 情况如图 12.3 所示。

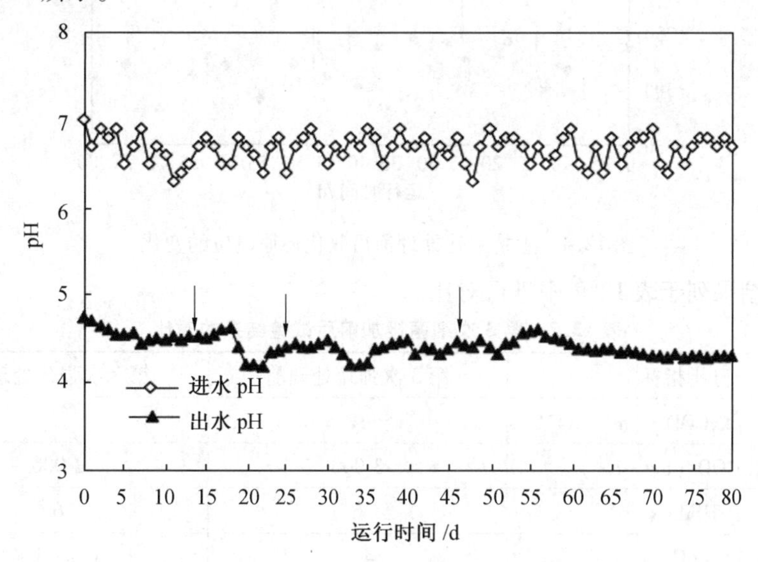

图 12.3　生物强化处理前后系统的进出水 pH 情况

试验结果表明,生物强化处理前系统进水的 pH 无明显变化,基本维持在 6.5 ~7 之间。但系统的出水 pH 在生物强化处理过程中有一定的波动,生物强化处理前,系统的出水 pH 基本在 4.5 ~4.7 之间。每次生物强化处理后,系统的出水 pH 都有一个下降过程。第 1 次强化处理后,出水 pH 从 4.7 下降到 4.2,3 d 后又恢复到 4.5 左右;第 2 次强化处理后,出水 pH 也有一个下降的过程,与第 1 次强化处理相似;第 3 次强化处理后,出水 pH 开始下降,从 4.5 ~4.7 下降到 4.3 左右,并稳定在这一数值。强化处理后出水 pH 的下降可能与液相发酵产物的变化等因素有直接的影响。

2. 生物强化对氧化还原电位的影响

在生物强化处理的前后定期考察了发酵生物制氢反应体系内部氧化还原电位的变化情况(图 12.4)。试验结果表明,3 次生物强化处理前后,系统的氧化还原电位并没有明显的变化。生物强化处理前,系统的氧化还原电位(ORP)为-300 ~ -250 mV,没有明显的波动;生物强化处理后的氧化还原电位也基本维持为-300 ~ -250 mV。这说明反应系统的密闭条件良好,而且反应器内部的厌氧活性污泥的产氢产酸发酵作用保持了稳定的态势,没有因为高效产氢细菌的投加产生重大变化,所以可以认为生物强化处理对连续流发酵生物制氢反应系统的氧化还原电位并无明显影响。

3. 生物强化对产氢系统影响的综合分析

为了便于对生物强化处理的效果进行分析评价,将第 3 次生物强化处理前后的控制

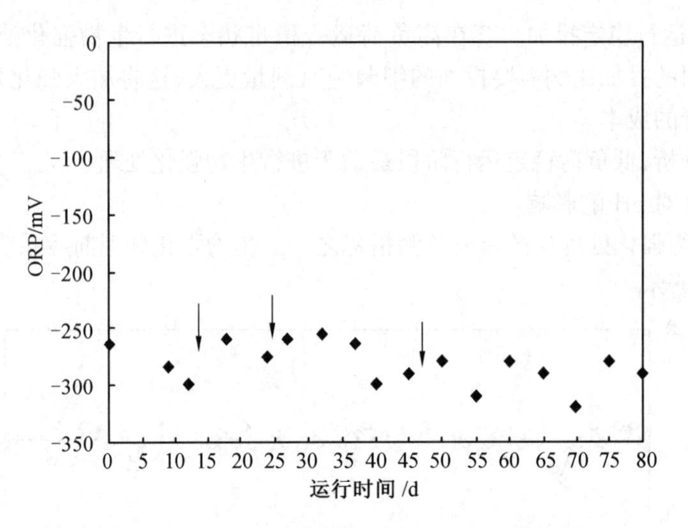

图 12.4　生物强化处理前后氧化还原电位的变化

参数和试验结果列于表 12.2 中进行对比。

表 12.2　第 3 次细菌投加前后试验结果的对比

分析指标	第 3 次强化处理前	第 3 次强化处理后
有机负荷/[kgCOD·$(m^3\cdot d)^{-1}$]	12	12
进水 COD/$(mg\cdot L^{-1})$	3 000	3 000
HRT/h	6	6
pH	4.7	4.3～4.4
氧化还原电位/mV	-300	-300
产气量/$(L\cdot d^{-1})$	4.42	4.99
产氢量/$(L\cdot d^{-1})$	1.33	1.57
糖转化率/%	94.8	96.3
乙醇和乙酸的质量分数/%	73.6	86.6
丙酸的质量分数/%	21.5	8.4

结果表明，除了 ORP 基本保持不变外，生物强化处理前后的液相发酵产物、pH 和糖转化率等均发生了变化。第 3 次生物强化处理后的生物制氢系统中，糖的转化率从 94.8% 增加到 96.3%，出水 pH 从 4.7 降低到了 4.3～4.4，乙醇型发酵的目的产物乙醇和乙酸在总发酵产物中的比例也有了较大的提高，从强化处理前的 73.6% 增加到强化处理后的 86.6%。生物强化处理后的平均产气能力也从 4.42 L/d 提高到了 4.99 L/d，比强化处理前提高了 12.9%，平均产氢能力从 1.33 L/d 增加到 1.57 L/d，提高了 18%。由此说明，氢系统的生物强化作用起到了改善发酵产物组成、提高产氢能力的目的。

研究确定了生物强化处理的最佳控制参数和高效产氢细菌的投加条件。研究结果表明，采用前期获得的高效产氢菌种 R3 对连续流发酵制氢反应系统进行生物强化处理时，选择低负荷稳定运行期较为适宜，HRT 不应小于 6 h；菌种扩大培养后，投加前需做离心处理,投加剂量为系统生物量的 3% ~5%。研究发现,高效产氢菌种 R3 具有形成絮状体的能力,这是避免投加的细菌流失,在反应系统内占据一定生态位的一个重要因素。

除了氧化还原电位基本保持不变外,生物强化处理前后的产气和产氢能力、液相发酵产物、pH 和糖转化率等均发生了变化。在一定运行控制条件下,生物强化处理后的生物制氢系统,糖的转化率从 94.8% 增大到 96.3%,出水 pH 从 4.7 降低到 4.3 ~4.4,乙醇型发酵的目的产物乙醇和乙酸在总发酵产物中的比例也从强化处理前的 73.6% 增加到强化处理后的 86.6%。生物强化处理后的平均产气能力也从 4.4 L/d 提高到了 4.99 L/d,比强化处理前提高了 12.9%,平均产氢能力从 1.33 L/d 提高到了 1.57 L/d,提高了 18%。生物强化作用达到了提高生物制氢系统产氢能力的目的。

12.2.4　酶在废物处理中的应用

酶在废水处理工厂中的有机物水解和生物转化中起着关键的作用。在废水样品中可以检测到几种酶,包括过氧化氢酶、磷酸酶、氨基肽酶和酯酶,表明酶可以添加到废水中以提高异种化合物的可治疗性。早期的研究表明,在土壤中用微生物的外源酶可以解除农药毒性,例如,卡巴利被转化为 1-萘酚,其毒性比母体化合物低 920 倍。由假单胞菌和黄杆菌产生的对硫磷水解酶,可以将对硫磷降解为二乙基硫代磷酸和对硝基苯酚。这些酶已经被用于清理容器、对含有高浓度有机磷的废物进行排毒以及土壤清理操作中。

在废水处理工厂中,人们对酶的使用知之甚少。为了发挥作用,添加的酶必须在废物处理过程中普遍存在的条件(如温度、pH、毒物水平)下保持稳定。该技术的应用是利用特定的酶来减少废水处理过程中过量的胞外多糖的产生。多糖的过量产生可能导致水潴留,从而减少污泥脱水。有许多酶可以降解这些外聚合物。在多个噬菌体系统中描述了噬菌体诱导的脱聚合酶。从污泥样品中分离出一种噬菌体诱导的脱聚合酶,可以通过降低黏度来增加污泥细菌胞外多糖的降解(图 12.5)。添加这种酶或酶的混合物最终可用于改善污泥脱水。在饮用水和废水中,芳香族化合物(如取代苯酚和苯胺)的聚合和沉淀

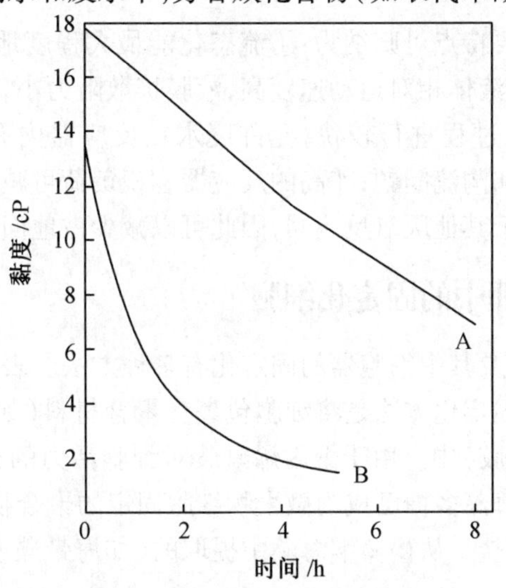

图 12.5　脱聚合酶对多糖的降黏作用

可以通过一些特殊的酶催化,如辣根过氧化物酶(HRP)。这种酶可催化过氧化氢氧化苯酚和氯苯酚。

变色栓菌或葡萄孢菌胞外漆酶可在不利条件下(如有机溶剂存在、pH 低、温度高)发挥作用,可用于氯化酚类化合物的脱氯或芳香化合物的氧化。有人建议,这些酶可用于处理制浆造纸工业产生的废水

为了满足在不利的环境条件下能够发挥作用的酶的需要,人们的注意力需集中于生活在海洋口、温泉和其他不利环境中的微生物的"极端酶"。这些酶的有效性的最好例证是从美国黄石温泉中被分离出的嗜热细菌,它是聚合酶链反应(PCR)中使用的热稳定 Taq 聚合酶的来源。极端酶的其他商业应用包括在气体钻井和洗涤剂中的应用,以及在废水处理厂化学物质的解毒方面的潜在应用。

12.3　固定化细胞在废物处理中的应用

细胞固定化技术具有多种优势,如保护细胞免受生物和非生物胁迫,保护细胞免受有毒化学物质的侵害,提高细胞存活率和代谢活性。

一些废水处理过程建立在自然固定化微生物的基础上。在活性污泥系统中的聚合细胞、在滴滤式过滤器或旋转生物接触器上的细胞,以及附着在岩石或塑料表面的细胞,是利用固定化细胞处理废物的典型。目前,一些实验室正在考虑将固定化微生物用于废水处理。

流化床反应器采用微粒状(如沙粒)作为微生物固定化的材料,厌氧微生物附着在这些微粒上形成生物膜。由于这些微粒粒径较小,反应器内采用一定高的上流速度,因此在反应器内这些微粒形成流态化。为维持较高的上流速度,反应器高度与直径的比例要比同类的反应器比例大。同时,必须采用较大的回流比(出水回流量与原废水进液量之比)。

流化床反应器的主要特点可归纳为:①流态化能最大程度地使厌氧污泥与被处理的废水接触;②由于颗粒与液体相对运动速度高,液膜扩散阻力小,且形成的生物膜较薄,传质作用强,因此生物化学过程进行较快,允许废水在反应器内有较短的水力停留时间;③克服了厌氧滤器堵塞和沟流问题;④高的反应器容积负荷可减少反应器体积,同时由于其高度与直径的比例大于其他厌氧反应器,因此可以减少占地面积。

12.3.1　废物处理中的固定化细胞

微生物、动植物细胞及其中细胞器的固定化有多种方法。表 12.3 总结了所使用的各种固定技术。最常用的固定化方法是将细胞包裹在聚合材料(如海藻酸盐、卡拉胶、聚氨酯泡沫、聚丙烯酰胺或硅胶)中。由于聚丙烯酰胺对细胞活力的毒性和其他有害影响,天然海藻酸盐和卡拉胶等海藻多糖已成为微生物细胞固定的聚合物。卡拉胶是从红藻纲海藻中提取的藻多糖,藻酸盐是从褐藻纲海藻中提取的(如海带藻或大囊藻)。

表12.3 细胞固定化技术

细胞/细胞组件	固定化技术/支持
微生物	截留 藻酸盐 角叉菜胶 聚丙烯酰胺 羟基苯酰肼 琼脂糖 光交联树脂,预聚体和聚氨酯 环氧树脂载体 壳聚糖 纤维素 醋酸纤维素 明胶 吸附 砂珠子 多孔砖,多孔硅 硅藻土 木屑 共价结合 羟乙基丙烯酸酯
动物细胞	中空纤维 截留(琼脂糖和纤维蛋白)
植物细胞	截留 聚氨酯 琼脂糖 角叉菜胶 海藻酸盐
植物原生质体	微载体 截留 海藻酸盐 琼脂糖 角叉菜胶
细胞器	截留 藻酸盐 交联蛋白

海藻酸盐与大多数二价阳离子（尤其是 Ca^{2+}）发生反应，形成凝胶。简单地说，细胞与海藻酸钠溶液混合，然后将混合物倒在 $CaCl_2$ 溶液上，瞬间形成沉淀。在 $CaCl_2$ 溶液中，约 1 h 形成完整凝胶。但是，如果周围介质含有磷酸盐或其他钙螯合剂，海藻酸钙珠就会被破坏。颗粒完整性的丧失也可能是由过度的细胞生长或由固定化微生物产生的气体引起的。微生物也可以在多孔硅凝胶中固定化。研究发现，在硅胶中固定化的螺旋藻是一种高效的镉吸附剂。其他技术包括：将活性污泥微生物固定在聚乙烯醇（PVA）中，放入饱和硼酸溶液中或冷冻成凝胶。光交联 PVA 可以作为一种温和的凝胶诱捕方法。在聚丙烯酰胺凝胶中，细胞也可以与磁性颗粒共同固定。间歇和连续流试验表明，用铁磁颗粒联合固定化的污泥微生物超过 40 d，苯酚几乎被 100% 去除。该系统的一个明显优势是能够用磁铁回收固定的微生物。在聚合物中封装的微生物通常会产生相对较大的珠子（直径为 2～3 mm），其中固定化微生物可能受到氧的限制。此外，这些珠子不适合某些环境应用（如地下水恢复）。一种改进的细菌封装工艺可以生产直径为 2～50 mm 的微球。在五氯苯酚降解中，被夹入的黄杆菌细胞和游离细胞一样活跃。

目前，在生物制氢领域，无论是利用光合细菌还是厌氧发酵制取氢气，都有人进行微生物固定化的试验研究，有的采用纯菌种固定化，多见于光合细菌；有的使用混合菌群进行固定化产氢试验，所采用有机载体和无机载体，甚至一些新型高分子材料载体。试验方式有间歇试验和连续流运行。在这些采用生物固定化技术的试验中，研究成果显示出一致性：细胞固定化技术的使用，提高了反应器的生物量，使单位反应器的比产氢率和运行稳定性有了很大提高，固定化系统均取得了较好的产氢效果。固定化细胞与非固定化细胞相比有着耐低 pH、持续产氢时间长、抑制氧气扩散速率、防止细胞流失等优点。

12.3.2 在废物处理中使用固定化细胞的例子

固定化酶在农药降解中的应用已被广泛研究。然而，固定化细胞也被考虑用于各种废物的处理，用于净化含有天然或外来生物化合物的水或废水，以及用于净化土壤和含水层。下面是一些应用这种技术控制污染的例子。

1. 去除棕色木质素化合物

在造纸厂的废水中发现，可以通过固定化的白腐菌（革氏菌）去除布朗木质素化合物。

2. 酚类化合物的生物降解

雷姆曾为此做过几项研究解决用固定化细菌降解酚类化合物。

虽然由固定化的产甲烷菌组合可以降低苯酚的降解率，但固定化微生物能够耐受较高的苯酚浓度。可以利用细菌（假单胞菌，*Arthrobacter*）通过共价键固定在几丁质表面，再通过聚丙烯酰胺-肼包合产碱菌或通过聚氨酯载体固定在红球菌来降解氯化苯酚。同时也证实了活性污泥微生物在海藻酸钙中降解 2-氯苯酚的情况。在海藻酸钙中固定的含有黄酮类化合物的生物反应器可以降解五氯酚。固定在磁铁矿、阳离子交换树脂或硅质载体上的酪氨酸酶，可以通过氧化苯酚、氯苯、甲氧基苯酚和甲酚从废水中快速去除。壳聚糖是甲壳素的聚阳离子，经壳聚糖处理可有效去除所形成的有色产物。采用高孔尼龙生物载体填充的生物反应器可以高效去除对硝基苯酚。

3. 固定化产甲烷菌的 CH_4 生产

厌氧废物处理可由含有固定化微生物的两阶段生物反应器组成。第一阶段含有酸性物质,而第二阶段则含有产甲烷菌。

4. 脱卤作用

氯芳烃(如一氯苯甲酸、2,4-二氯苯氧基乙酸)可能是由固定化的假单胞菌细胞来进行脱卤反应。

5. 使用固定化硝化剂和脱氮剂

固定化硝化剂和脱氮剂用于解决氮污染问题。硝化细菌在聚乙二醇树脂中固定化,加入活性污泥为悬浮颗粒,在活性污泥中增强硝化作用,从而减少完全硝化时间。固定化细菌对硝化的增强如图 12.6 所示。在聚乙烯醇(PVA)、光交联 PVA 或聚乙二醇的细胞固定化过程中,也考虑到在废物处理中加强硝化作用。活性污泥氮化剂固定在海藻酸珠中,维持其硝化活性 10 个月。含有固定化硝化剂的“颗粒反应器”的试验表明,活性污泥中的硝化作用增强。好氧逆流流化床反应器中形成的硝化颗粒能够进行硝化作用,以 1.5 kgN/(m^3 · d)的速度去除氨。似乎固定化硝化剂比游离细胞更稳定。

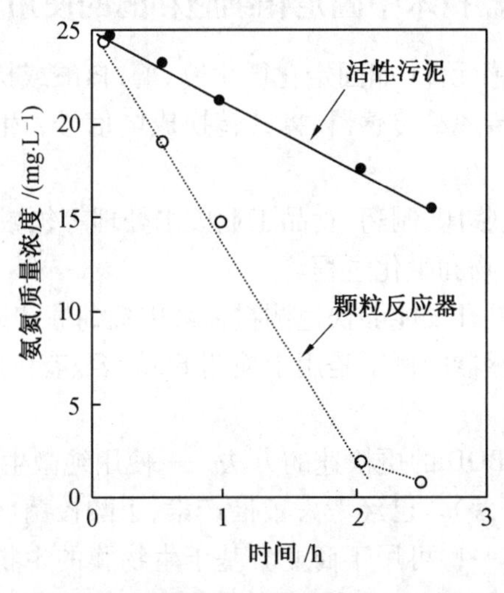

图 12.6　固定化细菌对硝化作用的增强

含有固定在三醋酸纤维素或 PVA 中的反硝化剂的生物反应器在废水中进行反硝化,其效率可达99%。反硝化器需要碳源(如甲醇)来有效地将 NO_3^- 还原为 N_2。为了避免废水中残留甲醇,可以将脱氮剂和产甲烷菌共固定在 PVA 微球中,产甲烷菌将甲醇转化为甲烷气体。由于甲醇在饮用水中是有毒的,诱捕反硝化剂也可以使用乙醇作为碳源从地下水中去除硝酸盐。

6. 固定化活性污泥微生物

采用固定化活性污泥微生物反应器和生物膜反应器两步法,在 BOD 负荷为 1.4 kg/(m^3 · d)时,处理效率较高。此外,在厌氧条件下的第一个生物反应器的操作有助于防止丝状真菌对珠子的生物附着。采用三乙酸纤维素作为固定剂,诱捕活性污泥微生物,同时去除碳和氮。

污泥微生物同时去除碳和氮。混合微生物细胞过程的优势有:①微生物细胞密度高;

②混合微生物的能力强;③固定化细胞的长期性能。

本节同样考察了系统运行过程中 COD 处理效率。连续流混合固定污泥反应器(CMISR)可以在发酵制氢的同时消耗废水中的有机底物。在系统初始启动阶段,COD 去除效率较高,这是由于接种的好氧驯化污泥固定在颗粒活性炭上并具有一定的污泥菌群吸附能力。进水 COD 和出水 COD 在反应器运行到第 2 d 时分别为 4 232 mg/L 和 1 426 mg/L。根据进水 COD 的变化,系统 COD 去除率在-31.2% ~53.9%之间波动,并在第 40 d 时稳定在 13%。试验结果表明,在 CMISR 反应器中可实现发酵制氢的同时达到污水处理的目的。

在传统的厌氧污水处理系统中,COD 主要是被产甲烷菌群消耗利用并产生液相代谢产物(如乙酸)和甲烷。然而,在 CMISR 反应器中产酸菌群为主要微生物菌群,COD 的消耗利用主要是通过微生物合成代谢和发酵气体的释放(CO_2和 H_2),以及 COD 转化成液相代谢产物(如乙醇、乙酸、丁酸和丙酸)并保留在系统内。因此,在 CMISR 系统中的 COD 去除率要低于传统的厌氧生物处理系统。

12.3.3　生物传感器技术中固定化细胞和酶的使用

生物传感器由生物传感元件(如固定化微生物、酶、核酸或抗体)组成,在与分析物相互作用后,产生一个信号,传递给传感器,将其转换成电信号。生物传感器是由多种生物组成的。

元素和传感器在食品、临床、制药、食品工业废水处理等领域,已经开发并应用了几种生物传感器,并应用于微生物和生化过程。

医学技术的一个突破是开发能够快速测量体液中葡萄糖和尿素的生物传感器。可以应用于废水处理的生物传感器的例子是用于检测 BOD、氨、有机酸和甲烷的生物传感器。

1. BOD 传感器

人们发现了一些确定 BOD 的更快速的方法——使用纯微生物培养的生物传感器(如枯草芽孢杆菌,克雷伯氏杆菌)。已经考虑了催产素、丁酸梭菌、假单胞菌、毛孢菌和活性污泥微生物的混合物,还有一些可用于商业。基于生物膜的生物传感器由固定在多孔膜和透气膜之间的微生物组成(图 12.7)。BOD 传感器组件如图 12.8 所示。

科学家研究了一种由固定化酵母、库氏毛孢菌和氧探针组成的生物传感器,用于 BOD 估计。BOD 生物传感器包括氧电极和聚四氟乙烯膜,氧电极由浸在饱和氯化钾溶液中的铂阴极和铝阳极组成。酵母细胞固定在多孔膜上,并被困在多孔膜和聚四氟乙烯膜之间。固定化微生物的耗氧量会导致电流下降,直到达到稳定状态。采用标准方法得到的电流降与 BOD 值之间存在较好的相关性。BOD 生物传感器测量 BOD 为 3 ~60 mg/L。在聚乙烯醇中固定化的生物传感器显示出非常短的响应时间(30 s),并且稳定 48 d。该传感器与 BOD_5 测试有良好的相关性。此外,还提出了一种基于生物荧光细菌活性的生物传感器,用于测量 BOD。生物传感器还可以结合微生物来增加被微生物吸收的底物的范围。因此,Suriyawattanakul 等人提出了一种由联合固定化的毛孢菌和地衣芽孢杆菌组成的 BOD 传感器。这证明了活性污泥微生物在生物传感器建设中的应用。

微生物燃料电池可以作为 BOD 传感器的基础。研究中的微生物燃料电池类 BOD 传

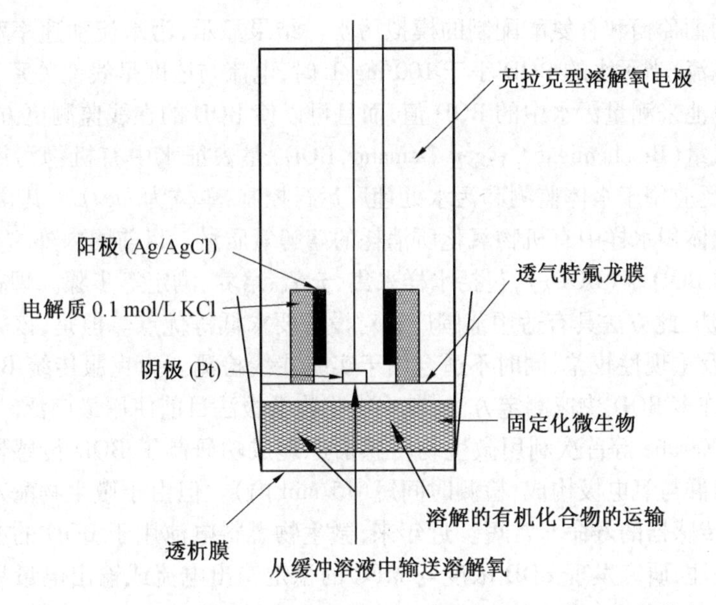

图 12.7　BOD 生物传感器:固定化微生物与克拉克型氧电极的结合

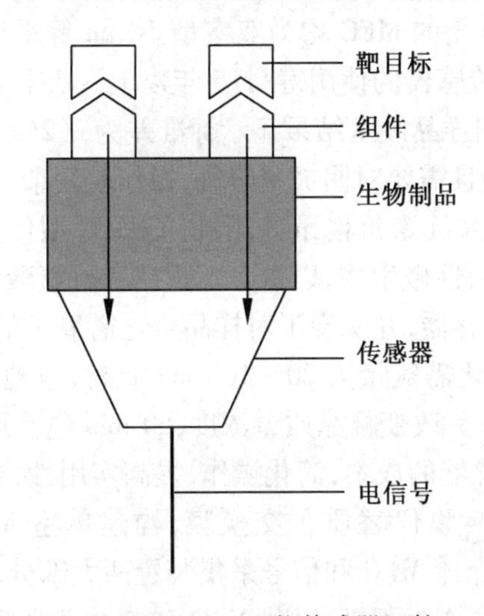

图 12.8　生物传感器组件

感器由两个电极构成,均为石墨平板材料。两区之间用 Nation 膜分隔,接外电阻为 IOD,使用的微生物呈现电化学活性,不加入介体。研究用微生物燃料电池类 BOD 传感器分别对污水进行了取样测定和连续在线测量,试验结果显示可以成功地测量到污水样的 BOD 值,与传统方法测量 BOD 值相比较,偏差范围为 3% ~10%。在取样测定试验中,采用的微生物燃料电池中富集电化学活性的菌群,原料为淀粉加工厂污水。结果显示,电池产生的电流与污水浓度之间呈明显的线性关系,相关系数达到 0.99。低浓度时电流响应时间少于 30 min,但质量浓度达到 200 mg/L 时,响应时间需要 10 h。如果污水没有用缓冲溶液稀释,则其质量浓度与电流间没有线性关系。微生物燃料电池测定的 BOD 的标准偏差为 12% ~32%。在用污水处理厂的活性污泥对微生物燃料电池接种的连续研究中,待监测的污水为用葡萄糖和谷氨酸配制的模拟污水。结果显示，污水流动速率和阴极流速均会影响电池电流；当污水的 BOD 小于 100 mg/L 时，电流与浓度呈线性关系，因此，可利用微生物燃料电池来测量污水中的 BOD 值，而且可以使 BOD 的在线监测更方便。

生化需氧量(Biochemieal Oxygen Demand，BOD)是表征水中有机物污染程度的综合性指标，被广泛应用于水体监测和污水处理厂运行控制，单位为 mg/L。其含义是：在微生物作用下单位体积水样中有机物氧化所消耗的溶解氧质量。目前国内外主要采用 5 d 培养法测定水样 BOD 值(BOD_5)，包括水样采集、充氧、培养、测定等步骤。现行标准主要采用 BOD_5测定法，此方法具有适用范围广和对设备要求低等优点。但是，该方法检测过程烦琐、耗时长及重现性较差，同时不适合用于实时在线检测。为克服传统 BOD_5测定法的不足，发展了许多 BOD 快速测定方法，其中微生物电极法目前使用最广泛。

1977 年，Karube 等首次利用微生物传感器原理成功研制了 BOD 传感器。该仪器由固定化土壤菌群与氧电极构成，检测时间短(15 min 内)。但由于微生物酶对固定化微生物膜的破坏，传感器的寿命非常短。近年来，微生物燃料电池用于 BOD 的在线监测受到越来越多的关注，研究发现 BOD 浓度与 MFC 的稳定输出电流或输出电量呈良好的线性关系。

目前用于 BOD 传感器研究的 MFC 均为双室型。Kim 等采用无介体双室 MFC 构建了 BOD 传感器，大大延长了传感器的使用寿命(5 年以上)，并且测得 BOD 与电量之间的线性相关系数达到 0.99，检测样品废水结果显示标准差为±(2% ~3%)。但是该 MFC 采用的质子交换膜价格昂贵，并且需要对阴极室曝气，操作较复杂。另外，目前 MFC 的阴极催化剂普遍采用金属铂(R)，R 元素价格昂贵，限制了 MFC 型传感器的推广应用。Chang 等利用活性淤泥富集电化学活性微生物，以富含葡萄糖和谷氨酸的人造废水为燃料，构建了微生物燃料电池型 BOD 传感器，并实现了对样品生化需氧量的连续检测。当进样流量为 0.35 mL/min，且样品中生化需氧量为 20 ~100 mg/L 时，电池的输出电流与生化需氧量呈正比，相对误差小于 10%。改变样品质量浓度，60 min 电流可重新达到稳定。

为降低 MFC 型 BOD 传感器的成本，简化操作，提高实用性，吴峰等研究以廉价 MnO_2 为阴极催化剂，以阳离子交换膜代替质子交换膜，构建单室 MFC 型 BOD 传感器(图 12.9)，包括单室空气阴极无介体 MFC 和信号采集装置两大部分。以注射器作为 MFC 骨架，在注射器侧面打孔，以碳毡作为阳极；以载 MnO_2碳布作为阴极，热压在阳离子交换膜上制成“二合一”膜阴极组，包裹在针管上，并用环氧树脂胶密封，阴阳极均由钦丝导出。注射器两端开口，其上为出水口，其下为进水口。该传感器的检出限为 0.2 mg/L，精确度为 0.33%，BOD 测定范围为 5 ~50 mg/L，最佳测量范围为 20 ~40 mg/L，与 5 d 培养法检测结果的相对误差在 4.0% 以内。

在美国，大约有 1.5% 的电能用于污水处理，而 4% ~5% 的电能用于水资源基础设施。通过 MFC 对污水、废弃生物质进行能量回收，或许可以确保水资源基础设施的能源供给。据估算，相对于目前能源密集型产业使用曝气工艺处理污水所消耗的电能，本土污水自身含有的能量是它的 9.3 倍。使用空气阴极 MFC 可以消除曝气工艺的能耗，从能源生产的角度讲这也是顺应节能的需要。另外，MFCs 中厌氧繁殖的细菌生长慢，相比有氧进程产生更少的废弃生物质。沉积物 MFCs，可以满足偏远地方的能量需求，比如海底，在那里很难做到定期更换电池。因此,收集沉积物或可降解燃料里的能源物质,例如,甲壳质,将其植入到沉积物 MFCs 中,它所产生的能量足以驱动江河湖海里大范围内的监控装置。

在不远的将来,要将 MFCs 技术运用于以上实际领域,其发展必受制于效能、材料成本、物理结构以及化学边界条件,如培养液的传导性和 pH。研究者对电极表面细菌的电子传输机理的认识应达到分子级水平,这样就可以通过改进电极表面来优化电子的传输。

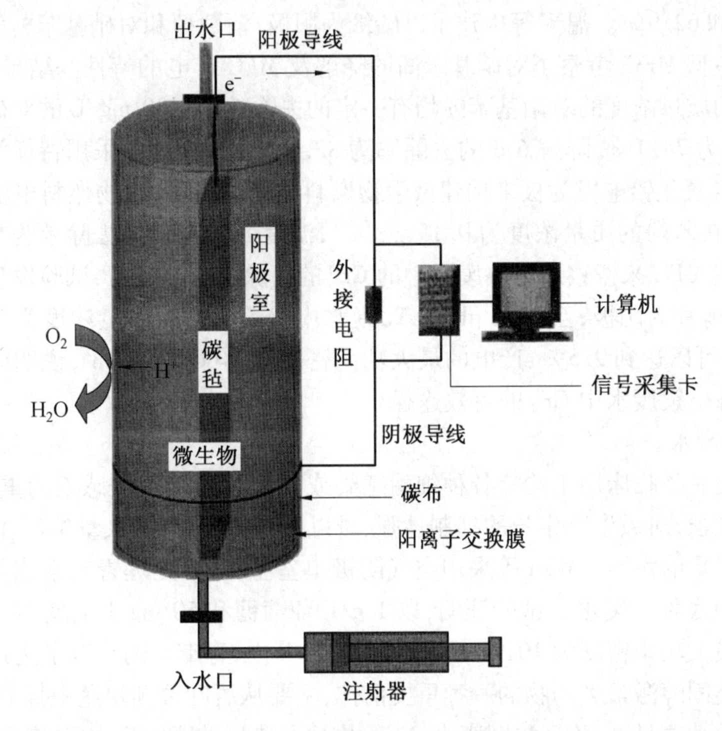

图 12.9　单室 MFC 型 BOD 传感器

例如,预先对阳极进行高温氨气处理(氦气中氨气达到 700 ℃),这可促进阳极表面的细菌附着度,从而提高 MFC 的产电性能。这种预处理可以提高细菌吸附到电极表面的速度和数量,但是否以此种办法作为提高电能产出的出路,有待进一步讨论。阳极表面分子互动的激发,涉及生物传感器的发展以及酶固定燃料电池的改进,这都需要进行 MFC 试验来求解。当阳极表面已大大超过阴极时,进一步增加阳极表面对于 MFC 的性能并无太大影响。相对而言,正是由于当前缺乏对阴极技术研究的突破,从而限制了 MFC 的性能,并且这种现状还会持续一段时间。这无疑为微生物学家对产电菌基因工程的研究创造了时间上的空当,一旦某天阴极技术的瓶颈被攻克,到那时细菌就成了影响 MFC 产电性能的唯一因素。

由于近几年来微生物燃料电池得到了越来越多的关注,因此在各种领域中都有微生物燃料电池的身影,但目前应用较为广泛的还是对废水的处理。主要对以下种类的废水进行处理:

(1)化工废水。

化工废水的基本特征为极高的 COD、高盐度、对微生物有毒性,是典型的难降解废水。Mohan 等构建无介体双室型 MFC,采用含有多种化工原料及中间体,组成复杂并且难生物降解的化工废水作为底物,在不同有机负荷率的条件下,考察了该 MFC 的产电能力及对底物的降解能力,试验表明,当有机负荷率分别为 1.165 kgCOD/(m^3·d)和 1.404 kgCOD/(m^3·d)时,产生的最大电压分别为 271.5 mV 和 304 mV,COD 去除率分别为 35.4% 和 62.9%。温青等构建了以碳纸为阳极,葡萄糖和对硝基苯酚为混合底物的空气阴极单室型 MFC,考察了对硝基苯酚的降解及 MFC 产电的特性。结果表明,MFC 对废水中不同的质量浓度的对硝基苯酚均有一定的去除效果,400 mg/L 的对硝基苯酚降解 4 d 的去除率为 74.1%,降解 6 d 的去除率为 82.1%。丁巍巍等采用特征污染物苯酚为底物,钛基-二氧化铅电极为极来构建微生物燃料电池,发现微生物燃料电池能够有效处理苯酚废水,在苯酚的质量浓度为 0.15 g·L^{-1},温度为 35 ℃时,去除效为 99.63%。Lei 等构建双室型 MFC 来考察对电镀废水中的 Cr^{6+} 的去除及产电能力,试验发现以多孔碳毡为阳极,石墨薄片为阴极,当废水 pH 为 2,废水中 Cr^{6+} 的初始质量浓度为 204 mg/L 的,Cr^{6+} 的去除率可以达到 9.5%,产电的最大功率密度为 1 600 mW/m^2,说明微生物燃料电池技术是去除电镀废水中 Cr^{6+} 的有效途径。

(2)制药废水。

抗生素是一类临床用于治疗各种细菌感染或其他致病微生物感染的重要药物,该类药物抗氧化性强,对微生物生长的抑制性强,难以生物降解,它的大量生产、消费和使用给环境带来了严重的污染。Wen 等采用空气阴极单室型 MFC 处理青霉素或青霉素与葡萄糖的混合物为底物的废水。试验证明,以 1 g/L 葡萄糖和 50 mg/L 青霉素混合液为底物能够产电的最大功率密度为 101.2 W/m^3,同时 24 h 内,青霉素的降解率达到 98%。薯蓣皂素是合成类固醇激素类药物的一种重要前体,主要从盾叶薯蓣块茎中提取,该过程中会产生大量的酸性并且高 COD 浓度废水,Ni 等构建了典型的双室型 MFC 来处理该种废水,并对 MFC 在电能产出和有机污染物降解方面的表现进行连续监测,采用紫外-可见光谱、傅里叶变换红外光谱和气相色谱-质谱联用等技术联和分析废水处理过程中有机污染物成分的变化。结果表明,MFC 术对废水中 COD 的去除率达到 93.5%,最大输出电能密度达到 175 mW/m^2。

(3)畜牧养殖废水。

牲畜废水含有大量的有机物,是非常适合使用 MFC 技术进行处理的一种废水,Min 等采用空气阴极单室型 MFC,对含有(8 320±190)mg/L 可溶性化学需氧量的猪场废水进行处理,得到最大输出功率为 261 mW/m^2,比该研究组处理城市废水得到的最大输出功率大 79%。乳品加工废水的特点是含有易生物降解的有机物(如多糖、蛋白质、脂肪酸等),非常适合作为微生物燃料电池的底物,Mohan 等构建了无介体空气阴极 MFC,对乳品加工废水进行降解研究。结果表明,该 MFC 不仅能够很好地降解底物,COD 去除率达到 95.49%,而且能够达到 78.07% 的蛋白质去除率,91.98% 的碳水化合物去除率,废水浊度也下降了 99.02%。

(4)食品加工废水。

食品工业废水的特点是有机物质和悬浮物含量高,一般无大的毒性。Kapadnis 等使用活性污泥为微生物源,以巧克力工业废水为底物,构建双室型 MFC,由试验结果可知,处理后废水的 TS(处理前 2 344 mg/L,处理后 754 mg/L),BOD(处理前 640 mg/L,处理后 230 mg/L),COD(处理前 1 459 mg/L,处理后 368 mg/L)都有了明显的下降。酿酒厂所排放的废水的特点是具有高 COD 值,其传统处理方法(如好氧序批式反应器、升流式厌氧污泥床反应器等)都需要消耗大量的能量、温度等构建双极室连续流联合处理啤酒废水的微生物燃料电池。研究表明,采用双极室连续流 MFC 可以大大提高废水的处理效果,对啤酒废水化学需氧量(COD)的总去除率可达 92.2% ~95.1%,利用甘薯加工燃料乙醇是发展生物质能源的重要途径之一,在我国尤其在长江流域具有很大的发展潜力,然而在甘薯燃料乙醇生产过程中,具有高 COD、酸度大的废水的排放量大,虽然这些废水可以采用常用的生物法处理,但是这些工艺大多需要较高能耗。赵海等采用空气阴极 MFC 处理甘薯燃料乙醇废水,以 COD 为 5 000 mg/L 的废水作底物,获得的最大电功率为 334.1 mW/m^2,库仑效率为 10.1%,COD 去除率为 92.9%。

(5)垃圾渗滤液。

城市垃圾填埋场渗滤液是一种成分复杂的高浓度有机废水,其 BOD_5 和 COD 浓度高、重金属含量较高、氨氮的含量较高,若不加处理而直接排入环境,会造成严重的环境污染。Puig 等构建空气阴极 MFC 对垃圾渗滤液进行处理,稳定运行 155 d,可生物降解有机物去除量达到 8.5 $kgCOD/(m^3 \cdot d)$,同时输出功率密度达到 344 mW/m^3。除此之外,作者还通过调整 MFC 中垃圾渗滤液浓度首次考察了含氮化合物在 MFC 运行过程中的变化。Galvez 等也使用 MFC 技术对垃圾渗滤液的处理进行研究,为了提高废水处理及产电能力,采用 3 个圆筒形双室 MFC(C1、C2、C3)顺次连接,研究了增加阳极面积的影响。试验表明,当电极面积从 360 cm^2 增加至 1 080 cm^2,电能输出 C1 增加了 264%,C2 增加了 118%,C3 增加了 151%,同时 COD 和 BOD_5 的去除率也有提高:C1 增加了 137% 和 63%,C2 增加了 279% 和 161%,C3 增加了 182% 和 159%;该装置也可以首尾连成一个循环来增加水力停留时间,研究表明循环装置稳定运行 4 d 后,COD 去除率可达到 79%,BOD_5 去除率可达到 82%

(6)含氮废水。

以硝酸盐为电子受体的厌氧型生物阴极,可以在 MFC 阳极利用微生物去除有机物的同时在阴极利用硝酸盐还原,脱去废水中的氮,实现同步脱氮除碳,这对 MFC 处理废水的实际应用具有十分重要的意义。Virdis 在双室型 MFC 中将阳极出水引入一个好氧反应器中进行硝化,硝化后的水进入阴极室,进一步实现了连续脱氮除碳。有机物去除速率达到 2 $kgCOD/(m^3 \cdot NCC \cdot d)$,硝酸盐去除速率达 0.41 $kgNO^{-3}-N/(m^3 \cdot NCC \cdot d)$,最大功率输出为(34.6±1.1) $W/(m^3 \cdot NCC^{-1})$。梁鹏等利用双筒型微生物燃料电池生物阴极,以硝酸盐为电子受体,在阴极中能实现生物反硝化,对 MFC 用于废水处理具有十分重要的意义。Hu 等首次将脱氮工艺中的膜曝气生物膜反应器与微生物燃料电池技术相结合,开发出具有较高脱氮效率和产电能力的 Membrane-Aerated MFC(MAMFC),并将其与 Diffuser-Aerated MFC(DAMFC)进行对比考察。结果表明,如果阴极室溶解氧的浓度控制在

2 mg/L,两种反应器都有较高的 COD 去除率(99%),氨去除率(大于 99%),但是氮去除率相对较低(小于 20%)。如果阴极室溶解氧的浓度控制在 0.5 mg/L,两种反应器都仍有较高的 COD 去除率(大于 97%),但是氮去除率 MAMFC(52%)约是 DAMFC(24%)的两倍,表明阴极室中溶解氧还原后 MAMFC 反硝化的效率更高。

面对能源危机和环境污染这两大问题,微生物燃料电池这种创新性的水处理技术,显示出极大的研究和应用价值,但是要实现 MFC 的实际应用,关键问题是提高其产电能力和废水中污染物的去除效率。建议今后主要开展以下研究:①对微生物产电机理进行深入研究,以提高微生物的电子传递效率,或是寻找更高电化学活性的微生物;②进一步优化反应器的结构,寻求新型高效的电极材料;③深入开展 MFC 处理各类典型工业废水、生活污水的工艺条件和降解机理研究。相信随着研究的不断深入,MFC 处理废水 DE 技术必将在有机污染废水的处理中得到应用与推广。

2. 甲烷生物传感器

甲烷生物传感器由固定化的甲氧菌(甲基单胞菌)与氧电极接触。固定化细菌根据以下反应使用甲烷和氧气,即

$$CH_4+NADH_2+O_2 \longrightarrow CH_3OH+NAD+H_2O \tag{12.1}$$

氧消耗导致电流下降,这与样品中甲烷浓度成正比。利用 30 s 反应时间的甲烷安培微传感器(直径为 30 mm)测量生物膜内的甲烷谱。这项技术使得在短时间内研究甲烷动力学和几毫米的生物膜深度成为可能。

3. 氨和硝酸盐生物传感器

氨和硝酸盐生物传感器由固定化硝化细菌(如欧洲硝化单胞菌)和修饰的氧电极组成,以安培法为基础。采用寿命约为两周的生物传感器对废水中的氨进行测定。在固定化反硝化细菌农杆菌将硝酸盐转化为 N_2O 的基础上,利用硝酸盐生物传感器测量生物膜中的硝酸盐分布。利用重组生物发光蓝藻作为全细胞生物传感器,监测硝酸盐(NO_3^-)在水生环境中的生物利用度。

12.3.4 固定化细胞的优缺点

细胞固定化的优点有:①连续式反应器操作,无细胞冲洗风险;②细胞易于从反应混合物分离;③高细胞密度;④有重用细胞的能力;⑤能力不同的微生物物种空间上分开执行不同的功能;⑥整体生产力增强(细胞浓度的增加在一定的体积范围内);⑦固定化微生物或酶的稳定增强;⑧质粒的稳定性增加;⑨生物反应器的体积减小;⑩保护固定化微生物免受毒性和环境压力;⑪操作简单,成本低(如旋转生物接触器、滴过滤器)。

细胞固定也存在局限性:①扩散问题(高细胞密度和低溶解度的氧在水中);②可能影响生产力的细胞生理变化;③微生物种群组成的变化是废水中的一个问题,因为废水中含有混合的微生物种群;④使用人工捕获的细胞系统时需要固定成本。

总之,利用廉价的有机基质产氢,是解决能源危机,实现废物利用,改善环境的有效手段。随着对能源需求量的日益增加,对氢气的需求量也不断加大,改进旧的和开发新的制氢工艺势在必行。固定化技术已广泛运用于各种废水处理中,固定化载体系统与悬浮细胞系统相比,具有污泥龄长,适合世代周期长的微生物生长;水力停留时间短,容积负荷

高;污泥产生量少;载体内分层结构使生物环境多样化,内部微生物抗毒性抗负荷能力增强等优点。因此固定化技术目前也较多地运用于生物制氢领域,各国固定化微生物制氢研究结果一致表明,细胞固定化技术的使用,提高了反应器内的生物量,使单位反应器的比制氢率和运行稳定性有了很大提高,固定化系统均取得了较好的制氢效果。

12.4　废水中微生物对金属的去除作用

一般采用物理/化学方法去除废水中的重金属。这些包括离子交换、氧化/还原、沉淀、超滤等。在废水的一级处理过程中,许多与微粒有关的金属通过沉淀法去除。活性污泥系统中可溶性物质的去除取决于金属的类型。Cd、Hg、Cu 和 Zn 元素的质量分数为 50% ~60%,但其他金属(如 Ni、Co)的质量分数可能更低。微生物可作为金属去除/回收,物理/化学方法的替代方法。由活性污泥生物质除去金属(即固定化),污泥的去除率随污泥龄期的增加而增加,部分原因是混合液固相浓度的增加。

在废水中,最常见的毒性物质便是重金属,比如制革厂废水中常常含有重金属铬,重金属是导致厌氧降解过程失败的主要原因。这些重金属作为反应中的营养物质,应当注意其剂量的使用,因为其溶于水中的离子越多,毒性就越强,重金属取代了与蛋白质分子自然结合的金属,所以酶的结构和功能受到破坏。另外,重金属又是催化厌氧反应的重要酶的组成成分,所以,重金属对于厌氧反应的影响很关键,其对厌氧微生物是促进还是抑制主要取决于重金属离子浓度、重金属化学形态、pH 以及氧化还原电位等。

重金属的化学形态非常复杂,它可能参与多种物理化学过程,并形成多种化学形态,比如形成硫化物沉淀、碳酸盐沉淀、吸附到固体颗粒上,或者与降解产生的中间产物形成复合物等。重金属除了化学形态复杂以外,不同的底物、菌群和环境也是影响重金属毒性的重要原因,有试验比较产甲烷菌的半抑制浓度,得到重金属元素的毒性大小的顺序为 Cu>Zn>Cr>Cd>Ni>Pb。

降低重金属毒性的方法有很多,一般情况下,可以在废水中加入厌氧污泥,这时在厌氧过程中产生的 S^{2-} 和 CO_3^{2-} 与金属离子反应,并生成沉淀。除此之外,pH 对重金属的沉淀也有一定的影响。具体的方法主要有利用有机或无机配体使重金属沉淀、吸附、螯合等。常用沉淀作用在抑制重金属毒性,还可利用污泥、活性炭、高岭土等对重金属吸附,降低毒性。有机配体对重金属元素的螯合作用也有助于降低重金属元素毒性。微生物与重金属元素的接触也会激活多种细胞内解毒机制,比如细胞表面的生物中和沉淀等作用。

12.4.1　利用微生物去除废水中的金属

微生物(细菌、蓝藻、藻类、真菌)被用作多种金属的生物吸附剂,因为它们为金属结合提供了很高的表面积,而且它们的生产相对便宜。另一个好处是可以循环利用微生物的生物量。

众所周知,在海水、淡水和废水中,一些微生物产生的胞外聚合物质可以通过与金属离子的酸性多糖相互作用来清除金属。在活性污泥中常见的微生物产生的胞外聚合物对金属有很强的亲和力。一些已经从活性污泥中分离出来的细菌,产生了复杂的细胞外聚合物,随后积累了铁、铜、镉、镍或铀等金属元素。通过对酸的处理,可以很容易地从生物量中释放积累的金属元素。例如,枝形虫可以累积最多 0.17 g 的生物量。当这种细菌固定化在海藻酸珠中时,也能从包含 Cd 元素的质量浓度高达 250 mg/L 的溶液中积累 Cd 元素(海藻酸珠吸附一些 Cd 元素。一些微生物也可以合成铁离子,并促进其进入细胞。

非生物固定化微生物系统也能从废水中去除金属。涉及固定化细菌、真菌和藻类的专利工艺已被开发用于从废水中去除重金属。一种名为 Algasorb 的专利产品由嵌入硅胶聚合物材料中的藻类细胞组成,可以去除包括铀在内的重金属元素。生物吸附是通过死的或活的真菌、细菌或藻类细胞对金属和放射性核素进行隔离,可以用来吸附废水中的金属元素。生物吸附的机理包括吸附、离子交换、静电和疏水相互作用。真菌菌丝也被认为是用于去除废水中的金属元素的一个很好的选择。从工业发酵植物中提取的真菌菌丝(黑曲霉、青霉、青霉)已被成功地用作锌离子的生物吸收剂。真菌通过吸附到真菌表面或以较慢的能量依赖性的细胞内摄取将金属元素从溶液中去除。生物吸附柱研究表明,固定化的曲霉能有效地去除镉。真菌生物量的去污剂处理可显著提高金属元素的去除率,但真菌对金属元素的主动吸收不显著。因此,真菌清除金属元素的大部分过程似乎与代谢过程无关。

腐殖质是天然水体中有机物的重要组成部分,由多种化合物组成,它占水中可溶性有机碳的 40% ~60%,是地表水的成色物质。作为自然胶体具有大量官能团或吸附位,对金属离子的螯合能力很强,而且在氧化剂作用下可被氧化分解。另外,由于矿物质对它的吸附作用,往往形成无机-有机复合体,可以与环境中存在的各类污染物发生作用。腐殖质在天然水体中表现为带负电的大分子有机物,本身对人体无害,但由于其表面含有多种官能团,能够与水中重金属离子、杀虫剂等多种成分进行络合,从而增加了水中微污染有机物的溶解度和迁徙能力,影响水处理效果。另外,腐殖质有机物被认为是水消毒副产物的主要前体物,是导致饮用水致突变活性增加的因素。

12.4.2 生物源金属

生物源金属是沉积在细菌细胞上的金属氧化物(如 Mn 和 Fe 的氧化物)或零价金属(Pt、Pd、Ag 或 Au)。细菌(如盘状细毛菌,*P. putida*)或真菌(如顶孢菌)能够将 Mn^{+} 氧化为 Mn^{4+}。

生物源锰氧化物为重金属的吸附和内分泌干扰物等有机污染物的氧化提供了相对较大的表面积。生物源氧化铁还参与从液体废物中去除有毒金属和有机微污染物的脱卤。

12.4.3 微生物去除金属的机理

在包括废水处理厂在内的环境中,微生物通过以下机制清除金属。

1. 吸附到细胞表面

微生物结合金属是金属离子与带负电荷的微生物表面相互作用的结果。革兰氏阳性菌特别适用于金属结合。真菌和藻类细胞也显示出对重金属的高亲和力。研究发现,金属对活性污泥固体的吸附符合朗缪尔和弗朗德里奇等温线。

2. 金属的络合和溶解

微生物可以产生有机酸(如醋酸、柠檬酸、草酸、葡萄糖、富马酸、乳酸和苹果酸),它们可能螯合有毒金属,导致金属有机分子的形成。这些有机酸有助于金属化合物的溶解和表面的浸出。在微生物多糖和其他聚合物中发现的羧基也可能被生物吸附或合成。这种现象在废水处理工厂中非常重要,特别是那些使用活性污泥法处理工业废物的工厂。在限制铁的条件下,微生物会产生一种称为铁胞的化合物,它参与铁的溶解,但也可能在其他金属的溶解中起作用。微生物通过降低其环境的 pH 来增加金属的溶解度。异养微生物的代谢活动产生质子和二氧化碳(生产碳酸),有助于金属的溶解。酸化也是化学物质(如铁)和硫氧化细菌作用的结果(如硫杆菌氧化亚硫杆菌、硫杆菌)化学无机营养物质用于被污染的沉积物和生物固体的金属的生物浸出。

3. 沉淀

有些细菌通过产氨、有机碱或硫化氢来促进金属沉淀,而硫化氢会沉淀金属作为氢氧化物或硫化物。硫酸盐还原菌(如脱硫弧菌、脱硫菌)将 SO_4^{2-} 转化为 H_2S,促进高度不溶金属硫化物的细胞外沉淀。克雷伯氏菌能将镉解毒成硫化镉(CdS)形式,在细胞表面以电子致密颗粒的形式沉淀,这个过程是由镉诱导的。脱硫肠状菌雌黄将 As^{5+} 还原成 As^{3+} 和将 S^{6+} 还原成 S^{2-},导致细胞内和细胞外的砷三硫化物的沉淀(As_2S_3)。

SRB 属于代谢谱较宽的广食性微生物,可降解许多较难降解的物质,尤其是在处理含硫酸盐的废水中,另外,SRB 胞外聚合物有较好的吸附作用。

通常处理重金属废水的常规方法有物理法和化学法,但费用过高而且可能会造成二次污染,SRB 处理重金属废水可以以 SO_4^{2-} 为电子受体氧化有机物,将硫酸盐还原为 H_2S,H_2S 可与废水中的重金属离子反应生成溶解度很低的金属硫化物沉淀而去除重金属离子。

对于硫酸盐引起的环境问题,科学家采用厌氧序批式反应器处理高浓度硫酸盐废水,取得了非常好的效果。采用两相厌氧工艺可以解决单相厌氧工艺处理高浓度硫酸盐废水时,存在 SRB 与产甲烷菌之间发生基质竞争和 SRB 将硫酸盐还原时产生的硫化氢造成对产甲烷菌的毒性作用。对于硫酸盐的还原,既可采用厌氧完全混合活性污泥反应器,也可采用生物膜载体填充床反应器。由于 SRB 的世代停留时间通常大于水力停留时间,微生物在反应器中需要固定化。

目前国内外矿山酸性废水处理方法主要包括中和法、湿地法和微生物法,其中微生物法又包括硫酸盐还原菌法和氧化亚铁硫杆菌法。SRB 法处理酸性矿山废水在国内研究较少,科学家以发酵末端产物为电子供体进行酸矿废水的硫酸盐还原。以陶粒作为上流式厌氧生物膜填充床中的填料,小规模研究了初级厌氧阶段利用 SRB 处理模拟酸性矿山废水。试验结果表明,酸性发酵成本低廉,生活垃圾酸性发酵产物可以作为 SRB 处理酸性矿山废水的合适碳源。另外,SRB 也可以处理很多难降解的有机废水,如聚丙烯酰胺、油田废水、味精废水、抗生素废水、染料废水等。除此之外,SRB 还可用于生物采油等。

4. 挥发

一些金属在微生物的作用下被转化成易挥发的物种。由于微生物的作用,一些金属转变成易挥发的种类。例如,细菌介导的甲基化二价汞转换为挥发性化合物二甲基汞。

一些细菌有能力将汞解毒，把二价汞转换成挥发性的零价汞。这个解毒过程是质粒编码的，由几个基因组成的 *mer* 操纵子调控。最重要的基因是 *merA*，负责生产汞还原酶，这种酶催化二价汞和零价汞的转换。细菌和真菌也能甲基化金属（如硒），产生挥发性化合物。

5. 细胞内积累金属

微生物细胞可以积累金属，通过特定的运输系统进入细胞。

6. 金属的氧化还原

细菌具有将金属还原成溶解性降低的离子的能力。它们利用金属作为呼吸作用（异化金属还原）中的电子受体。例如，硫还原泥土杆菌将 Fe^{3+} 还原成 Fe^{2+}，以及荧光假单胞菌或芽孢杆菌将 Cr^{6+} 还原成 Cr^{3+}。其他氧化还原转换见表 12.4。

表 12.4　某些金属离子的生物驱动氧化还原转化

金属	反应	微生物
As	$As^{5-} \rightarrow As^{3+}$	革兰氏阳性菌
Cr	$Cr^{6-} \rightarrow Cr^{3-}$	假单胞菌，芽孢杆菌，肠杆菌
Cu	$Cu^{2-} \rightarrow Cu^{+}$	硫杆菌
Fe	$Fe^{3-} \rightarrow Fe^{2-}$	地杆菌属，希瓦氏菌属
Hg	$Hg^{2+} \rightarrow Hg^{0}$	不同的细菌
Mn	$Mn^{6+} \rightarrow Mn^{4+}$	不同的细菌
	$Mn^{4+} \rightarrow Mn^{2+}$	不同的细菌
Se	$Se^{6-} \rightarrow Se^{0}$	不同的细菌
	$Se^{6-} \rightarrow Se^{4-}$	
	$Se^{4-} \rightarrow Se^{0}$	
U	$U^{6-} \rightarrow U^{4+}$	土杆菌，脱硫弧菌，微球菌

7. 使用重组细菌进行金属去除

吸附剂去除废水中的金属，受到诸如离子强度、pH 以及无机化合物浓度等物理化学参数的强烈影响。目前正在研究重组细菌和蓝藻细菌，以加强从污染水中去除特定金属的能力。例如，转基因大肠杆菌，其金属运输系统和金属硫蛋白能够有选择地生物蓄积 Hg^{2+} 和 Ni^{2+}。

12.5　分子技术在废物处理中的潜在应用

分子技术在国内工业废水处理中的应用尚处于起步阶段。这种技术在全面废物处理中使用较少，部分原因是人们缺乏将工程微生物释放到环境中的相关知识。此外，拟议的新技术似乎并不比现有技术更经济。分子技术的主要应用包括提高废水处理装置中异种生物的生物降解能力，以及利用核酸探针检测废水和其他环境样品中的病原体和寄生虫。

城市污水生物处理的一些改进见表 12.5。

表 12.5　城市污水生物处理的一些改进

改进	问题类型①	可能的解决办法类型②
消除活性污泥膨胀	2	a、d
提高生物膜的附着	2	a、d
稳定硝化作用	2	a
防止滴滤器脱落	3	d
减少有氧过程中的氧气限制	2	a
减少能源消耗	3	d
减少产生的污泥量	2	a、b
加强除磷	2	a、b
异型生物质降解有机物	2、3	a、b、c、d
抵制毒性引起的不适	2	a、b、c、d
防止气味的产生	2	a、d
制作简单有效的流程	2、3	a、b、c

①:1. 不可行;2. 不可靠或效率不高;3. 不经济。

②:a. 改进现有工艺;b. 新工艺的使用;c. 使用新型微生物;d. 应用基因操作。

其中一些改进可以修改现有技术,或通过传统方法选择新的微生物,或者使用分子技术来实现。这些技术的成功应用可能会导致污水处理厂的反硝化,硝化细菌的生长速率加快,硝化反应加速,污水处理厂污泥的老化,活性污泥中细菌絮凝的改善,生物膜过程的改善,生物除磷的提高。通过重组菌株大肠杆菌,在干重的基础上显示出 16%(质量分数)的磷含量,产甲烷菌的性能改善;抵抗有毒有害废物;更好地控制活性污泥膨胀,并通过使用工具(如 rRNA、rDNA、mRNA 或蛋白质)更好地了解污水处理的微生物生态学。

基因工程微生物可用于若干废物处理领域,其中包括生物质生产、顽固性分子的生物降解、有毒金属的去除与发酵(甲烷和有机酸的生产)、提高酶的活性和增强对有毒抑制的抵抗力。选择能够在生活废水中生长并发挥理想功能的新型微生物,可以改善废物处理过程。重组 DNA 技术在废物处理中的应用涉及两个步骤。第一步是找到具有理想功能的微生物(如降解农药的能力);第二步包括将这一理想的功能转移到合适的宿主,最好是从环境角度看具有某种相关性的微生物。目前的工作重点是了解一般环境中,特别是生物处理过程中,异种生物降解的遗传基础。分子技术的进步将有助于提高和扩大生物降解能力的工程微生物菌株的发展。基因工程的一个有用的应用是处理工业废料,这些废物为基因工程微生物(GEMs)的维持和生长提供了一个恶劣的环境。在工业废料中经常遇到温度、pH、盐度、离子组成、氧和氧化还原电位等极端情况。传统的生物处理技术要成功地处理这些废物,往往需要对废水进行若干调整(温度、pH、盐度)。一些提出使用来自极端环境(如高盐度水、酸性温泉、碱性湖泊)的微生物群。这些微生物能够在特殊的生物反应器中降解工业废料。

其他潜在的应用包括利用转基因多质粒假单胞菌菌株降解原油中发现的几种成分。分子生物学家利用重组 DNA 技术提高了几种酶的水平。这些酶包括 DNA 连接酶、色氨酸合成酶、a-淀粉酶、青霉素酰化酶等。新的分子技术可以帮助提高酶的稳定性和催化效率,拓宽酶的底物范围,或者帮助通过分解代谢途径创造出具有改善底物通量的多功能杂交酶。提高在降解顽固有机分子过程中产生的酶的产量也将是一项有用的工作。

然而,DNA 技术在污染控制中的应用被以下因素所限制:

(1)异种生物降解的多步途径。这就提出了一种可能性,即工程生物体可能无法完全矿化目标外来生物。

(2)有限的退化。工程微生物可能只能降解一种或两种化合物。

(3)降解途径的知识有限或缺乏。这一知识需要确定要克隆的相关基因。

(4)底物浓度。降解酶不能诱导低于阈值浓度的底物。另外,高底物浓度下,对微生物的毒害作用也是一个问题。

(5)底物的生物利用度。例如,疏水化合物容易吸附到表面,导致微生物的可用性较低。

(6)重组菌株在自然环境中的不稳定性。对于重组菌株与更适应当地微生物种群的竞争能力知之甚少。模拟活性污泥系统的微环境对于研究微 GEMs 降解取代芳香族化合物的命运具有重要意义。近年来的研究表明,该 GEMs 在复杂的活性污泥环境中具有良好的耐久性和降解芳香族化合物的能力。GEMs 对当地的微生物群落没有明显的负面影响。

(7)公众有意或无意地担忧 GEMs 的释放,这种担心会限制它们的应用。人们关注的问题包括在自然环境中重组微生物的持久性和繁殖,它们与本土生物的相互作用,以及它们对生态系统功能的影响。特别值得关注的是,在污水处理厂添加的质粒的持久性。人们建议使用自杀基因来控制环境中 GEMs 的传播,这些 GEMs 会携带一种诱导性的自杀基因,这种基因会杀死 GEMs,从而阻止它的传播。在环境中,特别是在废水处理工厂中使用 GEMs 的风险需要得到解决。

如今,人们有去除有机物、悬浮固体、营养物质、金属、病原体和寄生虫的技术,甚至还有去除废水中顽固化合物的技术。然而,这些所谓的"高科技"解决方案是昂贵的,而且是能源密集型的。可持续的污水处理基于低资源消耗和对环境影响很小的过程。然而,现代分析技术提供给职业工程师的信息的相关性尚待评估。一些现代分子技术已经证实了人们已经从传统的方法论中得出的结论;另一些人正在帮助建立微生物参数(如群落物种组成)和工艺参数之间的关系,并指出改善水和废水处理过程的新方向。一项关于硝化活性污泥的合作研究(法国-荷兰-美国)未被充分采用,以比较传统的测量参数,例如,TKN、BOD 和 SRT(固体滞留时间)与使用 rRNA 探针获得的群落结构信息。rRNA 探针用于测定氨氧化细菌(探针 Nso1225)与总细菌(探针 Eub338)的比值。探针分析还表明,在低固相保留时间(4 d)下,氨氧化剂的质量分数为 1%,这可以作为生物反应器硝化剂冲刷的信号。其他研究表明,鱼类试验和生物膜中氨氧化剂活性试验结果之间存在相关性。

初步工作指出,需要使用分子工具来补充传统的测量参数。在未来,在实验室的科学家和在该领域的职业工程师之间的桥梁将被建立。

12.6　膜在废水处理中的应用

12.6.1　膜在废水处理中应用的优点

膜生物反应器(MBR)结合生物和物理过程处理废水。前面已经讨论了在传统活性污泥工厂中遇到的固体分离问题。因此,膜可用于将生物量和其他固体从处理过的废水中分离出来,从而不需要沉淀池。它们被用作外部模块或浸入曝气池的模块(图 12.10)。

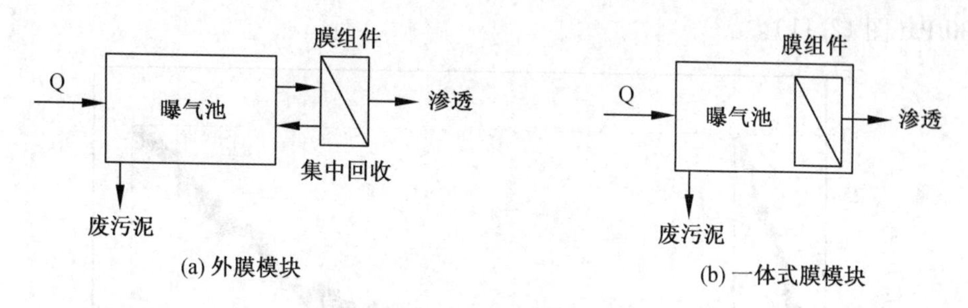

图 12.10　外部和淹没膜模块

MBRs 的优势有:①活性污泥对污水的生物降解效果较好;②MBRs 可以在高浓度的生物量下运行;③沉降不依赖于曝气池中生物絮体的形成,膜既保留沉降物,也保留浮游微生物;④微生物系统中有相同的停留时间,与传统系统相比,生长缓慢的细菌保持在膜上;⑤有效去除病原体和寄生虫;⑥胶体颗粒和大分子的停留时间不依赖于水力停留时间;⑦由于较低的水力停留时间,MBRs 需要比传统系统更少的空间;⑧在传统活性污泥中,MBRs 中生物固体含量较低;⑨无颗粒废水的后消毒效果更佳;⑩由于其简单,它们将成为理想的分散式污水处理系统。

12.6.2　膜在废水处理中应用的缺点

由于孔隙堵塞和泥饼的形成,膜也容易受到污染,因此膜的渗透性降低,随后增加了操作和维护成本。尽管陶瓷膜的成本较高,但它们比其他膜更耐污染。

目前,膜需要比传统系统更高的资金和操作成本。

12.6.3　膜污染

无机污垢主要是由化学物质引起的,如碳酸钙、生物聚合物与金属离子间的相互作用。有机污染是由微生物生物量、附着的胶体有机质(腐殖酸)、被吸附的溶解有机质(DOM)以及膜上生物膜的形成所引起的,并随着时间的推移而逐渐增加。胞外聚合物(EPS)已被证明是膜污染的一个控制因素。EPS 由紧密结合的 EPS 和松散结合的 EPS 组成。后者与膜污染的正相关关系高于前者。

发现大约一半的污垢阻力是由于 DOM 的存在。生物膜厚度的增加与跨膜压力的增加相关,而跨膜压力的增加通过周期性的反冲洗来缓解。膜的反冲洗,或用氧化剂进行化学清洗(如次氯酸钠)、酸(如柠檬酸、草酸),或使用表面活性剂。在混合溶液与明矾、氯化铁或有机聚合物进行化学混凝后，也可以降低跨膜压力。使用混凝/沉淀作为预处理步骤可以通过去除胶体有机物和减少块状物的形成来延长膜的操作时间。聚偏二氟乙烯(PVDF)膜微滤，在进行混凝—沉淀—砂滤之前，可以很好地去除浊度、腐殖质和有机物。

导致活性污泥膜污染的另一个因素是SRT较低。较低的固体压力有利于产生较高浓度的EPS。EPS对膜污染的负面影响因素主要是多糖。研究发现，与23 d SRT的MBR相比，40 d SRT的先导膜生物反应器具有更好的过滤能力和沉降能力。

溶解氧(DO)对膜污染的影响：在低DO时膜污染的速度比在高DO(大于3.0 mg/L)反应器中提高了7.5倍(小于0.1 mg/L)。低DO反应器20 h，高DO反应器150 h，跨膜压力30 Pa(图12.11)。

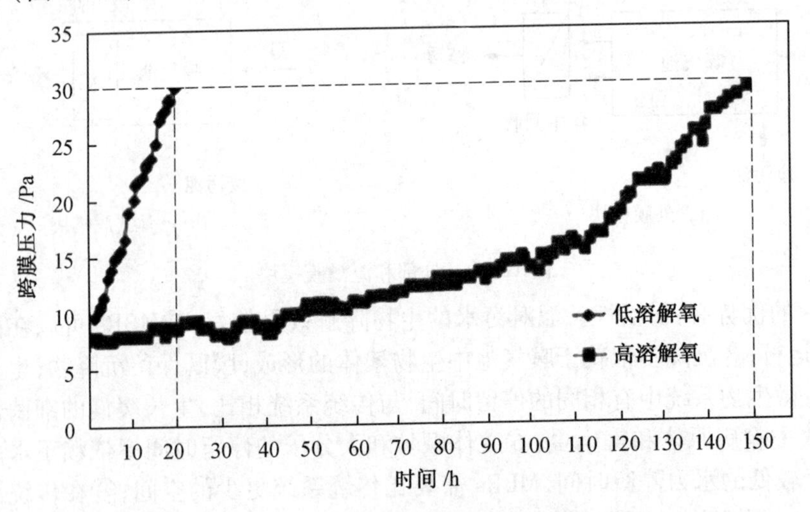

图12.11　DO水平对跨膜压力的影响

12.6.4　膜技术的应用

MBR技术已经在世界范围内的一些工业中得到了应用。它在处理杂排水方面也很成功。膜技术应用于废水回用有助于降低溶解固体的浓度，从而促进可持续的农业生产和改善地下水质量。这是一个全球水可持续性的重要组成部分，因为它有助于促进水的再利用和废水处理工厂的分散化。MBR技术符合水的可持续性的环境、技术、经济和社会文化标准(表12.6)。这对有11亿人无法获得安全饮用水的发展中国家有很大帮助。

表12.6　MBR技术的可持续性标准

判断标准	指标	需要改进	现况良好
经济	成本和负担能力	✓	
环境	废水水质		
	微生物		✓
	悬浮物		✓
	可生物降解的有机物		✓

续表 12.6

判断标准	指标	需要改进	现况良好
	营养物去除		✓
	化学品使用	✓	
	能源	✓	
	土地使用		✓
技术	可靠性		✓
	易用性	✓	
	灵活和适应性强		✓
	小规模的系统		✓
社会文化	制度需求	✓	
	接受	✓	
	专业知识	✓	

12.7　纳米技术在水和废水处理方面的潜在应用

纳米材料的毒性及其对环境的影响一直是人们关注的焦点。一些富勒烯基纳米材料(如 C_{60}),可能作为产生活性氧(ROS)的光敏剂(如单线态氧、过氧化物),还可作为水和废水处理行业的消毒剂。有研究发现,羟化 C_{60}(富勒醇)的活性氧(ROS)生成速率远高于常用的光敏剂(如亚甲蓝、玫瑰孟加拉)。这些光敏剂也可以用来控制工程表面的生物侵蚀。

12.8　生物电化学废水处理

12.8.1　概述

传统的污水处理对能源的要求较高。在美国,大约 4% 的发电量用于运营水和废水处理厂。例如,废水曝气是众所周知的最耗能的操作,其能源需求为 0.5 $kW \cdot h/m^3$。如今,为了减少温室气体排放和限制全球变暖,污水处理朝着可持续发展的方向发展。一种潜在的解决能源需求的方法是生物化学废水处理的简化。这种生物技术将有助于生产能源。

12.8.2　生物电化学系统的种类

$$\mathrm{emf} = -\Delta G / nF \tag{12.2}$$

式中,emf 为电动势,V;ΔG 为吉布斯自由能,J/mol;n 为电子数,$n = 1, 2, 3, \cdots$;F 为法拉第常数,$F = 96\ 485.3$ C/mol。

三类生物电化学系统如下:①微生物燃料电池(MFCs),ΔG 为负,emf 为正,产生电力;②微生物电解池(MECs)ΔG 为正,emf 为负,需要能量但产生 H_2;③光养性 MFCs 包括光养生物,如藻类。

12.8.3　微生物燃料电池

MFCs 在废水处理中的应用可以产生一个可持续的系统,满足能源需求并产生多余的能源。在典型的 MFC 中,细菌氧化底物产生无燃烧室和无污染的生物电。

微生物燃料电池通过富集在阳极表面的产电微生物于厌氧条件下代谢有机物产生电子和质子,而后将电子传递到阳极,并通过外电路到达阴极还原最终电子受体,质子则通过一层质子交换膜到达阴极。两个腔室由质子交换膜隔开(图 12.12)。其结果是有机底物氧化成 CO_2、H_2O,并产生电力作为副产品。

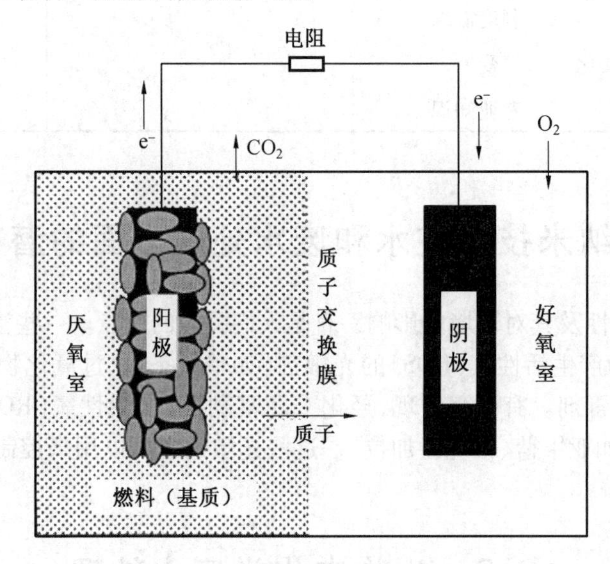

图 12.12　微生物燃料电池(MFCs)

阳极反应:

$$C_6H_{12}O_6+6H_2O \longrightarrow 24H^++24e^-+6CO_2$$

阴极反应:

$$6O_2+24e^-+24H^+ \longrightarrow 12H_2O$$

从淡水、沉积物、土壤、废水等不同环境中分离出的能够产生电能的多种微生物直接(嗜水气单胞菌)或通过传递者(如大肠杆菌、奇异变形杆菌)间接发电,包括需氧菌、兼性厌氧菌和严格厌氧菌。

实验室试验表明,蛋白质(牛血清白蛋白和蛋白胨)、富含蛋白质的水和其他有机生物可降解的底物可用于 MFCs 发电。

1. MFC 的发展历程

(1)MFC 的发展背景。

1911 年,英国植物学家 Potter 用酵母和大肠杆菌进行试验,宣布利用微生物可以产生电流,生物燃料电池研究由此开始。1984 年,美国科学家设计出一种用于太空飞船的微生物电池,其电极的活性物来自宇航员的尿液和活细菌,但当时的微生物电池发电效率较低。20 世纪 90 年代初,我国也开始了该领域的研究。到了 20 世纪 80 年代末,微生物发电取得重要进展,英国化学家让细菌在电池组里分解分子以释放电子并向阳极运动产生电能。他们在糖液中添加某些诸如染料的芳香族化合物作为稀释液,来提高生物系统输送电子的能力。而在微生物发电期间,还需向电池内不断充气,并搅拌细菌培养液和氧化物的混合物。理论上,利用这种细菌电池,每 100 g 糖可获得 1 352 930 C 的电能,其效率可达 40%,远高于现在使用的电池的效率而且还有 10% 的潜力可挖掘。

(2)微生物燃料电池。

按使用的催化剂类型,生物燃料电池又可分为两类:一类是酶生物燃料电池,即先将酶从生物体系中提取出来,然后利用其活性在阳极催化燃料分子氧化、同时加速阴极氧的还原;另一类是微生物燃料电池,就是利用整个微生物细胞作为催化剂,依靠合适的电子传递介体在生物组分和电极之间进行有效的电子传递。

微生物燃料电池是近年迅速发展起来的一种融合了污水处理和生物产电的新技术,它能够在处理污水的同时收获电能。MFC 的研究始于 20 世纪 80 年代。20 世纪 90 年代起,利用微生物发电的技术出现了较大突破,MFC 在环境领域的研究越加深入。然而,直到最近几年用 MFC 处理生活污水得到的电池功率有所增强。特别是最近研发的以工业污水为底物的新型 MFC,可以在对污水进行生物处理的同时获得电能,不仅降低污水处理厂的运行费用,而且有望实现废物资源化。目前,我国仅有极少数单位在微生物燃料电池方面进行探索,利用微生物将废水中有机物的化学能转化为电能,既净化了污水又获得了能量,这无疑是污水处理理念的重大革新,具有不可估量的发展潜力。

MFC 是燃料电池中特殊的一类。MFC 利用不同的碳水化合物和废水中的各种复杂物质,通过微生物作用进行能量转换,把呼吸作用产生的电子传输到细胞膜上,然后电子从细胞膜转移到电池的阳极,经外电路,阳极上的电子到达阴极,由此产生外电流;同时将产生的氢离子通过质子交换膜传递到阴极室,在阴极和电子、氧反应生成水,实现电池内电荷的传递,从而完成整个生物电化学过程和能量转化过程。

MFC 是一种复合体系,其兼具厌氧处理和好氧处理的特点。从微生物学的角度,它可以看作是一种厌氧处理工艺,细菌必须生活在无氧的环境下才能产电;但就整体而言,阴极室是耗氧的,氧气是整个体系的最终电子受体,因此它又是好氧处理工艺,只不过氧气没有直接用于微生物的呼吸。

2. MFC 的产电过程

MFC 的基本结构与其他类型燃料电池类似,由阳极室和阴极室组成。根据阴极室结构的不同可分为单室型和双室型,根据两室间是否存在交换膜又分为有膜型和无膜型。MFC 的基本产电原理由五个步骤组成:

(1)底物生物氧化。

底物于阳极室在微生物作用下被氧化,产生电子、质子及代谢产物。在 MFC 中,微生物的代谢途径决定电子与质子的流量,从而影响产电性能。除底物的影响外,阳极电势对微生物代谢途径也起着决定性作用。根据阳极电势不同,代谢途径可分为高氧化还原电势代谢、中等或低氧化还原电势代谢以及发酵过程。近些年,研究者发现了多种可以不须介体就可将代谢产生的电子通过细胞膜直接传递到电极表面的微生物(产电微生物),这给 MFC 研究领域注入了新的活力。此类微生物以位于细胞膜上的细胞色素或自身分泌的醌类作为电子载体将电子由胞内传递至电极上。以此类微生物接种的 MFC 称为直接 MFC(或无介体 MFC)。

(2)阳极还原。

产生的电子从微生物细胞传递至阳极表面,使电极还原。阳极还原(电子由微生物细胞内传递至阳极表面)是 MFC 产电的关键步骤,也是制约产电性能的最大因素之一。目前,已发现且研究证实的阳极电子传递方式主要有四种:直接接触传递、纳米导线辅助远距离传递、电子穿梭传递和初级代谢产物原位氧化传递。这四种传递方式可概括为两种机制,前两者为生物膜机制,后两者为电子穿梭机制。这两种机制可能同时存在,协同促进产电过程。

(3)外电路电子传输电子经由外电路到达阴极。

转移至阳极的电子经由外电路传输至阴极,表现为电流和电压的输出。外电路负载的高低影响 MFC 内部燃料的消耗、微生物代谢、内部电子转移,从而影响电池的运行情况。当负载较高时,电流较低,内部产生的电子足够用于外电路传输,故电流较稳定,内部消耗较小,且输出电压较高;负载较低时,电流较高,内部电子的产生和传递速度低于外部电子传递,故电流变化较大,内部消耗较多,此时输出电压较低。Menicucci 等研究表明,负载高时,负载对电子的阻碍为主要限制因素;而负载低时,电池内阻及传质阻力为主要限制因素。因此,在现阶段 MFC 中,应根据 MFC 的不同,选择适合的负载;而在将来的实际应用中,应根据负载的不同,选择适合的 MFC。

(4)质子迁移。

产生的质子从阳极室迁移至阴极室,到达阴极表面。底物被氧化产生电子的同时产生质子,质子在 MFC 中向阴极室迁移,此过程直接影响电池的内阻,是限制 MFC 实际应用的关键步骤之一,在许多传统 MFC 中,质子交换膜是重要组件,其作用在于维持电极两端 pH 的平衡以有效传输质子,使电极反应正常进行,同时抑制反应气体向阳极渗透。质子交换膜的好坏与性质直接关系到 MFC 的工作效率及产电能力。理想的质子交换膜应具备:可将质子高效率传递到阴极和可阻止底物或电子受体的迁移。Logan 等发现当交换膜的面积小于电极面积时,内阻增加,会导致输出功率降低。已有的有膜 MFC 中,大多采用商业化的质子交换膜,而专门对 MFC 的膜材料的研究不多。去除质子交换膜可减少质子向阴极传递的阻力,从而降低内阻,提高输出;同时,没有膜的阻拦,阴极电子受体易于进入阳极,减少电能的转化。此外,在质子迁移系统中,氧气等电子受体向阳极的扩散现象值得关注:兼性和好氧微生物消耗部分燃料,同时抑制厌氧微生物的代谢,导致库仑效率的降低。Liu 等研究发现,无膜 MFC 比 Nafion 膜 MFC 扩散至阳极室的氧气增加约 3 倍,以葡萄糖为底物时,约 28% 被微生物因好氧代谢而消耗。可见,对 MFC 中阴阳极隔离材料的研究颇为重要,良好性能材料的应用会提高电池的产能效率。近期研究发现,对于以氧气作为电子受体的 MFC,可在阳极室添加溶氧去除剂以维持阳极厌氧环境。

(5)阴极反应。

在阴极室中的氧化态物质即电子受体(如氧气等)与阳极传递来的质子和电子于阴极表面发生还原反应,氧化态物质被还原。电子不断产生、传递、流动形成电流,完成产电过程。一直以来,对于该步骤的研究主要集中在电极和电子受体两方面。

阴极通常采用石墨、碳布或碳纸为基本材料,但直接使用效果不佳,可通过附着高活性催化剂得到改善。催化剂可降低阴极反应活化电势,从而加快反应速率。目前所研究的 MFC 大多使用铂为催化剂,载铂电极更易结合氧,催化其与电极反应。研究发现,单独使用石墨作为电极的 MFC 输出电能仅为表面镀铂石墨电极的 22%。用以 PbO_2为催化剂的钛片作为阴极,电能可比以铂为催化剂时增加 117 倍,而成本仅为用铂的一半,与市售载铂电极相比,电能更是高出 319 倍。

电子受体的种类影响阴极反应,最常用的电子受体为氧气,分为气态氧和水中溶解氧两种。氧气作为电子受体,具有氧化电势较高、廉价易得,且反应产物为水、无污染等优点。对于以溶解氧为受体的 MFC,当溶氧未达到饱和时,氧浓度是反应的主要限制因素。目前,较多研究直接将铂阴极暴露于空气中,构成空气阴极单室 MFC。此方法可减少由于曝气带来的能耗,且可有效解决传递问题,提高氧气的还原速率,增加电能输出。除氧气外,铁氰化物作为最终电子受体也较常使用,与氧相比具有更大的传质效率和较低的活化电势,可获得更大的输出功率。用铁氰化钾溶液作为电子受体比用溶氧缓冲溶液的输出功率高 50% ~80%。但它无法再生,需要不断补充,且长期运行不稳定,因此不适于大规模实际应用。此外,高锰酸钾、过氧化氢等具有强氧化性,均可用作电子受体,但同样存在不可再利用等问题,实际应用价值不高。

12.8.4　微生物电解池

在自然环境中,光养微生物(如藻类和光合细菌)可以利用太阳能从水中产氢。然而,这种自然过程的效率很低。MECs 需要在阳极和阴极之间施加一个小电压(大于0.2 V)并产氢,一种低溶解度气体。细菌在阳极的生长导致质子(H^+)和电子(e^-)的产生。这些电子在阴极把 H^+还原成 H_2。因此,在 MEC 中,阴极的电子受体是 H^+而不是在 MFC 中的 O_2。图 12.13 所示为在厌氧条件下运行的单室和双室 MECs。细菌在阳极上生长并贡献电子,但也可以作为阴极上的生物催化剂。在两室的 MEC 中,CO_2 被收集在阳极室顶空,H_2 被收集在阴极顶空。在单室结构中,两种气体被收集在同一顶空。电源(PS)用于向电池施加电压,可选的外部电阻(R)用于确定电流。H_2产率分别为 6 m^3/d 和2.5 m^3/d,分别用于 MECs 和生物发酵。缺点是厌氧条件有利于产甲烷菌的生长。然而,在太阳能供电的 MEC 中,应用光电压的增加导致阳极的氧化还原反应减少和产氢率增加。

应用于废水处理时,MECs 可以产生 H_2和气体,并减少产生的生物油量。与厌氧消化相比,MECs 产生比 CH_4更有价值的气体 H_2。MECs 的另一个优点是封闭系统可以容纳生物气味。

MECs 使用多种有机基质来产生 H_2,其中纤维素基质十分丰富,是地球上最丰富的基质之一。例如,美国每年可生产 1.34 亿 t 干物质,7.5 kg 纤维素可生产 1 kg H_2,其热值相当于3.78 L汽油所产生的。MEC生产的生物氢对畜牧业和其他工业应用具有重要意义。然而,要想真正发挥作用,这一过程必须经过调整才能产生大量的氢。

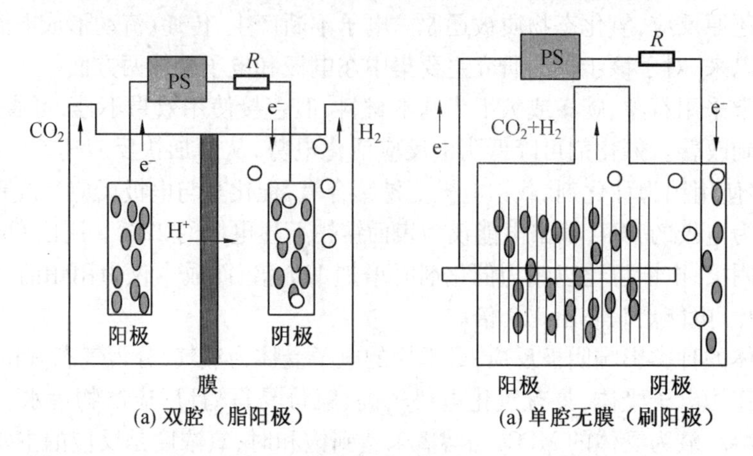

图12.13　双腔(脂阳极)和单腔无膜(刷阳极)MECs示意图

因为MEC技术可以实现生物质废物的资源化利用且具有绿色、节能、环保等特点,所以在能源和环境问题日益受到重视的今天具有广阔的发展前景。

电解池是在外电源作用下工作的装置。电解池中与电源负极相连的一极为阴极,阳离子在该极接收电子被还原;而与电源正极相连的一极为阳极,阴离子或电极本身(对电镀而言)在该极失去电子被氧化。该电解池通过阳极微生物的作用,将溶液中有机物降解,同时产生H^+和电子,产生的电子通过位于细胞外膜的电子载体传递到阳极,再经过外电路到达阴极,H^+通过质子交换膜或直接通过电解质到达阴极,在外加低电压电源的作用下,在阴极上还原为H_2。该方法有如下特点:

(1)原料来源广泛,理论上一切可被微生物利用的废弃物都能用以产氢。

(2)清洁高效,无二次污染,具有很高的产氢效率和能量利用率,这一技术将为生物质能源利用提供一条新的途径。

(3)反应器设计简单,操作条件温和,一般是在常温、常压、接近中性的环境中进行工作。

在电解池(或电镀池)中,根据反应现象可以推断出电极阳极。发生氧化的一极为阳极,发生还原的一极为阴极。例如,用碳棒在电解溶液中做两极,析出的一极为阴极,放出电子的一极为阳极。电解池中,与外电源正极相连的为阳极,与负极相连的为阴极,这一点与原电池的负对阳,正对阴恰恰相反。

在没有充足的生物质来供应全球氢能经济的现状下,MEC技术是一项具有发展前景的生物制氢工艺。在产氢体系中包含四个相互影响的电极半反应:MEC和MFC阳极的底物氧化反应,MEC阴极的产氢反应以及MFC阴极的氧化还原反应。MEC阳极的底物氧化所产生的电子沿电路传递到MFC阴极,与来自MFC阳极的质子结合用于还原氧气,而MFC阳极的底物氧化所产生的电子则在MEC阴极与来自于MEC阳极的质子直接结合生成氢气。并且对于一个稳定的耦合系统而言,从MEC阳极流出的电子与MFC阳极流出的电子应该相等,这样才能得到稳定的电路电流。

12.8.5　光养微生物燃料电池

光营养 MFC 将太阳能转化为电能。光合作用的微生物(盐藻和微藻)和高等植物将太阳能转化为化学能,化学能再转化为电能。通过光合作用微生物与杂色微生物之间的协同作用,光合作用微生物产生发电所必需的有机化合物或氢气。

12.9　思 考 题

1. 生物强化的定义。
2. 固定化酶的应用有什么?
3. 基于酶或微生物固定化的生物传感器有哪些应用?
4. 生物强化技术在污水处理厂中的应用有哪些?
5. 漆酶在废水处理中的作用是什么?
6. 固定化酶的应用有什么?
7. 基于酶或微生物固定化的生物传感器有哪些应用?
8. 为什么极端酶在废物处理中具有潜在的重要性?
9. 列举出三种细胞固定技术。
10. 废水中微生物对金属的去除机理是什么?
11. 微生物是如何合成金属的?
12. 转基因微生物在废水处理厂的潜在用途是什么?
13. 在环境中释放转基因微生物有哪些问题?
14. 膜生物反应器有哪些优点?
15. 膜生物反应器有哪些缺点?
16. 解释微生物燃料电池和微生物电解电池发电的基础。
17. 微生物燃料电池的能量来源是什么? 什么因素会导致膜污染?
18. 什么是生物源金属? 它们在污染控制中起什么作用?

第 13 章 废水再利用

13.1 概 述

未经处理的废水排放到环境中，特别是在沿海地区，是对公共卫生的一大威胁。几个世纪以来，世界各地都已施行了废水的间接再利用。早在 16 世纪，欧洲就已计划对废水进行再利用。在美国，这种做法始于 20 世纪初的亚利桑那州和加利福尼亚州，将废水回收再利用于灌溉草坪和花园或用作冷却水。一些研究者将“回收”“再利用”和“再循环”区分开。回收是处理废水，使其可重复使用。再利用是指某一特定工业在最终处置之前对水的内部再利用。污水回用是一个有益的目标，如作物和景观灌溉或城市应用水的使用。由于水资源短缺，这种做法在美国乃至世界范围内受到重视，特别是在如加利福尼亚州、亚利桑那州、德克萨斯州、科罗拉多州等干旱地区，废水处理条例也日益严格，因此废水的净化效率和再利用程度大大提升，净化水的安全性得到保证。从本质上讲，水的再利用正日益成为水资源可持续管理的重要组成部分。

废水回用对健康的两类影响如下：

(1)原生动物、寄生虫以及细菌和病毒病原体对健康的影响。

人们感染病原体的途径是直接接触受污染的表面或误食受污染的水，食用再生水灌溉的生蔬菜，以及长期接触喷雾灌溉场所或冷却塔附近的生物气溶胶。传染病传播主要与未经处理的污水或质量非常差的废水使用有关，在发展中国家的暴发风险比发达国家高得多。风险取决于几个因素：传染源的类型和持久性、某些蠕虫寄生虫中间宿主的可用性、废物利用和人类接触类型、人类行为(如个人和食品卫生)以及宿主免疫情况。使用运营良好的废水回收厂的废水，可使感染的风险大大降低。例如，在佛罗里达州圣彼得堡的一个回收厂，使用废水非限制性灌溉的平均风险为接触 100 mL 废水的 10^{-8} ~ 10^{-6} 倍。工厂中的处理系列包括生物处理、混凝—砂滤、消毒(接触时间为 45 min，质量浓度为 4 mg/L)，以及在水库中储存 16 ~ 24 h。原生动物囊肿、卵囊以及贾第鞭毛虫囊肿暴露于再生水的感染风险高于隐孢子虫的卵囊。当回收工厂采用氯化和紫外线(UV)联合方式消毒时，囊肿和卵囊的综合风险满足可接受的 10^{-4}。

(2)化学品对健康的影响。

受关注的化学品有农药、重金属、卤代物、药品、个人护理产品、去顶肾上腺素破坏药物和其他持久性外来物质。其中许多化学物质具有致突变性、致癌性及激素活性，当回收的废水被用于作物灌溉或地下水补给时，这些化学物质带来的不良影响令人担忧。

13.2　废水回用的分类

废水回用的类型包括农业用途(土地利用)、景观灌溉、地下水补给、娱乐用途、城市非饮用用途、饮用水回用和工业用途(表 13.1)。

表 13.1　城市废水回用的分类

	废水回用分类	潜在制约因素
农业灌溉	作物灌溉	水质,特别是盐对土壤和作物的影响;可能引发与寄生虫、细菌和病毒病原体有关的公共卫生问题
	商业苗圃	
景观灌溉	公园	管理不当会污染地表和地下水
	校园	
	高速公路绿化带	
	高尔夫球场	
	墓地	
	城市周围绿色地带	
	住宅区	
工业回用	冷却水	再生废水中结垢、腐蚀、生物生长和污染的成分;公共健康问题,特别是有机物的气溶胶传播,以及冷却和锅炉给水过程中的病原体传播
	锅炉给水	
	工艺用水	
	大型工程用水	
地下水补给	地下水	再生废水中的有机化学物质及其毒理学效应,以及溶解的固体、金属和病原体总量
	盐水侵入	
	沉降控制	
娱乐性/环境用途	湖泊和池塘	细菌和病毒可影响健康;氮和磷引起的富营养化
	改善沼泽	
	增大径流	
	渔业	
	人工造雪	
非饮用的城市用水	消防	公众对气溶胶传播病原体的健康担忧;水质对结垢、腐蚀、生物生长和污染的影响
	空调	
	厕所冲水	
饮用水	供水混合	再生废水中的有机化学物质及其毒理学效应;包括病毒在内的病原体传播引发的公共卫生问题
	管道内供水	

13.2.1　农业再利用:土地利用

再生废水常用于农作物灌溉。记录显示,污水农业的实践始于19世纪的部分欧洲国家(英国、法国、德国、奥地利)、美国、印度和澳大利亚。虽然目前美国农业灌溉的污水再利用率还较低,但印度、以色列、南非等其他国家将20% ~25%的废水用于农业用途。废水回用于农业用途也在其他一些地区实行,包括北非(摩洛哥、突尼斯、利比亚)、中东(埃及、以色列、约旦、沙特阿拉伯)、拉丁美洲(智利、秘鲁、墨西哥)和亚洲(印度、中国)。废水土地利用的优点是为作物提供水和有价值的营养物质,并利用作物在废水进入地下水之前进行额外处理。主要缺点是地下水资源和农作物可能受到寄生虫、细菌和病毒病原体、有毒金属和致突变/致癌微量有机物的潜在污染。过量的盐分和有毒的离子会对作物产生毒性,如钠、硼、氯、镉、铜、锌、镍、铍或钴。

显然,使用未经处理的废水进行蔬菜灌溉会有传播疾病的危险。在墨西哥,用生活废水灌溉的蔬菜作物中生菜的细菌污染最高(37 000 总大肠菌群/100 g 和 3 600 粪大肠菌群/100 g),菠菜次之(8 700 总大肠菌群/100 g;2 400 粪大肠杆菌群/100 g)。原始废水灌溉后的蔬菜受贾第鞭毛虫囊肿污染严重。其中,香菜显示出最高的囊肿负荷(表13.2)。同样,原始废水灌溉后的蔬菜也会被隐孢子虫卵囊和贾第鞭毛虫卵囊污染。

表13.2　贾第鞭毛虫囊肿污染程度

作物	污染程度%	囊肿平均数/kg
香菜	44.4	250.0
胡萝卜	33.3	150.0
薄荷	50.0	96
萝卜	83.3	59.1

废水灌溉蔬菜的风险高低取决于废水中病原体浓度、处理效率、与特定作物接触的灌溉水量、病原体在环境中的存活情况、食品消耗率,以及消费者的免疫状态等因素。图13.1所示为某地粪便中蛔虫阳性样本与污水灌溉蔬菜之间的关系。使用定量风险分析模型评估食用使用未氯化废水灌溉的莴苣的感染病毒风险,模型显示感染风险低于万分之一。因此,混凝、高速滤过率和UV消毒处理后的废水,可以用于无限制灌溉粮食作物(浊度小于5 NTU;粪便大肠杆菌群数量小于10 CFU/100 mL)。此外,用自来水冲洗蔬菜的常见做法并不能将指示生物减少到安全水平(表13.3)。

霍乱等疾病的暴发与蔬菜的废水灌溉有关。寄生虫引起的感染和疾病暴发也与这种行为有关。在摩洛哥贝尼梅勒尔进行过一项流行病学研究,某地区使用未经处理的废水灌溉农田,此后,该地区有20.5%的儿童感染了蛔虫,相比之下,对照组仅为3.8%。

加利福尼亚州的粮食作物对大肠菌群水平标准为2.2/100 mL(中值7 d)。美国灌溉非食用作物(如种子和纤维作物)的大肠菌群水平标准为是5 000/100 mL。如果是现场进行喷雾灌溉,则需要一个缓冲区,区外张贴警告标识限制公众进入。奶畜牧场的灌溉和娱乐用途(如高尔夫球场)所用再生废水中大肠杆菌含量为23个/100 mL。在佛罗里达

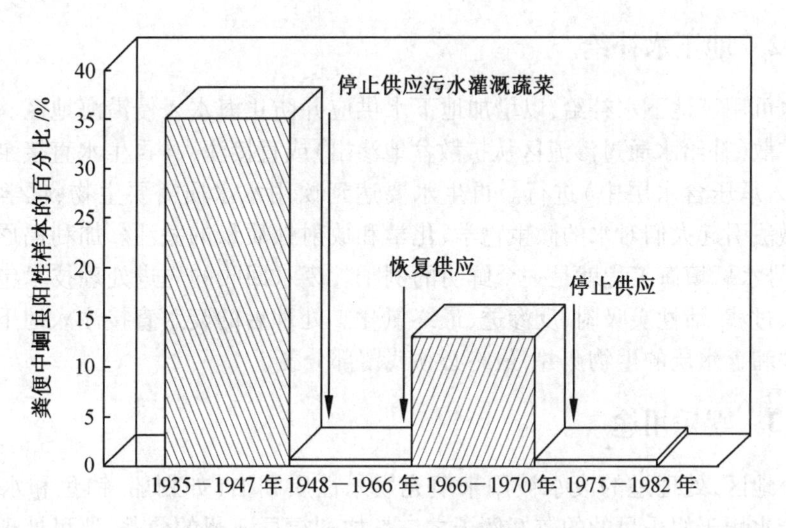

图 13.1　粪便中蛔虫阳性样本与污水灌溉蔬菜供应之间的关系(1935—1982 年)

州,大多数应用于农业用途的再生废水允许的总大肠杆菌含量为 23 个/100 mL。图 13.2 所示为向土地施用废物时阻断病原体和寄生虫潜在传播途径的措施。

表 13.3　蔬菜漂洗对大肠菌群水平的影响

农作物	每 100 g 农作物含下列细菌样品个数的几何平均值			
	冲洗过的		未冲洗的	
	TC	FC	TC	FC
芹菜	300	30	1 300	300
菠菜	2 400	1 700	8 700	2 400
生菜	700	570	37 000	3 600
欧芹	370	300	3 100	660
萝卜	650	300	2 600	360

TC:总大肠菌群;FC:粪大肠杆菌群。

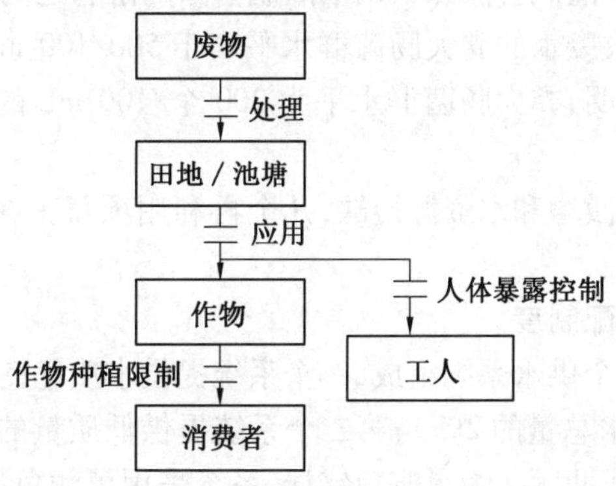

图 13.2　向土地施用废物时阻断病原体和寄生虫潜在传播途径的措施

13.2.2 地下水补给

再生水可用于地下水补给，以增加地下水供应并防止海水入侵沿海地区。补给一般通过地表扩散（补给水通过渗流区从扩散盆地渗出）或直接注入（再生水直接泵入地下水区，通常泵入承压含水层中）进行。再生水要达到饮用水水质需要生物、化学和物理处理。这种做法引起人们对水的微生物学、化学和放射性质量的关注。加利福尼亚州奥兰治县的21号水厂填海工程就是一个鲜明的例子。废水回收的先进处理技术包括石灰处理、再碳化、过滤、活性炭吸附、反渗透，最终氯化。处理后的废水直接注入地下水。为了避免补给井和含水层的生物测井，最终必须残留部分氯。

13.2.3 娱乐用途

在干旱地区，处理过的废水被用来填充娱乐性质湖泊（如划船、钓鱼和水上运动）。将回收的废水用于娱乐目的的较好例子之一是加利福尼亚州的桑蒂，那里处理过的废水填充的湖泊被用于划船、钓鱼，甚至游泳；另一个例子是加利福尼亚州的南湖塔霍。

13.2.4 城市非饮用用途

一般来讲，污水经过再生处理后，绝大多数化学污染物只有经过长期暴露后才会引起人们的关注，但也有一些有害化学物经短期连续暴露就会产生影响。因此，设置科学合理、切实可行的化学污染物基准值可对公众（易感人群和普通人群）健康起到保护作用。城市非饮用用途的范畴包括将再生废水用于私人草坪、公园、校园、高尔夫球场、公路中线和路肩、商业用途（如空调、洗车）、工业用途（如工艺用水、蒸发冷却塔补充水）、建设工程、消防和冲洗厕所。在美国，有像加利福尼亚的一些州，对公园、操场、校园和其他公共区域有明确的灌溉方针，也有某些州，有着不太严格的指导方针，而有一些州则不允许此种用途。

科罗拉多州的科罗拉多斯普林斯市使用第三级污水喷洒灌溉城市公园。三级处理流程为活性污泥处理，之后通过双重介质（砂、无烟煤）重力过滤，再氯化保持余氯4～6 mg/L。多数情况下，粪便大肠菌密度低于23个/100 mL。一项为期两年的前瞻性流行病学研究表明，在污水灌溉公园和饮用水灌溉公园的游客之间，胃肠道疾病患病率没有显著差异。然而，当回收废水的粪大肠菌群水平高于500/100 mL时，观察到比率显著增加。这项研究基本上表明，粪大肠菌群水平为200个/100 mL的城市标准足以保护公众健康。

由于佛罗里达人口激增和水资源短缺，几个再利用项目正在考虑将再生水用于有益的非饮用用途。

1. 圣彼得堡双重分配制度

双重分配系统由两个供水系统组成，一个系统提供水质优良的水用于饮用、烹饪和洗涤（这类水只占家庭用水总量的2%）；第二个系统提供低质量的水（再生废水）用于其他家庭用途，如草坪灌溉或冲厕。为了避免错误，系统采用了颜色编码。美国于20世纪20年代在亚利桑那州建立了第一个双重分配系统，20世纪70年代佛罗里达州圣彼得堡开始运行双重供水系统。虽然最初主要需求是景观灌溉，但现在该系统也包括了工业和商业用途。其他双重分配系统安装在加利福尼亚州的欧文和圣何塞以及美国其他社区。人们关于双重分配系统对城市人口潜在有害健康的影响还知之甚少。但美国环境保护局（EPA）制定了严格的水质准则，对再生水中的非饮用水的再利用加以限制。在达到以上这些准则（表13.4）的情况下，再生水对城市人口的健康产生不利影响的可能性很小。据报道，在佛罗里达州圣彼得堡，如果再生废水中含有高质量浓度的氯化物（大于600 mg/L），敏感的观赏植物可能会受到不利影响。

表13.4 美国环保局建议的对再生水中的非饮用水的处理和水质准则

参数	指导原则
处理	生物处理（BOD和悬浮固体小于或等于30 mg/L） 过滤 消毒
水质	pH=6~9 $BOD_5 \leq 10$ mg/L 浊度：2NTU（平均24 h） 粪大肠菌群：在100 mL中未检测到 余氯：30 min后大于或等于1 mg/L；分配系统中大于或等于0.5 mg/L

注：数据来自美国环保局（1992）；BOD为生化需氧量；NTU为浊度单位。

2. 第二委员会项目

第二委员会项目的目的是将奥兰治县和佛罗里达州奥兰多的再生水用于柑橘园、苗圃、林场和高尔夫球场。

（1）佛罗里达州塔拉哈西喷灌系统。

佛罗里达州塔拉哈西喷灌系统的再生水用于农业灌溉作物（玉米、大豆、沿海百慕大草和其他饲料作物）。

（2）佛罗里达州盖恩斯维尔项目。

佛罗里达州盖恩斯维尔项目使用污水处理厂的再生水灌溉住宅草坪、高尔夫球场、公园和其他景观区，有些用来给佛罗里达含水层充电。

13.2.5 再生废水作为生活直接饮用水回用

再生废水作为生活直接饮用水回用是指将废水重复用于某个特定地点的饮用水供应。

1. 废水进行间接饮用水的回用（IPR）

间接饮用污水回用已在许多地区进行实践。这意味着一个地区处理过的废水将成为下游另一个社区供应的饮用水，如俄亥俄州辛辛那提市使用的水源就是俄亥俄河上游地区的水。IPR是计划通过环境屏障将废水重新用于饮用水，环境屏障可能是地下水补给盆地。佛罗里达州西棕榈滩市正在考虑一项间接饮用水再利用项目，以增加其饮用水供应。再生水经三级处理后排放到人工湿地，再补给到地下含水层。一项试验研究表明，处理后的水符合一级和二级饮用水标准。各种技术已被应用于废水回收，其中包括石灰澄清、氨汽提、活性炭、颗粒介质过滤、紫外线和臭氧消毒、高级氧化，以及最近的膜技术等先进三级处理技术。

2. 直接饮用水的回用

在干旱地区，为应对严重缺水问题，人们采取直接饮用水再利用的措施。以下是再生废水作为直接饮用水再利用的例子。

(1)纳米比亚温得和克饮用水回用项目。

在非洲西南部的纳米比亚温得和克，处理过的废水被添加到饮用水供应中。经生物处理过的废水须经过三级处理，包括石灰处理、氨汽提、砂滤、断点氯化、活性炭和最终氯化。长期流行病学研究显示，饮用直接再生饮用水不会对健康造成不良影响。一般采用异养平板计数(小于 100 个/mL)、总大肠菌群(0 个/100 mL)和大肠杆菌噬菌体(0 个/100 mL)对再生废水质量进行常规监测。

(2)丹佛饮用水回用示范项目。

预计未来几十年，位于半干旱地区的科罗拉多州丹佛市对饮用水的需求将会增加。因此，该市供水部门建立一座 1 MGD(380 万 L/d)的水再利用工厂，以持续研究将污水处理厂废水处理成饮用水质量的可行性。植物对细菌、病毒、原生动物、重金属和微量有机物等污染物提供了多种屏障。如图 13.3 所示，水处理过程主要包括以下步骤：石灰澄清、再碳化(使用 CO_2作为中和剂)、离子交换、过滤、选择性离子交换除氨、臭氧氧化的二碳吸附步骤、反渗透、空气汽提以及二氧化氯消毒。植物能有效去除总有机碳(TOC)和总大肠菌群(图 13.4)。至于其他指标(粪便大肠菌群、粪便链球菌、异养平板计数细菌和大肠杆菌噬菌体)，产品水生产的水质量等于或优于丹佛的饮用水。成品水中未检测到大肠杆菌、粪便大肠菌群、粪便链球菌。水处理可使大肠菌群总数减少 10^7~10^8。

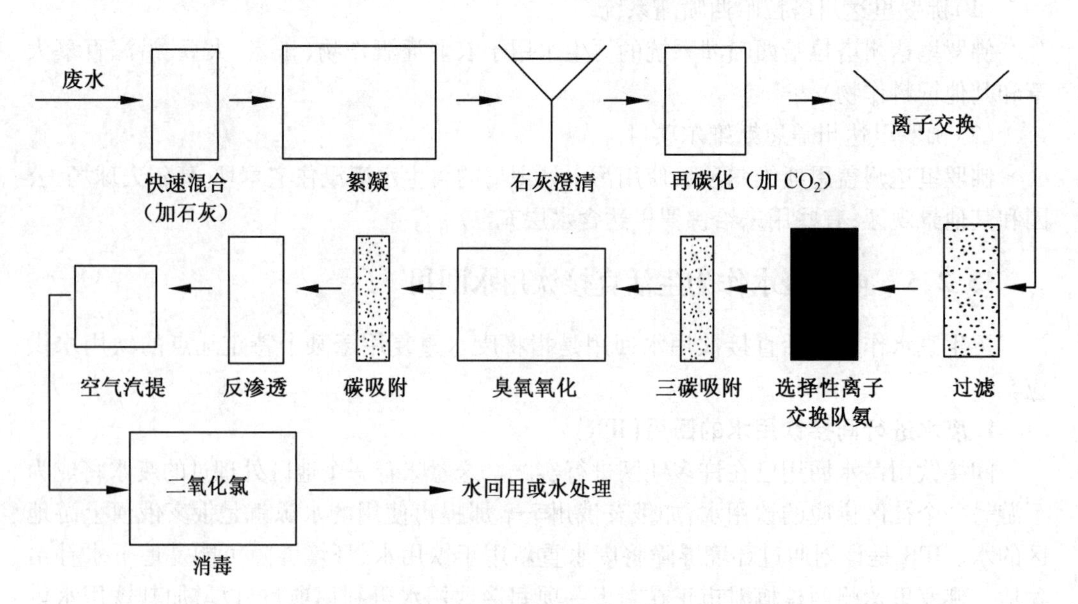

图 13.3　丹佛的饮用水再利用项目：水处理过程

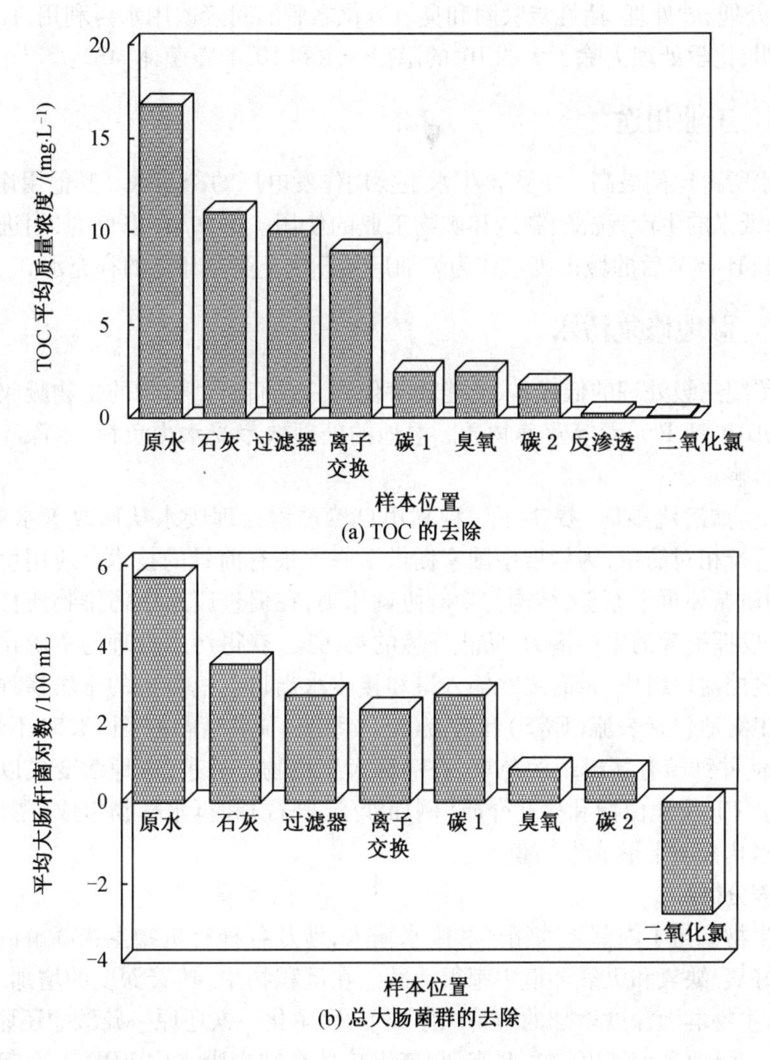

(a) TOC 的去除

(b) 总大肠菌群的去除

图 13.4　丹佛的饮用水再利用项目

(3)圣地亚哥饮用水回用项目

加利福尼亚州圣地亚哥市已研究再生废水补充饮用水水源的潜在用途。处理过程包括初级和生物处理,随后是三级处理,包括混凝、砂过滤、反渗透和活性炭。对回收废水的化学和微生物质量进行分析与评价,发现与城市现有原水供应相比质量相等甚至更好。

使用再生水作为饮用水源仍会引起许多关于再生水中微生物病原体和化学物质对公共健康造成威胁的问题。目前的水处理工艺可以生产符合联邦饮用水标准的水,但该标准对于高度耐氯的隐孢子虫或新出现的如环孢菌、小孢子菌或幽门螺杆菌等病原体是否足够尚不可知。利用再生水补充常规饮用水来源仍存在许多问题,在这一领域还需要更多的研究。

(4)佛罗里达州坦帕饮用水回用。

佛罗里达州有一些项目涉及将再生水应用于非饮用用途。然而,坦帕市正在考虑继石灰-高 pH 处理、砂处理、活性炭吸附和臭氧氧化之后的间接饮用水再利用，提高净水效率。研究表明，化学处理去除了大约 10^2 的隐孢子虫和 10^6 的噬菌体 MS2。

13.2.6　工业用途

工业用水所占比例最高。工业再生水主要用作发电厂的冷却水。其他用途包括锅炉进料、纸浆和纸张的生产、洗涤、制造和矿物工业的使用。例如，在以色列，用进行石灰处理、氨汽提和 pH 调节后的城市废水作为炼油厂和石化企业冷却塔的补充水。

13.2.7　湿地修复污水

湿地是传统三级处理的低成本、低能耗替代物。它们通过植物的生物吸收和微生物作用去除 BOD 和 N、P 元素等营养物质。湿地的处理效率受水力负荷、水深和水生植物覆盖范围的影响。

人工湿地（如潜流湿地）提供了一种利用自然过程处理废水从而改善水质的方法。它的建造和运行相对简单，为发展中国家提供了一项很有前景的技术。应用生态系统中物种共生、物质循环再生原理，结构与功能协调原则，在促进废水中污染物质良性循环的前提下，充分发挥资源的生产潜力，防止环境的再污染，获得污水处理与资源化的最佳效益。它们由浅挖盆地组成，带有废水输入口和接收水出口。挖掘出的土壤播种或种植水生植物。人工湿地包括表流（FWS）和潜流（SSF）系统。FWS 湿地（图 13.5）不断被淹没，水深达 0.5 m，并种植有新出现的芦苇、香蒲等大型植物。后来，湿地演变成以漂浮植物和微藻为主。SSF 湿地由饱和多孔介质（例如沙子、砾石）和挺水植物组成（图13.5）。处理方法是在多孔介质上形成生物膜。

1. 湿地养分循环

湿地微生物参与了内部生物循环和废水输入，涉及各种有机物生物降解的过程。湿地微生物在好氧、缺氧和厌氧环境中都很活跃。在沉积物中，随着深度的增加，氧化还原电位降低，微生物群随深度增加的演替顺序如下：反硝化→铁还原→硫酸盐还原→甲烷生成（图 13.6）。湿地是大气甲烷主要来源，产甲烷菌在减少废水中 BOD 方面起着重要作用。

第 3 章讨论了氮循环中涉及的微生物过程。湿地中的氮元素主要通过植物吸收、氨挥发和微生物硝化、反硝化作用来去除。例如，土耳其 SSF 人工湿地中 NH_4 和 NO_3 的年平均去除率分别为 81% 和 40%，而 FWS 湿地中 NH_4 和 NO_3 的去除率分别为 76% 和 59%。湿地为反硝化提供了充足的碳供应以及沉积物附近的厌氧区的有利条件，这有助于从废水中去除氮元素。氧化还原过程驱动湿地中硫、铁和锰的循环。

2. 湿地的病原菌和寄生虫去除

SSF 人工湿地可以去除 98% ~99% 的细菌指标（总大肠杆菌和粪大肠菌群）以及 95% 的噬菌体，而 FWS 湿地能分别去除 95% 和 93% 的总大肠杆菌和粪大肠菌群。据报道，在种植斑疹伤寒（芦苇）的表流湿地中，粪便大肠菌群和粪便链球菌的平均去除率为 85% ~94%。一项对全球 70 个人工湿地的调查显示，最常用的指标为 10 ~ 10^2 的去除水平。表 13.5 显示，细菌指标和病原体的去除可能为 10 ~ 10^3 不等。

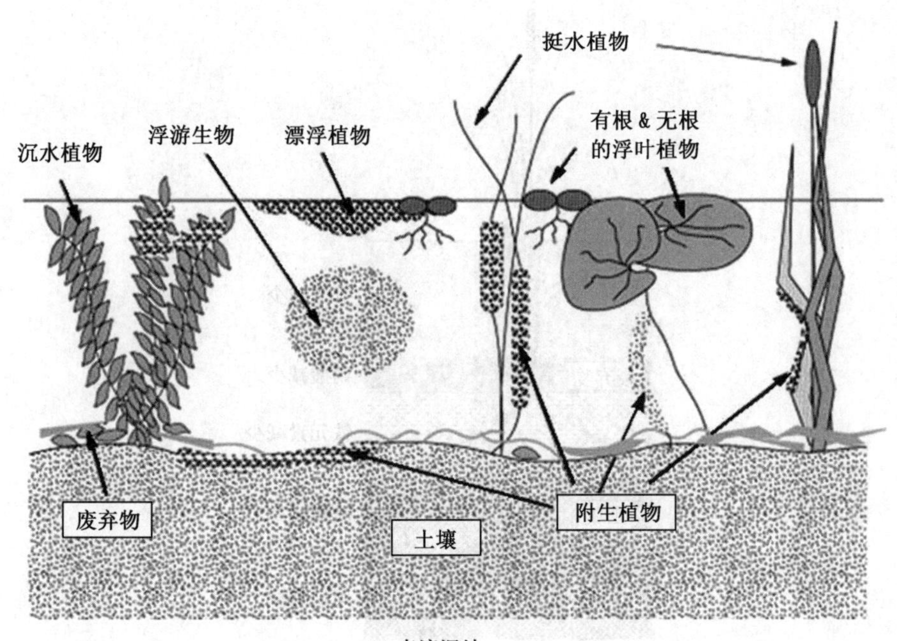

(a) 表流湿地

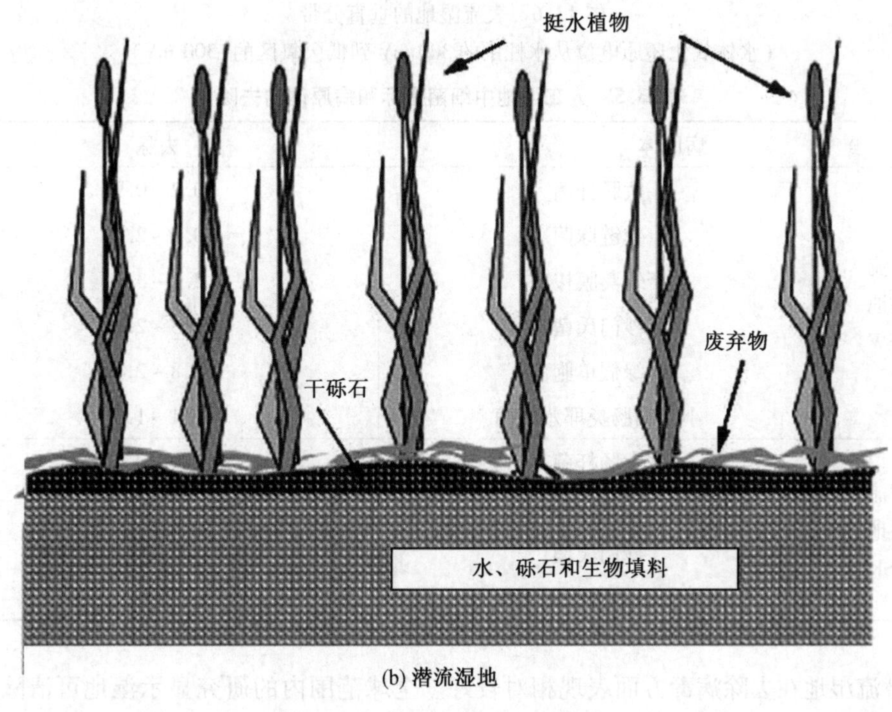

(b) 潜流湿地

图 13.5　表流湿地和潜流湿地

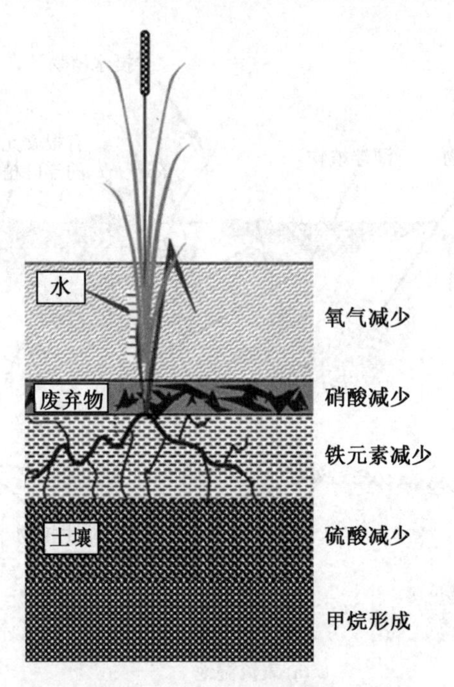

图 13.6　表流湿地的垂直分带
（水体氧化还原电位从水柱中的 300 mV 到低厌氧区的-300 mV）

表 13.5　人工湿地中细菌指标和病原体的去除

病原体		去除
表流湿地（FSW）	大肠杆菌	0.2～0.9
	粪链球菌	0.7～2.2
	产气荚膜梭菌	2.1～3.1
	沙门氏菌	1.3～2.4
	铜绿假单胞菌	0.8～2.1
	小肠结肠炎耶尔森菌	1.1～1.3
潜流湿地（SSF）	大肠杆菌	0.5～0.7
	粪链球菌	1.5
	沙门氏菌	2.1～2.4
	霍乱弧菌	3.1

潜流湿地在去除病毒方面表现相对较好。全球范围内的研究显示湿地可清除 10～10^3的人类肠道病毒或噬菌体（表 13.6）。

原生动物通过在潜流湿地去除细菌过程中起着重要作用。在人工湿地中，原生动物对大肠杆菌的放牧率约为 49 个细菌/（纤毛虫 · h^{-1}），在非人工湿地中为 9.5 个细菌/（纤毛虫 · h^{-1}）。如第 4 章所述，一些原生动物是寄生的，并形成了对环境压力和消毒有很强抵抗力的囊肿和卵囊。湿地去除囊肿和卵囊的主要机制是沉淀和（或）吸附颗粒，然后进行沉淀。在人工湿地中,贾第鞭毛虫囊肿和隐孢子虫卵囊在沉积物中的含量比水柱高 $10\sim10^3$。

寄生虫卵密度较高,通过湿地沉积可有效去除。在意大利西西里岛进行 5 年的监测中,未在地下人工湿地排放物中发现虫卵。

表 13.6　湿地病毒和噬菌体的去除

	位置	植被	病毒	病毒清除百分比/%
潜流	加利福尼亚州桑蒂	纸草(香蒲)	噬菌体 MS2(接种)	>99
		纸草(香蒲)	Ⅰ型脊髓灰质炎病毒	>99.9
		没有种植	特异性噬菌体	94.5
		纸草(香蒲)	特异性噬菌体	99
	明尼苏达州德卢斯	纸草(香蒲)	体细胞大肠杆菌噬菌体	90(冬季)
		纸草(香蒲)	体细胞大肠杆菌噬菌体	98.4(夏季)
	阿布·阿特瓦(埃及)	芦苇	大肠杆菌噬菌体	99.7
	巴德农场(英国)	芦苇	大肠杆菌噬菌体	97.3
		芦苇	肠道病毒	99.3
	埃滕伯特(德国)	芦苇	大肠杆菌噬菌体	96.7
	维克斯堡(德国)	芦苇	大肠杆菌噬菌体	99.9
表流	密歇根州霍顿湖	香蒲,苔属植物	呼肠孤病毒; 1 型脊髓灰质炎病毒	90
	佛罗里达州沃尔多	新柏树	大肠杆菌噬菌体	85.5
	佛罗里达州沃尔多	老柏树	大肠杆菌噬菌体	99.8
	北卡罗来纳州双工县	香蒲,黑三棱属	特异性噬菌体	81.2~89.4
			体细胞大肠杆菌噬菌体	84~92
	奥赛罗·向日葵(瑞典)	香蒲	大肠杆菌噬菌体	94.7
	亚利桑那州格伦代尔	香蒲,藨草属	大肠杆菌噬菌体	95

13.2.8　水产养殖废水处理

随着世界人口的增长和科学技术的发展,一度被称为“不可枯竭”的渔业资源变得日益稀缺。为满足人类对优质蛋白质的需求,各主要渔业国家更加关注水产养殖业,使其迅速成为世界食品生产中发展最快的产业之一。特别是我国的水产养殖业,近年来在全球动物性食品生产中增长最快。但是,由于养殖过程中存在大量饵料投入、大量用药和大量换水等一系列问题,因此养殖水环境污染日益严重,养殖环境恶化引起病害频繁发生,养殖产品质量下降。水产养殖废水处理相对于普通的污水处理而言,污染物种类少、含量变化小、生化过程耗氧量低;水产养殖废水处理的水质范围、排水标准要细致、狭窄得多;水产养殖废水处理除了要满足排放标准外,还要满足循环利用节约水资源以及改善水产养殖环境的要求。水产养殖废水处理方法主要有物理处理法、化学处理法、物理化学处理法和生物处理法,目前水产养殖也提供了一种修复废水的方法,同时允许水葫芦等水生植物的生长或养鱼供人食用。

13.2.9 附着藻类在废水处理中的应用

藻类是氧化塘废水处理的主要联动对象,特别是在去除氮和磷等营养物质方面。然而,随着悬浮藻类使用,出现了如何从处理过的废水中分离藻类细胞的问题。解决这个问题的方法之一是使用附着藻类(即水生附着植物)处理废水,达到净水的目的。

藻类生物膜系统的一个例子是用于从废水中去除营养物的藻类草皮洗涤器(ATS)。采用藻类生物膜技术对活性污泥废水进行抛光处理来解决目前抑制水中浮游藻类生物过量繁殖和水体脱氮除磷的处理方法中存在细菌、浮游藻类生物、化学试剂和微生物制剂的加入造成二次污染。获得的藻类生物膜主要由绿藻(绿蓟马、豆类、衣藻)和蓝藻(颤藻)组成。就氧化池中的悬浮藻类而言,藻类生物膜的活性会导致溶解氧和 pH 增加,以及氮、磷和粪大肠菌群的减少,达到水体净化的作用。

13.3 美国污水回用经验

大多数废水再利用项目位于美国西部和西南部的干旱和半干旱地区。加利福尼亚州每天使用约 100 万立方米再生废水,这个州很早就认识到废水是一种宝贵的资源,积极提倡将再生废水用于灌溉和其他用途,同时它也拥有最多的水再利用项目,这些项目都使得水资源的利用率大大提高。加利福尼亚南部从加利福尼亚北部和科罗拉多河进水,从而促进了几个水资源回收项目。主导项目是 21 水厂和欧文牧场水区。21 水厂生产高度处理的三级出水,符合加利福尼亚州的饮用水标准。该污水与深井地下水混合,用于地下水补给。欧文牧场水源区将再生水供给双重分配系统的办公大楼。

在加利福尼亚州南部,大约有 27% 再生厂的废水被重复利用。约 2/3 再利用水用于通过地表扩展或深井注入来补给地下水。加利福尼亚州水平在惠蒂尔海峡使用再生水进行地下水补给的公共健康水平已经得到评估。流行病学研究没有得到任何与研究区域用水相关的可衡量健康影响的证据。

加利福尼亚州卫生服务部已经制定了标准来解决公众关注的废水再利用影响公共卫生问题。这些标准规定了再生废水在各种用途中(农作物和景观灌溉、蓄水、地下水补给)应达到的污水处理和大肠菌群水平(表 13.7)。对生吃的粮食作物进行喷雾或表面灌溉所需的水,需要进行三级处理(氧化、混凝、澄清、过滤和消毒)。三级出水必须基本上无病原体。制定再生水处理和细菌质量的指导方针要求每 100 mL 总大肠菌群为 2.2 个(10% 样本总大肠杆菌群/100 mL 的上限为 23 个),浊度标准为 2 NTU。这些准则适用于粮食作物灌溉、非身体直接接触娱乐用途以及公园、操场和校园的灌溉。然而,有些研究者认为,加利福尼亚州的标准过于严格,没有基于可靠的流行病学证据。认为大多数美国污水处理厂几乎无法达到标准。

表 13.7　加利福尼亚州废水回收标准

回收废水的使用	最低处理要求的说明			
	初级消毒	二级消毒	二次凝结、过滤和消毒	大肠杆菌 MPN/100 mL 中位数（每日取样）
饲料作物灌溉	✓			无要求
纤维灌溉	✓			无要求
种子作物灌溉	✓			无要求
生产可食用原料地面灌溉		✓		2.2
生产可食用原料喷雾灌溉			✓	2.2
生产过程，地面灌溉	✓			无要求
生产过程，喷雾灌溉		✓		23
高尔夫球场，墓地，高速公路		✓		23
公园，操场，校园			✓	2.2
休闲蓄水池		✓		23
划船和钓鱼		✓		2.2
身体接触（洗澡）			✓	2.2

亚利桑那州的 180 个工厂实现了约 200 MGD 的废水再利用。该州建立了一个用于监控重复使用水中病毒、贾第鞭毛虫和粪大肠菌群的合规计划。亚利桑那州是美国唯一采用肠道病毒标准的州。该标准规定，用于喷洒灌溉生吃食物的再生水或用于非限制的水上运动的再生水的病毒水平不应超过 1 PFU/40 L。对于完全向公众开放的灌溉景观区和高尔夫球场，病毒水平不应超过 125 PFU/40 L，且 40 L 水中不应检测到贾第鞭毛虫属。对活性污泥和氧化塘废水的病毒监测显示，约 60% 的样品符合 1 PFU/40 L 的标准要求。此外，有 97% 的砂滤活性污泥废水符合病毒标准，其中三分之二的样品符合贾第鞭毛虫标准。

在佛罗里达州，再生水的再利用已经从 362 MGD 增加到 826 MGD，2020 年该州人口已增加到 2 199 万，再生水利用的增长趋势还会继续。大约 40% 的再生水用于灌溉公共交通区域，包括公园、高尔夫球场、学校和居民区。佛罗里达州要求再生水必须经过二次处理，然后进行砂滤和“高级消毒”，这样能实现满足总悬浮固体和粪便大肠菌群的性能标准。再生水必须满足 5 mg/L 总悬浮固体的标准，以及接触时间 30 min 后残氯为 1 mg/L，100 mL 水中无粪大肠菌群（样本不应超过 25 个粪大肠菌群/100 mL）。这些标准能生成无病毒的废水，但不能保证彻底去除原生动物寄生虫（如隐孢子虫和贾第鞭毛虫），因此有必要继续对再生水进行监测。

废水处理行业不断面临新的挑战，如回收废水中存在的外来生物、药物或内分泌干扰物等微量污染物。到目前为止，人们知道这些微量污染物在废水中存在，但对它们的长期健康影响知之甚少。此外，随着检测方法学变得更加复杂，必须不断地重新评估这个问题。该行业还必须考虑超滤、纳滤或反渗透等新处理技术的成本。

最后，在产品开发中纳入生命周期分析，产生对环境友好的化学品，从而有助于防止有害污染物释放到废物流中。

目前的趋势是向分散处理系统转移，这将为促进水的再利用提供经济优势和降低水传播病原体感染的风险。

13.4 思考题

1. 废水回用的主要问题是什么？
2. 列出废水回用的不同类别，指出其中哪一类会受到消费者的抵制。
3. 讨论利用再生水补给地下水的实践（参阅最新的研究论文）。
4. 什么是双重分配制度？
5. 比较废水直接回用与间接回用。
6. 讨论湿地在 BOD 和营养物质（N、P 元素）去除中的作用（查阅文献）。
7. 海藻草皮洗涤器（ATS）相对于悬浮藻类在处理废水中有什么优势？
8. 讨论太空水回用的最新发展和经济考虑（查阅文献）。

参考文献

[1] BITTON G. Wastewater microbiology[M]. New York: Wiley Publications, 1994.

[2] 韩伟，刘晓晔，李永峰. 环境工程微生物学[M]. 哈尔滨:哈尔滨工业大学出版社，2010.

[3] CHAUDHRY G R, CHAPALAMADUGU S. Biodegradation of halogenated organic compounds[J]. Microbiological Reviews, 1991, 55(1):59-79.

[4] SAND W. Wastewater organisms, a color atlas[J]. Materials and Corrosion, 1997, 48(5):334-335.

[5] VESILIND P A. Ecological aspects of used-water treatment[J]. Resources and Conservation, 1984, 11(2):154-155.

[6] TAKASHI A, GEORGE T. The role of wastewater reclamation and reuse in the USA[J]. Water Science and Technology, 1991, 23(10-12):2049-2059.

[7] COOPER R C. Public health concerns in wastewater reuse[J]. Water Science and Technology, 1991, 24(9):55-65.

[8] TAKASHI A, JOSEPH A C. Groundwater recharge with reclaimed municipal wastewater: health and regulatory considerations[J]. Water Research, 2004, 38(8):1941-1951.

[9] BITTON G, KOOPMAN B. Bacterial and enzymatic bioassays for toxicity testing in the environment[J]. Reviews of Environmental Contamination and Toxicology, 1992, 125:1-22.

[10] GERBA C P, GPAMOS D M, NWACHUKU N. Comparative inactivation of enteroviruses and adenovirus 2 by UV light[J]. Applied and Environmental Microbiology, 2002, 68(10):5167-5169.